電気事業講座

電気事業事典

電気事業講座編集幹事会 編纂

エネルギーフォーラム

電気事業講座編集幹事

北海道電力㈱	理事企画部長	川合克彦
東北電力㈱	執行役員企画部長	佐竹　勤
東京電力㈱	執行役員企画部長	西澤俊夫
中部電力㈱	経営戦略本部部長	竹尾　聡
北陸電力㈱	執行役員経営企画部長	三鍋光昭
関西電力㈱	執行役員企画室長	岩根茂樹
四国電力㈱	上席支配人経営企画部長	家高順一
中国電力㈱	経営企画部門部長	渡部伸夫
九州電力㈱	執行役員経営企画室長	瓜生道明
沖縄電力㈱	企画本部企画部長	伊野波盛守
電気事業連合会	企画部長	村松　衛

編集責任者
エネルギーフォーラム	取締役社長	酒井捷二

（敬称略、順不同）

刊行のことば

　1995年の発電部門への新規参入拡大にはじまり、2000年には特別高圧需要に対する小売自由化の開始、2004年および2005年の小売自由化範囲の拡大と、電気事業は競争の時代に突入しました。それに合わせて、電気料金規制や託送供給のあり方等、電気事業を取り巻く制度は大きく様変わりしています。

　地球規模での環境問題を巡る動きも活発化し、1997年に京都議定書が批准されたことから、国内外で地球温暖化ガスの排出削減に向けた動きが加速しています。また、再生可能エネルギーに対する関心も高まり、2002年には「電気事業者による新エネルギー等の利用に関する特別措置法（RPS法）」が成立し、電気事業者は発電電力量に応じた取り組みが求められることとなっています。

　このような変化の中、本事典は10年ぶりに改訂された「電気事業講座」（全15巻）より重要語を選定し、わかりやすい解説を行ったものです。本事典によりいっそう電気事業に関する理解が深まるよう、関係者ならびに一般の方々に広くご活用頂ければ幸いです。

2008年4月

　　　　　　　　　　　　電気事業講座編集幹事会

凡　例

1. 本書は、電気事業および広く電気事業に関係する用語を電気事業講座全15巻を中心に厳選抽出し、わかりやすく解説した。
2. 本書は、項目の読み方を「数字」「アルファベット」と「五十音」に分け、順に並べた。
3. 本書は、同一用語で日本語読みと欧文読みがある場合は、使用頻度の高い用語（含む略号）を採用すると同時に、いずれからでも引けるように項目を記載した。
   （例）　LNG（液化天然ガス）
   　　　　液化天然ガス（→LNG）
4. 年号は基本的に西暦に統一するよう努めた。
5. 本書所載の人名は、全て敬称を略した。
6. 本書は、「常用漢字」「現代かなづかい」によって統一するよう努めた。

略	号		
キロメートル	km	キロボルトアンペア	kVA
メートル	m	メガボルトアンペア	MVA
センチメートル	cm	ワット時/キログラム	Wh/kg
ミリメートル	mm	ヘルツ	Hz
トン	t	キロヘルツ	kHz
ヘクタール	h	メガヘルツ	MHz
キログラム	kg	キロワット	kW
グラム	g	メガワット	MW
ミリグラム	mg	キロワット時	kWh
ギガ	G	ベクレル/トンウラン	Bq/tU
キロリットル	kℓ	ペーハー	PH
リットル	ℓ	シーベルト	Sv
キロパスカル	kPa	ビットパーセコンド	bps
メガパスカル	MPa	秒	sec
ニュートン立方メートル	Nm³		

数字

2:1:1法 [2:1:1: method] 電気料金の原価計算において、固定費を各需要種別に配分する基本的な方法として、電力量標準法、最大電力標準法、尖頭責任標準法の三つがある。これらの方法のうち、どれが電気料金の原価をより忠実に反映しているかについては種々の見解があるが、いずれの方法も、それぞれ一長一短があるものとなっている。このため、実際の原価計算における固定費配分方法としては、電力量標準法、最大電力標準法、尖頭責任標準法を適宜混合し、それぞれの方法のもつ欠点をできるだけ解消しようとする方法が用いられることが多く、これを混合法と呼んでいる。現在、わが国で、発電・送電・受電用変電等の発受送変電部門の固定費配分に用いられている方法も混合法の一種で、年間の最重負荷日における各需要種別の最大電力比率、発受電量比率、尖頭時電力比率(夏期、冬期)にそれぞれ2対1対1(夏期0.5、冬期0.5)のウエイトを置いて合成した比率により配分する方法(2:1:1法)が採られている。この配分方法の長所としては、季節的、時間的(夏・冬、夜・昼)な負荷の変動による配分率の変化が小さいこと、各種理論による配分値の平均に近い結果が得られること、さらには計算が簡明であり電力各社に共通して採用し得ること等があげられる。(→固定費の配分、最大電力標準法、尖頭責任標準法、電力量標準法)

2:1法 [2:1: method] 現在、わが国において、配電用変電および高圧配電部門の固定費配分に用いられている方法としては、各需要種別の月ごとの契約電力を合計して求めた延契約電力比率と発受電量比率にそれぞれ2対1のウエイトを置いて合成した比率により配分する方法(2:1法)が採られている。2:1法は最大電力と発受電量による合成比率とされていたが、2003年12月の総合資源エネルギー調査会電気事業分科会の中間報告の趣旨に沿い、配電設備が個々の需要家の契約電力に応じて設備形成されること等を踏まえ、最大電力から延契約電力に変更されている。(→固定費の配分)

2005年エネルギー政策法(アメリカ) [Energy Policy Act of 2005 (EP Act)] アメリカ・ブッシュ政権下で、2005年8月8日に成立した包括エネルギー法。同法は、外国石油への依存度を軽減し、国内エネルギー供給の拡大を目指すブッシュ政権のエネルギー政策を具現化するものであり、1992年エネルギー政策法以来13年ぶりの包括的な国家エネルギー戦略を裏付ける法律である。供給信頼度の向上、地球温暖化防止への支援、新規原子力建設支援等、各種エネルギー問題への対応策が盛り込まれている。

30Bシリンダ [30B cylinder] 濃縮六フッ化ウランの輸送容器であり、保

護容器に入れて運搬される。シリンダが保護容器に入れられた状態で外径は約1.3m、長さは約2.5mであり、重量は濃縮六フッ化ウラン充填時で約3.9tである。輸送物の分類はA型輸送物である。

3R [Reduce, Reuse, Recycle]「ごみを出さない」「一度使って不要になった製品や部品を再び使う」「出たごみはリサイクルする」という廃棄物処理やリサイクルの優先順位のこと。「リデュース（Reduce＝ごみの発生抑制）」「リユース（Reuse＝再使用）」「リサイクル（Recycle＝再資源化）」の頭文字を取ってこう呼ばれる。「循環型社会形成推進基本法」は、この考え方に基づき、廃棄物処理やリサイクルの優先順位を①リデュース、②リユース、③リサイクル、④熱回収（サーマルリサイクル）、⑤適正処分—と定めている。3Rに「リフューズ（Refuse＝ごみになるものを買わない）」を加えて「4R」、さらに「リペア（Repair＝修理して使う）」を加えて「5R」という場合もある。

48Yシリンダ [48Y cylinder] 天然六フッ化ウランの輸送容器である。外径は約1.2m、長さは約2.4m、重量は天然六フッ化ウラン充填時で約15tである。輸送物の分類はIP-1型輸送物である。

4PSK [4 phase shift keying] 無線通信の変調方式の一つ。無線を用いてPCM信号を伝送する場合、PCM信号のパルスを無線周波数帯の信号に変換する必要がある。すなわち、PCM信号パルスの有無により無線搬送波の振幅、周波数あるいは位相を二つの状態が識別できるように変化させて通信を行う必要がある。これらの信号変換方法のうち位相を変化させるものをPSK（位相変調）という。電力会社の無線方式の中で、最も多く使用されている変調方式が4PSK。これは、入力信号パルスにより4種類に位相を変化させるものであって、それぞれの位相の変化に応じて、2値ずつPCM信号パルスを伝送するもの。

4因子公式 [Four factor Formula] 核燃料に熱中性子が1個吸収されてから、核分裂が起こって高速中性子を発生し、減速材によって減速されて熱中性子になり再び核燃料に吸収されるまでの過程を連鎖反応の1世代と呼んでいる。無限大原子炉における1世代の間の中性子数の増加の割合を示すものを無限大炉の中性子増倍率（infinite multiplication factor）といい、記号$k\infty$で表し、無限媒質の系に適用されて四つの因子の積（4因子公式）$k\infty = \varepsilon pf\eta$で表される。すなわち、高速中性子の核分裂効果（fast fission factor）をε、減速途中で共鳴を逃れる確率（resonance escape probability）をp、原子炉の炉心でウラン-235に吸収される中性子の割合の熱中性子利用率（thermal utilization factor）をf、燃料に吸収された中性子当たりの新しく核分裂で生まれる中性子の数をηとすると、$k\infty = \varepsilon pf\eta$で表せる。

六フッ化硫黄ガス（→SF_6ガス）

六フッ化ウラン（UF_6）［uranium hexa fluoride］56.5℃で昇華し気体になるので、ウランの同位体分離（ウラン濃縮）に用いられる。UF_6（六フッ化ウラン）は、ウラン精鉱からUO_2（二酸化ウラン）、四フッ化ウランを経て製造され、この工程を転換という。また、軽水炉の燃料はUO_2の化合物であるので、UF_6からUO_2へと再転換が行われる。UF_6は、常温では固体で無色の結晶である。酸素や空気とは反応しないで比較的安定であるが、水と激しく反応しフッ化水素を生ずる。このフッ化水素は激しい腐食性をもっており、生体への毒性も極めて強い。したがって、UF_6の輸送は通常固体の状態で行われる。

9電力体制［nine interconnected electric power company system］1951年5月1日、日本発送電および9配電会社を解散して、新たに全国を北海道、東北、東京、中部、北陸、関西、中国、四国、九州の九つの地域に分け、発・送・配電を一貫して経営する民有民営の9電力会社が発足した。なお、1976年4月1日、沖縄の電気事業一元化が実施し、沖縄電力を含め一般電気事業者は10社となっている。

A

ABC（ボイラ自動制御）［automatic boiler control］ボイラは蒸気タービンから要求される蒸気を供給するとともに、蒸気の温度と圧力を安定に保持しなければならない。このためボイラには自動ボイラ制御装置が設置されている。ABCは主として自動燃焼制御、給水制御、蒸気温度制御の三つからなる。自動燃焼制御はさらに燃料量制御、空気量制御および炉内圧制御で構成される。一般にタービンの負荷が変化すれば、蒸気量、蒸気圧力が変化するので、これを検出し、燃料流量調整弁（石炭焚きの場合は給炭機）および押込通風機出口ダンパ（平衡通風方式の場合は誘引通風機出口ダンパも含む）などを操作して、燃料量、空気量、炉内圧などを制御する。

給水制御は蒸気流量、給水流量およびドラム水位（ドラム式ボイラのみ）を検出して給水流量調整弁（または給水ポンプ回転数）を動作させる。蒸気温度制御はボイラメーカーにより多様であるが、燃焼ガスの再循環、燃焼ガスの分配、スプレイ、給水－燃料比の制御（貫流ボイラのみ）等により制御する。

ABC手法［Activity Based Costing］費用配分の適正性を高めるため、複数の部門に共通に関連する費用を、費用の発生原因に着目し、きめ細かく各部門に帰属させる手法（活動基準原価計算方式）。具体的には、まず、特定部門にすべて直接整理させることができる費用を直接整理し（直課）、直課できなかった費用を客観的かつ合理的な基準により複数部門に配分し（帰属）、直課または帰属できなかった費用を代理的な比率により複数

部門に配分する(配賦)という手順を踏む。個別原価計算においては、一般管理費の配分等にこの手法が用いられている。(→個別原価計算)

ABWR(改良型沸騰水型軽水炉)[advanced boiling water reactor] 第3次改良標準化として従来のBWRに対して実施された設計改善とともに、さらに安全性・信頼性の向上、作業者の受ける放射線量の低減、放射性廃棄物の低減、運転性・操作性の向上、経済性の向上等を目標に開発された。

主な特徴としては、①必要な炉心流量を確保するため、外部再循環ループと炉内のジェットポンプの替わりに、炉内に羽根車を持つインターナルポンプの採用、②従来の制御棒駆動装置駆動方式である水圧駆動に加え、電動駆動方式の採用により駆動源の多様化による信頼性の向上および制御棒の微駆動が可能となることによる原子炉の運転性の向上、③原子炉建屋と一体化した構造の鉄筋コンクリート製格納容器の採用による耐震性の向上、④監視・操作性の向上を図った中央制御盤の導入によるマン・マシンインターフェースの高度化、⑤湿分分離加熱器や給水加熱器のドレンを復水・給水系に戻す"ヒータドレンポンプアップ方式"などの採用による熱効率の向上、等があげられる。東京電力の柏崎刈羽発電所6、7号機は世界で初めてのABWRプラントとして建設が進み、1996、97年に営業運転を開始した。

AFCI計画(→サイクルイニシアティブ)

AGR(改良型ガス冷却炉)[advanced gas cooled reactor] ガス冷却型原子力発電所は、イギリスを中心に開発がすすめられた原子炉で、減速材に黒鉛、冷却材に炭酸ガス(CO_2)またはヘリウム(He)を使用している。初期のものは、天然ウラン燃料、炭酸ガス冷却型で、燃料被覆材としてマグネシウム合金(マグノックス)が使用されており、マグノックス炉または1号炉の名前にちなんでコールダーホール型、コールダーホール改良型と呼ばれている。

その後、経済性、安全性の向上を図った改良型ガス冷却炉が実用化され、現在、さらに経済性、安全性の向上を目指した高温ガス炉(HTGR: High Temperature Gas-Cooled Reactor)の開発がすすめられている。改良型ガス冷却炉は、燃料に低濃縮ウランを使用することにより、炉心の小型化を図るとともに、燃料の被覆材にステンレス鋼を使用して、冷却ガスの原子炉出口温度を高くし、経済性の向上を図っている。また、プレストレストコンクリート製圧力容器の中に炉心、蒸気発生器、ガス送風機を内蔵した構造の採用により、一次系の大口径配管破断事故がなく、安全性が向上している。

AHATガスタービン(→湿分利用(AHAT)ガスタービン)

ALR(自動負荷調整装置)[automatic load regulator] 使用目的は負荷(発電機出力)調整を円滑に行わせるこ

とと、負荷変動をとらえ、負荷を絶えず一定目標出力に保つための装置である。目標負荷の設定を変更した場合は、あらかじめ設定された負荷変化速度で自動的にガバナモータまたはロードリミッタモータを操作し、目標負荷になるように調整する。

ANDRA（放射性廃棄物管理公社）（フランス）[Agence Nationale pour la gestion des Dechets Radioactifs] 1979年に商工業的公施設法人としてCEA（原子力庁）の下部組織として設立。1991年12月に経済・財政・産業省、エコロジー・持続可能開発省（旧国土整備・環境省）、研究省の管轄のもと独立機関に編成された。ANDRAは、フランスにおける放射性廃棄物処分の実施主体として低・中レベルの放射性廃棄物処理場（ラ・マンシュ貯蔵センターおよびオーブ貯蔵センター）を操業するとともに、高レベル放射性廃棄物処分に関する深地層処分研究開発の中心的機関として、地下研究施設における研究開発等を実施している。

ANEEL（国家電力庁）（ブラジル）[Agência Nacional de Energia Elétrica] 1997年にANEEL設置法に則って設置されたブラジルの電力規制機関。行政府の外局ではあるが、実運用の面では独立規制機関としての役割を担う。ANEELの機能は法律第9427号等に定められており、主なものは以下の通りである。①供給の質を保証する技術基準の整備、②発電、送電、配電に関わる新しい営業特許権交付のための競争入札要請、③MAEによる競争的運用の確保、④送電コスト基準の策定（送電料金の決定は後述の全国電力系統運用者ONSに委ねられる）、⑤小売料金の認可、⑥需要家の保護。

AP1000 [Advanced Passive1000] 米国エネルギー省／㈶電力研究所（EPRI）の改良型軽水炉計画にしたがって米国ウェスチングハウス（WH）社を中心としたグループが開発を進めているAP600を発展させた電気出力1,000MWのPWRである。AP1000は、AP600が経済性の面で不十分とされたため、AP600の設計概念を適用可能な範囲内で機器・設備を大型化している。安全系はAP600と同様にポンプ駆動ではなく重力落下や自然循環による冷却水に供給や炉心の冷却を行う受動的安全システムを採用したため安全系の非常用ディーゼル発電機が不要である。

APFR（→自動力率調整装置）

API度 [American Petroleum Institute Gravity] アメリカ石油協会（American Petroleum Institute）が定めた石油比重の表示方法であり、APIボーメ度ともいう。API度と比重60／60°Fとの間には、次のように逆比例の関係があり、比重が重いほどAPI度は小さくなる。

$$\frac{141.5}{比重(60/60°F)} - 131.5$$

（注）1．比重60/60°Fとは、60°Fにおける試料と水の重量比
　　　2．比重1のときAPIは10°

外国原油の公示にはすべてこのAPIが用いられるが、APIが大きい方（比重が軽い）が、ガソリンやナフサなど利用価値の高い軽質留分が多いため、高品質とされている。なお、API度39度以上を超軽質油、34度以上39度未満を軽質油、30度以上34度未満を中質油、26度以上30度未満を重質油、26度未満を超重質油と呼んでいる。

APP（→アジア・太平洋パートナーシップ）

APWR（改良型加圧水型軽水炉）[advanced pressurized water reactor] わが国の、第3次改良標準化計画に沿った形で安全性および信頼性の向上、稼働率の向上、被ばく低減、運転性の向上などを目標として開発され、プラント出力の大容量化および発電効率の向上も図られている。APWRの開発においては、今までのPWRの運転経験に基づく設計改善を集大成するとともに、わが国の国情に合致したプラントの完成を目標としている。このために、新技術、新手法を積極的に導入し、またそれらに対しては確証、実証試験を実施し、信頼性の確立が図られている。主な特徴としては、①燃料集合体に中性子吸収の少ないジルカロイグリッドの採用、②蒸気流量増加に伴う蒸気発生器伝熱面積の増加に対応する一方、小型化のため、小口径伝熱管採用による伝熱面積の増加、③非常用炉心冷却設備を従来型PWRの安全注入設備、余熱除去設備、格納容器スプレイ設備の2系列構成（100%×2）に対し、4系列（50%×4）とすることによる多重性の向上、④高機能蓄圧器の採用による低圧注入系の不要化や事故時の燃料取替用水ピットを格納容器内底部に設置することによる安全注入の再循環切替不要化による安全性、信頼性の向上、などがあげられる。日本では、敦賀3、4号機として設置許可申請がなされており、アメリカでは、2007年12月三菱重工が、設計証明（DC）申請をNRCに提出している。

AQR（→自動無効電力調整装置）

AREVA（フランス）[AREVA] フランスに本社を置き、フランス、ドイツ、アメリカを拠点に活動している世界最大の原子力産業複合企業。1976年、フランス政府の原子力庁生産局の独立によって誕生し、ユーロネクスト・パリに上場している持株会社。フランスの原子力政策は、フランス共和国原子力庁（CEA）が主導しており、AREVAはフランス原子力庁の約80%出資会社として、ウランの生産、転換、濃縮、成型加工、再処理および放射性廃棄物の処理・処分において幅広く商業活動を展開している。原子炉プラントの製造については民間企業のフラマトム社（Framatome）が、核燃料製造についてはCEA子会社のCOGEMA社（現AREVA NC社）が担当する分業体制を取っていたが、2000年にCOGEMA社とフラマトム社を統合。また、独シーメンス社原子力部門を買収し、

フラマトム社をフラマトムANP社（Framatome ANP）と改名、その後AREVA NPと再改名した。2007年現在、AREVA社は、原子炉部門（AREVA NP）、原子燃料部門（AREVA NC）、送電設備部門（AREVA T&D）を傘下に持つ複合企業として、世界に原子炉および原子燃料等を供給している。

ATM [asynchronous transfer mode] 広帯域ISDNを実現するために回線交換とパケット交換のそれぞれの特徴を活かした交換方式として開発された技術で、情報をセルと呼ばれる53バイトの固定長パケットに分割し、一つ一つのセルに宛先等の情報を付加して多重・転送する方式である。パケット交換と異なり伝送路の高品質化を背景に、セル再送等の処理を省略すると共に、ハードウエアによる高速スイッチング技術により、150Mbps・600Mbpsといった高速・広帯域伝送を可能としている。また音声・画像・データ等、伝送速度・特性の異なる情報を、同じ信号形態であるセルに変換することにより、すべての情報を一元的に伝送が可能となる。さらにネットワークの利用状況に応じ、端末に対して利用可能な伝送帯域を任意に配分し、情報転送が必要な時にのみセルを転送するため、伝送帯域を有効に利用（統計多重効果）することが可能となる。

ATR（新型転換炉）[advanced thermal reactor] 核燃料の有効利用、燃料の多様化を図り、濃縮ウランへの依存度を減らすために開発された動力炉であって、軽水炉より高い転換比をもつように設計されている。その主流をなすものは、重水減速型であって、中性子経済がよく天然ウランでも高い燃焼度が得られる。わが国では、1967年以来、動力炉・核燃料開発事業団が中心となり、自主技術により開発を進め、1979年3月に運転を開始したATR原型炉「ふげん」（16万5,000kW）がある。その特徴としては、①微濃縮ウラン、劣化ウラン、プルトニウム等が利用でき、燃料情勢変化に対する適応性が高く燃料の多様化が図れる、②微濃縮ウラン、劣化ウランを利用でき、転換率が大きいためウラン資源の有効利用度が比較的高い、③減速材には重水を用い、冷却材としては軽水を用いている、④原子炉はたて置圧力管型である、等があげられる。しかし、重水価格が極めて高いため資本費が増加することおよび重水の漏えい、トリチウム障害等の難点もある。なお、電源開発㈱によりATR実証炉（60万6,000kW）の建設計画が進められていたが、1995年に経済性を理由に中止された。

AVR（→自動電圧調整器）

AVT [all volatile treatment] 全揮発性薬品処理のこと。水質調整剤として揮発性物質であるアンモニア・ヒドラジンを用いるもので、一般に高圧ボイラに適用される。アルカリ腐食の懸念がない上に、ボイラ水の全蒸発残留物の濃度を可能な限り低く抑

えられるので、蒸気純度の向上が図られる。PWR原子力発電所の2次系統の水処理方法としても適用されている。

B

BETTA（イギリス電力取引送電制度）[British Electricity Trading and Transmission Arrangements] プール制に代わり、イングランド・ウェールズ地域で導入された卸電力取引制度（NETA）の枠組みをスコットランド地方へ拡大するため、2005年4月より新たに導入された卸電力取引制度。単一の送電系統運用者が、所有者の異なる三つの送電系統を、一つの送電系統のように運用する点が、NETAとの大きな相違。送電線の使用料には、発電事業者に対する発電側料金と、供給事業者に対する需要側料金の二種類があり、地域別ゾーンによってその価格が大きく異なる料金体系となっている。

BE社（ブリティッシュ・エナジー社）[British Energy] 中央発電局（CEGB）の原子力発電設備を引き継いだニュークリア・エレクトリック社と南スコットランド電気局の原子力発電設備を引き継いだスコティッシュ・ニュークリア社を1996年に合併・民営化して設立された原子力発電会社。BE社は、八つの原子力発電所と一つの石炭火力発電所を所有しており、2006年6月現在、イギリスにおける販売電力量ベースで約20％のシェアを占める同国最大の発電事業者。BE社は2002年秋に卸電力価格の下落により経営破綻の危機に陥ったが、政府の緊急融資により経営破綻は回避された。

BNFL（イギリス原子燃料会社）[British Nuclear Fuels PLC.] イギリスの原子燃料サイクル部門を担当する会社。1971年にイギリス原子力公社の生産部門が独立して設立され原子燃料の製造、再処理、ウランの濃縮およびリサイクル、廃棄物の処理を行っている。天然ウランから六フッ化ウランへの転換および燃料の成形加工は、スプリングフィールズ工場にて行われている。また、濃縮はカーペンハースト濃縮工場で遠心分離法を用いて行われている。同工場は、イギリス・オランダ・ドイツの共同ウラン濃縮会社（URENCO）の所有であるが実質的にはBNFLが運転している。さらに再処理は、同社のセラフィールド工場でマグノックス燃料のみが再処理されていたが、1994年にTHORP（Thermal Oxide Reprocessing Plant）が操業を開始し、軽水炉燃料およびAGR燃料も再処理を行うようになった。2005年4月には、原子力廃止措置機関（NDA）が発足したことを受けて、BNFLが所有するすべての施設の所有権がNDAに移管されている。

BOD（生物化学的酸素要求量）[biochemical oxygen demand] 水の汚染度を示す指標の一つで、水中の汚濁物質（有機物）が微生物により酸化分解されるのに必要な酸素量のこと

BPR [Business Process Reengineering] 企業活動に関する目標を達成するために業務内容や業務の流れ、組織構造を分析、最適化すること。組織や事業の合理化を伴うことが多く、通常、高度な情報システムが取り入れられる。

BWR(沸騰水型炉) [boiling water reactor] 主としてアメリカで開発された軽水炉(減速材、冷却材に軽水を使用する炉)の一種で、燃料には低濃縮ウランを用いる原子炉である。この炉型では、炉心内で直接軽水を沸騰させ、熱交換器を使わず炉内で発生した蒸気を直接利用するので、熱交換によって温度が下がり熱効率が悪くなるのを防ぐことができる利点がある。その他、この炉型の特徴としては、①出力が上がり炉心の蒸気泡(ボイド)が増えると反応度が減る、いわゆる自己制御性があって安定である、②タービンへ送られる蒸気には放射能があるので放射線対策が必要である、③再循環流量の加減によりボイド量を加減できるので原子炉出力を容易に制御できる、等があげられる。

C

C_3級、C_2級、C_1級 [C_3class C_2class C_1class] 主として食品の鮮度管理を目的として、各種食品に適した温度(保管温度)で保管する設備のうち、冷蔵庫の保管温度は、C_3級(0℃)、C_2級(-6℃)、C_1級(-15℃)が標準である。たとえばC_3級の温度制御範囲は、-2～-10℃である。

CANDU炉 (カナダ型重水炉) [canadian deuterium reactor] 名前が示す通りカナダで開発された原子炉で、減速材に中性子を吸収しにくい重水を使用しているため、燃料として天然ウランを使える有利さがある反面、炉心が大きくなることや、圧力管型原子炉の採用により構造が複雑になる等、不利な点もある。CANDU炉にはカランドリアタンクと呼ばれる横置きのステンレス製タンクに、減速材の重水が収められており、約500本のカランドリア管がカランドリアタンクを軸方向に貫通している。この中に燃料、冷却材を収容する圧力管が挿入されている。

原子炉の出力制御は、カドミウム製の制御棒のほかに、炉心の出力分布を調整するために軽水を利用した領域ごとの軽水制御管も備えている。また、初期炉心の余剰反応度の吸収は減速材中にホウ酸を注入することにより行っている。また、停止用としてはカドミウム製の停止棒を用いているが、バックアップ系として減速材へのガドリニウム注入系統も備えている。さらにステンレス鋼製の調整棒を常時挿入しておき、出力平坦化や短時間停止後の再起動時のキセノンの効果を補償するため、引き抜いて正の反応度を添加する設計と

なっている。

CCL（気候変動課徴金）（イギリス）[Climate Change Levy] 温室効果ガス排出量の削減を目的として、家庭および輸送を除く各部門で消費されるエネルギーに対して課税する制度で、2001年4月に導入。徴収されたCCLは、エネルギー効率利用対策財源および商工業部門における従業員の国民保険負担金の減額財源として利用される。

CDT（サイクリック・デジタル、情報伝送）[cyclic digitaldata transmission equipment] 連続的に変化する複数の情報を高信頼度・高効率伝送するため、データを周期的にサンプリングしたうえ符号化（コード変換）してデジタル伝送する装置である。コンピュータとの結合やデジタル表示が容易であること、遮断器等のOn-Off情報や電圧等の数値情報の伝送も可能であること、数ワードを使って任意情報を伝送するメッセージ伝送も可能であること等から、従来のアナログテレメータやスーパービジョンに代わって広範囲に採用されるようになった。1969年に電気学会通信専門委員会でCDT装置の仕様基準をとりまとめ、方式の統一化が進められ、遠隔監視制御装置もCDT方式のものが主流を占めていた。現在はCDT方式と効率的かつ柔軟性の高いパケット方式を採用したHDLC形遠隔監視制御装置が混在して使用されている。

CDT方式 [Cyclic Data Transfer] マスタレス、トークンバス方式におけるノード間の情報のやり取りに用いる方式の一つ。サイクリック伝送では、各ノードが常時順番に最新データを放送し、これを必要とする全ノードが同時に受信する。したがって、各ノードが個々に必要ノードと1：1で周期通信する方式の場合のように、ノード数のべき乗で回線負荷の増大を招くことはない。また、各ノードがデータを放送する周期が必ず一定時間以内になるように保証される。なおCDT方式では、ネットワーク上に一つの8Kビット＋8Kワードのコモンメモリと呼ばれる仮想メモリ空間が情報のアドレスとして用いられ、各ノードの発信データはあらかじめこの空間上のどこかに割り当てられている。

CEA（中央電力庁）（インド）[Central Electricity Authority] 1948年電力供給法により設置され、インドにおける国家電力政策や料金政策等電力行政全般について電力省に助言する役割を果たす官庁。また、発送配電、電力取引、電気料金等電気事業全般の情報を蓄積、公開している。以前は、発電部門全般の技術・料金認可を行っていたが、2003年電気法により水力発電部門を除き撤廃された。

CEGB（中央発電局）[Central Electricity Generating Bord] 1954年電気法に基づき設立されたイングランド・ウェールズ地域における国有発送電公社。1989年電気法の施行により、1990年3月に発電3社（National

Power社、PowerGen社、Nuclear Electric社）と、送電1社（National Grid社）に4分割され、それぞれ株式会社化された。

CENTREL（中東欧電力供給機構）1992年に結成されたポーランド、チェコ、ハンガリー、スロバキアの東欧4カ国の連合機関。UCPTE（欧州発送電協調連盟、現UCTE）系統との連系条件の準備を進めてきた。電力系統を拡充するに当たっての調整、経済的な電力融通、他の系統との調整と協力等が行われ、1992年10月にプラハでCENTREL系統をUCPTE系統へ連系するにあたっての技術的、組織的、電気事業上の対応策をまとめ、発表した。1995年10月に4カ国の系統がUCPTE系統と連系した。その後、CENTREL4カ国の系統運用者は、UCTEの正式メンバーとなっている。

CFC（クロロフルオロカーボン）[chlorofluorocarbon] いわゆるフロンの一種で、炭素、フッ素および塩素からなる物質である。洗浄剤、冷却剤、発泡剤、噴霧剤等として広く使用されてきた。化学的に安定な物質であるため大気中に放出されると対流圏ではほとんど分解されずに成層圏に達する。成層圏において太陽からの強い紫外線を浴びて分解し、塩素原子を放出するが、この塩素原子が触媒となってオゾンを分解する反応が連鎖的に起きる。この反応を繰り返しながらオゾンを分解するため、多数のオゾン分子が次々に破壊されることとなる。1974年、米国カリフォルニア大学ローランド教授およびモリーナ博士によって、人工化学物質CFCが成層圏のオゾン層を破壊することが初めて明らかにされ、人や生態系に影響が生じうると警鐘が鳴らされたことを契機に、オゾン層保護のための取り組みが進めらた。オゾン層を破壊するCFCやHCFC（ハイドロクロロフルオロカーボン）は、京都議定書の対象物質とはなっていないものの、地球温暖化係数が大きく、排出抑制は結果的に地球温暖化防止にも大きな貢献を果たすことになる。

CFE（メキシコ電力公社）[Comisión Federal de Electricidad] 1933年の大統領令に基づき、1937年に設立された発送配電一貫のメキシコの電気事業者である。1960年に国有化され、1961年以降の新規電源開発はCFEが行うことになった。1960年代には電灯電力の他、多数の私営電力会社を吸収し、以来、電気事業を実質的に独占してきたが、1992年に電力公共サービス法が改正され、私企業が発電市場と電力の輸出入に参入できることになった。CFEは一部地域を除いて全土に独占的に電力供給を行っており、発電設備、送配電設備とも全体の90％以上を有している。

CIF [cost insurance and freight] 通常、輸入価格はCIF金額をもって表示される。CIFの構成は次の3要素からなる。

　Cost：FOB価格

Insurance：航海中の危険に対する貨物の保険料

Freight：積地から揚地までの輸送運賃

通常の貿易取引は、FOB契約、C&F（保険料をはぶいた運賃込み渡し）契約、CIF契約に分類されるが、それは輸送と保険の手配を輸出者、輸入者のいずれかがするかによるものであり、どの場合でも最終的には輸入者がCIF全額を負担することになる。なお輸入者は、この他に輸入金融コスト、諸税、検定料等も負担している。

CIS産ウラン 独立国家共同体（CIS: Commonwealth of Independent States）とは、旧ソビエト連邦の12カ国で形成された国家共同体。ロシア、カザフスタン、タジキスタン、ウズベキスタン、キルギス、ウクライナ、ベラルーシ、モルドバ、アルメニア、アゼルバイジャン、グルジアの11カ国の他、トルクメニスタンが準加盟国として参加しており、これらの地域から採取可能なウランのこと。

CIS電力会議 1992年2月、CIS（独立国家共同体）諸国間の電力分野での相互協調を行うため発足させた調整機関。電力系統運用原則の統一、電力や発電用燃料の相互融通に関する国家間協定作成、緊急時の電力融通体制の確立、系統信頼度の向上等に関する取り組みに重要な役割を果たし、CIS諸国の電力系統の連系再開を推進している。この結果、2000年6月、ロシア単一電力系統とカザフスタン全国電力系統の同期運用が再開され、同年9月には中央アジア統合電力系統（キルギスタン、タジキスタン、トルクメニスタン）とカザフスタンとの同期連系が初めて実現された。2001年8月にウクライナとモルドバ間も同期連系され、2001年秋からはCIS加盟国12カ国のうちアルメニアを除く11カ国の電力系統が同期運用を行っていたが、さらにバルト3国との同期運用も行われている。

CNSC（カナダ）[Canadian Nuclear Safety Commission] 1997年に成立した原子力安全・管理法に基づき、同法が発効した2000年に旧原子力管理委員会（AECB）に代わって正式に設立されたカナダ連邦政府の独立規制機関。旧AECBは、1946年の原子力管理法に基づき設立され、原子力に関する健康、安全、セキュリティ、環境等について規制してきた。また主務大臣（現在は天然資源大臣）を通じて連邦議会への報告義務を負っていた。CNSCは、原子力の発電施設や研究施設の他、他のさまざまな核物質の利用、たとえば、癌治療に使用される放射性同位元素、ウラン鉱山や精錬所の操業、石油探査用や降雨測定器といった装置での放射性源の利用についても規制する。

CO_2回収・固定技術 [CO_2 Recovery and Fixation Technology] CO_2（二酸化炭素）濃度の増加に関連した地球温暖化問題は、エネルギー消費と

密接に関係している。このため電気事業では、原子力発電を中心としたバランスのとれた電源構成の推進、発電所における熱効率の向上、送配電設備における電力損失の低減等を通し、CO_2排出量の抑制に努めている。さらに、地球温暖化問題の今後の不確実性の中で、電気事業としては、考えられる対策の一つとして、CO_2回収、固定に関する技術的、経済的可能性の評価を行っている。火力発電所排ガスからのCO_2回収方法としては、CO_2と吸収液の化学反応を利用する化学吸収法やCO_2をゼオライト等の吸着材に選択的に吸着させる物理吸着法の研究が進んでいる。

これらの技術を火力発電所排ガスに適用する場合、処理規模が格段に大きくなることから、コストと所要エネルギーの低減に目途を得るため、研究を進めている。CO_2固定技術には、化学的固定と生物的固定がある。化学的固定技術は、CO_2からアルコールや炭化水素を合成するものであるが、基礎研究の段階であり評価は困難である。生物的固定には、微細藻による排出源からのCO_2固定や植林による大気中からのCO_2固定がある。しかし、生物的固定法は、コストや海外における受け入れ体制等の問題が指摘されている。

また、その他の固定技術として地中貯留技術があり、回収技術と組み合わせたCO_2回収・貯留技術（CCS：Carbon-dioxide Capture and Storage）は温暖化防止対策の革新的技術との位置づけで近年注目されている。しかし、CCSの国内実施については現時点では技術面、コスト面等課題も多く、今後も技術開発が必要である。

CO_2排出原単位[CO_2 Emissions Intensity] ある活動によって消費したエネルギー使用量当たりのCO_2排出量の標準的な分量をCO_2排出原単位という。電気事業においては、発電電力量1kWh当たりのCO_2排出量として、CO_2排出量を使用電力量で除した、使用端CO_2排出原単位が用いられている。電源別の燃料燃焼によるCO_2排出原単位は、多いほうから石炭火力（約800g-CO_2/kWh）、石油火力（約700g-CO_2/kWh）、LNG複合火力（約400g-CO_2/kWh）の順になっている。化石燃料を使わない原子力、太陽光、風力等の電源は発電時にCO_2を排出しない（設備・運用面におけるCO_2排出を考慮してもCO_2排出原単位は非常に低い水準）。

COD（化学的酸素要求量）[Chemical oxygen demand] 水の汚染度を示す指標の一つで、水中の被酸化性物質（有機物、硫化物、第一鉄、アンモニア等）を酸化剤で酸化し、残った酸化剤の量から消費された酸素量に換算したもの。海水や湖沼の汚濁状況を測る代表的な指標で、単位はmg/Lで表示する（10mg/L≒10ppm）。水が汚れていれば有機物等の被酸化性物質も多く、それだけバクテリアの分解に必要な酸素量が増えるわけで数値が高いほど汚染がひどい。酸化

剤には過マンガン酸カリウム（KMnO$_2$）あるいは重クロム酸カリウム（K$_2$Cr$_2$O$_7$）が用いられる。日本の環境基準等においては、過マンガン酸カリウムによるCODMnが採用されている。

COG（→コークス炉ガス）

COP（成績係数）[coefficient of performance] 1 kWの電力の熱量で、どれだけの能力の熱量が得られるかを示すもの。たとえばCOP＝3といえば、1の電気で3の暖房（または冷房）ができることを示す。

CRM [Customer Relationship Management] 個々の顧客とのやり取りを一貫して情報システムで管理することにより、企業が顧客と長期的な関係を築く手法。顧客のニーズにきめ細かく対応することで、顧客の利便性と満足度を高め、企業と顧客との利益を一致させることを目的としている。

CVCF（交流無停電電源装置）[constant voltage constant frequency] 変電所において、電圧変動や瞬断が許されない所内負荷や、短時間停電でも運転や保安確保に支障を及ぼすような所内負荷に供給する電源には、無停電交流電源が必要である。そのための一つの方法として、CVCFを設置する方法がとられている。CVCFは、商用交流電源をいったん直流に変換して内蔵する蓄電池を充電する一方、直流を再び商用周波交流に変換して負荷に電力供給し、商用交流電源が何らかの理由により停電したり電圧変動が発生した場合には、内蔵する蓄電池を電源とする直流を交流に変換し、負荷への電力供給を瞬断なく継続する装置である。なお、一般的には同種装置はUPS（Uninterruptible Power Supply）と呼称されることが多い。

CVケーブル [cross linked polyethylen insulated] 架橋ポリエチレンを絶縁体とし、防食層にポリ塩化ビニルを使用したケーブル。1965年頃から配電ケーブルとして使用が開始されたが、高電圧化に向けて、絶縁体中のボイド・水分量の減少のため水蒸気を用いない乾式架橋方式の採用、絶縁体の界面の平滑化および密着化のため三層（内部半導電層、絶縁体、外部半導電層）同時押出し方式の採用等製造技術の改良が進み、現在では77kV以下では、従来のSL・OFケーブルに代わり一般的に採用されている。また、最近では、275kV、500kV級への採用も実施されており、コストを低減するため、プレハブジョイントの採用、絶縁厚の低減、ケーブルの長尺化等もあわせて実施されている。CVケーブルの特徴としては、OFケーブルに比較して、①ケーブルの発生損失が小さい、②導体の最高許容温度が高く（90℃）とれるため電流容量が大きくとれる、③軽量のため取り扱いやすく、敷設が容易である、④油そう等の付帯設備の必要がないため、設備の簡素化が図れる、⑤固体絶縁であるため高低差の大きい場所でも使用できる、等の利点が

ある。

CWM（石炭スラリー製造技術）[coal water mixture]細かく砕いた石炭(微粉炭)と水の混合物であり、石炭を固体としてではなく、石油のようにパイプライン輸送やタンク貯蔵を目的として、液体として取り扱うことを可能とする目的で製造される燃料のことである。これにより、石炭に比較して、貯炭場等の広い用地を必要とせず、自然発火や粉塵飛散を抑えることができる。ただし、単に石炭を水に混ぜても液体にはならないので、通常は界面活性剤を少量混ぜること等により液体化を可能にしている。石炭の比率は、一般的に約70％（重量比）である。1980年代よりボイラの代替燃料として、研究開発が行われ、実証試験も終了し実用化されているが、石炭単独燃焼より経済性が劣るため、本格的な普及には至っていない。

D

DF（→除染係数）
DME（→ジメチルエーテル）
DOE（エネルギー省）（アメリカ）[Department of Energy] アメリカ・カーター政権下の政策の一環であったエネルギー行政の一貫化を目的として、1977年のエネルギー省設置法に基づき、従来の連邦エネルギー庁（FEA）、連邦動力委員会（FPC）、エネルギー研究開発庁（ERDA）を統廃合し、さらに内務省、国務省、州際商務委員会、商務省、住宅都市開発省等のエネルギー関連機能を移管し、12番目の閣内省として1977年10月に発足した。同省の主な所掌事項は、エネルギーに関する節約、資源開発と生産、研究・開発、情報処理、規制等である。

DP手法[Dynamic Programming] 動的計画法は、ベルマンの最適性の原理（初期の状態、初期の決定が何であろうとも、残りの決定が最初の決定から生じた状態に関して適切でなければならない）を利用して、ある大規模な問題の最適性を求める場合に、小規模な問題ごとに段階分けし、各規模ごとの解析をそれぞれ1回ずつ行いその結果を記憶し、各小規模ごとに得られた解から元となった大規模問題の最適な解を求める、最適化問題の解析に使用される総合経済性評価手法の一つである。実際の電力系統の経済運用における最適な解を求める場合は、水・火力系統を総合して考える必要があり、これについては一定期間内における、各貯水池の始めと終わりの貯水量が定められた水・火力併用系統の最適化問題を、各時間帯ごとの最適配分問題として計算し、これから全時間帯の合計燃料費が最小となるような運用計画を求められる。動的計画法等の総合経済性手法は、系統全体の状況把握ができるため、長期的な運用計画の方向性を得るのには適しているが、対象発電所が多くなると計算規模が非常に大きくなるデメリットもある。

DSS(日間起動停止)[daily start stop] 供給電力は、時々刻々と変化する需要に対応して変化させる必要がある。近年は昼間と夜間の電力需要の差がますます広がり、昼間と夜間では火力発電所の発電機を停止して供給力を調整している。負荷変動が激しい需要のピーク部分に対しては揚水式水力、小容量火力、調整池式水力、一部石油火力が分担する。負荷変動の少ないベース部分に対しては原子力、大容量石炭火力、自流式水力が用いられる。ピーク部分とベース部分の中間帯の需要を受け持つ電源として、一部石油火力、LNG(液化天然ガス)火力があり、毎日起動停止することが必要になる。このためには起動停止の容易さ、起動時間の短縮、機器寿命の維持、起動損失の低減、部分負荷効率の向上等が要求され、タービンバイパス系統の設置、変圧運転方式の採用、熱応力低減対策等の設備改善を実施している。

DV電線 電柱から需要家までの低圧架空引込み用として使用される、引込み用ビニル絶縁電線(polyvinyl chloride insulated drop service wires)の略称である。単芯のビニル被覆電線2本または3本をよりあわせて構成したものであり、引込線として複数の単線を使用するよりも、占有スペースが少なく設備が簡素化され、ケーブルに比べても経済的であり、また工事における作業性も良い等の利点がある。

DWDM [dense wavelength division multiplex] 高密度波長分割多重方式のこと。WDMと同じ技術によるものであるが、使う波長の間隔を非常に狭くして、より多数の光信号の多重化を行う方式。WDMが通常数十の光信号の多重程度だったのに対して、数十〜数百の光信号の多重等も実現でき、通信事業者のバックボーン等で利用されている。しかし、光源の温度管理が非常に難しい問題もあり、装置は高額なものとなっている。

E

EAGLEプロジェクト[Coal Energy Application for Gas, Liquid & Electricity] 石炭は世界中に広く賦存し、埋蔵量が多いことから、将来に亘って安定供給が見込める重要なエネルギー資源として位置付けられている。しかしながら、石炭は単位発熱量当たりのCO_2(二酸化炭素)発生量が他の化石燃料に比べて多く、燃焼時にばいじん、NO_X(窒素酸化物)、SO_X(硫黄酸化物)を排出するため、環境に調和した利用を進めるためには、高効率化およびクリーン化が要求されている。そこで、本研究開発では、石炭使用量150t/dの石炭ガス化炉(1室2段旋回流型噴流床炉)を主体とするパイロット試験設備を用いて、高効率で合成ガス($CO+H_2$)を製造でき、低灰融点炭から高灰融点炭までの多炭種に対応可能な酸素吹1室2段旋回流ガス化炉を開発し、化学原料用、水素製造用、合成液体燃料

用、電力用等幅広い用途への適用が可能な石炭ガス化技術および生成ガスからのCO_2分離回収技術の確立を目指している。なお、本研究開発期間は1998年度から2009年度までの12年間としている。

ECCP（欧州気候変動プログラム）[European Climate Change Program] EUは京都議定書の目標達成に向けて必要となる政策や手法を議論し発展させるため、2000年6月、欧州委員会、加盟各国、産業界、環境団体等から構成する欧州気候変動プログラム（ECCP）を開始した。ECCPは、エネルギー、輸送、産業に焦点をあわせ、柔軟性措置（京都メカニズム）の活用等、より費用対効果の高い温室効果ガス削減手法を提案しており、2005年10月からは、第2次ECCPを開始している。

ECCS（非常用炉心冷却系）[emergency core cooling system] 工学的安全施設の一つであって、原子炉に冷却材喪失事故が起こった際、直ちに冷却材を炉心に注入して炉心を有効に冷却する設備。原子炉の一次冷却系のいかなる大きさの配管破断に対しても炉心を冷却できる容量を有している。沸騰水炉の場合には高圧炉心スプレー系、低圧炉心スプレー系、低圧注入系および自動減圧系からなる。構成され、加圧水炉の場合には低圧注入系は大破断の場合に、原子炉補助建屋に設けられた低圧注入ポンプにより、燃料取替え用水タンクのほう酸水を原子炉容器内に注入して炉心を冷却する。蓄圧注入系、高圧注入系および低圧注入系から構成される。加圧水炉では、一次冷却系に大破断が生じた場合に、蓄圧注入系が原子炉格納容器内に設けられた蓄圧タンクよりほう酸水を炉内に自動的に注入し、炉心の早期冷却を行う。高圧注入系は破断が小さく一次系の圧力が下がらない場合に高圧注入ポンプによりほう酸水を原子炉容器内に注入し、低圧注入系は大破断の場合に低圧注入ポンプによりほう酸水を原子炉容器内に注入して炉心を冷却する。

ECNZ（ニュージーランド電力公社）[Electricity Corporation of New Zealand] ニュージーランドにおいて国有企業法の制定により1987年に設立された国有企業。政策立案機能を除く電力事業全般を担当していたが、発電市場の競争導入に伴い、メリディアン・エナジー社、ジェネシス・パワー社、マイティ・リバー・パワー社の国有3社に分割され、すべての発電資産は新会社へ移管された。現在は、その新会社のための法律問題対応を主要業務としている。

EDC（→経済負荷配分制御）

EDELCA（国営カロニ河電源開発公社）（ベネズエラ）[Electrification del Caroni] ベネズエラの発電電力量の70％を賄う国営電気事業者。EDELCAは水力発電の開発促進を目的に設立され、1963年に法人化された。ベネズエラ南東部Guayana地区にあるカロニ河流域の水力開発を行ってきた。

世界第2位の規模を誇るGuri水力発電所(出力887.5万kW)や、Macagua水力発電所(出力36万kW)、Macagua Ⅱ・Ⅲ水力発電所(出力257万kW)等、国内のほぼすべての水力発電設備を所有している。

EDF（フランス電力会社）[Electricité de France] 1946年電気・ガス事業国有化法によって、フランス全土に供給を行う発・送・配電一貫の垂直統合型の国有電力会社、フランス電力公社が設立された。その後、国内の発送配電事業を独占的に行ってきたが、2000年の電力自由化法制定により、送配電事業の機能分離が行われた。さらに2004年には、EDF・GDF株式会社法により株式会社化・部分民営化が開始され、2005年11月にパリ証券取引所にEDFの株式が公開されるに至った。2005年末時点でのEDFの株主資本は政府87.3％、一般投資家10.8％、従業員1.9％がそれぞれ所有している。

EDLC（→電気二重層キャパシタ）

EEC（エネルギー効率目標制度）（イギリス）[Energy Efficiency Commitment] イギリスにおいて1万5,000件以上の需要家に供給する電力・ガス小売事業者に対して、省エネルギー関連投資によって家庭用需要家のエネルギー消費量の削減を義務付ける制度で、2002年4月に導入。達成手段と費用負担方法は各事業者に任され、最も費用対効果のある方法を選択することができるが、義務不履行の場合には、2000年公益事業法違反として処罰の対象となる。

EEHC（エジプト電力持株会社）[Egyptian Electricity Holding Company] エジプトにおける発送配電事業を行う事業会社を束ねる持株会社。1960年代の電気事業国有化以降、エジプトでは発送配電事業を行うエジプト電力庁（EEA）による独占体制が続いていたが、電気事業の民営化に伴い、2000年6月にEEAは持株会社として改組され、エジプト電力持ち株会社（EEHC）となった。EEHC傘下には火力発電会社4社と水力発電会社1社、送電会社1社、配電会社9社がある。

EEI（エジソン電気協会）（アメリカ）[Edison Electric Institute] 1933年にニューヨークにおいて設立された、アメリカの私営電気事業者の全国組織である。私営電気事業の利益を代表するロビー活動機関であるとともに、電気事業全般について調査、広報活動を行っている。1930年当時、ルーズベルト政権の下で持株会社等の電力トラストの解体・整理やテネシー渓谷開発公社（TVA）の創設等、公営電力体制重視の政策がとられたため、これに対抗することを目的に設立された。1970年代後半、カーター政権により一連のエネルギー関連法案が上程され、従来以上にロビー活動の重要性が増したことから、1979年本部をワシントンD.C.に移し、もう一つの私営電気事業者の組織であった全米電力会社協会を合併した。

2007年現在、EEIの会員会社は、全

私営電気事業者需要家の95％、また全電気事業者需要家の約70％に電力供給を行っている。国内私営電気事業者のほか、国外の主要電気事業者も国際準会員となっている。

EES（ロシア単一電力系統社）[RAO–Unified Energy System of Russia] ロシア電気事業の民営化に伴い、1992年8月の大統領令に基づき設立された全国規模の電力会社。EESは、持株会社として地方電力株式会社72社の株式の49％以上を保有し、原子力以外の主要発電所（30万kW以上の水力、100万kW以上の火力）、送変電設備（220kV以上）を所有し、発電および送電業務に直接携わっていたが、発電所の分社化、さらには2001年7月の政府決定に基づく電気事業の再編によるEESの分割によって次第に管理業務へと特化している。EESの株式は2005年末現在、政府が52.68％を保有し、残りは市場に開放されている。

EGAT（タイ電力公社）[Electricity Generating Authority of Thailand] タイ全土の発送電を担当する電力公社。総理府の管轄下にある国営企業で、1969年に三つの発電公社を合併して発足し、タイの二つの配電会社（MEA、PEA）に電力卸売供給を行うほか、大口需要家へ直接供給を行っていた。しかし、現在は発電部門の自由化により子会社の設立や外資等の民間資本の発電参入により、電力の購入も行っている。また、ラオスやマレーシアとの電力融通も行っている。EGATは、2005年6月に株式化し株式会社となった。同年11月には、株式公開も予定されていたが、高等行政裁判所によって株式公開が一旦差し止められ、2006年3月EGATを株式会社化する法令が高等行政裁判所により違憲と判断され、その法令の無効、上場差し止めが命じられ、現在では国営会社となっている。2005年7月に社名がEGAT Public社に変更された。2006年9月のクーデターにより発足した暫定内閣は、EGATの民営化検討を次期政権に任せるとしている。

EI（→日本電力調査委員会）

EMTP [electro magnetic transients program] 米国エネルギー省ボンネビル電力局（BPA）において開発された汎用過渡現象解析プログラムである。EMTPは電力系統における各種の定常および過渡現象の解析を主な目的としているが、等価的に電気回路で表現できるものであれば、電気現象以外の事象も計算できる。計算できる回路は集中定数素子、集中定数多相π型回路、多相分布定数回路、非線形抵抗、非線形リアクトル、時変抵抗、スイッチ素子、整流素子、変圧器、各種電源、各種回転機、制御回路等によって構成されるものである。EMTPは雷サージ解析、開閉サージ解析、系統故障発生時の異常現象の解析（近距離線路故障、持続性交流過電圧解析等）、機器内部の異常現象の解析、制御回路解析、交直変換システム解析、軸ねじれ共振

(SSR)解析等に使用されており、機器設計、電力系統の絶縁設計、設備故障原因究明等に効果をあげている。

ENEL（イタリア電力会社）[ENEL SpA] 電力国有化法により、垂直統合型の国有電力公社として1962年に設立。国際的な民営化の流れを受け、1992年に株式会社形態（S.p.A）に移行した。さらに1999年には電力自由化の一環として、発・送・配・その他事業部門別に分社化した子会社を統括する持株会社に生まれ変わるとともに、同年株式の約3分の1が民間に放出された。自由化を定めた国内法の規定により、2003年以降、国内供給電力量の50％以上のシェアを占めることができなくなり、1,500万kWの発電設備を売却した。この結果、発電部門に占める割合は2005年末時点で39％にまで低下している。

E.ON [E.ON AG] 2000年に、ドイツ第二位の電力会社であったプロイセンエレクトラ社を傘下に置くVEBA社と第三位の電力会社であったバイエルンヴェルク社を傘下に置くVIAG社が、合併して誕生したヨーロッパ最大級のエネルギー事業者。2002年にイギリスの大手電気事業者のパワジェン社を買収したほか、2003年にはドイツ最大のガス事業者ルール・ガス社を買収。そのほかアメリカ、北東欧諸国の電力・ガス事業者の買収等により勢力を拡大する一方、非コア事業の売却によりエネルギー事業への集中化を図っている。

EOR（石油増進回収）[Enhanced Oil Recovery] ガスやケミカルを油層中に注入し、原油と高圧下で混合させ、油層内の原油の流動性を改善し、回収を容易にする技術である。地下の深度800m以深では、静水圧のみで8MPa以上になり、CO_2（二酸化炭素）は超臨界流体になっている。また地下の温度は深度と共に上昇し、1,000ないし1,500m以深では、ほぼ臨界温度以上となり、急激な圧力低下が起こっても、沸騰現象は起きない。このことから、CO_2が超臨界状態になる、1,000m以深の油層で適用可能と言われている。原油増進回収法に関しては、EORのほか、水平坑井法等を加えたIOR（Improved Oil Recovery）という広義の言葉も近年使用されている。

EPR（欧州加圧水型炉）[European Pressurized Water Reactor] EPRは、フラマトム社およびシーメンス社が共同出資しているニュークリア・パワーインターナショナル社（NPI）で開発された次世代加圧水型炉である。EPRは発電機出力1,600MW、正味発電所出力1,520MWの4ループPWRであり、基本構成および主要機器は在来PWRと同様であるが、大型化とともに経済性および安全性の一層の向上を図り、とくに過酷事故発生確率の低減と安全確保に重点が置かれている。開発は1989年に開始され、フィンランドのOlkiluoto-3が建設中である。2007年11月AREVA Nuclear Power社は、EPRの設計証明（DC）

申請をNRCに提出している。Evolutionary Power Reactorともいう。

ERGEG（欧州電力・ガス規制機関グループ）[European Regulators' Group for Electricity and Gas] 欧州委員会の電力・ガス規制に関する諮問機関。EUでは2000年、市場統合に向けた各国規制機関の協力体制構築を目的に、欧州エネルギー規制機関協議会（CEER）が創設された。2003年12月には、これに加えて、EU加盟国における改正EU指令（2003年）の円滑な適用を支援することにより、EU域内単一市場の創設に向けた取り組みを行うことを目的に、欧州委員会の諮問機関としてERGEGが創設された。

ESBWR [Economic and Simplified Boiling Water Reactor] すでに確立しているBWRを基本とした簡易型BWRであり、出力4,000MWt、140万kWe級の自然循環冷却式受動安全沸騰水型原子炉である。2005年5月GE社は、ESBWRの設計証明（DC）申請をNRCに提出している。

ESCJ（→電力系統利用協議会）

ESCO事業 [Energy Service Company] 工場や事務所、オフィスビルや商業施設、公的施設等に対して、ESCO事業者が、省エネルギーに関する包括的なサービスを提供し、その事業によって得られた省エネルギー効果（メリット）の一部を報酬として得る事業のこと。ESCO事業者は、改善計画段階において省エネルギー効果を保証し、その効果が達成されなかった場合の損失を補償する（パフォーマンス契約）。

もともと第二次石油危機後にアメリカで盛んになった手法で、日本では1990年代半ばからESCO事業者が登場しはじめ、現在では、有効な省エネルギー推進手法として普及している。包括的なサービスとは、次の五つすべて、またはいずれかの組み合わせで構成される。①省エネルギー方策発掘のための診断・コンサルティング、②方策導入のための計画立案・設計施工・施工管理、③導入後の効果の計測・検証、④導入設備・システムの保守・運転管理、⑤事業資金の調達・ファイナンス

Eskom（南アフリカ）[Eskom Holdings Limited] 南アフリカで、1922年に成立した電気法によって設立された、発送配電を一元的に行う電気供給委員会（Escom：Electricity Supply Commission）。1987年電気法により委員会方式から略称であるEscomをそのまま名称とする公社形態に再編成され、企業名Eskomに改称された。「2001年Eskom転換法」により、2002年に持株会社Eskomホールディングスが誕生、Eskomの所有権は南ア政府に付与され、政府がEskomの株主となった。その傘下で発送配電部門が運営されている。Eskomは、南アフリカの発電および送電部門において圧倒的なシェアを占めており、販売電力量ベースでは世界有数の電気事業者でもある。

完全子会社のEskom Enterprisesを通じて、国外においてもエネルギ

ーおよび関連活動を行っている。

ETSO（欧州送電系統運用者協会）[European Transmission System Operators] 欧州域内電力市場の形成に対応して、系統アクセスと系統利用条件、とくに国際送電取引に関して欧州レベルで協調を図るために、1999年にイギリス、アイルランド、NORDEL（北欧電力協議会）、UCTE（欧州送電協調連盟）の4系統運用者団体によって設立された協会。2001年6月にEU15か国およびノルウェー、スイスの独立系統運用者32社が直接会員として参加する国際組織に組織替えが行われた。その後、スロベニアが正式会員、チェコ、ポーランド、スロバキア、ハンガリーのセントレル諸国が準会員として加わった。ETSO加盟国の電力系統は、4億人以上の人々に対し、年間約3兆kWhの電力供給を行っている。

EUETS（→域内排出量取引制度）

EURODIF（ユーロディフ）[European Gaseous Diffusion Uranium Enrichment Consortium] フランスを中心にイタリア、スペイン、ベルギー、イランの5カ国が共同出資して設立した濃縮企業体（仏国法人）で、1973年に設立された。ガス拡散法による濃縮工場（Tricastin濃縮施設（George Besse工場）：1万800tSWU／年；2007年時点）の運転を行っている。

　EURODIFの主な出資会社であるAREVA社は、2006年より、Tricastin濃縮施設に新たに遠心分離法による濃縮工場（George Besse II工場）の建設を開始した。2009年の操業開始、2016年には7,500tSWU／年の生産能力に達する予定。1万1,000tSWUまで拡張が可能。

EU電力（自由化）指令 [Directive 96/92/EC of the European Parliament and of the Council of 19 December 1996 concerning common rules for the internal market in electricity] EU諸国の電力自由化の共通規則を定めた指令。EU閣僚理事会と欧州議会の同意により1996年に成立し、1997年2月19日に発効した。同指令に基づき、加盟各国は1999年2月19日までに国内法を定め、一定限度以上の電力市場の開放を行うことが義務付けられた。その後、国によって異なる市場開放に基づく競争の歪みを是正するために、電気事業の公益的な使命を重視しながらも原則的に2007年に完全市場開放を行うことが2002年11月のエネルギー閣僚会議で合意され、2003年6月には全面自由化を規定した「改正EU電力（自由化）指令」が制定されている。

EVA（タービン高速バルブ制御）[early valve actuation] 火力タービンのインターセプト弁（ICV）高速制御による電力系統の過渡安定度向上策である。系統事故により発電機出力が低下した際に、ICVを閉鎖して機械入力を減少させ、タービンの加速を抑制する。実機への適用例では、制御開始後0.2秒でICVを全閉し、0.5秒まで保持した後、約10秒で事前出力まで復帰させる。ICV高速制御に

タービンの過速防止用の制御機構を利用できるため比較的安価に実現でき、電源制限と比較してプラントの運転継続ができるメリットがある。

Ex-ship 「着桟渡し契約」とも言われ、LNGが買主の受け入れ基地に到着し荷揚げされた時点で、所有権・危険負担が売主から買主に移転する取引。売主側が保険・輸送の手配を行い、保険料や運賃の負担は売主が負う。日本の場合、約75％をEx-shipが占めている。

F

F_1級、F_2級、F_3級、F_4級 [F_1class F_2class F_3class F_4class] 主として食品の鮮度管理を目的として、各種食品に適した温度（保管温度）で保管する設備のうち、冷凍庫の保管温度は、F_1級（-25℃）、F_2級（-35℃）、F_3級（-45℃）、F_4級（-55℃）が標準である。たとえばF_1級の温度制御範囲は、-20～-30℃である。冷凍機内には直膨式冷却器が高所に取り付けられていて、冷却器ファンで冷気を庫内循環させるようになっている。

FACTS [Flexible AC Transmission System] パワーエレクトロニクス技術を用いて、交流送電系統の系統安定化と送電容量の増大、潮流制御を図る装置の総称をいう。

SVC、TCSC（サイリスタ制御直列コンデンサ）のように実用化されているものや、SSSC（自励式直列コンデンサ）、UPFC（Unined Power Fiow Controller）、TCBR（サイリスタ制御制動抵抗器）、TCPST（サイリスタ制御位相器）、等検討段階のものがある。

FaCTプロジェクト（→FBRサイクル実用化研究開発）

FBR（高速増殖炉）[fast breeder reactor] 減速材を使用せず冷却材として液体金属（ナトリウム等）を用い、高速中性子を利用して核分裂性物質を分裂させる原子炉である。この型の原子炉では、核分裂性物質が消費する以上の割合で生成される（増殖比が1以上になる）。つまり、炉内の核分裂によって生ずるエネルギーを利用して動力を発生しながら、燃料親物質であるU-238から核分裂性物質であるPu-239を生産することができる。したがって、この炉は、天然に存在する潜在的エネルギーであるU-238を有効に利用できるので、将来の理想的な型式であると考えられている。この炉型には、①増殖比が高く、核燃料資源の有効利用度がかなり高い、②冷却材（ナトリウム）は熱伝導率が大きく、沸騰点も高いので加圧することなく高温の蒸気が得られるためプラント熱効率が高い、③軽水炉と組み合わせて燃料サイクルを形成できる、等の特徴がある。日本では動力炉・核燃料開発事業団（当時）が中心となって実用化を目指した研究開発が進められ、高速増殖炉「もんじゅ」が1994年4月に初臨界を達成したが、1995年12月に2次系ナトリウム漏洩事故を起こし、運

転を休止した。2006年8月に取りまとめられた「原子力立国計画」においては、FBRサイクルについて、2025年頃に実証炉を実現、商業炉を2050年前に開発することとされており、早期の「もんじゅ」運転再開と、発電プラントとしての信頼性の実証と運転経験を通じたナトリウム取扱技術の確立を目指すこととしている。

FBRサイクル実用化研究開発(FaCTプロジェクト)[Fast Reactor Cycle Technology Development project] もんじゅのNa(ナトリウム)漏えい事故等を契機に核燃料サイクル開発機構(現、日本原子力研究開発機構)を中心に開始された「FBRサイクル実用化戦略調査研究」ではNaを含む多様な冷却材や再処理技術等のシーズ技術のサーベィを実施し、将来のFBRサイクルの候補技術について検討を行った。

当該研究では7年間の検討成果を基に、将来の主概念として炉はNa冷却ループ型炉、サイクル技術は先進湿式法/簡素化ペレット法を選定した。2006年度以降は調査研究から主概念の実用化に向けた研究開発へと移行したことから、プロジェクト名を「FBRサイクル実用化研究開発(FaCT:Fast Reactor Cycle Technology Development)」とし、実用化に向けた研究開発を進めている。

FBR燃料 [FBR fuel] 軽水炉燃料に対してFBRに用いる燃料を言う。FBR燃料は軽水炉の燃料と異なるいくつかの特徴を有している。一般的に燃料はプルトニウムを用いたMOX燃料であり、また、プルトニウムの富化度もプルサーマルに比べて20%程度と高い。また、広く冷却材に用いられるNaは熱輸送性に優れることから燃料間ギャップは数mmと少なく、グリッド・スペーサではなく、燃料ピン周囲に螺旋状のワイヤーを巻き付けたスワイヤ・スペーサが用いられる。燃料ピン径も中心温度が高いことから軽水炉燃料に比べ細径であり、燃料体積比を大きくするため燃料ピンは三角配列とすることから集合体は六角形となる。また集合体はBWRのチャンネル・ボックスのようにラッパー管で包まれる構造が用いられる。

FDM搬送 [frequency division mltiplex carrier] 一つの伝送路を多重使用するときに、各通話路が互いに交じり合わないように周波数的に差をつけて信号を送出する方法を、FDM(周波数分割多重)方式という。伝送路に通信ケーブルを使用するFDM搬送方式は、12〜120kHzの帯域に最大12chの多重が可能である。上り、下りに別周波数を使用するため、伝送路は一回線(一対のケーブル)しか必要としないが、雑音の影響を受けやすいため良質な通信線路を必要とする。また、中継器を用いることにより、伝送距離を延長することも可能であるが、雑音も累積される。

FERC (連邦エネルギー規制委員会)(アメリカ)[Federal Energy Regulatory Commission]1977年の米国エネルギ

一省(DOE)設置法によって発足した連邦の独立規制機関。司法、立法、行政の各府から独立しており、裁定という準司法機能、規則制定という準立法機能をあわせ備えた行政委員会としてとらえられている。旧連邦動力委員会(FPC)の権限の大部分を引き継ぎ、電力と天然ガスの州際取引と連邦所有地の水力開発を規制している。また国際商務委員会(ICC)の持っていた石油パイプライン事業への規制権限を引き継いでいる。

　主な規制権限は、①天然ガスの州際配送および卸売り料金、②石油の州際パイプライン配送料金、③電気の州際送電および卸売り料金、④水力プロジェクトの許認可と検査、⑤天然ガス、石油、電気、水力の各プロジェクトに関連した環境事項の監督、⑥会計・財務報告規則および規制対象企業の行動の管理、⑦パイプライン施設のサイト選定および廃止の認可、等。電気事業関連では、この他、卸託送命令、エネルギー企業の合併審査等の権限も有している。

FFC（→定周波数制御）

FLUOREX法 [hybrid process of fluoride volatility and solvent extraction method] 乾式再処理技術の一つであるフッ化物揮発法と溶媒抽出法を組み合わせたハイブリット再処理技術。ウランを高除染で抽出可能なフッ化物揮発法を用いて使用済燃料の大部分を占めるウランを回収し、残りのプルトニウム等については湿式再処理技術を用いて回収することで、溶媒抽出工程のプロセス量を大幅に低減し、経済性向上を図る。課題としてフッ素を用いることによる腐食や溶媒抽出工程へのフッ素持ち込み、フッ化によるウランや同伴するFP等の回収技術の開発等がある。

FMCRD（→改良型制御棒駆動機構）

FOB [Free on Board]「本船渡し契約」とも言われ、LNGが売主の出荷基地でLNGタンカーに積み込まれた時点で、所有権・危険負担が売主から買主に移転する取引のことである。買主側が海上保険、海上輸送の手配を行い、保険料や運賃の負担も買主が負うことになる。

FRP管（強化プラスチック管）[fiber grass reinforced plastic pipes] 水圧管、導水管の鋼管等の代替製品として開発されたもので、露出管として使用する場合が多い。構造はカット層の内外面にフープ層、チョップドストランド層、保護層で形成している。カット層、フープ層は樹脂（強化プラスチック用液状不飽和ポリエステル樹脂）を含浸させたガラス長繊維（ガラスロービング）でできており、主に管に発生する応力を負担する。チョップドストランド層は、ガラス短繊維でできており、水密性向上を目的とした層である。管の特徴は、①鋼管等に比べて軽量である、②塗装等のメンテナンスが不要である、③継手は差し込むだけであり、据え付けが容易である、④耐薬品性に優れている、等があげられる。

　一般的に鋼管等に比較して経済性

が良く、中小水力発電所の合理化設計が図られることが多いが、施工条件によっては経済性が悪くなる場合もあり、ケースバイケースで比較検討を要する。

G

GANEXプロセス [Grouped Actinides Extraction process] フランスが将来の再処理技術として研究開発を進めている技術。フランスでは放射性廃棄物による環境負荷低減およびエネルギー回収の観点から、U（ウラン）やPu（プルトニウム）を含む全アクチニドを回収し、高速炉の燃料として利用するGAM（グローバルアクチニドマネージメント）計画を進めている。GANEX（Grouped Actinides Extraction）は、U/Puとともにマイナーアクチニウドを一括して回収する技術。

GCB（ガスしゃ断器）[gas circuit breaker] 電流をしゃ断する際に開閉器の電極間に発生するアーク放電に対し、気体を吹き付けることで消滅（消弧）させるしゃ断器である。ガスしゃ断器では、一般的にSF$_6$（六フッ化硫黄）ガスが用いられる。SF$_6$ガスは絶縁性が高く、その絶縁耐力は空気の3倍にもおよぶ。また不活性であり、熱伝導性も高いことからアーク放電によって過熱した電極を速やかに冷却することができる。このように消弧能力の極めて高い気体を使用しているため、空気しゃ断器と比較して、しゃ断性能が優れている。ガスしゃ断器が開発された当初は、SF$_6$ガスをコンプレッサーで圧縮し、しゃ断時にそれを吹き付ける、空気しゃ断器と同様のブラスト式をとっていた。その後、電極を開く動作に連動してピストンを駆動し、SF$_6$ガスを電極部分に吹き出すパッファ式が開発された。コンプレッサーを必要としない、この方式が現在の主流となっている。ガスしゃ断器は内部のガスを外部へ流出させない構造をとっており、しゃ断時の騒音も低減されており、6.6kVから500kV、1,000kVまで広く用いることができる。

GDP弾性値 [Gross Domestic Product elasticity] GDP（国内総生産）が1％変化するときに、GDPと因果関係にある経済変数が何％変化するかを表した数値。エネルギーに関しては、一次エネルギー供給や電力総需要の対GDP弾性値等が、省エネルギーの進展度合いを示す指標として利用されることが多い。たとえば、一次エネルギー供給のGDP弾性値は、（一次エネルギー供給の伸び率／GDP成長率）となるが、過去の推移をみてみると、第一次石油危機以前の1965～1973年では、GDP弾性値は1.1と1を超えているが、それ以降の1973～1985年では0.1と1を大きく下回っている。これは、石油危機以前は、経済成長と同程度のエネルギー消費の伸びが見られたのに対して、石油危機以降は、産業界を中心とした急速なエネルギー利用効率の向上（省エネ）が進展したために、エネルギ

ー消費は経済成長を大きく下回る伸び率でしか増加しなかったことを表している。1985〜1995年の10年間においては、産業部門の省エネが一巡するとともに、原油価格の低位安定等から国民全体の省エネ意識が希薄になってきたこと等を反映して、GDP弾性値は0.9と再び上昇している。直近の1995〜2005年においては、地球温暖化問題への関心の高まり等もあって、省エネ家電の普及や自動車の燃費向上・産業部門の省エネの再進展により、GDP弾性値は0.4と再び低下している。

GEMA（ガス・電力市場委員会）（イギリス）[Gas and Electricity Markets Authority] 2000年12月、「2000年公益事業法」第1条に基づき、イギリスのガスと電力市場を監視する独立規制機関として設立。GEMAが規制方針を策定し、管下のガス・電力市場局（OFGEM）が執行する。GEMAの構成は、主務大臣が任命する委員長と、委員長の協議に基づき主務大臣が任命する二人以上の委員と規定されており、2006年現在、委員長の他に委員が10名在籍する。このうち4名は執行役員として、ガス・電力市場局（OFGEM）の管理職を兼任する。

GIL（→管路気中送電線）

GIS（ガス絶縁開閉装置）[gas insulated switchgear] 空気よりも優れた絶縁特性、消弧能力をもったSF_6（六フッ化硫黄）ガスを用い、接地された金属製の密閉容器内に遮断器、断路器、接地開閉器、母線、避雷器、計器用変圧器、変流器等を収納してガス絶縁化した縮小形開閉装置をいう。ガス絶縁開閉装置は、昭和40年代の初めに日本とドイツで相前後して開発・実用化され、その後、高電圧・大容量化が進められた結果、現在では1,100kVまで開発されている。

ガス絶縁開閉装置の絶縁寸法はガス圧だけで決まるものではないが、現在は0.3〜0.6MPaのガス圧を標準として採用しており、大幅な縮小化を可能とした。またガス絶縁開閉装置で構成された変電所は、高信頼度・コンパクト、高い安全性、環境調和性、保守点検の省力化、建設工事の簡素化といった特徴があり、都市部の変電所等において開閉設備の主流となっている。

GNEP（→国際原子力エネルギー・パートナーシップ）

H

H.264 少ない情報量で動画を伝送するための動画圧縮規格。ITU-TのVideo Coding Experts Group（VCEG）によって策定され、2003年5月に勧告として承認された。H.264は従来方式であるMPEG-2等の2倍以上の圧縮効率を実現すると言われており、携帯電話等の用途向けの低ビットレートから、HDTVクラスの高ビットレートに至るまで幅広く利用されることを想定している。

HAT（Humid Air Turbine）（→湿分利用（AHAT）ガスタービン）

HCFC（ハイドロクロロフルオロカーボ

ン）[hydrochlorofluorocarbon] いわゆるフロンの一種で、オゾン層破壊物質であり、家庭用ルームエアコン、業務用冷凍空調機器、冷媒、発泡剤、洗浄剤に使用される。モントリオール議定書の削減規制対象物質である。オゾン層破壊係数はCFC（クロロフルオロカーボン）よりも小さい。また、強力な温室効果ガスである。オゾン層を破壊するCFCやHCFCは、京都議定書の対象物質とはなっていないものの、地球温暖化係数が大きく、排出抑制は結果的に地球温暖化防止にも大きな貢献を果たすことになる。

HDLC型遠方監視制御装置 [high level data link control] 無人化された変電所の運転状態を遠隔から監視制御するために、遠方監視制御装置（テレコン）が用いられている。最近では変電所の監視制御の高度化および多様化が要請されており、運転情報の詳細化および処理速度の高速化を指向している。そのため、従来のCDT形遠方監視制御装置に代わって、高速・大容量化が可能な伝送方式であるHDLC伝送方式を用いたHDLC形遠方監視制御装置が採用されている。

HDLC伝送方式では柔軟な情報伝送が可能なことから、単に固定情報を伝送するだけでなく、時刻付きの事故解析情報を必要時に伝送したり、従来は変電所集中監視制御システムで処理していた機能の中から現地の遠方監視制御装置での処理が効率的なものは現地分散処理を行い、その結果のみを伝送するという監視制御システムトータルとしての分散処理を行うインテリジェント・テレコンとなっている。しかも、HDLC伝送方式はコンピュータ間の伝送手段として汎用的に利用されているため、専用LSIがメーカーより供給されている。このLSIを使用することで、経済性と保守性の向上を同時に達成することが可能である。

HDLC方式 [High Level Data Link Control] IBMの同期データリンク制御手順（SDLC：Synchronous Data Link Control Procedure）を基にISOが定めたデータリンク層の伝送制御手順（ISO 7766）のこと。HDLCは、ビット単位でデータの伝送制御を行うので、高速性、信頼性に優れており、送信ノードと受信ノードの間で、コマンド（命令）とレスポンス（応答）のメッセージがやり取りされる。HDLCはポイント・ツー・マルチポイントでの通信を行うことができるが、現在はほとんどAsynchronous Balanced Mode（ABM）を使ったポイント・ツー・ポイントでの通信でしか使われていない。HDLCにはABMの他にNormal Response Mode（NRM）とAsynchronous Response Mode（ARM）の二つがある。

HEU協定 [HEU Deal] 1993年、高濃縮ウランの処分に関し米露政府間で締結された協定で、1994年〜2013年の20年間にわたりロシアの余剰解体核HEU500tが希釈され、USECがその濃縮役務分を買い取り、フィード分

については、ロシアTENEX社等が一部市場に出す取り決めとなっている。年間30tベースで約5,500tSWUとなり、アメリカの濃縮所要量の半分を賄う。

HIDランプ［High Intensity Discharge Lamp］金属原子高圧蒸気中のアーク放電による光源である。高圧水銀ランプ、メタルハライドランプ、高圧ナトリウムランプの総称であり、高輝度放電ランプともいう。電極間の放電を利用しているためフィラメントがなく、白熱電球と比べて長寿命・高効率である。メタルハライドランプはテレビや映画等の演出照明分野でも、その高輝度、高効率、太陽光と色温度が近い、等の特徴をいかし、ロケーション照明の主力となっている。

　近年では、ハロゲンランプに代わって自動車や鉄道車両の前照灯（ディスチャージヘッドランプ）の他、オートバイ用のヘッドライトにまで用いられる。また、植物の育成のための光源としても使用されている。

HTGR（高温ガス炉）［high temperature gas-cooled reactor］黒鉛を減速材とし、冷却材には黒鉛との酸化反応が少ないヘリウム（He）を用い、燃料として黒鉛分散型燃料（ウラン（U）とトリウム（Th）の炭化物に炭素の薄い被膜を施した微粒子を黒鉛中に混入し、外側に黒鉛スリーブをかぶせたもの）を使用する原子炉である。主な特長としては、①火力発電なみの蒸気条件が得られること、②中性子吸収の少ない材料で構成し、燃料にも金属被覆を用いないので、中性子経済が良好で転換比も大きくなる、等があげられる。

HTTR（高温工学試験研究炉）［High Temperature Engineering Test Reactor］㈱日本原子力研究開発機構で建設中の高温炉心で照射したり、高熱利を研究するための高温ガス炉である。ブロック形の燃料を用いている。熱出力は30MWである。

I

IAEA（国際原子力機関）［International Atomic Energy Agency］国際連合の専門機関の一つで、原子力の平和的利用を促進するとともに、原子力が平和的利用から軍事的利用に転用されることを防止することを目的に、1957年7月に設立された。IAEAの事業は、原子力の平和的利用に関する分野と、原子力が平和的利用から軍事的利用に転用されることを防止するための保障措置の分野に大別され、核拡散防止条約の成立後は原子力施設への査察も重要な任務となっている。2005年10月、両分野におけるIAEAの貢献が認められ、IAEAおよび同エルバラダイ事務局長はノーベル平和賞を受賞した。2007年9月現在、144カ国が加盟しており、本部はウィーンに置かれている。

IAEA輸送規則（IAEA放射性物質安全輸送規則）［regulations for the safe transport of radioactive material］核燃料物質は国際原子力機関（IAEA）

が定めた「放射性物質安全輸送規則」にしたがって国際的な運搬が行われている。IAEA輸送規則は、条約の様に各加盟国に対する拘束力は無く、各国または各関係国際機関がそれぞれ所掌する国内規則または国際規則を、それに基づいて作成するための、いわば「モデル規則」であると位置付けられている。しかし、主要国（とくに欧州）および主要な輸送関係国際機関（海上輸送の国際海事機関IMO、国際民間航空機関ICAO、国連危険物輸送専門委員会等）がIAEA輸送規則をほぼ全面的に採用することによって、実際上は国際協定と基本的には同様の効果を及ぼすに至っている。

IEA（国際エネルギー機関）[International Energy Agency] 第一次石油危機以降の国際エネルギー情勢に石油消費国が協調して対応していくことを目的として、OECD（経済開発協力機構）の枠内に1974年11月に設立された自立的機関。事務局はパリのOECD本部内におかれている。2007年5月現在の加盟国はOECDに加盟している国を中心とした26カ国である。加盟国において石油を中心としたエネルギーの安全保障を確立するとともに、中長期的に安定的なエネルギー需給構造を確立することを目的として、理事会および常設部会の定期的開催を通じ、石油供給途絶等緊急時の対応策の整備や、石油市場情報の収集・分析、石油輸入依存低減のための省エネルギー、代替エネルギーの開発・利用促進、非加盟国との協力等について取り組んでいる。全加盟国の代表より構成される理事会が、IEAの最高意思決定機関として各種決定・勧告の採択を行う。

IEC（イスラエル電力公社）[Israel Electric Corporation Ltd.] イスラエル全土にわたり電力供給を行っている発送配電一貫の特殊法人。発行株式の99.8%は政府が保有している。IECの歴史はパレスチナ電力会社が設立された1923年に遡る。当時、株式の大半はイギリスの投資家によって保有されていた。その後、建国とともに株式の大半は政府によって買収され今日に至っている。発電部門はIECの独占権が消滅し、小売供給を目的とした独立系発電事業者（IPP）の参入が可能となっている。

IERE（電気事業研究国際協力機構）[International Electric Reseach Exchange] 1968年に当時の電力中央研究所理事長・永松安佐ヱ門らの提唱により、世界の電気事業首脳者の全面的賛同を得て、「電気事業研究国際協力機構」として発足した組織。

IGCC（石炭ガス化複合発電技術）[Integrated Coal Gasification Combined Cycle] 石炭を微粉末にして高温・高圧化で酸素と反応させると、一酸化炭素と水素の合成ガスができるが、石炭中の窒素分や硫黄分は、この反応過程で大幅に減らすことができる。この合成ガスを燃焼させてガスタービンを回し、さらにガスの熱を利用して蒸気タービンも回して発電する

と、微粉末火力発電よりも大幅に発電効率を向上させることができる。これが石炭ガス化複合発電技術である。日本では1990年福島県いわき市に電力会社、電源開発㈱、電力中央研究所が共同でパイロットプラントをつくり、1991年度から運転、1996年に成功して終了した。

現在は商用化の最終段階として、電力9社と電源開発㈱が、2001年6月に設立した㈱クリーンコールパワー研究所によって実証試験が推進されている。2007年9月には、福島県いわき市で実証機の建設工事が完了し、実証試験が開始された。実証試験は2010年3月までの約2年7カ月間実施される。

IGCコード [International Gas Carrier Code] LNGの撒積運送のための船舶構造および設備に関する国際規制。LNG船の設計については、関係する船級協会や各国の関係機関の協力の下、独自の安全基準を確立していたが、LNG船の建造がグローバル化される流れを受けて、1975年、国際的な液化ガス船設計基準としてIGCコードが国際海事機関(IMO)総会にて採択された。それ以降、いかなるLNG船の建造もIGCコードに準じて行われるようになっている。なお、LNG船のタンク構造をIGCコードによって大別すると、自立型タンク方式と、メンブレン・タンク方式に分けられる。

IGFC(石炭ガス化燃料電池複合発電) [Integrated Coal Gasification Fuel Cell Combined Cycle] 石炭ガス化燃料電池複合発電システムは、多目的石炭ガス製造技術開発(EAGLE)における酸素吹1室2段旋回流ガス化炉を用いて石炭をガス化することにより、燃料電池、ガスタービンおよび蒸気タービンの3種の発電形態を組み合わせて、トリプル複合発電を行うものである。実現すれば55％以上の送電端効率が可能となり、CO_2排出量も既設の石炭火力発電と比較して、最大30％低減することが見込まれる高効率発電技術である。

燃料電池の種類には電解質に用いる材料によって、りん酸形燃料電池(PAFC)、溶融炭酸塩形燃料電池(MCFC)、固体酸化物形燃料電池(SOFC)、固体高分子形燃料電池(PEFC)等に分類される。中でもMCFC、SOFCは作動温度が高く、①ガスタービンとの組み合わせが可能であること、②石炭ガスの利用ができることから、高効率の次世代大型発電所対応技術として期待されている。

IPCC(気候変動に関する政府間パネル) [Intergovernmental Panel on Climate Change] 各国が政府の資格で参加し地球の温暖化問題について議論を行う公式の場として、UNEP(国連環境計画)およびWMO(世界気象機関)の共催により1988年に設立された組織。人為起源による気候変化、影響、適応および緩和方策に関し、科学的、技術的、社会経済学的な見地から包括的な評価を行うことを目的としている。2007年に第4次

評価報告書を発表し、20世紀半ば以降の全球平均気温の上昇のほとんどが人為起源の温室効果ガスの増加によること、現在の政策を継続した場合は世界の温室効果ガス排出量が今後20～30年増加し続け、その結果大規模な温暖化がもたらされること等を報告した。こうした活動に対し、同年にノーベル平和賞が与えられた。

IPP（独立系発電事業者）[Independent Power Producer] 発電設備のみを所有し、送電系統は所有していない卸売発電事業者の総称。日本では、1995年の電気事業法改正において、卸電気事業に係る参入許可が原則撤廃され、一般電気事業者の電源調達に係る入札制度の導入等が図られたことから、鉄鋼、石油化学、商事会社等がIPPとして新たに参入した。

IPS／UPS [Integrated Power System／Unified Power System] ロシアを中心とした旧ソ連諸国の連系系統の総称。IPSはバルト三国（ラトビア、リトアニア、エストニア）の統合連系系統（Baltic IPS）に由来し、UPSはロシアを含めた独立国家共同体（CIS）諸国（ロシア、ベラルーシ、ウクライナ、モルドバ、グルジア、アルメニア、アゼルバイジャン、カザフスタン、ウズベキスタン、トルクメニスタン、タジキスタン、キルギス）の系統連系を指す。

IP型輸送物 [industrial package] IAEA輸送規則の中で、輸送物は収納される放射能量によって「L型」、「A型」および「B型」に区分される。また、放射能の濃度が低いものや、放射性物質が表面に付着したものを対象とした「IP型輸送物」がある。IP型輸送物として運搬されるものは、低レベル放射性廃棄物や天然六フッ化ウラン等があげられる。

IP技術 [internet protocol] IP技術は現在の小規模ネットワーク（LAN）や広域ネットワーク（WAN）における主流の通信方式であり、IPとはISO（International Organization for Standards）のOSI（Open Systems Interconnection）参照モデルのレイヤ3（ネットワーク層）に位置づけられるプロトコル（データをやり取りするための手順を定めた約束事）である。情報を少量のデータに分割し、発信者、受信者等の情報を持つIPヘッダをつけたパケットと呼ばれる通信単位に変換して相手に送信するが、受信者にパケットが確実に届くことは保証していないため、確実な送受信を保証するためには上位のプロトコルにて定義する必要がある。

ISO（国際標準化機構）[International Organization for Standardization] 物質およびサービスの国際的交換を容易にし、知的、科学的、技術的および経済的活動の分野において国際間の協力を助長するため、世界的に規格類の審議・制定の促進を図ることを目的に、1947年に設立された非政府間国際機構。会員は、各国から1団体が認められており、わが国から

は、日本工業規格（JIS）の調査、審議を行っている日本工業標準調査会（JISC）が1952年閣議了解に基づき入会している。背景としては、国際貿易の拡大に伴い、従来の関税や輸入制限といったものから、規格・基準や認証制度のような技術的要因に起因する通商摩擦が増大した状況を背景に、ガットスタンダードコード（貿易の技術的障害に関する協定）が1980年に発効し、わが国も1979年に本協定に調印したことがある。

自国の規格を制定または改正する際には、国際規格を一層尊重することとなり、ISO、IEC（国際電気標準会議）等の国際標準化事業への取り組みが重要となった。主な規格項目としては、ISO-9000シリーズ（品質保証に関する国際規格）、ISO-14000シリーズ（環境管理システムと環境監査に関する国際規格）等がある。

ISTEC（国際超電導産業研究センター）[International Superconductivity Technology Center] 1963年1月、超電導に関する調査研究、基礎的な研究開発、国際交流の促進等を行うことにより、超電導研究の円滑な推進を図るとともに、超電導関連産業の健全な進展に寄与し、もって世界経済の発展に資することを目的として設立された。

J

JCO事故 [JCO Accident] 1999年9月30日、㈱ジェー・シー・オー（JCO）東海事業所転換試験棟で濃縮度18.8％のウラン溶液を沈殿槽に入れたところ臨界事故が発生した。10月1日午前、緊急技術助言組織の助言を受けて沈殿槽外周のジャケットを流れる冷却水を抜く作業を行い、10月1日6時半ごろ、約20時間続いた臨界状態が終息した。この事故では、3名のJCO社員が重篤な放射線被ばくを被り、懸命な医療活動にもかかわらず2名が死亡した。地元住民に対しては、半径350m圏内の避難および半径10km圏内の屋内退避措置がとられ、約31万人に影響が及んだ。

JOGMEC（→独立行政法人石油天然ガス・金属鉱物資源機構）

K

KEPCO（韓国電力公社）[Korea Electric Power Cooperation] 1982年、長期的な電源開発や原子力発電の促進を図るため韓国電力㈱（KEKO）を国有化して設立された公社。1989年より株式の一部を公開し、株式会社となった。KEPCOの分割民営化と競争原理に基づく電力市場の創設を計画した1999年の電気事業再編計画に基づき、2001年発電部門が発電子会社6社に分割された。しかし、KEPCOの労働組合の反対等により、発電部門以外への改革は進まず、2004年に送電、配電および小売部門の改革は中止された。2006年現在、政府の株式保有比率は51％となっている。

KPX（韓国電力取引所）[Korea Power Exchange] 韓国で2001年4月に開設

された卸電力市場の管理を行う非営利の独立法人。KEPCOや発電子会社、IPP等が正会員となっている。主な業務として、①電力市場の運用・管理、②電力取引・計量・精算、③電力品質の監視・管理、④系統運用、⑤長期電源開発計画の策定支援等を行っている。

K値規制 [k value regulation]「大気汚染防止法」(昭和43年法律第97号) に定められているSO_x(硫黄酸化物) の排出基準の一つであり、地域の区分ごとに排出口(煙突)の高さに応じてSO_xの許容排出量を規制する方式である。その具体的内容は次の通りである。すなわち、サットンの拡散式に基づき、気象条件をある値に仮定したとき、ばい煙発生施設からのSO_xの最大着地濃度が、Kの値と一定の関係にあることから導き出された規制方式で、地域ごとに決定されるKの値から、次式によって許容排出量が算出される。

$$q = K \times 10^{-3} \times He_2$$

q:ばい煙発生施設から排出することが許容されるSO_xの量 (Nm³/h)

K:地域ごとに定められる定数K値
He:ばい煙発生施設の排出口(煙突)の有効高さ(m)

したがって、K値が大きいほど許容排出量が大きくなり、排出口の有効高さを高くすれば(煙突高さの増加、排出ガス速度増加、排出ガス温度の上昇等)許容排出量を増加させることができる。

L

LAN設備 [local area network] 事業所の各フロアに散在する端末装置やコンピュータでファイル等を共有するための、簡単に自由な通信が行える小規模な通信ネットワークのこと。接続形態によってスター型(中央に集線装置であるハブを置き、すべての端末を接続する形であり、配置の変更が柔軟に行え、故障箇所の特定もしやすいことから、広く普及している)、リング型(端末を順次伝送路につないでいく形であり、伝送路が数珠つなぎの円形のもの) Mバス型(バスと呼ばれる伝送路に接続する形であり、基幹ケーブルに短冊状に端末がぶら下がるような形のもの)等の種類があり、現在最も普及しているのは、より対線(ツイストペアケーブル)を使ったスター型LANのEthernet規格である。

LDC (→線路電圧降下補償器)

LHV基準 (→低位発熱量基準)

LNG (液化天然ガス) [Liquefied Natural Gas] CH_4 (メタン)、C_2H_6 (エタン) を主成分とする天然ガスを極低温まで冷却して液化したものであり、その組成は生産地によって若干異なるが、約9割がCH_4で占められている。CH_4は常温・常圧で気体であるが、マイナス162℃という極低温まで冷却すると液化し、体積は600分の1となる特性をもっている。低温技術が発達した結果、この特性を利用して大量の天然ガスを海上輸送することが

可能となり、生産地から遠く離れた地域でも消費できるようになった。

　天然ガスは炭化水素の他に硫黄分、窒素分、炭酸ガス、水分、塵といった不純物を含んでいるが、これらは液化に当たっての前処理や液化の過程で全て除去されるため、精製されたLNGは極めて純度の高いクリーンなエネルギーとなる。従ってLNGを燃料として使用しても、SO_x（硫黄酸化物）の排出はない。またNO_x（窒素酸化物）についても、燃料を高温で燃焼する時に空気中の窒素と酸素が化合する、いわゆるサーマルNO_xは発生するが、LNGは原重油に比べて燃焼温度が低いため、その発生は非常に少ない。LNGのプロジェクトは、①天然ガスの深鉱・開発・生産、②液化・貯蔵設備の建設、③海上輸送のためのLNG船の建造、④消費地での貯蔵・再気化設備の建設の各分野にわたって極めて多額の資金を必要とする。わが国の2005年度における地域別LNG輸入量は次の通りである。インドネシア：1,426万t、マレーシア：1,360万t、オーストラリア：1,015万t、カタール：633万t、ブルネイ：627万t、アラブ首長国連邦：513万t、アメリカ：125万t、オマーン：97万t、アルジェリア：6万t、合計：5,801万tとなっている。

LNG船 [LNG carrier] LNG（液化天然ガス）を海上輸送する船をいう。LNGの海上輸送は、1950年頃から検討が開始され、1959年アメリカの「メタン・パイオニア」号が世界最初のLNG海上輸送に成功して以来、各国で研究開発が活発に行われた結果、数多くの優れたLNG船が次々に建造され、LNGの大量輸送という時代の要請に応えてきた。LNGの特徴としては、$-162℃$という極低温であり、これが気化すると可燃性ガスとなり、拡散することがあげられる。このため、これらにいかに対処するか、すなわちタンクの材料、構造、強度、熱伸縮対策、断熱、二次防壁等をいかに組み合わせるかにより、種々のLNG船のタンク方式が開発されている。これまで採用されたLNG船の型式にはモス型（球型タンク）とメンブレン型（薄膜型）それにSPB型（自立角型タンク）の3種類がある。

LNGのバリューチェーン [LNG value chain] ガス田開発・液化・海上輸送・受入に至るLNGの生産〜消費の各セグメントの総称。従来日本の電力・ガス会社はバリューチェーンの下流セグメント（受入）に特化していたが、近年では上流セグメント（ガス田開発、液化、海上輸送）に参画するケースが出てきている。

LPG（液化石油ガス）[liquefied petroleum gas] 炭素数が3または4の炭化水素、すなわち液化したプロパンおよびブタン、プロピレン、ブチレンの総称。常温・常圧では気体で、重さは空気の1.5〜2倍。僅かの加圧または冷却で容易に液化し、体積は約250分の1となる。精製過程で硫黄分、窒素分は除かれるのでクリーンな燃料であり、発熱量も高く（約1

万2,000kcal/kg)、燃焼調整も容易な良質燃料であるとともに、液化温度はプロパンが-42℃、ブタンが-0.5℃と、LNG（液化天然ガス）と比較して高いという特色をもつ。LPGの供給は、石油精製の際に副生されるガスを液化したものが25%、LPGの状態で輸入されたものが75%を占め（2005年度）、輸入LPGのほとんどはガス田ガスまたは油田の随伴ガスを液化したものである。LPGの消費は、家庭業務用が全体の43%、工業用25%、化学原料用14%、自動車用9%、都市ガス用7%、電力用2%となっており、広汎な用途に利用されている（2005年度）。

LTC監視装置 [on-load tap chager monitor] 負荷および発電力の変化に応じて、適正な電圧を送り出すためには、変電所では、時々刻々、電圧調整を行う必要がある。負荷時タップ切換装置（以下、LTCという）は、送電を止めることなく系統の電圧を調整する設備であり、変圧器と一体となった負荷時タップ切換変圧器として使用される。LTCは変圧器の主要回路部分で唯一の可動部を有している。従来よりLTCの監視には渋滞検出リレーを設置して効果をあげてきたが、あくまでも事後検出であった。このため最近では、切換開閉器の動力伝達軸にトルクセンサ、駆動モータ回路に変流器や時間カウンタを取り付け、タップ切換器の動作ごとに記録・監視して、異常発生前の兆候段階で検出できるシステムが実用化されている。

LT貿易 1962年11月9日、訪中使節団長の高碕達之助と中国のアジア・アフリカ連帯委員会首席の廖承志（Liao Cheng-Chih）とが北京で調印した日中総合貿易に関する覚書に基づき、両国通商代表者の頭文字を冠し、LT貿易と呼ぶ。1968年3月からは日中覚書貿易（MemorandumTrade；MT）と呼ばれた。その後1978年2月に調印された「日中長期貿易取決め」に継承され、現在に至っている。その内容は、日中間の貿易拡大のため、中国が日本に対して原油・石炭を供給し、日本は環境・省エネルギーをはじめとする技術・プラントおよび建設用資・機材を輸出するものである。第1次LT取決めは1985年まで、第2次は、1986から1990年度、第3次は、1991から1995年度、第4次は、1996から2000年度、第5次は2001～2006年度であり、現在は2005年12月5日に調印された第6次LT取決め（2006～2010年度）の下で取引が行われている。

LWR （→軽水炉）

M

MA （→マイナーアクチニド）

MA回収技術 [MA recovery technology] 従来の再処理技術は純粋なプルトニウムやウランの回収を目的としており、その他の核分裂生成物やMA（マイナーアクチニド）は高レベル放射性廃棄物として取り扱ってきた。高速炉ではMAも燃料として利用でき

ることから、MAを回収することで高レベル放射性廃棄物を減少させることが期待できる。そのため、MAを回収するプロセス開発が行われている。具体的なプロセスとしては、イオン交換法や溶媒抽出法を用いた技術開発が進められている。

MCFC（溶融炭酸塩形燃料電池）[molten carbonate fuel cell] 電解質として常温では固体であるが、600〜650℃の高温で溶融状態となる炭酸塩を使用する燃料電池。動作温度が高いため、貴金属触媒が不要となるほか、CO（一酸化炭素）を燃料として使用できるためLNG（液化天然ガス）以外にも、石炭ガス化ガスやバイオマスガス化ガスも使用でき、燃料選択の裕度が大きい。また、排熱を回収、利用する蒸気タービン等との複合発電を行えば、発電効率の向上が図れる。さらに、発電に伴いCO_2（二酸化炭素）が濃縮されるため、効率的なCO_2の回収が可能である。現在、性能、耐久性についてはほぼ実用化の見通しが得られているが、今後普及拡大するにはコスト低減が大きな課題である。

MCU（→多地点接続装置）

MEA（首都圏配電公社）（タイ）[Metropolitan Electricity Authority] 首都バンコクおよびバンコクに隣接する2県（サムトプラカーン県、ノンタブリ県）を供給エリアとしたタイの配電公社。2004年末で需要家数247万軒、タイの総需要家数の16％を占めている。

MOX燃料（混合酸化物燃料）[mixed oxide fuel] 使用済燃料を再処理して回収されたプルトニウム酸化物と天然ウランまたは減損ウランの酸化物と混ぜて作った燃料。融点が高く、科学的に安定であるが、熱伝導度は小さい。プルトニウムは天然に産出せず、^{238}Uの転換によって生成されるもので、核燃料物質の有効利用のため、主に高速増殖炉や新型転換炉の燃料として用いられている。また、軽水炉での利用は、フランス等で行われており、日本でも計画されている。軽水炉に用いる場合には、技術上の難点はほとんどないが、起動・停止・負荷変動、外乱に対する応答等の点でウラン燃料と多少異なる。

一般に減速材の温度係数、ボイド係数等は、プルトニウムの共鳴吸収の増大により負の値が大きくなる。同時に制御棒価値が減少するので、起動時および出力変化時に操作すべき量は増大する。

MPEG2画像伝送方式 [Motion Pictures Experts Group 2] カラー動画を圧縮伸長する標準方式の一つで、デジタル衛生放送やDVDビデオ等高画質の動画に適用される。解像度やフレームレートは異なる事があるが、標準的に720＊480ドット、1秒間に30コマを使用して動画を表示する。

N

NAS電池（→ナトリウム—硫黄電池）

NDA（原子力廃止措置機関）（イギリス）[Nuclear Decommissioning Authority] 2005年4月、イギリス・エネルギー法に基づき、イギリス原子燃料会社 (BNFL) および他の原子力事業者が持つ資産と巨額の債務が移管され、政府組織として設立。NDAの使命は、対象となる20の民生用原子力サイトについて安全・安心かつ経済的に廃止措置およびクリーンアップを実施し、環境影響を最小限に抑えることである。NDAが管理する原子力債務は、①1940年代から1960年代に実施された政府の研究・開発用の施設、それにより発生した放射性廃棄物、使用済燃料、②1960年代から1970年代にかけて建設されたマグノックス炉とマグノックス炉用燃料に関するセラフィールド内の施設、放射性廃棄物であり、イギリス原子力債務の約85％にあたる。

NEB(国家エネルギー局)(カナダ)[National Energy Board] 石油、ガス、電気に関する各種規制を行うカナダの行政機関。国家エネルギー局法に基づき1959年に設立された。エネルギー資源の開発・利用に関する連邦政府の諮問機関の役割も担う。NEBによる電気事業の規制範囲は、国際連系送電線と指定州際送電線の認証およびアメリカへの電力輸出認可に限定されており、アメリカからの電力輸入については管轄していない。

NEDO(独立行政法人 新エネルギー・産業技術総合開発機構)[New Energy and Industrial Technology Development Organization] 1980年10月設立。個々の民間企業だけでは実施できない研究開発を産業界、大学、公的研究機関との広範なネットワークと公的資金を活用して推進する組織。本部(神奈川県川崎市)、支部(北海道・関西・九州)、海外事務所(ワシントン・パリ・ジャカルタ・バンコク・北京)からなり、役員9名、職員数約1,000人(いずれも2007年現在)で構成されている。

　事業内容は①新エネルギー・省エネルギー技術の開発および導入普及事業(太陽・風力・地熱・水素エネルギー等)、②産業技術の研究開発関連事業(ナノテクノロジー材料技術開発・バイオテクノロジー技術開発等)、③石炭経過業務事業(国内炭鉱整備事業等)、等であり、それぞれの分野で多くの成果を上げている。なお、国、経済産業省の打ち出す政策のもとに、産学官の総力を結集して、わが国の産業競争力を強化するとともに、エネルギー・環境問題を解決するため、2003年10月1日付をもってNEDOは独立行政法人という新たな法人形態に生まれ変わった。

NEDOLプロセス　NEDO(新エネルギー・産業技術総合開発機構)が開発した日本独自の石炭液化技術のこと。石炭液化技術開発においては、ドイツやアメリカが先行していたが、日本ではNEDOが中心となって、独自の石炭液化技術の開発に取り組むこととなった。当初、瀝青炭液化技術として、①ソルボリシス法、②溶剤抽出法、③直接水添法、の研究開発が進められた。そして、NEDOは

1983年に上記の瀝青炭液化3法に関する研究成果をとりまとめ、3法の特徴を活かしたNEDOLプロセスに統合した。1999年度にパイロット・プラントの運転研究が終了し、研究段階から実用段階に入っている。今後、中国やインドネシア等の産炭国への技術協力をとおして実用化が進むものと期待されている。

NEM（全国統一市場）（オーストラリア）[National Electricity Market] オーストラリア全国統一市場。オーストラリアにおける電気事業は従来、州単位で行われてきたが、1990年代に入り、電気事業に競争を導入しかつ州間取引を可能にすることで、資源の効率的な利用、電気料金の低減等を目指し、1998年12月にNEMが創設され、全国電力市場管理会社（NEMMCO）が市場の管理・運営を行う現在の体制となった。2005年現在では、ニューサウスウェールズ州、ビクトリア州、南オーストラリア州、クインーンズランド州、タスマニア州およびオーストラリア首都特別区の六つの州・地域がNEMに参加している。

NEMMCO（全国電力市場管理会社）（オーストラリア）[National Electricity Market Management Company] オーストラリア全国電力市場管理会社。全国統一市場（NEM）に参加する各州が株主となり、役員を任命する形態をとる、NEMの管理・運営会社である。同社は、スポット価格の算定、計量、市場参加者間の精算等を行うほか、需給バランスの維持、送電系統のセキュリティの確保、予備力の確保、連邦大での送電設備計画の調整、市場への各種指標の公表等を行っている。

NERC（北米電力信頼度公社）（アメリカ）[North American Electric Reliability Corporation] 1965年のアメリカ北東部の大停電を契機に、北米大陸の電気事業者が供給信頼度を高めるために1968年に設立した任意団体である。NERCは2006年現在、八つの地域電力信頼度協議会で組織されており、北米大陸のほとんどの地域の電力供給の信頼度の検討、系統連系の調整等に当たっている。NERCの会員には、私営、地方公営、協同組合営、連邦営の電気事業者の他、IPPや電力マーケターならびに一部の最終需要家等が含まれている。「2005年エネルギー政策法」において、信頼度基準策定および基準遵守を強制・監督する権限を法的に認められる機関（電力信頼度機関：ERO）に関わる規則が制定されたが、NERCは2006年7月、アメリカで唯一のEROとして連邦エネルギー規制委員会（FERC）の承認を受けている。なお、2007年1月1日より、North American Electric Reliability Corporation（北米電力信頼度公社：NERC）へと名称を変更している。

NETA（新電力取引制度）（イギリス）[New Electricity Trading Arrangements] プール制に代わり、2001年3月にイングランド・ウェールズ地域で導入された新たな卸電力取引制

度。プール制が強制・公設市場であるのに対して、後者は私設の取引所取引と相対契約をベースとした任意の市場である。NETAの下では、卸電力の大部分は、一般商品と同様に、相対取引や取引所取引によって売買される。前者は当事者間の相対契約であり、先渡契約とも呼ばれる。後者は需給バランスによって時々刻々と価格が変動する先物市場での取引である。また、卸電力の一部は、需給バランスをリアルタイムで調整する需給調整市場(BM市場)において、システム・オペレータ(SO)、すなわち系統運用者との間で取引される。SOはBM市場での取引や補助サービス契約を通じて、系統運用(需給のバランスの確保、電圧調整、周波数制御、系統混雑管理等)を行う。相対契約や取引市場で取引された卸電力契約は決済システムに通知され、同時同量から外れた電力量(契約量と計量値の差分)は、インバランス価格で決済される。インバランス価格はSOがBM市場で過不足分を取引した価格(加重平均値)をベースに算定される。

NGC(ナショナル・グリット社)[National Grid Group plc] 中央発電局(CEGB)の分割・民営化によって設立された送電会社。イングランド・ウェールズ地域の送電設備(400kV、275kV)を独占的に所有する。2002年、ブリティッシュ・ガスから分離されたラティス・グループとの合併によりガス事業部門に参入。基幹天然ガス・パイプラインも運用しているほか、アメリカのガス・電気事業者等の買収による事業参入も行っている。

NGL(天然ガス液)[natural gas liquid] 天然ガスとして産出した炭化水素のうち、常温・常圧で液体となるペンタン(C_5H_{12})以上の重質分の総称である。広義にはLPG(液化石油ガス)となるプロパン(C_3H_8)、ブタン(C_4H_{10})を含めてNGLと呼ぶこともある。NGLには油田随伴ガスから生産されるものと、ガス田ガスから生産されるものとがあるが、いずれもガスをセパレータやガス処理プラントに通すときに液体として回収される。その組成は原料ガスに大きく左右されるが、性状はおよそナフサに近く、硫黄分、窒素分とも少ない。このため低硫黄化、低窒素化の手段として電気事業では、1973年度に関西電力㈱が初めて導入して以来、原油およびナフサを補完してきたが、2度の石油危機による石油代替エネルギーの開発・導入の進展、排煙脱硫装置の設置等に伴い、1978年度をピークにNGLの使用量は激減している。

Nordel(北欧電力協議会)北欧5カ国(デンマーク、フィンランド、ノルウェー、スウェーデン、アイスランド)における電気事業者間の電力連系を目的として、1963年に設置された国際連系のための協調機関。低コスト、高信頼度の電力供給を行うための、発送配電の各分野における北欧諸国

間の協力の促進を狙いとしている。Nordel加盟国間では、各国ごとの電源構成の違いを利用した相互融通が盛んに行われている。たとえば、水力中心のノルウェーと火力中心のデンマークの系統連結の場合、出水率に左右されるノルウェーは、渇水期にはデンマークから電力を受け、逆に放水期にはデンマークに安い余剰電力を送ることができる。

NO$_x$（窒素酸化物）[nitrogen oxides] 窒素の酸化物の総称であり、NO（一酸化窒素）、NO$_2$（二酸化窒素）、N$_2$O（一酸化二窒素）等がある。環境問題との関係で注目されるのは、燃料が燃焼した結果発生するNOとNO$_2$が主なものである。燃料を消費する工場、ビル、自動車等から排出される。NO$_x$（窒素酸化物）は、高温燃焼の過程でまずNOの形で生成され、これが大気中に放出されると、さらに酸素が結合してNO$_2$になる。この反応は、すぐには起きないので大気中にはNOとNO$_2$が共存している。これらのNO$_x$は大気汚染や酸性雨の原因となり、また光化学オキシダントの原因物質の一つとされている。

　なお、燃焼過程において空気中の窒素と酸素が反応して生成するものをThermal-NO$_x$、燃料中に含有する窒素化合物に起因するものをFuel-NO$_x$という。また、NO$_x$対策として燃焼方法の改善や排煙脱硝が行われている。

NPT（核不拡散条約）[Non-proliferation Treaty] 1949年にソ連が原爆を開発し、アメリカの核兵器独占が失われた。次いで1952年にイギリス、1960年にフランスが核実験を実施し、1964年には中国が核実験の実施を公表するにおよび、国際的に核兵器の拡散に対する危機感が急速に高まった。1965年の国連総会において、NPTの締結に向けて努力するとの決議が採択され、1968年に本条約（案）が採択、1970年に批准国が43カ国を超え、本条約が発効するに至った。わが国も1976年に本条約を批准している。これ以上核兵器国を増やさず、核戦争の起こる危険性を少なくすることを目的とした本条約の主な内容は、①核兵器国は核兵器を他国に移譲せず、また、その製造について非核兵器国を援助しないこと、②非核兵器国は核兵器の受領、製造をせず、製造のための援助を受けないこと、③非核兵器国はIAEA（国際原子力機関）と保障措置協定を締結し、それにしたがい国内の平和な原子力活動に係わるすべての核物質について保障措置を受け入れること、④すべての締結国は、原子力の平和利用のため設備、資材、情報等をできる限り交換することを容易にするよう約束する、等である。締約国は190カ国（2007年5月現在）。

NRC（原子力規制委員会）（アメリカ）[Nuclear Regulatory Commission] 1975年1月に発足し、本部はワシントンD.C.にある。それまでは、米国原子力委員会（AEC）が原子力の推進と規制の両面を担当していたが、

NRCはこの規制面を引き継ぐことになり、規則および規制指針に則って、アメリカの原子力許認可行政を一元的に実施している。1983年の連邦最高裁判決により、原子力の経済性に関する規制権限は州に移管されており、NRCは現在、①原子炉の安全性の監督と既存原子炉のライセンス更新、②核物質の安全性の監督とさまざまな用途に使用される核物質の許認可、③高低レベル廃棄物の管理、等を規制している。

NUMO（原子力発電環境整備機構）[Nuclear Waste Management Organization of Japan] 原子力発電所から生じる高レベル放射性廃棄物の処分場の選定、処分施設の建設・管理、最終処分、処分施設の閉鎖および閉鎖後の管理等の事業を行う認可法人である。「原子力発電環境整備機構」の略。2000年6月に「特定放射性廃棄物の最終処分に関する法律」が公布され、高レベル放射性廃棄物の最終処分に向けた枠組みが整備されたことを受け、同年10月に設立された。以降、処分事業の主体の役割を果たしている。

O

OECD／NEA（経済協力開発機構・原子力機関）[Organization for Economic Co-operation and Development／Nuclear Energy Agency] 原子力平和利用における協力の発展を目的とし、原子力政策、技術に関する意見交換、行政上・規制上の問題の検討、各国の原子力法の調査および経済的側面の研究を実施するための国際機関。1958年、欧州原子力機関（ENEA）として設立され、1972年、わが国が正式加盟したことに伴い現在の名称に改組された。2008年1月におけるNEA加盟国は、28カ国（ニュージーランド、ポーランドを除くOECD加盟国。）。

OFGEM（ガス・電力市場局）（イギリス）[Office of Gas and Electricity Markets] 1999年、電力市場の規制機関である電力規制局（OFFER）とガス市場の規制機関であるガス規制局（OFGAS）を合併して設立され、「2000年公益事業法」の施行に伴い、ガス・電力市場委員会（GEMA）の執行機関に位置づけられた。職員は約300名在籍し、ロンドンとグラスゴーに事務所がある。運営費用は、議会承認を経た上で、送電・配電・ガス導管網ライセンスの所有者からライセンス料として徴収する。ガス卸事業者、発電事業者、小売事業者はライセンス料の対象外となっている。

OPGW（光ファイバ複合架空地線）[optical ground wire] 高圧送電線を直撃雷から保護するために設置されている避雷用アース線（架空地線）の内部に光ファイバケーブルを実装したものである。日本の電力会社においては、1979年より東京電力㈱で開発・研究が始まり、①既設架空地線と導体面積が同じで機械的強度や電気的性能が変わらない、②支持鉄塔の強度への影響が少ない、③内蔵する光

ファイバの引き替えが可能なものが開発されている、④多雪地帯への適用を目的とした難着雪型OPGWが開発されている、⑤従来工法で布設工事が可能である、等の特徴をもっている。光ファイバ通信は、多重化により通信容量を大きくできるばかりでなく、ノイズの影響を受けにくく、損失も小さいため、高信頼度・大容量の通信が可能であるため、従来の電力線搬送に代わって各電力会社では送電線支持物に各種センサー設置し、現地情報を保守担当箇所へ直接電送する送電線保守情報伝送システムに利用されている。

P

PAFC（リン酸形燃料電池）[phosphoric acid fuel cell] 燃料電池の電解質として濃厚リン酸を使用し、150〜200℃の温度で水素と酸素の起電反応を行わせるもの。化学反応を直接電気エネルギーに変えるため、従来の発電方式に比べ効率が高く、SO_x（硫黄酸化物）等の発生少ない発電方式とされている。また、電解質が酸性であるために、燃料として高純度の水素を必要とせず、LNG（液化天然ガス）、LPG（液化石油ガス）、ナフサ、メタノール等を改質した水素リッチガス（H_2約80％、CO_2約20％）の利用が可能。酸化剤としては空気がそのまま使用できるが、電池と電極反応を活性化するために白金等の触媒が必要。この方式は、第一世代の燃料電池として最も早くから研究に着手され、既に実用化されている。現在、100／200kW級のシステムがオンサイト型コジェネレーションシステムとして国内メーカーから市場投入されている。

PBR（業績に基づく規制料金）[Performance-Based Rate] 伝統的な供給原価（総括原価）規制に代わる上限価格規制若しくは上限収入規制による柔軟な料金設定方式。生産性向上目標値、実績インフレ率、さらに事業者の経営パフォーマンスを勘案して定期的に料金を調整。事業者に原価削減と生産性向上を図るインセンティブを与える。

PCA [PCA (Profit after Cost of Asset)] 関西電力の経営管理指標「資産コスト差引後利益」。「PCA」は、需要家、株主、従業員等、すべてのステークホルダーの満足を得た上でさらに創出された価値（企業価値）を測る指標であり、収益力向上や高効率経営推進を狙いとする資産コストを意識した関西電力独自の収益性指標として設定・管理することで、利益意識の浸透を図っている。

PCB廃棄物処理特別措置法 PCB（電気機器の絶縁油等に使われた油状の物質で、毒性が強いことから現在は製造・輸入が禁止されている）廃棄物を確実、適正に処理するため、保有事業者に、保管・処分状況の都道府県知事への届出や、2016年7月15日までにPCB廃棄物を処分すること等を義務づけている。正式名称はポリ塩化ビフェニル廃棄物の適正な処

理の推進に関する特別措置法（平成13年6月22日法律第65号）。

PCM電流差動方式 [pulse code modulation] 送電線の多端子化、長距離重潮流化等電力系統の変化、リレーに対する高性能・高信頼度化の要請等により、近年開発された電流差動原理を用いた送電線保護システムである。パルス符号化された各相電流瞬時値のデジタル信号を時分割多重方式で相互に伝送し、伝送されたデータはデジタル量のままマイクロプロセッサで差動演算処理を行う。伝送路として、マイクロ波回線や光回線を介した超高速伝送を採用し、電気角30度ごと（1サイクルに12サンプル）にサンプリングしたデータが各端子間で同期ずれを生じないよう自動同期方式を適用している。また、各相電流瞬時値の他に遮断器入切状態等の機器情報、制御情報、端子電圧位相等の情報も同時に伝送可能であり、従来の保護システムに比べて再閉路方式の信頼度向上、脱調検出の付加による機能向上、デジタル化による自動監視機能の強化等を行うことができるため、性能面で優れている。

PCM搬送 [pulse code modulation carrier] 一つの伝送路を多重使用するときに、各通話路が互いに交じり合わないように時間を区切って多数の通信路を並べる時分割多重方式を用いるものである。PCM搬送方式は、伝送すべき音声、信号波の振幅の瞬時値を一定間隔で読み取り（標本化）、その振幅値を数値に変換（量子化）、さらに量子化された標本パルス振幅値を2進符号のパルス符号に変換し（符号化）、このパルスを伝送する方式である。伝送路における信号は、パルスの有無で識別されるため、再生中継が可能であり、雑音に強い良品質の信号伝送が可能である。伝送路に通信ケーブルを使用するPCM搬送方式では、上り、下りを別回線（二対のケーブル）とするが、使用周波数帯は同じであるため、小対数ケーブルに重畳することは困難である。

PC柱 （→プレストレスト・コンクリート柱）

PDH方式 [Plesiochronous Digital Hierarchy] SDH（Synchronous Digital Hierarchy、同期デジタルハイアラーキー）によって統一される前の、地域によって異なっていた同期網の構成。段階をふんでチャネルを多重化するためハイアラーキーと呼ばれる。日本のPDHでは、1次群速度1.544Mbps、2次群速度6.312Mbps、3次群速度32.067Mbps、4次群速度97.728Mbps、5次群速度397.2Mbps。1988年にITU-TによってSDHが制定され、世界的な統一を図っている。

PEA （地方配電公社）（タイ）[Provincial Electricity Authority] タイの配電公社の一つ。首都圏配電公社（MEA）が供給するバンコクおよび隣接する2県を除く、73県を四つのグループに分けて配電事業を行っている。2004年末で需要家数1,296万軒、タイの総需要家数の84％を占めている。

PEFC(固体高分子形燃料電池)[polymer electrolyte fuel cell]燃料電池の電解質としてイオン伝導性を有する高分子膜を使用した燃料電池。固体高分子膜は、プロトン伝導性の高さと安定性からスルホン酸基を持ったフッ素系ポリマーが用いられていることが多い。70〜90℃と低温で動作するため、起動・停止等の取り扱いやメンテナンスが容易、また高出力密度のため、小型・軽量化がしやすい等の特徴を持ち、家庭用、自動車用、携帯用等の用途への適用が期待されている。電池と電極反応を活性化するために白金等の貴金属触媒が必要。現在、国主導のもと将来の普及をめざし、2005年度から4年間の計画で、1kW級の定置用燃料電池大規模実証事業が展開されている。また、自動車用への適用をめざし、燃料電池自動車等実証研究と水素インフラ等実証研究から構成される水素・燃料電池実証プロジェクト(JHFCプロジェクト)が2002年度から実施されている。なお、実用化のためには、①電池本体の長寿命化、②コスト低減等の課題解決が必要。

PFBC(加圧流動床燃焼技術)[Pressurized Fluidized Bed Combustion Combined Cycle]石炭を圧力容器内の流動床ボイラで燃焼させて作った蒸気で回すタービンと、この燃焼ガスで回転させるガスタービンを組み合わせた複合発電方式である。PFBCは高効率、設置スペースの経済性、炉内脱硫を特徴としている。従来の発電方式に比べて熱効率が高く、燃料の使用量を抑えることができる。また、流動式ボイラ内では、脱硫材の機能を持つ微粒状の石灰石を使用するため、石炭の燃焼時に発生するSO_x(硫黄酸化物)が炉内脱硫されるため、ボイラ下流に排煙脱硫装置が不要である。さらには、NO_x(窒素酸化物)の発生が少なく、CO_2(二酸化炭素)排出量が削減できるといった環境上のメリットも大きい。わが国の電力会社の導入状況としては、初めての商業用プラントである北海道電力㈱苫東厚真3号機(出力:8万5,000kW)が1998年3月に運開した。その後、中国電力㈱の大崎1号機(出力:25万9,000kW)が2000年11月に、九州電力㈱苅田新1号機(出力:36万kW)が2001年7月に運転を開始している。

PFM−IM伝送方式 [Pulse Frequency Modulation–Intensity Modulation]音声・映像信号をパルス周波数変調し、光に変換して伝送する方式のこと。レーテンシーが無く伝送信頼性に優れており、長距離伝送が可能である。

PLN(インドネシア電力公社)[Perseroan Terbatas Perusahaan Umum Listrik Negara (Persero):PT PLN (Persero)]インドネシアにおいて電源開発から発送配電まで一貫して行う電気事業者。インドネシアの電気事業は、1954年までは私企業によって運営されていたが、同年の電力国営化政策によって全国的に統合され1961年にPLNが発足した。PLNは

1994年に政府から分離され、独立採算の株式会社に移行し、1995年には二つの発電子会社(インドネシア・パワー社、ジャワ・バリ発電会社)を設立した。1997年、アジア通貨危機によりPLNは危機的状況に陥り、2002年に事業再編のため、電気事業の分割、民営化とあわせ、競争原理に基づく電力市場の導入等を定めた新電力法が制定されたが、2004年、憲法裁判所が電気事業への競争導入は違憲との判断を下したため、電力供給はPLNが引き続き実施することとなった。

POPs条約 (→ストックホルム条約)

PPS (特定規模電気事業者) [Power Producer&Supplier] 国で定められた特定規模需要に対し、電気の小売供給を行う事業者。1999年の電気事業法改正の時点においては、自由化の範囲は「特別高圧電線路から受電するものであって最大使用電力が原則として2,000kW以上の者の需要」とされていたが、2004年4月からは高圧500kW以上、2005年4月からは高圧全需要へと順次拡大された。なお、沖縄電力の供給区域については、例外的に、一の需要場所における電気の使用者の需要において、使用最大電力が原則として2,000kW以上の需要を対象としている。2007年3月時点の販売電力量におけるPPSのシェアは、特定規模需要全体の2.37%(特別高圧の4.19%、高圧の0.94%)を占める。

PSS (系統安定化装置) [Power System Stabilizer] 事故時の発電機端子電圧変動に即応して、急速に励磁電流を増加することにより、発電機内部誘起電圧を高めて同期化力を増大させ、安定度を向上させることができる。これにより、安定度上とくに問題となる進み力率運転時の動態安定度が著しく改善される。しかしながら、高速度、高ゲインのAVRの採用は、同期化力は増大するが、半面、制動力を弱める特性を有しており、系統構成や運転の状態によっては、AVRによる二次的動揺を発生するおそれがある。この対策として、発電機の回転速度や出力の変化分を検出して、安定化信号をAVRに入力し、制動力を増加させる装置。

PTC (生産税控除) (アメリカ) [Production Tax Credit] 1992年の「エネルギー政策法」の中で定められた制度。アメリカの風力発電設備の開発促進に大きな影響を与えた。風力発電を始めとする対象となる再生可能エネルギー電源の運転を開始することにより、対象施設による発電電力量あたり一定額の税額控除を受けられる制度。PTC導入以降、アメリカの風力発電設備容量は大幅に増加した。

PUC (州公益事業委員会) (アメリカ) [Public Utility Commission] 州内で取引される公益事業を規制するため、各州で州法に基づいて設置されている独立規制機関。州によっては「Public Service Commission」と称している場合もある。行政機能のほか、立法と司法に準じる機能をあわせ持つ

ており、この点で連邦機関の原子力規制委員会（NRC）、連邦エネルギー規制委員会（FERC）等と似ている。規制権限は州によって異なっているが、料金、会計、有価証券の発行、安全管理、需要家サービス、主要資産の増減、事業の開始と廃止、供給区域の設定等、広範囲に及んでいる。電気事業については、州内の取引はPUCが規制、州境を越える取引はFERCが規制することになっている。ただし、州内取引であっても、卸取引であればFERCの規制を受けるとされている。

なお地方公営、協同組合営電気事業者についても、約半数の州で州公益事業委員会が規制に関与している。

PURPA（公益事業規制政策法）（アメリカ）[Public Utilities Regulatory Policy Act]国家エネルギー節約政策法、発電所・産業用燃料利用法、天然ガス政策法、エネルギー税法とともに1978年に成立したアメリカの国家エネルギー法の一部を成す連邦法。電気料金について、エネルギー節約、公正化、設備と資源の効率利用の観点から、季節別時間帯別料金の導入等11項目の設定基準を定め、各州の規制当局に実施に向けての検討を義務づけた。また、電力会社に対し一定の認可基準を満たすコジェネ施設または再生可能エネルギーを利用する8万kW以下の小規模発電施設（適格認定施設：QF）からの買電を義務づけた。PURPAは、後のアメリカ発電市場への競争導入の端緒となった制度として評価される一方、電力市場への自由化導入に伴い、契約条件がQF事業者に特恵的であり、電気事業者の経営効率を無視した制度であるとの批判が相次いでいた。このため、「2005年エネルギー政策法」においてPURPAが改正され、電力会社のQFからの買電義務は条件付きで免除されることとなった。

Q

QAM（→直交振幅変調方式）

QMS [Quality Management System]品質に関して組織を指揮し管理するため、方針および目標を定め、その目標を達成するためのシステム。

R

RAMP [Restricted American Market Penalty]NUEXCO社（現TradeTech社）が、1992年10月から1993年7月までウランスポット価格の指標として使用しており、アメリカ内で引き渡される、もしくは消費されるウラン精鉱に対し適用した価格のこと。

RBMK（黒鉛減速軽水冷却沸騰水型炉）[large power channel type reactor]旧ソ連独特の原子炉型式で、黒鉛を減速材、軽水を冷却材に使用している。発電には原子炉内で沸騰させた蒸気を使用しているが、BWRと異なりチャンネル型で、原子炉は黒鉛のブロックを積み重ねたものに多数の圧力管を通している。この圧力管の中に燃料集合体を入れ、冷却水を通して燃料から発生した熱により蒸気

を発生させる。

この炉型は、①チャンネル型を採用しているため、配管破断想定事故時には容器型に比べて結果は厳しくなく、このため格納容器は不要とされている、②黒鉛で減速するため、軽水が中性子吸収材として働き、水の密度が下がると反応度が加わる（冷却材ボイド係数が正）、③運転中にチャンネルごとの燃料交換ができる、④チャンネル、圧力管の本数を増やすだけでプラントの大型化が比較的容易に行える、等の特徴がある。

RDF発電 自治体が回収し、清掃工場に集められた混合ゴミを焼却せずに、固形燃料（RDF＝Refuse Derived Fuel）に加工し専用の発電所で集中して発電する方法。固形化には石灰を混入させて、腐敗と悪臭を防いで長期保存できるように安定化させ、燃焼時に発生する酸性ガスの環境影響の緩和を図る。RDFは大きさもカロリーも均一化されているため、焼却炉より少ない過剰空気率で安定的に燃焼でき、発電効率が高い。一方、固形燃料化には、かなりの燃料と電力が必要な上、タンク内の厳重な温度管理をしないと爆発や火災の原因になる。

電力会社では、電源開発㈱が福岡県大牟田市と共同出資して設立した大牟田リサイクル発電株式会社のRDF発電所（出力2万600kW）が2002年12月に営業運転を開始している。

RITE（地球環境産業技術研究機構）[Research Institute of Innovative Technology for the Earth] 1990年のヒューストンサミットにおいて日本政府が提案した地球再生計画を具体化するため、「革新的環境技術の開発」と「CO_2（二酸化炭素）吸収源の拡大」を推進し、CO_2等の増加による地球温暖化問題を解決するための中核的研究機関として、同年に産業界、学会、地元自治体、国の支援・指導の下に同年設立された。

RO（再生可能エネルギー購入義務制度）（イギリス）[Renewable Obligation] 非化石燃料系電力購入義務（NFFO: Non Fossil Fuel Obligation）に代わる制度として、電力小売事業者に対して、一定割合以上の供給電力を再生可能エネルギー電源から購入することを義務付ける制度で、2002年4月に導入。再生可能エネルギー発電事業者に対しては、その発電量に対して再生可能エネルギー証書（ROC）が発行され、小売事業者はこのROCを再生可能エネルギー事業者から直接、もしくはグリーン証書市場において購入することで、ROの達成を証明する。2027年まで実施することになっている。

RPS制度 [Renewables Portfolio Standard] 電気事業者に対して、その販売電力量に応じ、一定割合以上の新エネルギー等等から発電される電気の利用を義務付け、新エネルギー等の更なる普及を図る制度。日本では2002年12月6日から「電気事業者による新エネルギー等の利用に関する

特別措置法」が施行された。電気事業者は、義務を履行するため、自ら新エネルギー等電気を発電する、もしくは、他から「新エネルギー等電気」を購入する、または「新エネルギー等電気相当量（法の規定にしたがい電気の利用に充てる、もしくは、基準利用量の減少に充てることができる量）」を取得する必要がある。

RPS法（→電気事業者による新エネルギー等の利用に関する特別措置法）

RTO（地域送電機関）（アメリカ）[Regional Transmission Organization] アメリカの連邦エネルギー規制委員会（FERC）が1999年12月に施行した「オーダー2000」のなかで規定された組織。新規参入者に対する差別的行為の問題解消のため、送電線を所有、運用制御するすべての電気事業者に対して、協調的な系統運用を行う独立機関として「地域送電機関（RTO）」の自主的な設立と参加を促した。独立系統運用事業者（ISO）が各エリアでの送電網運用に特化しているのに対し、RTOはオーダー2000で定める諸要件を満たしFERC認可を受ける必要があり、広域的な送電系統の効率的な運用を通して電力取引を活性化させる目的を持っている。

RWE社 [RWE AG] ドイツ大手の電力会社を傘下に置く持株会社。2000年にドイツ6位のVEW社と合併。2002年にイギリスの発電会社イノジー社を買収。2000年代前半には、マルチ・ユーティリティ企業として、電力・ガス事業に加え、水道事業および廃棄物処理事業を傘下に収め、そのビジネスモデルが注目を集めていたが、近年エネルギー事業へ特化する方針に転換し、非コア事業の売却を進めている。

S

SB電線 [smooth body-type outdoor crosslinked polyethylene insuated wires] 従来の高圧絶縁電線（屋外用架橋ポリエチレン絶縁電線）は、より線導体の外周部に絶縁被覆を施したものであるが、配電線路で使用した場合、被覆はぎ取り部分からの雨水等の侵入により腐食が発生し、素線の残留応力により断線に至るケースがあった。SB電線はこの防止対策としてより線を圧縮することにより残留応力を消失させているものである。また、圧縮することにより素線相互間が面接触して熱伝導がよくなり、熱放散効果が得られ、雷サージによる絶縁電線のアーク熱溶断に対して、溶断特性を緩和できる。

SCC [stress corrosion cracking] 材料が応力の作用のもとで、環境による腐食作用との相互作用によって、ある時間経過ののちに、脆性破壊あるいはそれに類似した破面を表す現象。一般に耐食性の優れた材料は表面に不動態膜が形成されているが、その皮膜が外的要因によって局部的に破壊し、孔食あるいは応力腐食割れの起点となる。その局所性は応力集中を増大し、内部の溶液はSCC伝

播に寄与し割れが進展していく。このように皮膜の生成と破壊がバランスのとれた条件下でのみ割れは進行する。表面皮膜の保護性が不十分であれば全面腐食となり、応力腐食割れは発生しない。したがって応力腐食割れは耐食性の良い材料にのみ発生する。ある環境で割れの抵抗性の大きい材料でも、適当な他の環境においては応力腐食割れを発生する可能性が十分存在する。換言すれば、どのような材料でも応力腐食割れを起こしうる環境が存在するといえる。

SDH (Synchronous Digital Hierarchy) 方式 [synchronous digital hierarchy]

デジタル同期網において156Mb/sを基本とするデジタルハイアラーキ（通信において多重分離を行う速度階層のこと）と、位相同期多重方式により構成される伝送路（ネットワーク）と端局装置（ノード）間のインタフェース方式。従来、アメリカ・ヨーロッパ・日本と3種類あったデジタルハイアラキーを包含する世界共通のインタフェースとして、1988年に標準化された。従来のデジタルハイアラキーのPDH(plesiochronous digital hierachy)では、2次群 (6.3Mb/s) あるいは1次群 (1.5Mb/sと2Mb/s) より上の次群については、スタッフ同期が用いられており、多段多重を行うために伝送路の使用効率が低かった。これに対してSDHは、高次群まで同期化されているため、低速チャンネルを直接高次群まで多重化する飛び越し多重が可能であり、伝送路の使用効率が向上する。

SEC （サウジアラビア電力公社）[Saudi Electricity Company]

電気事業再編の一環として、2000年4月にサウジアラビア東部、中央部、西部、南部の4大国有電気事業者、北部地域の私営電気事業者6社および国有総合電力公社が統合され設立された垂直統合型の国有電力公社。2003年12月末現在、政府が株式の74.31%、国有石油会社サウジアラムコが6.93%を保有している。

Sellafield Limited (→セラフィールド・リミテッド)

SF_6 （六フッ化硫黄）ガス [sulphur hexa fluoride]

各種の気体の中で、SF_6（六フッ化硫黄）ガスは工業ベースで得られる最も実用性の高い絶縁材料で、0.1〜0.6MPaに圧縮して、GIS、ガス絶縁変圧器、GIL、ガス遮断器等の絶縁媒体や消弧媒体として広く用いられている。化学的に安定した不活性、不燃性、無色、無臭の気体で、生理的にも無毒・無害であり、また、腐食性・爆発性がない。さらに、SF_6より絶縁耐力の高い気体の多くは低温では液化してしまうため、実用に適さないのに対し、SF_6は液化温度が低いため、−20℃でも約0.7MPaまで気体状態を保つことができる。

絶縁耐力は平等電界で空気の約3倍あり、0.2〜0.3MPaで絶縁油に匹敵する。その絶縁破壊特性は次のよ

うな特徴がある。①最大電界依存性が強く、絶縁破壊電圧は最大電界で決まる。したがって、不平等電界における絶縁破壊電圧は著しく低下する。②絶縁破壊のV-t特性はガス圧や電極形状等の影響を受ける。消弧能力は非常に高く、空気の約100倍ある。これは導電アークから絶縁状態へ回復する能力が優れているため。

SFA [Sales Force Automation] 営業履歴を管理する販売支援システム。標準的な仕組みとしては、データベースに顧客情報のほか、商談の履歴等を蓄積し、営業案件の状況をチーム内で共有するというもの。

SiC（シリコンカーバイド）デバイス [silicon carbide device] 珪素（Si）と炭素（C）の原子比が1対1の化合物で、1892年に人工合成され始め、主として炉材や研磨材等、熱的・化学的耐性や硬さが利用されていたが、電子デバイス応用を意識して研究開発に取り組まれたのは1950年代半ばから1970年代にかけてである。

SIEPAC（中米電力系統）[Sistema de Interconexión Elétrica para los Paises de America Central] 中米6カ国（グアテマラ、ホンジュラス、コスタリカ、エルサルバドル、ニカラグア、パナマ）の電力市場の統合を目的として進められている国際連系プロジェクト。同地域では、地域大での電源の効率的な運用が不可欠であり、広域的な電力融通を目指し、6カ国を230kV送電線でつなぐSIEPACを建設することとなった。

SIPサーバ [Session Initiation Protocol server] SIPとは二つ以上のクライアント間でセッションを確立するためのIETF標準の通信プロトコルであり、SIPサーバはSIPリクエストを処理するサーバのことである。ユーザーエージェント（UA：User Agent）どうしは直接SIPのメッセージを交換することができるが、通常はSIPサーバを介してメッセージ交換することで、通信相手が移動する等してIPアドレスが変化してもそれを意識せずに通信することができる。SIPサーバは、その機能によってプロキシ・サーバ、リダイレクト・サーバ、登録サーバ、場所サーバの四つに分けられ、物理的にはサーバを別にしても一つにまとめてもよい。

SIS（固体絶縁開閉装置）[solid insulated switchgear] 母線、遮断器等の充電部分をエポキシモールド等の固体絶縁物により絶縁を行い、絶縁物の外表面に接地金属層を設けた密閉構造の開閉装置。気中開閉装置と比較して、大幅な縮小化が図れるとともに、充電部が露出していないことから、安全性、信頼性に優れる。

SMES（超電導エネルギー貯蔵装置）[superconductive magnetic energy storage] 母線、遮断器等の充電部分をエポキシモールド等の固体絶縁物により絶縁を行い、絶縁物の外表面に接地金属層を設けた密閉構造の開閉装置。気中開閉装置と比較して、大幅な縮小化が図れるとともに、充電部が露出していないことから、安

全性、信頼性に優れる。

SMP（セラフィールドMOX燃料加工工場）（イギリス）[Sellafield Mox Plant] イギリス北西部カンブリア州のアイリッシュ海に面する海浜に建設されたMOX燃料加工工場。イギリスが開発してきたMOX燃料製造技術を基に、イギリス原子燃料会社（BNFL）が1994年に建設を開始した。工場自体は1996年には完成していたが、試運転許可の取得が遅れ、2001年12月にようやくプルトニウム試験が開始された。120t／年の製造能力を持つ同工場は、アトリター・ミルと呼ばれるコジェマ社（現在のアレバNC社）のMOX加工工場とは異なったMOX粉末混合粉砕方式を採用している。また、BNFLが独自に開発し、プルトニウム滞留物の低減、加工時間の短縮等のメリットを持つショート・バインダレス・ルート（SBR、Short Bindeless Route）と呼ばれる製造プロセスを導入している。

2005年4月、原子力廃止措置機関（NDA）の発足にともない、BNFLからNDAに移管された。

SOFC（固体酸化物形燃料電池）[solid oxide fuel cell] 燃料電池の電解質として、500～1,000℃の高温で高いイオン電導率を示すジルコニアやランタンガレート等のセラミックスを使用する燃料電池。動作温度が極めて高いため、貴金属触媒が不要になるほか、CO（一酸化炭素）を燃料として使用できるためLNG（液化天然ガス）以外にも、石炭ガス化ガスやバイオマスガス化ガスも使用でき、燃料選択の裕度が大きい。また、排熱を回収、利用する蒸気タービン等との複合発電を行えば、発電効率の向上が図れる。現在、1kW以上の小規模システムの実証段階にあるが、今後、耐久性や経済性等の向上およびシステム技術の確立が実用化に向けた大きな課題である。

SO$_x$（硫黄酸化物）[sulfur oxides] 硫黄の酸化物の総称であり、SO（一酸化硫黄）、SO$_2$（二酸化硫黄）、SO$_3$（三酸化硫黄）等がある。環境問題との関係で注目されるのは、燃料を燃焼した際に発生するSO$_2$である。SO$_2$は大気中でさらに酸化されるとSO$_3$になり、水滴に吸収されると硫酸のヒューム（微粒子）となって大気汚染や酸性雨の原因となる。SO$_x$（硫黄酸化物）の排出抑制のためには、低硫黄燃料の使用や排煙脱硫を行っており、わが国においてはこれらの対策が進んだことから、大気中でのSO$_x$問題は大幅に改善された。

SPM（→浮遊粒子状物質）

SQUID（→超電導磁束干渉素子）

SS（→浮遊物質量）

SVC（静止型無効電力補償装置）[static var compensator] 静止型調相設備の一種。一般には降圧用変圧器、直列リアクトル、進相コンデンサ、高電圧大容量サイリスタ装置で構成され、サイリスタを用いた高速制御により、負荷状態において無効電力を連続的に変化させて、応答速度の速い無効電力補償を行うことができる。SVC

の基本的な方式には、TCR（thyristor controlled reactor）方式、TCT（thyristor controlled Transformer）方式、TSC（thyristor switched capacitor）方式がある。TCR方式は、サイリスタ装置とリアクトルの直列接続で構成され、サイリスタ点弧角を位相制御することにより、リアクトル電流をゼロから定格値まで連続的に高速で変化させる方式。TCT方式の基本原理はTCR方式と同一だが、TCR方式では降圧用変圧器と直列リアクトルを設置するのに対し、TCT方式では、降圧用変圧器の漏えいインピーダンスを大きくして、直列リアクトルを兼用させている。TSC方式は、複数組のサイリスタ装置により複数の並列コンデンサ群を開閉させて無効電力の段階的補償を行う方式。SVCはアーク炉・圧延機等の変動負荷による電圧フリッカ対策のほか、受電端電圧不安定現象対策および長距離大電力送電系の安定度向上対策等にも用いられる例がある。

SWCC（海水淡水化公社）（サウジアラビア）[Saline Water Conversion Corporation] 1974年に設立され、サウジアラビア東部および西部地域を中心に発電・海水淡水化プラントを運営している公社。SWCCが運営するプラントは、国有電力会社であるサウジアラビア電力公社（SEC）へのピーク供給電源として重要な役割を果たしており、2003年には240.18億kWhを供給している。発電・淡水化の方法には、発電用蒸気タービンを回転させた後の低圧蒸気を海水淡水化プラントに送り、海水と熱交換することにより海水を蒸発させ淡水を製造する技術的方法等が採用されている。

SWU（→分離作業単位）

T

TBM工法 [tunnnel boring machine method] TBMはトンネルボーリングマシンの略称で、火薬を使わずに岩石を破砕あるいは切削してトンネル掘削を行う機械の一種。TBM工法は、発破工法に比べて、連続的に掘進できるので掘削速度が速く余堀りが少なく、地山の緩みも少ない。また、熟練労務者を多く必要とせず、労働災害も少なく安全性が高い等の利点がある。大断面のトンネルでは地山の性質を見極めるために先行して掘り進む「先進導坑」の掘削に用いるが、大型TBMで本坑掘削を行う場合もある。最近では、岩盤に限定せず、軟弱地盤にも適用されている。

TCSC（サイリスタ制御直列コンデンサ）[thyristor controlled series capacitor] 直列コンデンサに流れる電流の一部をサイリスタが負担し、サイリスタの点弧角制御を行うことにより等価的に線路リアクタンスを連続的に変化させる装置。

TENEX（テネックス）[Texnabexport] TENEXは、旧ソ連邦の対外貿易省傘下の放射性同位体、希土類、関連機器等の輸出入機関として発足し、その後濃縮、天然ウラン、完成燃料

体も扱い品目に加わり、近代機械建設省、原子力・産業省の管轄下を経て、1991年12月のソ連邦解体後はロシア連邦原子力省（Minatom）の管轄下に置かれ、組織形態の変更を経て、2007年のロシア原子力業界再編の前は、国家が株式の100%を保有するJSC（Joint Stock Company）として運営されていた。主な事業内容として、①ウラン濃縮役務の販売（世界のウラン濃縮供給の23%のシェアを占める：2007年時点）、②転換役務の販売、③ウラン製品（UO_2、nUF_6 等）販売、を行っている。2007年には、ロシア連邦政府による原子力産業再編の一環としてATOMENERGOPROM社が設立され、同社がTENEXの100%株主となっている。

Thermal-NOx [Thermal NOx] 燃焼過程において発生するNO_x（窒素酸化物）のうち、燃焼用空気の中に含まれているN_2（窒素）とO_2（酸素）とが高温状態において反応し、NOとなることで生成するNO_xを「サーマルNO_x」という。燃焼温度が高く、燃焼域での酸素濃度が高いほど、さらに高温域での燃焼ガスの滞留時間が長いほど生成量は多くなる。これに対して燃料成分中の窒素分（N分）が酸化され発生するNO_xを「フューエルNO_x」という。

THORP（使用済燃料再処理施設）（イギリス）[Thermal Oxide Reprocessing Plant] 軽水炉燃料と改良型ガス炉の再処理を商業規模で行う施設。イギリス原子燃料会社（BNFL）がイギリスのセラフィールドへの建設を計画し、1992年に建設を終了。原子力施設検査庁および環境庁の検査に合格し、1997年に公式認可され、本格的に運転が開始された。2005年4月、原子力廃止措置機関（NDA）の発足にともない、BNFLからNDAに移管された。

TradeTech（旧NUEXCO）[TradeTech] 1968年にNUEXCO社（1995年倒産）として設立され、現在はTradeTech社が業務を継承している。35年以上にわたり原子燃料マーケットに関する情報の提供、ウラン濃縮役務の売買および賃貸借の斡旋、またその他原子燃料サイクル全般に関するコンサルティングを行っており、同社が発行する「Nuclear Market Review」および「The Nuclear Review」（旧「NUEXCO Monthly Report」）に発表されるウランの価格は売り手、買い手の双方に参照される指標となっている。現在アメリカ内ではデンバー、チャペルヒルおよびダラスに、また海外ではロンドン、東京、チューリッヒにオフィスを持つ。

TRU核種 [transuranic nuclide] TRU核種とは原子番号が92（ウラン）より大きい人工放射性核種であり、半減期が長く、α線を放出するものが多い。具体的には、ネプツニウム237（237Np）、プルトニウム239（239Pu）等がある。

TRU廃棄物 [transuranic waste] TRU核種を含む放射性廃棄物で、高レベル放射性廃棄物以外のもの。再処理

施設やMOX燃料加工施設等で発生し、使用済燃料の切断片（ハル、エンドピース）等がこれに当たる。なお、長半減期低発熱放射性廃棄物と呼ぶこともある。TRU廃棄物は放射能レベルに応じて、浅地中処分、余裕深度処分、地層処分に分けて行うこととされている。

TRU廃棄物処分技術検討書（第2次TRU廃棄物処分研究開発取りまとめ）

[Second Progress Report on Research and Development for TRU Waste Disposal in Japan] 電気事業連合会と㈱日本原子力研究開発機構が、両者が進めてきたTRU廃棄物処分に関する研究開発の最新の成果を反映し、TRU廃棄物処分の技術的成立性および安全性の見通しについてより確かなものとすることを目的に2005年9月に取りまとめたもの。

TSSC（サイリスタ開閉直列コンデンサ）[Thynstor Switched Series Capacitor] 直列コンデンサを数段に分け接続し、並列に接続されるサイリスタをスイッチング制御することによって線路リアクタンスをステップ上に変化させる装置。

TVA（テネシー渓谷開発公社）（アメリカ）[Tennessee Valley Authority] 1933年にルーズベルト米大統領のニューディール政策の一環として設立された連邦営の電気事業者の一つ。現在北東部、中西部の北部地域、ハワイ州を除く全域で九つの連邦営の電気事業者が存在するが、TVAはこの中で最大の発電設備を保有する。TVAは、設立当初、洪水調節、航行、地域開発に加えて水力開発の権限を与えられたが、テネシー川流域の包蔵水力の開発をほぼ完了したため、火力や原子力発電所も手がけ、包括的な発電システムを開発している。発電した電力の大半は、公営および共同組合等の電気事業者に卸売供給され、残りは大口産業用需要家やエネルギー省のウラン濃縮工場等、いくつかの連邦機関に供給されている。卸売のほか、一部直接小売供給も行っている。

U

UBC（低品位炭改質技術）[Upgraded Brown Coal] 低品位の石炭を高発熱量で自然発火性の低い、高品質な石炭に転換する技術のこと。石炭資源の約半分を占める褐炭や亜瀝青炭等の低炭化度炭は、低品位炭と位置付けられ、発熱量が低く、自然発火性があるため、長距離輸送や長期の貯蔵に適しておらず利用が限られている。しかし、低品位炭の中には、低硫黄・低灰分といった利点をもつものも多く、これを改質して発熱量の高い高品位炭に転換する技術が実用化されれば、低品位炭から発熱量の高い高品位炭を製造することが可能であり、エネルギーの有効利用や、環境問題への対応といった面から大きな貢献が期待できる。財団法人石炭エネルギーセンター（JCOAL）は、2001年度からの4年間、インドネシア国エネルギー鉱物資源省研究開発

庁と共同で、3t／日の実証プラントによる試験を実施しており、その成果を踏まえて、2008年10月から、600t／日規模の大型実証プロジェクトを実施する予定である。

UCPTE（発送電協調連盟）[Union for the Coordination of the Production and Transmission of Electricity] アルプス地方の水力資源の有効活用を目的として、ベルギー、西ドイツ、フランス、イタリア、ルクセンブルグ、オランダ、オーストリア、スイスの8カ国で1951年に発足した組織。目的は、緊急時の供給確保、発電設備運転の相互補完、および設備投資の軽減の三つがある。1999年、UCPTEは系統運用者の組織として改組され、現在のUCTE（欧州送電協調連盟）が発足した。

UCTE（欧州送電協調連盟）[Union for the Co-ordination of Transmission of Electricity] 西欧諸国の系統運用基準の設定や域内系統の需給想定等の役割を担う機関。UCTEの前身である欧州発送電協調連盟（UCPTE）は、1951年にアルプス地方の水力資源の有効活用を目的として、ベルギー、西ドイツ、フランス、イタリア、ルクセンブルグ、オランダ、オーストリア、スイスの8カ国で発足し、1999年に系統運用者の組織として改組されUCTEとなり、EUの拡大と系統連系に伴って加盟国を増やしている。2005年現在、23カ国33系統運用者が加盟しており、UCTE系統における総発電電力量は2兆5,470億kWhとなっている。

UF$_6$（→六フッ化ウラン）

UHV送電線 [ultra-high voltage transmission lines] 一般に次期の超高電圧による送電方式と定義されており、わが国では、現在の500kVを超える電圧階級で1,000kV級送電を意味している。UHV送電が必要とされるのは、長距離大容量送電、基幹外輪系統等大電力送電に伴う系統安定度、ならびに短絡電流対策等のため。電源は立地面から遠隔化、偏在化する傾向にあるため、大電力を限られたルートで長距離を送電することが必要になってくる。このためには500kV送電では多ルート多回線を必要とするが、1,000kV級送電では格段に少ないルートで済み、経済性はもとより、わが国の場合、送電用地の有効利用に大きく貢献する。また同じ電力を輸送するならば電圧が高いほど電流は少なくなるので、送電損失（電流の2乗に比例する）を少なくすることができ、省エネルギーの面からも得策である。

UNEP（国連環境計画）[United Nations Environmental Plan] 1972年6月にストックホルムで「かけがえのない地球」を合い言葉に開催された国連人間環境会議で採択された「人間環境宣言」および「環境国際行動計画」を実施に移すための機関として、同年の国連総会決議に基づき設立された機関。環境分野を対象に、オゾン層保護、気候変動、有害廃棄物、海洋環境保護、水質保全、土壌の劣化

の阻止、森林問題等について国連活動・国際協力活動を行っている。また、種々の条約（ワシントン条約、オゾン層保護に関するウィーン条約、バーゼル条約、生物多様性条約等）の事務局として指定されている。

UO$_2$（→二酸化ウラン）

UPS（ロシア単一電力系統）[Unified Power System] 東部統合電力系統を除く6統合電力系統の連系によって形成された、220kV以上の基幹送電線から成るロシア全国大の電力系統。地区電力系統では、バイカルからカリーニングラードに至る68の地区電力系統が含まれる。

URENCO Limited（ユレンコ）[URENCO Limited] 1971年にイギリス、ドイツ、オランダの合弁会社として設立。2003年に組織改変し、同社が持株会社となり、傘下にユレンコ濃縮会社（Urenco Enrichment Company Limited）および濃縮技術会社（Enrichment Technology Company Limited）の二つの事業会社を置き、それぞれが独自の収益性を追求している。

ユレンコ濃縮会社の主な業務は、濃縮役務の販売、濃縮工場における生産管理および運営であり、対顧客の窓口として、営業活動をはじめ契約履行管理等の業務を行う。濃縮工場は、イギリス（ケーペンハースト：Capenhurst）、オランダ（アルメロ：Almelo）、ドイツ（グロナウ：Gronau）の3国にあり、2007年末現在合計約9,600tSWU／年の生産能力を持つ。アメリカにおいても遠心分離法による濃縮生産（LESプロジェクト）を計画しており、2009年に操業を開始する予定。LES分（約2,000tSWU／年）を含め、2012年までに約1万5,000tSWU／年への生産能力の拡張を予定している。

USC（→超々臨界圧プラント）

USC（微粉炭火力発電技術）微粉炭を空気搬送によりバーナーから火炉内に噴出・燃焼し、ボイラで高温高圧の水蒸気を作り、その蒸気でタービンを回転させて発電する方式である。微粉炭火力発電は極めて信頼性が高く、確立された技術として広く利用されている。今後の技術開発の方向性としては、①使用炭種の多様化、②発電効率の向上、③環境特性の向上、④負荷追従性の向上があげられる。特に熱効率の向上は、発電コストの低減のみならず、CO_2（二酸化炭素）発生量を抑制する観点からも重要であり、新鋭の石炭火力発電設備では蒸気条件の高温・高圧化が進められている。

USEC（米国濃縮会社）[United States Enrichment Corporation] 1992年米国エネルギー政策法に基づき、1993年7月1日に政府公社として正式に設立された。1998年7月28日付で、連邦政府の所有権が民間セクターに移転したことにより民営化が完了。現在、ニューヨーク証券取引所に上場。世界の14カ国、約60の顧客が運転する150以上の原子炉に対し濃縮ウランを供給している。ケンタッキー州

パデューカ濃縮工場（ガス拡散法；公称生産能力約1万1,300tSWU／年：(2007年時点)）の運転を行っており、濃縮ウランの製造および米露HEU協定に基づく低濃縮ウランの販売行っている。北米のウラン濃縮市場のおよそ52％、世界市場では29％のシェアを占めている（2007年時点）。オハイオ州パイクトンにて、遠心分離法による濃縮工場（ACP）の建設を進めており、2007年には米国遠心分離機（AC100シリーズ）のリードカスケード運転を開始。リードカスケードの統合テストプログラムを実施中で、2008年にはAC100型分離機の最終設計が完了予定。2009年に操業を開始する予定で、生産量については2012年までに3,800tSWU／年の生産規模を予定している。

V

VE提案 [Value Engineering] 資機材の開発・調達にあたって、メーカーや請負会社等社外からのコスト低減技術提案を採用する制度。

VOC （→揮発性有機化合物）

VQC （→電圧・無効電力制御）

VSAT （→超小型衛星通信地球局）

VVVF [Variable Voltage Variable Frequency Inverter] 出力電圧と出力周波数を変化させることが可能なインバーター。パワーデバイスとしてはGTO（Gate Turn-off）サイリスタやIGBT（Insulated Gate Bipolar Transisitor）等が使用されている。一般的には交流モーターとの組み合わせで用いられることがほとんどで、V/F一定制御やベクトル制御等のモーターの各種制御に使用されている。変電所においては、変圧器の総合損失が最小となるように、VVVFを使用して冷却器の送油ポンプやファンモーターの回転数を変圧器負荷・油温に応じて制御するために使用されている。

V吊り懸垂装置 [v-arranged suspension insulation assembly] この装置は、2組のがいし連を線路方向からみてV字形に配置し、その下端で電力線を支持するもので、線路直角方向の移動を制限する構造となっている。電線支持点と腕金との垂直間隔を増すことなく、がいし箇数を増結できる等の特徴を活かして狭線間対策、塩じん害地域における過絶縁対策および鉄塔のコンパクト化等に広く使用されている。なお、線路に水平角がある箇所でこの装置を使用する場合には、がいし連の分担荷重が不平衡となるため、分担荷重を平衡させるためにV字形を傾斜させ、その適用範囲を拡大することを行う。これを傾斜V吊形懸垂装置と呼んでいる。

W

WANO （世界原子力発電事業者協会）[World Association of Nuclear Operators] 1986年のチェルノブイル事故を契機として提案され、1989年に発足した原子力発電事業者の国際的協力機関。会員相互の交流により原

子力発電所の運転に関する安全性と信頼性を高めることを目的としている。運転情報の交換、運転データの収集、事故情報の交換、国際機関との協力等の活動を行っている。

WDM [wavelength division multiplexing] 波長分割多重通信方式の略。光ファイバを通過する波長の異なる光信号が互いに干渉しない性質を利用し、波長の違う複数の光信号を重畳して利用することで、1本の光ファイバを多重利用し実質上多くの光ファイバが有るように使用できる伝送技術。光の波長の数だけ同時に伝送することが可能となるため単一の信号に比べて非常に多くの情報量を同じケーブルで送受信できることになるが、実際には光ファイバの特性により一定の周波数から外れるほど減衰が大きくなるため通信が成立する範囲内での利用が必要である。

WNA (→世界原子力協会)

WSS(週末起動停止) [weekly start stop] 日曜日等週末の軽負荷時、火力発電所の発電機を停止し、週明けに起動すること。(→DSS)

WTI原油 [West Texas Intermediate] WTI (West Texas Intermediate) 原油は、アメリカ・テキサス州等中西部で産出されるAPI40度前後の原油の総称である。現物の生産量は近年、約40万バレル／日弱とも言われ、世界の生産量の0.5％程度と少なく、その全量がアメリカ国内で消費されている。世界最大の商品先物取引所であるニューヨーク商業取引所（NYMEX）に上場されているWTI先物価格（期近物＝2004年の取引高は1億4,426万バレル／日）は、アメリカ向けに輸出される各種原油の価格決定の指標となるとともに、世界の原油価格の指標にもなっている。

あ

アーク灯 [arc light] アーク放電を利用した電灯。電極の材料に応じ、炭素アーク灯、水銀アーク灯、ネオンアーク灯、キセノンアーク灯等がある。単にアーク灯といえば炭素アーク灯を指すことが多い。1809年、イギリスのデービーが実験した炭素アーク灯が電灯の最初のものといわれる。日本における公開の席での初めて1876（明治9）年、イギリスのデービーが実験した炭素アーク灯が電灯の最初のものといわれる。日本における公開の席での初めてのアーク灯の点燈試験は、1875（明治8）年、エルトン教授によって、工部寮（後の工部大学校）でイタリア歌劇団の観覧会が開催された際に隣接の博物館の楼上から行われたが、失敗に終わった。

アークホーン [arcing horn] がいし連がフラッシオーバを起こした場合、がいしの被害を最も少なくするため、ホーンまたはリング状にがいし連の両端に取り付ける金具で、使用目的によって大きく防絡角と招弧角に分類される。送電線では、雷撃によるフラッシオーバを完全に防ぐことは不可能に近いので、雷撃フラッシオーバはやむを得ないが、その際発生するアークをアーキングホーンの先端に生じさせて決してがいしに触れさせず、フラッシオーバによるアークの偏熱から生じるがいし破損を防止し、あわせて電線からアークが発生して、電線を溶断させるのを防止するのが防絡角である。

招弧角は、汚損によりがいし沿面で絶縁破壊が生じ、がいしが破損するのを避けるため、発生した局部アークをがいし面から引き離して、無害な方向へ向けるために使用される。その原動力としては、①アーク電流による電磁力、②アークの熱による空気の膨張と上昇、③風圧による水平気流を利用している。防絡角、招弧角は、それぞれ目的用途が異なり、最も有効な、形状・寸法・配置が定められているが、一般には両目的を兼備したホーンが使用されている。

アーク炉 [arcing horn] アーク炉とは工業炉の一種で、原料を電力によって溶融し、目的とする製品を生産する設備であり、製鉄や焼却灰の溶融等にも用いられる汎用性の高い工業炉である。最近の電力系統においては、大型アーク炉、大型整流器、交流電化、サイリスタ家電機器等不平衡負荷が増加し、これらの機器により高調波、逆相電流、フリッカが発生するため、系統の電圧、電流に激しい変動や波形歪みを生じさせる原因となっている。

アーチダム [arch dam] ダムの軸線を上流側に凸にカーブさせ、水圧をアーチ作用により支え、地山に伝える形式である。したがってコンクリートの強度を十分利用できるので、堤体積を大幅に減らすことができる。形状は重力ダムに比べて極めて多種多様であり、一定の形状を示しがた

い。形状の決定は、ダム地点の地形、地質の状況に大きく支配されるが、安全性・経済性を確保するため、相当程度設計者の総合判断に委ねられる。このダムは、地形上谷幅の狭い所がアーチ作用の効果が大きくなり、堤断面を薄くすることができるため有利で、重力ダムに比し一般にコンクリート量を大幅に減ずることができるが、一方、両岸の基礎に伝える力は大きくなる。また基礎の変位が堤体の安定に大きな影響を与えるので、基礎として堅硬な岩盤を必要とする。したがって、掘削量、基礎処理の費用が増加することが多い。

アクシデントマネジメント [accident management] 設計基準事象を超え、炉心が大きく損傷する恐れのある事態が万一生じても、現有の設備に含まれる安全余裕や安全設計上想定した本来の機能以外に期待しうる機能またはそのような事態に備えて新規に設置した機器等を最大限に活用して事態の収拾を図るというものである。そのために運転手順書や教育・訓練体制の整備および設備を改善整備することによって原子炉や格納容器の健全性のさらなる向上を図っている。

もともとわが国の原子力発電所は極めて高い安全性を有し、これまでに国においても設計上想定している事象を大幅に超え炉心が重大な損傷に至る事故（シビアアクシデント）が起こるとは考えられないことが確認されている。したがって、国も原子力発電所の安全性は現状で十分でありシビアアクシデントへの対処については法規制上の措置は要求していない。しかし、十分低いリスクをさらに低減し、安全性のより一層の向上と社会のより一層の理解と信頼を得るため、国は原子炉設置者にアクシデントマネジメントの整備を引き続き行うよう要請を行った。

アクチニドリサイクル技術 [actinide recycling technology] アクチニドとは周期表において原子番号89のアクチニウムから103のローレンシウムに至る15の元素の総称。原子番号93のNp（ネプツニウム）以降は原子炉の中で生成される。アクチニドを原子炉で燃焼させるリサイクル技術の総称。なお、アクチニドのうち、有用物質として利用されるUとPuを除いたものをマイナー・アクチニドと称する。

浅地中処分 [near surface disposal] 低レベル放射性廃棄物については、含まれる放射性物質やその放射能レベルに応じて区分され、それぞれの放射性廃棄物に応じて浅地中トレンチ処分、浅地中ピット処分、余裕深度処分および地層処分といった処分方式が適用されることとなる。このうち比較的放射能レベルの低いものを対象とした浅地中トレンチ処分と浅地中ピット処分を合わせて浅地中処分と呼ぶ。

アジア・太平洋パートナーシップ（APP）[Asia-Pacific Partnership on Clean Development and Climate] アメリ

カ・ブッシュ政権が2005年7月、地球温暖化防止に向けて主催を表明した取り組み。アメリカ、中国、日本等アジア太平洋6カ国が参加するもので、温室効果ガス排出抑制のための技術開発、普及等に重点を置き、削減義務等を設けない自発的な取り組みである。国連の枠組みとは別のアメリカ主導の取り組みであり、2大排出国である中国とインドが参加していることが特徴となっている。

アップウィンド方式 [upwind designs] プロペラ型風車において、ロータの回転面がタワーの風上側に位置する方式。ロータがタワーの風上側にあるので、タワーによる風の乱れを受けない、しかし、ロータが風上側にあるので強制的にロータを風に対し正対するように制御する機構（ヨーコントロール駆動装置）が必要である。

アメニティ [amenity] 一般に「快適環境」と訳されている。昭和30年代から40年代にかけてのわが国経済の高度成長は重化学工業を中心とした産業活動の著しい拡大と、それに伴うエネルギーおよびあらゆる資源の大量消費に支えられてきた。このことから、この時代の環境問題は、工場、事業場に起因する大気汚染や水質汚濁等の問題がほとんどを占めていたが、これらの問題については、官民一体となった努力の結果、全般的に改善を示してきている。一方、生活の豊かさが欧米先進国のレベルに達した今日、国民の要請は文化の豊かさ、心のうるおい等に代表されるアメニティ（快適環境）を求める方向へと高まりを見せている。こうしたことから、環境の質に対する欲求も多様化、高度化し、原生的な自然や動植物の生育環境としての自然が重要視されている。このような情勢を踏まえて、最近の発電所等では、構内の美化、建物の形状や色彩を工夫する等周辺の景観との調和にも配慮している。

アモルファスシリコン太陽電池 [amorphous silicon solar cell] アモルファスとは「無定形の」という意味で、結晶学的には、非晶質、非結晶のことであり、アモルファスシリコンの原子配列は、規則正しい原子配列をもつ結晶シリコンとは異なり、不規則となっている。結晶シリコンに比べて、高温時も出力特性が落ちにくいため、表面温度が高くなっても変換効率の下げ幅が低い。製造過程で使用するシリコン原料が少なく、エネルギーコストの面で有用性は高い。従来は室内用の機器等に使われていたが、近年では屋外用での普及が進んできた。

アモルファス変圧器 [amorphous-transformer] アモルファス磁性材を鉄心材料として使用した変圧器であり、けい素鋼板を鉄心材料として使用したものに比べ、鉄損（無負荷損失）を約3分の1～4分の1に低減できる。変圧器鉄心として使用されているアモルファス材は、ボロン、シリコン等を添加した強磁性体の溶湯を

高速急冷して製造したテープ状の非晶質金属材である。アモルファス磁性材の低損失性は、ヒステリシス損失が少ないこと、また素材厚みが非常に薄く固有抵抗が大きいことから、うず電流損が少ないことによっている。アモルファス磁性材を変圧器鉄心として使用する場合、飽和磁束密度が低く占積率が大きくなること、素材が非常に薄く脆いので組立作業性・支持構造上の理由で余分なスペースが発生することから、けい素鋼板変圧器と比較して外形と重量は大きくなる傾向を示す。

アラビアン・ライト [Arabian light] サウジアラビアで生産される五つの原油のうちの一つで、世界最大のガワール油田（生産量約500万バレル／日）等から生産される同国最大の代表原油。比重はAPI34度、硫黄分は1.78％で典型的な中質高硫黄の中東原油である。かつては中東および国際的な原油取引において、価格ベンチマークとして利用され、ほかの原油はアラビアン・ライトに対して、比重・市場との距離・硫黄分含有量の差異を勘案して価格決定が行われてきた。アラビアン・ライトはサウジアラビアの主力原油としてアメリカ・欧州・アジアの3大市場のすべてに輸出されている。2004年の日本へのアラビアン・ライトの輸入量は約31万バレル／日で日本の総輸入量の約7.4％に相当した。

アレバNC社（フランス）[Areva NC] 1976年に原子力庁生産部が独立して発足した燃料サイクル企業COGEMA社が前身。2001年9月、持株会社アレバ社が設立され、その傘下に入り、2006年3月に社名を現在のアレバNC社に変更。ウラン探鉱から再処理に至るまで原子燃料サイクル全般にわたって幅広い事業を展開している。

アレバNP社（フランス）[Areva NP] 原子炉の設計・製造業務や原子炉の運転に関するサービスを提供する会社。2001年1月に欧州委員会の承認のもと設立されたフランス・フラマトム社とドイツ・シーメンス社の原子力部門の共同子会社、フラマトムANP社が前身。2001年9月にアレバ社設立後、同社が66％の株式を所有し、34％をシーメンス社が所有する。

アロケーション [allocation] 河川総合開発における共同施設の建設費（ダム事業費）を参加目的の事業に、公平かつ妥当に配分することをいう。わが国のアロケーションは電源開発促進法（昭和27年法律第283号）の制定に伴い、1954年アロケーション方式として最初の統一基準が確立された。このアロケーション方式は、「身替わり妥当支出法」を基準方式とするものであったが、その後、社会経済情勢の変遷に伴い、その運用が困難となり、1967年に「分離費用残余身替わり妥当支出法」を基準方式とする新アロケーション方式に改訂された。アロケーション関係の法律としては、電源開発促進法、特定多目的ダム法（昭和32年法律第35号）、水

資源開発公団法（昭和36年法律第218号）の三法があり、各法の運用は政令、府令、省令ならびに関係各省庁申し合わせ事項により行われている。

アンシラリーサービス費［ancillary service cost］電力系統の需給バランスと適正周波数の維持を確保するために一般電気事業者が行っている瞬時瞬時の出力調整に係る費用。電気には、需要と供給が均衡しない場合に周波数が変動するという特性があり、この周波数変動を発電出力調整により是正し電力の品質を維持することをアンシラリーサービスという。個別原価計算においては、発電費に含まれるアンシラリーサービス費を他の発電費とは区分し、一般電気事業者や特定規模電気事業者を含めネットワークを利用するすべての事業者が等しく負担することとされている。

安全保護系［reactor safety protection system］原子炉施設の異常状態を検知し、必要な場合に原子炉停止系、工学的安全施設等の作動を直接開始させるように設計された設備をいう。この系はその系統を構成する機器もしくはチャンネルに単一故障が生じても安全保護機能を失わないように多重性を備えた設計であること、またチャンネル相互を分離し、各々のチャンネル間の独立性を備えた設計であること等が要求される。

また、安全保護系が駆動源の喪失、系統の遮断等の故障時においても最終的に原子炉施設が安全な状態に落ち着く設計であることや計測制御系の影響により安全保護系の機能を失わないようにした設計であること、運転中に試験できるとともにその健全性および多重性の維持を確認するため各チャンネルが独立に試験できる設計であること等も要求される。

アンバンドリング［unbundling］束（bundle）を解く、の意。電気事業では、発電から小売まで垂直一貫で行う体制を部門ごとに分けること、とくに自然独占性の残るネットワーク部門を分離することを指す。分離の程度により、組織は一体のまま機能だけを切り離す「機能的アンバンドリング」、資本関係は残しつつ別会社化する「法的（法人格）アンバンドリング」、資本関係も切り離す「所有権アンバンドリング」に大別される。

海外では、電力自由化に伴って、電気事業者に法的または所有権アンバンドリングを求められている例が多い。これにはネットワーク部門の透明性・公平性を向上させるというメリットがある一方、垂直統合による規模の経済性、範囲の経済性を失うほか、設備の建設・運営が発送分離されることによる安定供給への悪影響が心配される面がある。

日本では、垂直一貫体制を維持しつつ機能的アンバンドリングを行い、ネットワーク部門の行為規制、会計分離により透明性・公平性を担保する仕組みが採られ、2008年3月の電気事業分科会報告書においても、こ

アンペア料金制 [ampere demand-rate system] 契約電流（アンペア数）に応じた基本料金と使用電力量に応じた電力量料金からなる二部料金制。契約電流とは、契約上使用できる最大電流（アンペア）とされており、これを管理するために電力会社が電流制限器（アンペアブレーカー）を取り付けている。この料金制は、固定費を契約電流に比例して回収するため原価実態に忠実であるという長所を持つ。反面、膨大な数の需要に対して契約管理を行う必要があり、電流制限器取替等コスト増を招く可能性があるという短所もある。

現在、北海道、東北、東京、中部、北陸および九州電力の6社が、家庭用需要の大半を占める契約種別（従量電灯B）に対し、このアンペア料金制を採用している。一方、関西、中国、四国および沖縄電力の4社では、同様の需要（従量電灯A）に対し、一定限度の使用電力量までは電気使用の多寡にかかわらず一定料金が適用される最低料金制を採用している。（→最低料金制）

い

イエローケーキ（ウラン精鉱）[yellow cake] ウラン粗製錬工程で作られる中間化合物。ウラン鉱石を処理した浸出液をイオン交換法あるいは溶媒抽出法によって濃縮・精製し、これに沈殿剤を加えて重ウラン酸塩として沈殿させ、ろ過・洗浄・乾燥させたものをいう。一般にウランの6価イオンの色である黄色の粉末で、ケーキ状であることからこの名前となった。沈殿剤の種類、含有不純物により赤褐色、黄緑色、緑褐色を呈するものもある。

沈殿剤としてはアンモニア、苛性ソーダ、化マグネシウムが一般に用いられるためその組成はそれぞれ重ウラン酸アンモン $(NH_4)_2U_2O_7$、重ウラン酸ナトリウム $Na_2U_2O_7$、重ウラン酸マグネシウム MgU_2O_7 で表される。厳密にはこれに不純物が伴う。ウランの品位は U_3O_8 として70～90%程度である。不純物に関しては、核燃料としては好ましくない元素を制限するため、各種不純物の含有限度を定めた規格がもうけられている。ASTM（米国材料試験協会）が定めた規格が代表的である。

硫黄酸化物（→SO_x）

イオン交換法 [ion exchange method] イオン交換法は、水中の無機性溶解不純物を除去するのに用いられる方法の一つであり、イオン交換体のイオンと水中のイオンと交換することにより、目的とするイオンを除去し、不純物を溶解除去する方式である。イオン交換に用いられる合成イオン交換樹脂は、保持する官能基によって陽イオン交換樹脂と陰イオン交換樹脂に大別される。イオン交換反応は粒状のイオン交換体を充填した層中に被処理水を通水することによって行われる。交換体としては機械的

強度、耐薬品性および交換能において優る有機合成イオン交換体（イオン交換樹脂）が用いられる。

域内排出量取引制度(EUETS)[EU Emissions Trading Scheme] EU (European Union：欧州連合／当時加盟15カ国）の京都議定書目標（1990年比▲8％）達成に向けた中心的な施策として、2003年7月に採択された欧州域内排出量取引指令に基づき導入されたキャップ＆トレード型の排出量取引制度。2005年1月より新規加盟国を含めた25カ国で開始し、現在27カ国で実施中。産業、エネルギー転換部門の一定規模以上の燃焼施設（発電所等）や、主要産業の生産施設（精油所、コークス炉、鉄および製鋼所、およびセメント）等の大規模施設を対象に、欧州各国政府が自国の目標達成に向け、国内事業所に強制的な排出枠（キャップ）を設定、取引を通じて削減費用の最小化を目指している。

一定期間ごとに実施されており、第一フェーズは2005〜2007年の3年間、第2フェーズは京都議定書の第一約束期間と同じ2008〜2012年の5年間。第1フェーズは対象ガスがCO_2（二酸化炭素）のみに限定されており、また、過去の排出実績に基づいた無償割当（グランドファザリング）を中心的な割当方法として採用する等、京都議定書第一約束期間に向けた排出量取引の知見習得等を目的に試験的な位置付けとして開始されたが、割当の公正性等を巡り訴訟が多発する等、排出枠（キャップ）の衡平な設定が困難である点、比較的短期間で実施されることから実需ではなくマネーゲームにより排出権価格が乱高下し、本来温暖化対策として必要な設備投資や長期的な技術開発を阻害するといった点等、本制度に関するさまざまな問題点も指摘されている。第2フェーズでは対象ガス・部門の拡大、厳しい排出枠の設定や罰則金の引き上げ(40→100ユーロ／トン)等の措置が講じられ、EUの京都議定書目標達成に向けた中心的方策として位置づけられている。

なお、2008年1月に欧州委員会から第3フェーズ（2013〜2020年）に向けた改正指令案が盛り込まれたEUエネルギー・気候変動パッケージが発表されたが、各国政府による排出枠の競売を中心的な割当方法（オークション）とすること等が盛り込まれている。これに対し、エネルギー多消費産業からはオークションおよび国際競争力の喪失に関する懸念も示されている。

イギリス原子燃料会社（→BNFL）
イギリス電力取引送電制度(→BETTA)
位相調整機 [phase regulator] ループ系統の送電線を流れる有効電力は、電圧の大きさ、位相角および線路のリアクタンスにより変化するが、ループ系統内の有効電力潮流を制御する手段としては、位相調整器により位相角を調整する方法が主に用いられる。ループ系統においては、電源・負荷の配置や送電線のリアクタンス

等で決まる潮流分布が構成する送電線の送電容量等に見合った最適なものとは必ずしもならない。このような場合、位相調整器により潮流を制御することにより、ループ系統全体としての送電容量を増大させたり、電力損失を低減させることができる。

位相比較リレー方式 [phase comparison protection] 送電線保護に用いられる継電方式で、保護区間内各端子の電流波形を信号伝送回線を通じて相互に伝送し合い、自端と相手端の電流波形の位相を比較して内外部故障を判定する。すなわち、各端子の電流方向を母線から線路に流入する方向にそろえておけば内部故障時はほぼ同相となるが、外部故障の場合は、同一電流が貫通するので全く逆位相となる。したがって、故障が発生した瞬間に正(または負)の半波の電流波形をマイクロ波または電力線搬送により相互に伝送して比較すれば、内部故障か外部故障かの判定は容易にできる。

本方式の特徴は、保護区間内の故障では故障点の位置に関係なく両端子同時遮断が可能である。これを各相に用いれば故障相の検出ができ、多相再閉路が適用できる。また原理的に系統の電力動揺や同期外れに応動しないことから、超高圧送電線の保護として広く採用されている。

イタリア電力会社 (→ENEL)

一次エネルギー [primary energy] 石炭、石油、天然ガス、水力、ウラン等原子核エネルギー、あるいは風力、地熱等他のエネルギーに変換、加工される前の形態でのエネルギーの総称。これに対し、一次エネルギーを加工することによって得られる電力やコークス等は二次エネルギーといわれている。わが国の一次エネルギー供給構成は、2005年度で石油49.0％、石炭20.3％、天然ガス13.8％、原子力11.2％、水力2.9％、再生可能・未利用エネルギー2.8％等となっている。

一指令一操作 [one operation by one instruction] 操作の1ステップずつ(指令発令—操作実施—実施報告)を、繰り返して実施するもので、給電指令発令の基本原則となるものである。

一括指令操作 [operation by combined instructions] 系統操作のうち、定型的もしくは単純な数単位の操作またはあらかじめ確認された一連の操作等について、同一目的の指令を数ステップを一括して発令する操作で、この場合、操作順序、機器・線路名、開閉器称呼番号および操作内容が給電指令として発令される。

この指令には、次の例がある。①変電所の停止または受電の定型的操作、②同一系統内にある定型的母線切替操作または母線の充電(使用)停止、③電線路の送電時における遮断器、付属断路器の定型的操作、④発電所の構内設備条件によって、一括指令を実施すれば効率的である場合、⑤操作箇所が、操作者の常駐す

る個所から遠隔地にあり、一指令一操作の励行が無理なもの、⑥系統運用上、短時間に操作を行う必要のあるもの、⑦その他単純または定型的で、かつ安全にできる操作。

溢水 [overflow power] 水力発電所において、設備の作業・事故（電力需要の減少）、その他の原因により発電に使用されないで、溢流を生じた場合の水量を電力に換算したものをいう。一定期間の溢水電力量を、その期間の可能発電電力量（溢水電力量を含む）に対する百分率で表したものを溢水率（停止率）という。

逸走 事業を行う地域における人口の減少や、モータリゼーションの進展によるマイカーとの競争等により、鉄道やバスといった公共交通機関において、利用者数が減少することをいう。

一般炭 [steam coal] 石炭は用途によって原料炭と一般炭に分類される。一般炭は、原料炭（コークス用原料としての粘結炭）以外の有煙炭をいい、発電用を中心とした各種ボイラやキルンの燃料、ガス化・液化の原料等広範囲にわたって使用されている。カロリーは3,000kcal/kgから7,000kcal/kg程度まで幅がある。また①揮発分、②着火性、③灰の融点、④発熱量、⑤硫黄の含有量等のレベルは、一般炭の使用目的によって異なるが、硫黄分については大気汚染やボイラ伝熱面の腐食の原因ともなるので、含有量は少ないほどよい。

一般担保 [general surety] 一般電気事業者の社債権者は、その会社の財産について他の債権者に先立って自己の債権の弁済を受ける権利を有する（電気事業法第37条第1項）。この先取特権の順位は、民法の規定による一般の先取特権に次ぐものである。これは、一般担保性を採用して社債権者を保護し、電気事業の長期資金調達の円滑化を図るものである。なお、日本政策投資銀行および沖縄振興開発金融公庫からの借入金についても、それぞれ「電気事業会社の日本政策投資銀行からの借入金の担保に関する法律」（昭和25年法律第145号）、「沖縄振興特別措置法」（平成14年法律第14号）によって一般担保が認められている。

　企業を一体とする社債の担保については、企業担保法（昭和33年法律第106号）が制定されているが、電気事業者の一般担保は法定担保であり、とくに設定行為を必要としない。社債権者は、民法による先取特権を有する者を除く債権者に先立って、日本開発銀行および企業担保権者と同順位で自己の債権の弁済を受ける権利を有する。

一般電気事業供給約款料金算定規則 供給約款料金を算定する際の算定方法を記した省令。料金引き下げ等、需要家の利益を阻害する恐れがないと見込まれる場合に、届出による料金の変更が可能とされた1999年度の電気事業制度改革において、算定ルールの透明性を確保するために、旧供給約款料金審査要領の料金算定方

一般電気事業者 [general electric utility] いわゆる10電力会社のこと。電気事業法上、一般の需要に応じ電気を供給する事業を一般電気事業という（電気事業法第2条第1項第1号）、これを営むことについて経済産業大臣の許可を受けた者を一般電気事業者という（同第2号）。一般の需要とは、不特定多数の需要のことをいい、現実のある時点の特定されたもののみならず時の経過とともに現実の需要として累積され、顕在化してくる将来における不特定の潜在的な需要をも包含したものであると考えられる。一般電気事業を営むことについて通商産業大臣の許可を受けた者を一般電気事業者という（同法第2条第1項第2号）。

　一般の需要に応ずる電気の供給、いわゆる一般供給については、極めて高度の公益性を有することから、使用者の利益を保護するため一般電気事業者には使用者の利益を保護するための種々の義務が課されている。が、具体的な場合においてある供給が一般供給であるかどうかは、具体的場合に応じ、社会通念により判断する。この際、地域性をも含めて、その供給の公益性、すなわち、その需要が電気事業法により保護すべき性格のものかどうかに重点を置いた判断にかかってくる。なお、一般電気事業者が行う自由化対象需要家（特定規模需要）への供給は、自社の供給区域内であれば一般電気事業であり、他の一般電気事業者のネットワークを利用して他社の供給区域の需要家に供給する場合は特定規模電気事業である。この場合、特定規模電気事業者としての届出は不要とされている（第16条の2）。

一般電気事業託送供給約款料金算定規則　託送供給約款料金を算定する際の算定方法を記した省令。1999年度の電気事業制度改革において、小売りの部分自由化に伴い託送制度を整備するために制定されたものであり、託送コストの公正回収原則、事業者間公平の原則に沿ったルールとなっている。（→託送供給、託送供給約款）

一般用電気工作物 [general electrical facilities] 電気事業法は、電気工作物の保安について規制しているが、比較的安全性が高いと認められるものを一般用電気工作物と定義し、事業用電気工作物よりも緩やかな規制としており（第38条第1項）、概括的にいえば、小規模建築物の屋内配電設備および比較的出力の小さい発電設備等がこれに該当する。

　具体的には、①一の構内にあること、②電圧が600ボルト以下、③一般用電気工作物以外の発電設備と同一の構内に設置されないこと、④爆発性または引火性の物が存在する場所に設置されないこと、⑤受電のための電線路以外の電線路により構内以外の場所と接続され（電気の通過点となって）いないこと、の5要件を

満たすものを指す。

異電圧ループ [different voltage loop system] 各電圧階級ごとの電力系統を変圧器を介して送電線が電気的に環状（ループ）をなす形態をいう。ループ系統は、放射状系統に比べ運用上から次の得失を有している。長所は①供給信頼度の向上、②電力系統における有効・無効電力損失の軽減、③電力系統安定度の向上、送電容量の増加、④電圧変動の改善。短所は①保護継電方式の複雑化、②事故波及範囲の拡大、事故電流の増加、③運用技術の複雑化。

移動無線 [mobile radio] 移動体と固定地点間あるいは移動体相互間を結ぶ通信。用いられる周波数帯は300kHz〜3GHzで、150MHz帯および400MHz帯が電気事業用として利用されている。送配電および発変電、土木設備の巡視点検、事故復旧等の連絡手段として主に電力会社で利用されている。現在アナログ方式で音声の送信・受信を切り替えるプレストーク方式だが、最近では各種移動体通信の普及に伴い周波数資源の有効活用が重要となっており、その高度化も含めてデジタル方式への移行が始まっている。

移動用変圧器 [mobile transformer] 変電所において、変圧器の点検または故障の際に、あるいは変電所の工事期間中に、停止した変圧器の代わりに使用される可搬式の変圧器。また、場合によっては季節的または一時的な負荷増加時に変電所供給力を確保するために用いられることもある。移動用変圧器にはトレーラー台車積載形、トラック積載（自走式）形および据置形があり、前の二つは車両に積載したまま使用可能。66(77)／6kV 3〜20MVA等の定格の配電用変圧器が各電力会社の設備実態に応じて設置されている。

違約金 [penalty]（→契約違反）

インシチュ・リーチング [in-situ leaching] ウラン採掘方法の一つで、ウラン鉱床内に酸またはアルカリの溶液を注入し、ウランを溶液に溶かし出し、この溶液をポンプで汲み出し回収する方法。この方法の特徴は、①設備投資額、操業費がともに安価であること、②従業員の被ばくが少ないこと、③鉱石の採掘の必要がないため、捨石、残滓が少ないこと等のメリットがあるが、ウラン鉱床が砂岩型であること、鉱床の上下に不透水層が存在すること等の制約条件があるほか、地下水汚染の可能性があること等のデメリットがある。

わが国では、1968年に岐阜県の東農鉱山で日本最大のウラン鉱床が発見されて以来、約30年にわたり㈱日本原子力研究開発機構（旧動力炉・核燃料開発事業団）により権益取得および技術開発が進められてきたが、現在国内の鉱山関係の技術開発は終了している。

インターナルポンプ [Internal Pump] 改良型BWR（ABWR）で採用された新技術の一つで、従来の外部循環方式に代えて原子炉圧力容器内に直

接設置して冷却水を循環させる内蔵型再循環ポンプである。軸封部のないウエットモータ駆動の立型単段斜流ポンプが使用され1,350MWe級プラントではポンプ10台が設置される。

1台ごとに設置される静止型可変周波数電源（インバータ）によって駆動されるため、可変速度運転が可能で原子炉冷却水流量を調節できる。従来のBWRで使用されている原子炉圧力容器の外側に設置する再循環ポンプと比較すると、原子炉圧力容器の外部配管が不要、安全評価の面からは大口径破断の可能性がなくなったこと等の特長がある。

インバランス [imbalance] 特定規模電気事業者（PPS）は小売供給に際し30分単位で消費電力量と発電電力量の同時同量を果たすこととされているが、その際に30分単位で生じる消費電力量と発電電力量の差分のこと。この差分については、一般電気事業者が調整（余剰購入または補給）を行い、一般電気事業者は特定規模電気事業者に対してインバランス料金の精算を行う。

インバランス料金 [imbalance charge] 現行の託送制度において、系統利用者は30分単位で発電と需要を一致させる同時同量を行うことが求められている。やむを得ず発電と需要に差異が生じた場合には一般電気事業者が差分を補給することとなっており、その際の料金をインバランス料金という。一般電気事業者託送供給約款料金算定規則に従い算定されている。不足のレベルに応じて、標準変動範囲内料金（契約電力の3％以内）、選択変動範囲内料金（契約電力の3～10％の範囲内で系統利用者が選択可能）、変動範囲超過料金（契約電力の3％超過、または、選択変動範囲電力を選択している場合は選択変動範囲内電力の超過）の3段階がある。

インピーダンス [impedance] インピーダンスは、交流回路における電圧と電流の比である。単位としてはオーム（表記は[Ω]）が用いられる。インピーダンスは、直流電流におけるオームの法則の電気抵抗の概念を拡張し、交流電流に適用したものである。インピーダンスは複素数の形で表され、周波数に依存しない抵抗成分を実数で、周波数に依存する成分を虚数で表し、その両者の和の形で表される。

う

ウインド・ファーム [wind farm] 多くの風力発電機を設置して、全体を一つの発電所として運営する形態のこと。風のエネルギーを「収穫する農場」という意味合いが込められている。資材の運搬をはじめ、変電設備、連系送電線等が共有できるため、設置コストが単体の風力発電システムに比べて抑えられる。自治体の設置による風力発電機が主流だったころは、単体の設置が多かったが、風力発電が事業者主体になるにつれ、ウインド・ファームが中心になっている。より採算性を求めて、一つのウ

インド・ファームに建てる風力発電機の数も増加傾向にある半面、系統に連系した場合の出力変動の影響が大きく、課題となっている。

ウラン [uranium] 周期表中で天然元素最後のもので元素記号U、原子番号92、原子量は238。天然ウランはα放射性の三つの同位元素U-234、U-235、U-238からなる。U-235は熱中性子を吸収して核分裂を起こす。U-238は熱中性子では分裂しないが高速中性子により核分裂を起こす。また、U-233は天然には存在しないが熱中性子による核分裂が可能なため、Th-232に中性子を照射することによって人工的に作られる。

ウラン精鉱 (→イエローケーキ)

ウラン濃縮法 (→遠心分離法)

ウラン廃棄物 [uranium waste] 原子燃料サイクル事業における、ウランの製錬、転換、濃縮、再転換、成型加工の各工程を有する施設で発生するウランを含んだ廃棄物。(金属類、スラッジ類、フィルタ類、焼却灰等)ウラン廃棄物は天然起源の核種を主たる組成とする廃棄物であり、天然にも普遍的に存在すること、子孫核種が生成・累積することにより全体として放射能量が増加する事等の特徴があるため、処分するための安全確保の考え方が明確になっておらず、今後の検討課題として残されている。

上乗せ基準 [more stringent prefectual standard]「大気汚染防止法」(昭和43年法律第97号) によると「都道府県知事は当該都道府県の区域のうちに、自然的、社会的条件から判断して、法で定めるばいじんまたは有害物質に係る排出基準によっては、人の健康を保護し、または生活環境を保全することが十分でないと認められる区域があるときは、これらの区域に設置されるばい煙発生施設から排出されるこれらの物質について、条例で法の排出基準にかえて厳しい許容限度を定めることができる」となっている。

また「水質汚濁防止法」(昭和45年法律第138号)においても、都道府県知事は区域を定めて全国一律である法の排水基準にかえて、より厳しい許容限度を定める排水基準を条例で定めることができる。このように条例等によって定める法規制基準より厳しい基準を上乗せ基準という。規制対象施設の範囲をより小規模なものにまで広げる「裾下げ」や、新たな規制項目を追加する「横出し」も含めていう場合がある。

運転資本 [operating funds] 日常の物品購入、従業員の給与支払い等のため必要な資金。経営には、常にある程度の運転資本が投下されており、このような運転資本は、事業継続のために必要不可欠である。事業報酬の対象となる事業資産には、固定資産のほかに固定的な運転資本も含める。具体的には、営業資本の1.5ヵ月相当額と燃料・その他貯蔵品の年間払出額の原則として1.5ヵ月相当額の合計額である。なお、ここでいう

営業資本には、減価償却費等、現実の支払いを必要としない費用は含まない。

運転予備力 [spinning reserve] 電力系統においては、天候急変等による需要の急増、あるいは電源を即時もしくは短時間に停止・出力抑制しなければならない事態の発生等により、供給力に不足が生じても、常に規定周波数を保持し、安定した供給を維持しなければならない。このような供給力不足を生じた場合、停止中の設備を起動し、供給力の増加を図るが、火力機等では負荷をとるまでに長時間を要する。したがって、この間を即時に発電可能な供給力および短時間内（10分程度以内）に起動して負荷をとることのできる供給力で、供給力不足を補う必要がある。この不足分を補うための予備力を運転予備力といい、部分負荷運転中の発電機余力、停止待機中の水力およびコンバインドサイクル発電機・ガスタービン発電機等が該当する。

運転予備力の必要保有量は、電力系統の安定運用面と経済運用面の両者から決められる。日々の運転予備力の決定に当たっては、事故の確率、需要の想定誤差、常時の周波数調整分等を考慮して決められるが、通常は需要に対し3％以上必要とされている。運転予備力の運用は季節によっても、また時間帯によっても異なり、水力による分担方法と火力による分担方法とがある。

え

エアモルタル（→気泡混合軽量土）

営業外収益 [non-operating revenues] 電気事業および附帯事業の主たる営業活動以外の原因から生ずる収益の総称であって、財務収益と事業外収益に大別される。財務収益は財務活動から生ずる収益をいい、受取配当金、受取利息に区分して整理する。事業外収益は、電気事業営業収益、附帯事業営業収益および財務収益に属さない収益であって、特別利益に該当しない軽微なものを整理する。具体的には、固定資産売却益、有価証券売却益、過年度損益修正益等がある。

営業外費用 [non-operating expenses] 電気事業および附帯事業の主たる営業活動以外の原因から生ずる費用の総称であって、財務費用と事業外費用に大別される。財務費用は財務活動から生ずる費用をいい、支払利息や社債発行費等に区分して整理する。事業外費用は、電気事業営業費用、附帯事業営業費用および財務費用に属さない費用であって、特別損失に該当しない軽微なものを整理する。具体的には、固定資産売却損、有価証券売却損、過年度損益修正損等がある。

営業費 [operating expenses] 料金原価算定上は、人件費、燃料費、修繕費、減価償却費、公租公課、購入電力料、その他の費用を合計した額で、電気事業の能率的な経営のために必

要な費用。営業費の算定に当たっては、能率的な経営を前提として、電気の供給のために必要とされる適正な額を把握することが要求され、電気の供給に関係のない附帯事業および事業外の費用は除外される。

液化石油ガス (→LPG)

液化天然ガス [liquefied natural gas] (→LNG)

エコ・アイス [ECO ICE] 深夜帯の電力で氷として蓄熱し、昼間にヒートポンプ熱源としてこの氷を活用することによって、昼間の空調負荷をカットする蓄熱空調システム。エコ・アイスとは冷凍能力が10馬力（7.4KW）以上のものを言い、1998年からエコ・アイスminiという5（3.7KW）から7馬力（5.1KW）の中小規模向けの機種も発売された。

エコキュート [ECOCUTE] CO_2冷媒ヒートポンプ給湯機。ヒートポンプ技術を活用し、空気の熱を利用してお湯を沸かすので1の電気エネルギーで3以上の熱エネルギーが得られる省エネ性・環境性および経済性に優れた給湯機であり（エネルギー消費効率〔COP〕：年間平均3.0以上)、また、夜間の割安な電気を利用しお湯を沸かすので、一層優れた経済性を発揮する。省エネ性・環境性に優れたエコキュートは、2005年4月に閣議決定された京都議定書目標達成計画において「2010年度520万台普及」という目標が定められており、電力会社は給湯機メーカー・行政等と連携し、普及拡大に向けた取り組みを推進している。

エジソン電気協会 (→EEI)

エタノール製造技術 [bioethanol production] サトウキビ、トウモロコシ、廃木材等のバイオマス資源を発酵し、蒸留して、植物性のエチルアルコールを製造する技術で、新たな燃料用エネルギーとして注目されてる。バイオマス資源から生産されたエタノールを自動車やボイラの燃料として使用することによって、エネルギーの石油依存度を低下させることも期待でき、すでにブラジルやアメリカ等では燃料エタノールが大量に消費されている。しかし現状では、エタノールはサトウキビやトウモロコシ等の農作物を原料にして造られているため、食料需要との関係から将来的な資源の不足が懸念されている。そのような背景から、食料と競合せず資源量の多い木質バイオマスからのエタノール生産技術の開発に期待が集まっている。

エネルギー安全保障研究会 新たなエネルギー安全保障上のリスクに対応するため、日本のエネルギー安全保障政策を外交・防衛等の視点を含め検討することを目的として、2005年12月22日に資源エネルギー庁に設置された、資源エネルギー庁長官の私的研究会。2006年6月には中間とりまとめが行われ、その検討結果は「新・国家エネルギー戦略」に反映された。中間とりまとめにおいては、①中東地域の政情、②テロ・災害・事故（不祥事)、③供給国の投資減

退、④需要国(中国・インド等)、⑤エネルギー産業に係る問題、を重大なリスクと認識し、それぞれの重大なリスクに対して予防的対策、体質強化策、緊急時対策を検討するのにあわせて、国際的な対応策の強化、わが国における対応策の強化等の視点から分類・整理が行われた。さらに、このような対応策の中で分野横断的であり、行動計画につなげる事項として、①アジア協力、②天然ガスビジネス支援、③緊急時における連携強化についての提言、が行われた。

エネルギー間競争 [inter-energy competition] 2度にわたる石油危機を契機として、省エネルギーの進展やエネルギー寡消費型産業のウエイト増、産業の空洞化といった産業構造の変化により、エネルギー需要の伸びは大きく鈍化した。またエネルギー生産・利用技術の進歩もあって、電気・ガス・石油等各エネルギー間において需要と供給の両分野で、従来のエネルギー間の垣根を越えた競争が活発化している。需要面では、例えば産業用熱需要についてはこれまでの石油石炭主体から産業用LNGや電力が参入し、ビル冷房には電力主体からガス冷房の普及が、家庭用の暖房には石油・ガス主体から電気によるヒートポンプエアコンの普及が、厨房にはガスから電気によるクッキングヒータの普及が見られる。供給面では、コージェネレーションもこの一例である。エネルギー総体の低成長が続く中で、こうした競争は一層激化するものと予想される。

エネルギー管理システム (BEMS) [Building and Energy Management System] 建物の使用エネルギーや室内環境を把握し、室内環境に応じた機器または設備等の運転管理を行うことによってエネルギー消費量の削減を図るためのシステム。環境把握や運転管理のために用いる機器には、計測・計量装置、制御装置、監視装置、データ保存・分析・診断装置等がある。建築物における省エネルギー化を推進するため、国もBEMSを導入する事業者を対象に交付される補助金を設ける等、その普及に向けた支援策を講じている。

エネルギー基本計画 エネルギー政策基本法第12条の規定に基づいて2003年10月に定められた計画。基本法の「安定供給の確保」、「環境への適合」、「市場原理の活用」等の基本方針にのっとり、10年程度の将来を見通してエネルギー需給全体に関する施策の基本的な方向を定性的に示すもの。

基本的な方針として、①安定供給の確保を目指して省エネルギー、輸入エネルギー供給源の多角化や主要産出国との関係強化、国産エネルギー等エネルギー源の多様化、備蓄の確保を推進すること、②環境への適合を目指して省エネルギー、非化石エネルギーの利用、ガス体エネルギーへの転換、化石燃料のクリーン化および高効率利用技術の開発導入を推進すること、③市場原理の活用を

目指すこと、等が述べられている。

次に、長期的、総合的かつ効果的に講ずべき施策として、省エネルギー対策の推進と資源節約型の経済・社会構造の形成、負荷平準化対策、原子力の開発・導入および利用、原子力の安全確保と安心の醸成、新エネルギーの開発・導入および利用、ガス体エネルギーの開発・導入および利用、石炭の開発・導入および利用、電気事業制度・ガス事業制度のあり方等が記述されている。さらには研究開発等にも触れている。

エネルギー自給率 [self-sufficiency of energy supply] 1次エネルギー供給のうち、国内資源によるエネルギー供給が占める割合のこと。資源に乏しいわが国はエネルギー自給率が低く、2005年のエネルギー自給率は、準国産エネルギーと言われる原子力を含めても19%で、原子力を除けばわずか4%である。エネルギー源の大部分を輸入に頼るわが国は資源の安定供給の確保が国家的最重要課題であり、電力業界においては、電源のベストミックスという形で資源・調達先の分散化を図っている。

エネルギー政策基本法 [Basic Act on Energy Policy] わが国のエネルギー政策の大きな方向性を示すことを目的として、議員立法にて制定された法律（平成14年法律第71号）。政府は、エネルギー政策基本法において明らかにされた「安定供給の確保」、「環境への適合」およびこれらを十分考慮した上での「市場原理の活用」という基本方針にのっとり、10年程度を見通して、エネルギーの需給全体に関する施策の基本的な方向性を「エネルギー基本計画」として定性的に示す。また、政府はエネルギーをめぐる情勢の変化を勘案し、およびエネルギーに関する施策の効果に関する評価を踏まえ、少なくとも3年ごとに、エネルギー基本計画に検討を加え、必要があると認めるときには、これを変更しなければならない。

エネルギー対策特別会計（旧：電源開発促進対策特別会計）1974年、電源立地を促進することを目的とし、電源開発促進税の創設とあわせて電源開発促進対策特別会計が設置された特別会計。電力利用者の受益者負担の考え方に基づき行われる「電源立地対策」および「電源利用対策」に関する政府の経理を明確にするため、一般会計と区分して設置されている。

2007年度予算より、行政改革推進法（平成18年6月2日法律第47号）に基づき、石油およびエネルギー需給構造高度化対策特別会計と電源開発促進対策特別会計との統合を行い、新たにエネルギー対策特別会計が設置された。あわせて、電源開発促進税が特別会計に直入される構造を見直し、石油石炭税と同様、一般会計から必要額を特別会計に繰り入れる仕組みへと変更が行われた。

エネルギー転換部門 [Energy Conversion Sector] 供給された一次エネルギーを発電・蒸気発生・精製・分解・混合等の操作により電力・蒸気・ガ

ソリン等の石油製品・都市ガスといった消費しやすい形態に転換する部門のことを指す。一次エネルギーから、転換過程におけるエネルギー損失・自家消費・送配電損失等が差し引かれて最終エネルギー消費となる。

エネルギーの使用の合理化に関する法律 [Law concerning rational energy utilization] 石油等の燃料資源に乏しいわが国は、その大部分を輸入に依存せざるを得ない状況にあり、2度の石油危機を契機にエネルギー利用の合理化を進めることを目的に制定された（昭和54年6月法律第49号）。通称省エネ法。本法は、エネルギーを使用する事業者、所有者、製造者が省エネを進め、エネルギー利用効率を向上させるために講ずべき措置を定めており、「工場・事業場に係る措置」「輸送に係る措置」「住宅・建築物に係る措置」「機械器具に係る措置」等が定められている。

塩害 [salt contamination] 架空送電線を保持しているがいし類は、季節風、台風によって運ばれる塩分によって汚損され、小雨や濃霧等によって表面が湿潤になると甚だしい絶縁低下をきたし、系統事故の発生や系統電圧低下運転を強いられる。このように塩分のがいしへの付着によって電力系統運用に悪影響を与えることを塩害と呼んでいる。塩害を防止するためには、耐塩がいしの採用やがいし連の個数を増加する等の対策を実施しているが、付着した塩分は、活線がいし洗浄や送電線停止による清掃により取り除いている。

遠心分離法（ウラン濃縮法）[centrifuge separation method] 天然ウランを濃縮する方法の一種。同位元素の混合気体（UF_6；六フッ化ウラン）を回転円筒の中に入れ、高速回転させると、重いU-238（238U）は遠心力で円筒の側壁に比較的多く集まり、軽い（235U）は円筒の中心部に比較的多く集まる。この工程を何段階も繰り返しての濃縮度を高めていく。

　この方法の特徴は、①濃縮度に寄与する重要な因子である分離係数が、ガス拡散法のそれに対して大きいこと、②消費電力は同規模のガス拡散プラントの約10分の1、工場の規模は3分の1程度といわれていることである。この方法は機械的に複雑で、高度の産業技術が必要とされる。わが国においては日本原燃㈱が青森県六ヶ所村で商業用プラントを運転中である。

遠赤外線加熱 [far infrared heating] 赤外加熱は、赤外域の電磁波が誘電性物質中でエネルギー吸収（誘電吸収）され発熱することを利用して、物体自身を直接加熱する方式である。遠赤外線加熱は加熱処理物の材質により加熱効果は大きく左右される。とくに高分子化合物（たとえば塗料、プラスチック、繊維、食品等）はごく短時間で加熱処理ができる等著しい効果を上げるが、金属製品等は入射されたエネルギーが反射され効果が薄い。

延滞利息制度 [overdue interest charge system] 早遅収料金制度と同様に、電気料金を早期に支払った需要家とそうでない需要家との間に格差を設けることによって、需要家間の公平を図ると共に、早期支払いの促進を目的としたもので、あらかじめ定めた支払期日の翌日から支払いの日までの期間の日数に応じて延滞利息を申し受ける制度である。この延滞利息は原則として延滞利息の算定の対象となる料金を支払われた直後に支払義務が発生する料金に加算される。（→早遅収料金制度）

お

オイルサンド [oil sand] 地下に堆積している砂に石油分が付着したもの。油層が地殻変動で地表近くに移動し、地下水との接触等により軽質分を失ったものと考えられている。通常の原油生産よりコストがかかるため、従来はあまり注目されていなかったが、近年の原油価格高騰や生産技術の向上で脚光を浴びている。世界中の究極可採埋蔵量は約2兆バレルといわれており、その44%がカナダ、50%がベネズエラにある。オイルサンドから取れる油は、粘性が極めて強いため、希釈剤を加えたり、熱や水素を加えて軽い合成油にして出荷される。油を回収するには、露天掘り法と地下採収法がある。

カナダでは露天掘り法で、新日本石油開発が参加しているシンクルード社等が、地下採収法では石油資源開発が中心となっているカナダオイルサンド社が商業生産を行っている。カナダのオイルサンド開発には中国のオイルメジャーの一つである中国海洋石油有限公司が現地会社に資本参加したり、豪州が事業協力に乗り出す等、さまざまな動きが出てきている。

オイルシェール [oil shale] 原油やガスになる前の炭化水素であるケロジェンを多量に含む緻密な堆積岩の総称。油母頁岩または油頁岩とも言う。加熱乾留によって液状またはガス状の炭化水素を生じる。一般的に、1t当たり10ガロン（約40ℓ）以上の油を生成するものを指す。オイルシェールはシェール層自体が資源であるので、広い面積にわたって存在し、アメリカ、ブラジル、中国、カナダ、ロシア、ザイール等の各地で大規模なオイルシェール層の存在が知られている。世界全体の究極可採埋蔵量は、約3.6兆バレルと推定されており、アメリカとブラジルの2カ国に約8割が存在している。エストニアでは自国産のオイルシェールおよび乾溜して得たガスを利用して火力発電を行い、国内電力需要の90%をまかなっている。2004年には中国の吉林省がシェルと共同で、同省のオイルシェール資源の研究・開発を行っていくことを決定した。

欧州加圧水型炉（→EPR）
欧州気候変動プログラム（→ECCP）
欧州送電系統運用者協会（→ETSO）
欧州電力・ガス規制機関グループ

(→ERGEG)

大阪電燈　大阪では1884（明治17）年、道頓堀（中劇場）でのアーク灯の試験点灯、1886年、三軒屋の大阪紡績でのわが国初の白熱灯の実用化等、早くから電灯照明が紹介されていたが、1888年2月、土居通夫等によって大阪電燈（資本金40万円）が設立された。大阪電燈は、わが国初の交流高圧発電方式を採用、アメリカのトムソンハウストン社のゴッダード技師を迎えて西道頓堀発電所の工事に着手し、1889年5月、多缶式汽缶と120馬力横置式汽機による白熱灯用交流式30kW発電機1台で事業を開始した。

オーダー2000（アメリカ）[FERC Order 2000] 米国連邦エネルギー規制委員会（FERC）が1999年12月15日に施行した規則で、送電線を所有するすべての電気事業者に、協調的な系統運用を行う独立機関として「地域送電機関（RTO：Regional Transmission Organization）」の自主的な設立と参加を求めた規則。

オーダー888（アメリカ）[FERC Order 888] 米国連邦エネルギー規制委員会（FERC）が送電線の開放を目的に1996年4月に制定し、同年7月に施行された規則。送電線を所有するすべての電気事業者に送電線の開放と送電料金の提出を求める一方、需要家が系統から離脱するのに伴って発生する回収不能費用（Stranded Costs）の回収を認めた。また、送電線所有者を地域的に統合する動きとしてISOの設立を奨励した。

オーバーパック[overpack] ガラス固化体を封入する金属製の容器。この容器は地層中で腐食しにくいため、長期間、地下水がガラス固化体に接触することを妨げる。少なくとも1000年間は地下水とガラス固化体との接触を避けるため、厚さ約20cmの円筒形の炭素鋼容器を設計仕様としている。

オープンアクセス義務　主にネットワーク産業において自由化が行われる際に、ネットワーク部門には自然独占性があり、設備競争を行うことが非効率であるという考えから、ネットワークを所有する事業者が、他の事業者にそのネットワークを開放し、公平な条件で利用できるよう義務付けること。

　電気事業法においては、託送供給料金の規制および正当な理由なき託送供給拒否の禁止（第24条の3）という形で表されている。また、公平性を担保するため、一般電気事業者には、送配電部門における情報の目的外利用の禁止、差別的取扱いの禁止（第24条の6）、内部相互補助の禁止（第24条の5）が規定されている。

オール電化住宅[all-electric house] 暮らしに必要なエネルギーとしては、給湯、調理、冷暖房、照明および動力等がある。オール電化住宅とは、これらすべてのエネルギーを電気で賄う住宅をいう。もっとも、これらの分野のうち、照明および動力はすでに電気が利用されているため、具

体的には、給湯には深夜電力を利用したエコキュート、調理にはIHクッキングヒーター、冷暖房にはヒートポンプ式エアコン等、すなわち家庭用の「熱」需要に電気を利用した住宅であるといえる。地球温暖化対策が重要視される中、オール電化住宅は機器・機能のシステム化や、住宅の機密化・断熱化とあいまって、住宅全体としてエネルギーを効率的に利用するものである。

岡山電燈 中国地方で最初に登場した電気事業。1994(明治27)年2月、香川真一が資本金3万円で設立、開業し、汽力25kW発電機1台で岡山市内に供給を行った。なお同地方の電灯の実用化は、1888(明治21)年10月岡山紡績会社が作業場に電灯照明を採用したのが始まりである。

押込水頭 [forced head] 水力発電所の放水面から水車ランナ出口までの高さを押込水頭(吸出高)という。ランナの基準面が吸出し管出口水位より高い場合には正号(＋)をとり、低い場合には負号(－)をとる。押込水頭(吸出高)の決定には、プラントキャビテーション係数を用いて計画するが、吸出し管出口水位は、水車の流量変化、下流の条件、および複数台数によって変化するので、最悪の条件でもキャビテーションによる害のない押込水頭(吸出高)を選定する必要がある。

押出しモールド方式 [extrusion mold] 154kV以上のCVケーブルの直線接続にはモールド形ジョイントが使用され、あらかじめ絶縁体を形状するための金型セットし、小形の押出機でポリエチレンコンパウンドを押出し形成する方式を押出しモールドという。絶縁体成形後は未架橋PE絶縁テープをテーピングマシンで巻き付けた後、保護層を巻き、加圧下で加熱モールドを行う。加熱温度、加熱時間はあらかじめ導体サイズ絶縁厚に応じて定められた基準にしたがう。

汚染負荷量賦課金 [Non Compliance Fee/Emission Charges]「公害健康被害の補償等に関する法律」(公健法)に基づき認定された公害病患者に対する補償給付のための費用、あるいは疾病による被害に関して行う公害保険福祉事業に要する費用等に充てるため、公健法で定められたばい煙発生施設設置者等から、毎年、大気汚染物質(SO_X(硫黄酸化物))の排出量に応じて徴収する賦課金。

オゾン層破壊 [ozone layer destruction] 冷蔵庫やエアコンの冷媒、スプレーの噴射剤等広く使用されたフロン(クロロフルオロカーボン)が大気中に放出されると、成層圏まで到達し太陽からの強い紫外線の影響を受け分解して塩素を排出する。この塩素がオゾン層を破壊することによって、これまでオゾン層に吸収されていた有害な紫外線が増え、皮膚ガンや白内障等の健康障害を引き起こし、あるいは温暖化等地球規模の異常気象や生態系への影響を引き起こすと指摘されている。

これに対処するため、1985年に「オ

ゾン層保護のためのウィーン条約」、1987年には「モントリオール議定書」(オゾン層保護条約議定書)が採択されたことに基づいて、2000年までにフロンを全廃するとした「ヘルシンキ宣言」(1989年)が採択された。日本では、条約や議定書に定められた国際約束を国内で的確に実施するため1988年に「特定物質の規制等によるオゾン層の保護に関する法律」(オゾン層保護法)を制定した。なお、同法はその後のモントリオール議定書の改正にあわせて、規制の強化等の改正がなされている。

オゾン層を破壊する物質に関するモントリオール議定書(→モントリオール議定書)

オゾンホール [ozone hole] オゾン全量は1980年代から1990年代前半にかけて全地球的に大きく減少しており、現在も減少した状態が続いている。オゾン層が破壊された部分をオゾンホールと呼ぶ。2006年のオゾンホールの面積は2,929万km^2であり、2000年に次ぐ過去第2位の広さであった。この理由として、成層圏のオゾン層破壊物質の量が依然として多い状況であることと、2006年の8～9月に南半球中・高緯度成層圏の気温が低く、オゾンが破壊されやすい気象条件が広範囲に広がっていたこと等が考えられる。モントリオール議定書の科学評価パネル報告書(WMO, 2007)に報告されている数値モデル予測によると、結果には幅があるものの、多数のモデルでは、今世紀中頃にはオゾン全量が1980年以前の状態まで回復すると予測されている。

オフガス [off-gass] 原子力施設内の各工程で発生する気体状の放射性廃棄物のこと。主に揮発性のよう素、希ガスからなり、気体廃棄物処理系において捕集あるいは減衰させた後に大気中に放出される。

オフバランス・アウトソーシング [off-balance-sheet/outsourcing] ①電力会社等が提案するトータルエネルギーソリューションサービスの一つ。エネルギー供給設備をエネルギーサービス事業者が需要家の構内に設置する形をとることで需要家は資産のオフバランス化を図れる。また、設備の運用・管理もエネルギーサービス事業者が行うことで業務のアウトソーシングによるランニングコストの低減も可能となる。

②保有資産の売却や業務の外部委託等による資産のスリム化・経営の効率化を図ることを指す。電気事業にとっては、多大な資産を抱える中でいかに経営の効率化を進めるかが課題であり、手法として業務用社屋の売却や事業用資産の証券化等が考えられる。

オフピーク蓄熱式電気温水器 [Heat storage (of-peak) electric water heater] ヒートポンプを利用して主として電力需要の少ない時間帯に蓄熱し、給湯に使用するため、または給湯とあわせて床暖房等に使用するために必要とされる湯温および湯量に沸きあげる機能を有する貯湯式電

気温水器および給湯機能と床暖房等の機能とをあわせて有する貯湯式電気温水器等の機器。夜間時間以外の通電を前提としている点において夜間蓄熱式機器とは異なる。昼間追焚型・瞬間型ヒートポンプ給湯機および多機能型給湯機等が該当する。（→夜間蓄熱式機器）

オルキルオト発電所 フィンランドの原子力発電所。テオリスーデン・ボイマ社（TVO）が1、2号機（89万KW×2基）を1979年と1982年から運転している。また、3号機（EPR、160万KW）が2005年8月から建設中。運転開始予定は2010年。

卸売供給 一般電気事業者、卸電気事業者等が行う一般電気事業者に対するその一般電気事業の用に供するための電気の供給のうち、振替供給に該当するもの以外のもの。一般電気事業者にその一般電気事業の用に供するための電気を供給する行為は、発電した電気の卸売行為と一般電気事業者向けの振替供給を指すが、このうち、発電した電気の卸売行為については、電気事業法第二条第一項十一号に定める「卸供給」に該当するもの（一定規模以上のもの※）と「卸供給」に該当しないものがあり、両者を包含する概念を、「卸供給」と区別する為、一般的に「卸売供給」という。なお、とくに一般電気事業者間の卸売供給を融通供給という。

※「供給の相手方たる一般電気事業者との間で十年以上の期間にわたり行うことを約している電気の供給であって、その供給電力が千キロワットを超えるもの」と「供給の相手方たる一般電気事業者との間で五年以上の期間にわたり行うことを約している電気の供給であって、その供給電力が十万キロワットを超えるもの」（電気事業法施行規則 第三条）

卸電力取引所 [Electric Power Exchange] 2003年2月の総合資源エネルギー調査会電気事業分科会報告答申にて全国規模の卸電力取引市場の整備が必要とされたことを受け、2003年11月に有限責任中間法人日本卸電力取引所（JEPX）が設立され、2005年4月から取引を開始した。日本卸電力取引所は、現物取引に限った取引とし、金融取引は取り扱っていない。市場は「スポット市場」と「先渡市場」の二つに大別される。スポット市場では、翌日に受け渡す電気を、30分ずつ48コマに区切って取引し、取引方式はシングルプライス・オークション方式による。一方、先渡市場では、約2週間前から1年先までの電気を1週間もしくは1カ月の単位で取引する。その期間中すべての時間で受け渡す「24時間型」と平日の昼間時間のみ受け渡す「昼間型」がある。取引方式はザラバ方式による。

温室効果ガス [greenhouse effect gas] 温室効果ガスと呼ばれるCO_2（二酸化炭素）、メタン、フロン等は、太陽からの日射エネルギーをほぼ完全に透過させる一方、地表から再放射される赤外線の一部を吸収し、宇宙空間に熱が逃げるのを妨げる効果を持っており、地球温暖化の原因となっている。その中でも大きな原因とな

っているCO_2の大気中濃度は、世界気象機関（WMO）によると、工業化時代以前は280ppm程度だったものが、2006年には381.2ppmと過去最高水準になっている。これら温室効果ガスの濃度を、地球の気候に影響に危険な人為的影響を及ぼさないような水準で長期的に安定化させるため、1994年の気候変動枠組条約発効に続き、1997年にはCOP3にて京都議定書が採択される等、国際的規模で地球温暖化の進行を食い止めるための取り組みが行われている。

温室効果ガス削減目標 温室効果ガス（CO_2（二酸化炭素）、CH_4O（メタン）、N_2O（亜酸化窒素）、HFC（ハイドロフルオロカーボン）、PFC（パーフルオロカーボン）、SF_6（六フッ化硫黄））の削減目標。京都議定書は、1997年12月に京都で開催された「気候変動枠組条約第3回締約国会議（COP3）」において採択された。気候変動枠組条約における附属書Ⅰ国の温室効果ガス（GHG）排出量について、法的拘束力のある排出削減の数値目標を設定。附属書Ⅰ国は、2008～2012年の5年間（第1約束期間）に温室効果ガス排出量の上限が設定された。

温室効果ガス濃度 温室効果ガス（CO_2（二酸化炭素）、CH_4O（メタン）、N_2O（亜酸化窒素）、HFC（ハイドロフルオロカーボン）、PFC（パーフルオロカーボン）、SF_6（六フッ化硫黄））の大気中濃度。2007年11月に公表された気候変動に関する政府間パネル（IPCC）第4次評価報告書では、世界のCO_2、CH_4およびN_2Oの大気中濃度は、1750年以降の人間活動の結果、顕著に増加し、現在では、氷床コアから測定された産業革命以前何千年にもわたる期間の値をはるかに超えている。

20世紀半ば以降に観測された世界平均気温の上昇のほとんどは、人為起源の温室効果ガスの大気中濃度の増加によってもたらされた可能性がかなり高い。過去50年にわたって、南極大陸を除く各大陸において平均すると、人為起源の顕著な温暖化が起こった可能性が高い、とされている。

温排水 [thermal effluent] 火力・原子力発電所では、タービン発電機を回して仕事を終えた蒸気を復水器で海水によって冷却し、水に戻している。この海水の水温は取水時に比べて7℃程度上昇するので温排水と呼ばれているが、直接人の健康や生活環境に悪影響を及ぼすような物質は含まれていない。温排水の放水による周辺海域の海生生物等に及ぼす影響を軽減するための対策としては、深層取水方式や水中放流方式等がある。

オンライン事前演算型系統安定化システム [online pre-calculating system stabilzing controller] オンラインの系統情報を一定周期で取得し、系統事故時の過度安定化制御の要否・制御対象をその都度算出する系統安定化システムであり、1995年に中部電力㈱が世界で初めて実用化した。従

来のオフライン型システムに対して、①系統状態に応じた最適制御量の算定(過制御の抑制)、②ループ系統への適用が容易、といったメリットがある。

か

加圧流動床燃焼技術 (→PFBC)
加圧流動床ボイラ (→流動床ボイラ)
海外電力調査会 [Japan Electric Power Information Center Inc.]1958年5月、海外における電気事業の実情を調査・研究する専門機関として9電力会社と電源開発㈱を会員に設立され、同年8月には発展途上国の電源開発に対して電気事業の立場から技術協力を行うことを業務に加えると同時に社団法人に改組された。1974年には日本原子力発電㈱が新たに会員に加わり、会員数は11会社となっている。アメリカ(ワシントン、1974年)とヨーロッパ(パリ、1979年)に海外事務所、北京に駐在員(1985年)を置き、1989年には発展途上国の電力基盤整備への協力について電力大としての対応体制を整備するために電力国際協力センターを設置した。主に調査研究、国際交流、国際協力等の事業活動を行っている。

会計基準 [accounting standard] 企業の多様かつ国際的な活動等を反映し、企業会計原則を補完するため、政府の審議会である企業会計審議会や、民間機関の企業会計基準委員会により制定される。とくに近年は、会計基準の国際的な調和を図り、財務諸表等企業情報の国際的な比較可能性を高める観点から、いわゆる「国際会計基準とのコンバージェンス」として整備が進められている。また、会計基準とともに、会計基準を実務に適用する場合の具体的な指針等をまとめた実務指針や適用指針が企業会計基準委員会や日本公認会計士協会等により定められる場合が多い。

会計期報 [accounting report] 電気事業法第34条第2項は「電気事業者は、経済産業省令で定めるところにより、毎事業年度末終了後、財務計算に関する諸表を経済産業大臣に提出しなければならない」旨を規定している。これを受け「電気事業会計規則」は、作成しなければならない諸表の種類や様式を定めるとともに、これらの諸表を事業年度経過後3カ月以内に経済産業大臣に提出しなければならない旨を規定している。これらの諸表について、以前の「電気事業報告規則」において「会計期報」と規定されていたことから、今も「会計期報」と呼んでいる。

会計財務規制 [accouting] 公益事業としての電気事業に呈して統一的な会計制度を設けると共に、電気事業の健全な発達を図るために必要な経理上の諸規制が、電気事業法(昭和39年法律第170号)第2章第3節「会計及び財務」に規定されている。その事項とは、会計の整理、減価償却または積立金・引当金に関する命令に関する規定のほか、渇水準備引当金制度、社債権者に関する一般担保等

の財産特権についての規定である。

会計整理の例外承認 [exceptional approval of accounting regulation] 電気事業会計においては、統一会計の観点から、勘定分類は電気事業会計規則別表第1「勘定科目表」によることが原則とされているが、新たな取引の発生や関係法令の改正により、「勘定科目表」以外の勘定を設定することが必要となる場合がある。このため、会計規則は、他の法令の適用を受けるため、その他の理由によって別表第1による勘定科目の分類により難い場合は、電気事業者の申請により経済産業大臣の承認を受けて、当該電気事業者に必要な勘定科目の設定ができる旨を規定している。

会計分離 [preparation of accounts of transmission/distribution segment] 一般電気事業者に対し、送配電部門に係る会計整理を義務付けたもの（電気事業法第24条の5）。あわせて、その整理の結果を公表することを義務付けられている。小売自由化範囲の拡大が進む中で、安定供給を確保しつつ、多様な主体が系統を利用し全国的な供給力の有効活用や小売における競争が図られるためには送配電部門の規律の強化が不可欠とされ、会計の面からも一般電気事業者の送配電部門に関する公平性・透明性を確保し、送配電部門に係る業務により生じた利益が他の部門で使われていないことを監視する趣旨から、2003年の電気事業法改正により新たに規定された。

がいし [insulator] 線路と鉄塔等の支持物との絶縁を保つために重要なもので、材質は磁器、プラスチック、ガラス等であるが、わが国ではほとんど磁器がいしを使用している。最近では、機械的強度、高温絶縁性、耐磨耗性に優れたアルミナ含有の磁器がいしが広く使われている。

回収ウラン [recovery uranium] 使用済燃料の再処理によって回収されるウランを示す。軽水炉では使用済燃料の9割以上の大部分はウランが占めており、また、ウラン235の濃縮度も天然ウランよりも大きいことから、再利用によって濃縮作業の軽減が期待できる。軽水炉や高速増殖炉のMOX燃料については、一般的に天然ウランや劣化ウランが母材として利用されていることから、回収ウランについては新たなMOX燃料の母材としてリサイクル利用が考えられる。

海水揚水発電 [seawater pumped storage generation] 揚水発電は、石炭火力、原子力等の大容量ベース電源の効率的・安定的な運転に必須の発電形態で、海水揚水は、従来から開発されている淡水揚水発電と比較し、海を下池とすることによりダム建設費を節減できる。また電力需要地あるいはベース電源の近くに建設できる可能性があり送電、系統運用の面から有利となる等の優れた特性を持つ。反面海水を利用することによる技術上ならびに環境上の諸問題に対し、新たな対策が必要となる。

わが国は四方を海に面し、地形的にも海水揚水発電所の立地条件にめぐまれているため、早くからその可能性についての調査・研究が進められてきており、国では1981年から海水揚水発電技術に関する調査を実施すると共に、電源開発㈱が受託して、1987年度から世界で初めて実際に出力3万kWの試験発電所を沖縄に建設し、長期の発電運転を行うことによって、海水揚水発電技術の確立を図ることとしている。

海水揚水発電技術実証試験 陸地の池と海を結び、海水を利用する揚水発電方式で、わが国は周囲が海に面し、地形も急峻なためこれに適する地点は多い。また、無尽蔵の海水を利用できることも資源活用から有利。しかし海水を利用するため、①陸地の池より浸透する海水による自然環境、農作物への影響、②水路工作物、機器の腐食、③水路工作物、機器に付着する海棲生物の影響等、の事項についての検討が必要である。このため経済産業省(旧通商産業省)は1987年度から2003年度までパイロットプラントによる海水揚水発電技術実証試験(沖縄本島美作地点、30MW)を実施した。

改正EU電力(自由化)指令 [Directive 2003/54/EC of the European Parliament and of the council of 26 June 2003 concerning common rules for the internal market in electricity and repealing Directive 96/92/EC]EU内の電力市場全面自由化の導入を規定した指令。1996年に成立したEU電力指令の導入による電力市場の自由化進展に従い、市場開放率の格差による国家間の軋轢が生じるようになった。このため、EUでは、さらなる市場の自由化が必要であるとの結論に達し、2003年6月に「改正EU電力指令」が制定された。この指令により、2004年7月までの家庭用需要家を除く全需要家の自由化と、2007年7月からの全面自由化の導入が規定された。また、送配電会社の別会社化(法的分離)の実施も義務づけられた。

改正リサイクル法 (→資源の有効な利用の促進に関する法律)

回線選択リレー方式 [transverse differential protection]並列2回線送電線の保護に用いられ、両回線に流れる故障電流の差を検出して、故障回線の判定を行う継電方式である。両回線の変流器二次側を交差接続し、継電器に両回線の差電流が流れるようにすると、外部故障時は両回線の故障電流は等しく、継電器に流れる電流は零となる。内部故障時には、故障回線と健全回線とで故障電流の大きさまたは方向に差が生じ、これを検出して故障回線の判定をする。両回線運転時には、大部分の故障は高速遮断できるが、送電端に近い故障では故障点に近い端子が遮断された後に遠方端子が遮断する縦続遮断となる。1回線運転時は使用不能で、両回線同相故障時にも応動できない等の性能上の限界があり、154kV以

下のローカル系統の主保護として使用されている。

階層制御 [hierarchical control] 一般には、「物理的、機能的に階層分けされた各制御サブシステムの動作を、制御システム全体からみた制御仕上がりを、より適切にするよう自動あるいは手動により総合協調することにより、全体がある目的に沿って動作するシステム」をいう。電力系統における階層化、分割の方法には三つの見方がある。①直接制御、最適制御、適応制御等、制御における意志決定の複雑さから分割するもの、②事故予防制御、事故復旧制御、緊急制御等同一の制御対象システムを異なる角度からモデル化するもの、③中央給電指令所から地方給電所や制御所および発変電所に至る階層組織のごとく物理的・構造的に区分され、かつ階層を構成するもの。電力系統の総合自動化システムを構成するに当たっては、電力系統全体の運用運転を円滑に遂行するため、③の見方に立ってそれぞれの機関に配備された自動処理装置の総合協調を図る階層制御システムが導入されている。

回避可能原価(アメリカ) [avoided costs] 1978年、アメリカにおいてコジェネレーション、再生可能エネルギー等QF（連邦エネルギー規制委員会が認定した小規模発電設備）からの電力を電気事業者が買い取ることを義務づけた公益事業規制政策法（PURPA）が制定された際に、その買い取り価格の算定方法を決める上で出てきた概念。すなわち、QFやIPP（独立系発電事業者）の参入により建設の回避、あるいは繰り延べが可能になった電源に関わる原価のことを言い、一般的には、回避可能容量コスト＋回避可能エネルギーコストからなる。算定方式は次の二つに大別される。

①みなし設備法は、入札電源からの電力購入により建設が回避される電源を特定し、その電源（みなし設備）の固定費と可変費をそれぞれ回避可能容量コストと回避可能エネルギーコストとするもの。②入札電源イン・アウト法は、入札電源が導入された場合の電源計画、供給計画への影響を定量的にシミュレートし、入札電源がなかった場合の各年度の発電原価と、入札電源が導入された場合の発電原価の差を回避可能原価とする方法。

当初、回避可能原価の解釈は各州の政府に委ねられたため、カリフォルニア州やニューヨーク州等、再生可能エネルギーに有利な価格が設定された州では再生可能エネルギー発電施設の建設が促進されたが、後に電力会社の大きな負担となり、競争市場において「回収不能費用（Stranded Cost）」として問題化した。

外部診断技術 [diagnostic technology] 機器内部の精密点検のためには機器の運転を停止する必要があるため、機器の稼働率および電力系統の信頼度が低下する。このデメリットを解消するとともに、メンテナンスの省

力化と簡素化を図るために、運転中の機器の外部から機器の機能をチェックする外部診断技術が実用化されている。変圧器の外部診断には油中ガス分析および絶縁劣化検出器がある。GISの外部診断については、密閉化されているGIS内部の機器の絶縁、通電、開閉機能およびSF$_6$（六フッ化硫黄）ガスの特性等の状態を把握し、内部異常の有無を診断するため、部分放電検出、ガス分析、異常音検出、容器外表面温度測定、開閉特性試験、X線透視による内部構造検査等が行われている。

開閉サージ [switching surge] 遮断器、断路器等の開閉操作によって、系統のある地点の相と大地間あるいは相間に発生する過電圧をいう。代表的なものとして、遮断器の投入過電圧（投入サージ）と遮断過電圧（遮断サージ）および断路器サージとがある。線路の地絡やその回復時に発生するサージ性過電圧も、発生波形が類似しており、かつ地絡故障は回路の開閉と考えられるため、広義の開閉過電圧に含める場合がある。開閉過電圧の波形や波高値は、線路長、系統構成、電源容量、中性点の接地方式等に影響されるが、その持続時間は、百μsから数msである。送電線の絶縁強度は電圧波形の影響を大きく受け、とくに開閉サージに対して最も弱い特性を示す。このため、開閉サージに対する絶縁は送電線絶縁設計の基本要因の一つである。

開放サイクル・ガスタービン [open cycle gas turbine] 蒸気タービンは蒸気を吹き付けて動力を発生させるが、ガスタービンは、蒸気の代わりに高熱ガスをタービンの羽根に吹き付けて動力を得ている。空気圧縮機によって圧縮された空気が燃焼器に入り、ここで圧縮空気中の燃料を燃焼させる。この燃焼された高温・高圧のガスはガスタービンに導かれ、膨張しつつタービン翼車を回している。大気圧近くの低圧となった膨張ガスは排気ガスとして大気に放出されるガスタービンを開放サイクルガスタービンという。排出されるガスの温度は数百度であり、ガスタービンの熱効率を高めるために、排気ガスを直接大気に放出せず、空気予熱器を通して、燃焼器に入る空気を予熱して大気に放出する方法を再生開放サイクルと呼ばれている。

海洋汚染 [ocean pollution pollution of the sea] 陸から流入するゴミや有害物質、船舶事故、海底油田からの流出油等で広大な海洋の汚れが進行し、魚介類、海鳥等海洋生物の死滅、浮遊物による船舶の航行障害等深刻な影響が生じる現象のこと。その対策としては早くから国際海事機関（IMO）を中心として海洋汚染防止対策のための条約策定等の国際的な取り組みがなされてきた。近年では、海洋環境の保護および保全について規定した「海洋法に関する国際連合条約」が1994年に発効したほか、1989年にアメリカ・アラスカ州沖で発生した「エクソン・バルディーズ号」

座礁事故に伴う大量油流出事故を契機として、大規模油流出時における環境修復防除体制の強化および国際協力体制の確立を目的とする「1990年の油による汚染に対する準備、対応および協力に関する国際条約」が1996年に発効している。

海洋汚染及び海上災害の防止に関する法律 [Law Relating to the Prevention of Marine Pollution and Maritime Disaster] 海洋汚染や海上災害の防止を目的に、1970年12月25日に施行された法律。船舶等から海洋に油、有害液体物質等および廃棄物を排出すること、船舶から大気中に排出ガスを放出することならびに船舶等において油、有害液体物質等および廃棄物を焼却することを規制している。また排出された油等の防除ならびに海上火災の発生および拡大の防止等の措置を講じることにより、海洋汚染および海上災害を防止し、あわせて海洋の汚染および海上災害の防止に関する国際約束を適確に実施し、海洋環境の保全ならびに国民の生命、身体および財産の保護を図ることとしている。

また同法では、海洋環境保全の見地から、すべてのタンカーおよび総トン数100t以上のタンカー以外の船舶所有者には、油の排出基準に適合することを担保する設備の設置が、有害液体物質を運送するすべての船舶所有者には、有害液体物質の排出による海洋汚染を防止するための設備の設置が義務付けられている。また、定格出力が130kWを超える原動機を船舶に設置する船舶所有者には、NO_x(窒素酸化物)の放出量確認を受けた原動機の設置が、揮発性物質放出規制港湾において揮発性有機化合物質を放出する貨物の積み込みを行う船舶の所有者には、揮発性物質放出防止設備の設置が、船舶内で発生する油等を焼却する船舶の所有者には、船舶発生油等焼却設備の設置が義務付けられている。

改良型加圧水型軽水炉 (→APWR)

改良型ガス冷却炉 (→AGR)

改良型制御棒駆動機構 (FMCRD) [Fine Motion Control Rod Drive] BWR(沸騰水型軽水炉)の制御棒駆動機構では、通常操作時、緊急時とも水圧で制御棒を駆動する方式としているが、ABWR(改良型沸騰水型軽水炉)では、FMCRDを採用し、通常操作時には電動で駆動し、緊急時には水圧で駆動する方式である。FMCRDの採用で制御棒を電動駆動できるようになったため、通常操作時の制御棒駆動を微調整することが可能となり、運転性が向上すること、緊急時には水圧で制御棒を急速挿入すると同時に電動機も制御棒の挿入方向に駆動して、スクラムによる原子炉停止機能をバックアップすることにより信頼性が向上すること、制御棒の複数本同時操作が可能となりプラント起動・停止時間が短縮できること、といった特長を持つ。

改良型沸騰水型軽水炉 (→ABWR)

核分裂 [fission] U-235やPu-239が中

性子を吸収すると二つの核分裂片に分裂し、その際多量のエネルギーと二つまたは三つの中性子を放出する。この原子核が二つに分かれる現象を核分裂という。核分裂を起こす物質は、U-233、U-235、Pu-239等である。U-233とPu-239は、原子炉の中で人工的につくられたもので天然にはない。1個の原子核が分裂すると、約200MeVのエネルギーを放出する。エネルギーの大部分は、分裂片の運動エネルギーの形で出るが、γ線やβ線の形でも出る。また、U-235の1gが核分裂して放出するエネルギーは、石炭約3tの熱量に相当する。

核分裂性物質 [fission material] 熱中性子を吸収して核分裂を起こしやすいU-233、U-235、Pu-239等をいう。熱中性子を吸収して核分裂を起こすのは、ウラン、プルトニウム等の非常に重い元素に限られている。U-238やTh-232は約1MeV以上のエネルギーをもつ高速中性子によって核分裂を起こすが、熱中性子では起こさないので、普通核分裂性物質とはいわない。これに対しU-233、U-235、Pu-239等の核分裂性物質は、高速中性子によっても、熱中性子によっても核分裂を起こす。天然に存在する核分裂性物質は、U-235だけで、その他は全て人工的につくられる。U-235は、天然ウラン中に約0.7%含まれているにすぎないが、濃縮することによってその含有率を高めることができる。U-233やPu-239は、それぞれ天然に存在するTh-232やU-238に中性子を吸収させることにより、人工的につくることができる。

化学的酸素要求量 (→COD)

夏季需要 [summer load] 最大電力の実績を月ごとにプロットし、端境期である4〜5月および10〜11月を結ぶと、7〜9月の需要は、この傾向線の上に大きな盛り上がりを示す形となる。この傾向線（ベース需要）を上回る部分が夏季需要であり、主として冷房・空調等によって構成されていると考えられ、近年この増加が著しい。

架空送電設備 [overhead transmission line] がいしおよび適切な支持物によって電線（導体）が地上に支持された送電線路で、一般に、支持物、がいし、電線、地線等の設備を有するものをいう。地中送電設備とは、ケーブル等で地下に埋設された送電線で、一般に、ケーブル、管路、マンホール、洞道等の設備を有するものをいう。送電線は、経済性を考慮し、架空で建設されることが多いが、人口密集地等で社会的制約がある場合には、地中で建設される。架空送電設備は、地上に架線されることから、雷、台風、雨、雪等の自然環境にさらされるため、建設時には気象観測を含めた事前調査を行い、送電線の設計に反映させている。

核拡散抵抗性 (→核不拡散性)

核原料物質、核燃料物質及び原子炉の規制に関する法律 [Law Concerning Regulation of Nuclear Material, Nuclear fuels and Nuclear reactors] 通

称「原子炉等規制法」(昭和32年6月10日法律第166号)という。この法律は、核原料物質・核燃料物質および原子炉の利用が平和目的に限られ、かつ、これらの利用が計画的に行われることを確保し、公共の安全を図るために核原料物質・核燃料物質の製錬、核燃料物質の加工、再処理および廃棄の事業ならびに原子炉の設置・運転等に関して必要な規制を行うことを目的としている。

その他、原子力の研究、開発および利用に関する条約その他の国際約束を実施するために、そこに規制されている核物質や原子炉等の資材・設備の使用に関して必要な規制も行っている。この法律では、核原料物質が採掘された後の製錬事業、加工事業、原子炉の設置・運転、使用済燃料の再処理事業に至るまでの原子力の平和利用のすべてが綿密に規制されており、各種の原子力施設が設備上も運営上も十分安全であるように図られている。

拡散方程式 [diffusion equation] 原子炉理論の基礎として広く用いられている式である。一般に、粒子が濃度の高いところから低いところへ移動することを拡散という。中性子の拡散も気体分子の拡散と同じように考えて、中性子の密度の高いところでは、減速材との衝突が多く衝突した中性子は、そこから遠ざかっていき、密度の低いところでは衝突は少なく、密度の高いところから中性子が流れ込んでくるとみることができる。気体の拡散との相違は、気体では気体分子同志の衝突が問題になるのに対して、中性子の場合は、一般に密度が低いので減速材との衝突が問題になっている点である。

この中性子の拡散については、①中性子は、拡散の過程では衝突によってエネルギーを失わず、常に一定のエネルギー(熱エネルギー)をもっている、②中性子と物質の原子核との衝突はすべて等方散乱、すなわち、中性子が衝突して散乱する角度は定まっていなく、四方に均等である、③原子核は、実際には熱運動しているが常に静止している、等の仮定のもとに拡散理論がたてられている。これらをもとに原子炉の中のある単位体積について、中性子のつりあいを考えると次のようになる。"発生"-"漏れ"-"吸収"=中性子数の変化これが拡散方程式である。

確認埋蔵量 [proved reserves] 埋蔵量を大別すると、原始埋蔵量と可採埋蔵量に分けられる。原始埋蔵量とは、油層内に存在している油量の総量をいい、このうち経済的かつ、技術的に採掘可能な部分を可採埋蔵量という。可採埋蔵量の分類では、一般に埋蔵量の値の信頼度の程度により、信頼度の高い順から確認埋蔵量(proved reserves)、推定埋蔵量(probable reserves)、予想埋蔵量(possible reserves)の3種類に区分して表すことが多い。

確認埋蔵量とは、現在の技術的・経済的条件の下で、確実に回収可能

と推定される埋蔵量である。したがって確認埋蔵量は、石油でみた場合、新規油田が発見されたり、技術的・経済的条件が変化して、既発見油田が見直されるのに応じて変動する。2006年末の推計では、世界全体の石油の確認埋蔵量は約1兆2,000億バーレルで、うち62%が中東に集中している。次いでアフリカに10%、中南米に9%が賦存し、これら3地域で約80%を占めている。

核燃料勘定 [nuclear fuel account] 発電に使用するために取得した核燃料を整理する勘定で、ウラン精鉱〜加工〜装荷〜再処理という「原子燃料サイクル」の流れの中にあるあらゆる形態の核燃料を含む。電気事業会計規則では、場所・形態・要素等に応じ、次のとおり分類している。

①装荷核燃料：現に炉内に装荷されているもの、②加工中核燃料：発電に使用するために保有しているウラン精鉱および転換、濃縮、成型加工等の加工工程中のもの、③半製品核燃料：加工工程中次の工程に投入されず中間製品の状態で保有しているもの、あるいは中間製品の状態で購入し貯蔵しているもの、④完成核燃料：炉内に装荷されていないが、装荷できる状態で貯蔵されているもの、⑤再処理核燃料：使用済燃料価額、再処理完了に伴う分離有用物質のうち自社への帰属がその時点で明確になっていないもの、⑥雑口：濃縮代、成型加工代等の前払金。

核燃料減損額 [nuclear fuel deprecia-tion] 原子力発電所において使用される核燃料が、発電に伴い減損する度合いを会計的に評価した費用で、燃料費に整理される。核燃料減損額の算出は、核燃料が火力燃料と異なり、燃料としての寿命が長期間（3年から5年）にわたるため、次の方法がとられる。

炉心別または装荷単位別に

核燃料減損額＝発電電力量当たり単価（取得原価／設計発生電力量）×発電電力量

(注) 設計発生電力量＝設計燃焼度（MWD/TU）×装荷重量（TU）×24（H/D）×熱効率

　燃焼度とは、原子炉内の核分裂により発生したエネルギーの単位重量当たりの値をいい、通常装荷ウラン1t当たり取り出される1日当たりの熱量（MWD/TU）で表示される。

　また、設計燃焼度とは、核燃料の装荷期間中に発生が見込まれる燃焼度をいう。

核燃料税 [nuclear fuel tax] 原子力発電所の立地に伴い増加する財政需要に対処するため、「地方税法」（昭和25年法律第226号）第259条に基づき総務大臣の同意を得て、地方自治体が発電用原子炉の設置者に課税するものである。2008年現在、原子力発電所が立地している12道県すべてで課税されており、原子炉への核燃料装荷時に、核燃料の取得価額に対し税率10〜12%で課税されている。

核不拡散条約 (→NPT)

核不拡散性（核拡散抵抗性）[nuclear proliferation resistance] 核物質やそ

れに関連する施設が軍事目的に転用されにくさを核不拡散性という。これには、核物質の平和利用を担保するため、「保障措置」や「核物質防護措置」、「原子力関連資機材の輸出制限」等の制度的なものと、核物質そのもの自身に、核拡散に対して固有の強い防護特性を持たせる技術的な抵抗性がある。具体的には、再処理においてプルトニウムは単体では取り出さず、ウラン、プルトニウム、ネプツニウム等を一括して抽出処理し取り出すこと等が挙げられる。この場合、プルトニウム以外の超ウラン核種等を含むので核爆弾への転用は困難となる。

核分裂エネルギー [fission energy] 核分裂のときに放出されるエネルギーのことで1回の核分裂当たり200MeV程度である。内訳は核分裂片の運動エネルギーが168MeV、即発γ線のエネルギーが約7MeV、中性子のエネルギーが約5MeV、核分裂生成物の壊変により放出されるβ線とγ線のエネルギーがそれぞれ8MeVと7MeVである。また、中性微子によるエネルギーが12MeV程度あるが、周囲の物質と作用せず、通り抜けるので発熱計算では通常除外される。

核分裂収率 (→核分裂生成物)

核分裂生成物 (FP) [fission product] U-235やPu-239が中性子を吸収して核分裂をすることによってできた核種のことをいう。核分裂で直接生成する核種は多数の種類におよび、それらの核種の質量数は主として72から158にわたり、各核種の生成する割合(これを核分裂収率と呼ぶ)は、核分裂する物質に対して定まっている。たとえば、ウラン235の熱中性子による核分裂では80種類以上の核分裂生成物を生じ、その主なものはストロンチウム90とセシウム137である。核分裂生成物の多くは、放射性物質であって、γ線やβ線等を放出して次第に安定な核種になっていく。従って、ウラン燃料は原子炉の運転中はもちろんのこと、停止後も放射線を出す。ただし、停止後の放射線は時間とともに減少していく。

核分裂連鎖反応 [nuclear chain reaction] ウラン235が中性子を吸収すると、ウランの原子核は大変不安定になり、二つに分裂し、エネルギーと一緒に2～3個の中性子を放出する。これを核分裂という。この時放出された中性子が別のウラン235に吸収され、新たな核分裂反応を引き起こすことを核分裂連鎖反応という。この連鎖反応を適度に制御して、エネルギーを持続的に取り出すようにしたのが原子炉である。

核融合発電 [nuclear fusion generation] プラズマ状態にある重水素と三重水素の反応によりヘリウムの生成と中性子の放出を起こす反応で、中性子が当たるブラケットから反応熱を取り出し発電する方法。このプラズマ状態の維持や制御に、超電導コイルを用いたトカマクやヘリカル等の方式で磁界を封じ込めている。

核融合炉 [nuclear fusion reactor] 重

い原子であるウランやプルトニウムの核分裂反応を使った核分裂炉(原子炉)に対して、軽い原子である水素やヘリウムを使った核融合反応を使ったものが核融合炉である。現在、重水素と核融合炉の中でリチウムから自己生産できるとされる三重水素(トリチウム)の燃料を1億度以上のプラズマ状態に加熱し磁場で閉じ込める方法が有力とされている。

核融合炉の特徴としては、①燃料が無尽蔵である、②CO_2(二酸化炭素)が発生しない、③高レベル放射性廃棄物が発生しない、等があげられ、将来のクリーンで安全なエネルギー資源として期待されてる。その実現のため、7極共同による国際熱核融合実験炉(ITER:イーター)計画が2007年に着手され、本格的な燃焼実験による核融合エネルギーの実証を行い、核融合発電炉建設に必要な技術開発が進められているところである。原子力委員会では、21世紀中葉まで実用化の見通しを得ることも可能としている。

確率手法 [probability method] 供給信頼度を同一にした複数の電源開発計画を作成し、それぞれについてできるだけ実情に則した検討を行い、最経済的な開発案を求める、代替案比較法のうちの一つの手法。

確率手法による電源開発計画の経済性検討は、まず発電所の事故等確率的に変動するものの組み合わせを確率論的に取り扱い、決められた供給信頼度を保つために必要な電源設備量を決める。つぎに、火力発電所の燃料消費量を求めるため、水力発電所の出水期(豊水、平水、渇水期)や需要(3月最大平均日、平日平均、休日平均の場合)等、それぞれの組み合わせの時の燃料消費量を求め、その発生確率により加重平均することにより燃料消費量の期待値を求める。燃料費、固定費が定まったら、年経費を求め現在価値換算して経費の現価合計を計算し、その大小により経費の大小を比較する。

可採埋蔵量 [Recoverable Reserves] 埋蔵量を大別すると、原始埋蔵量と可採埋蔵量に分けられる。原始埋蔵量とは、油層内に存在している油量の総量をいい、このうち経済的かつ、技術的に採掘可能な部分を可採埋蔵量という。単に埋蔵量という場合には、この可採埋蔵量を指すことが通常である。原始埋蔵量に対する可採埋蔵量の比率を可採率(採取率)といい、一般的に、一次採取(油層中に含まれる油を自然のエネルギーやポンプ等により地上に取り出す方法)では25~30%程度、二次採取(油層中にガスまたは水を圧入し油層内の圧力を高めて採取する方法)でも40~50%程度といわれている。可採埋蔵量は、確度の高い順に、確認可採埋蔵量(Proved Reserves)、推定可採埋蔵量(Probable Reserves)、予想可採埋蔵量(Possible Reserves)に分けられる。

火主水従 [shift from reliance on hydro-power to thermal power] 戦後しばら

くまでのわが国における電源開発は、比較的豊富な水力資源を有効に利用して、燃料資源の消費を節約するとともに、水・火力併用による発電原価の低減を図るという、水主火従の開発方式を基本としていた。しかし、電力需要の増大に対して経済的水力開発地点が次第に減少してきたこと、また火力発電技術の進歩とともに中東大油田の開発による原油価格の安定等により、重油火力発電の経済性が高まったこと等から、昭和30年代以降、高能率大容量火力発電の開発促進に重点が置かれるようになり、電源構成は火主水従へと移行していくこととなった。

電気事業者の総発電電力量において、1955年度は水力の比率が78.7%であったものが、1962年度には46.1%と水火逆転している。2005年度の総発電電力量構成は、水力8.3%、石油火力9.5%、石炭25.7%、LNG23.8%、原子力31.0%等となっている。

ガス・ツー・リキッド燃料 [gas to liquid fuel] 石炭や天然ガス（LNG）から灯油、軽油、ガソリン、ワックス等の石油製品やジメチルエーテル、メタノール等の液体燃料を作る技術の総称。原油価格高騰による相対的な競争力向上といったインセンティブもあり、特に天然ガスから軽油等の石油製品をつくるガス・ツー・リキッド事業が盛んになっている。

ガス・電力市場委員会（イギリス）
(→GEMA)

ガス拡散法 [gaseous diffusion process] ウラン濃縮法の一つ。UF_6ガスをその平均自由行程より小さい細孔を有する融膜を通して融合気体を高圧側から低圧側に吹き出させると、低圧側に吹き出してきた気体は、高圧側の気体に比べて僅かながら分子量の小さい成分に富んでいる。ウランはUF_6にすると気体として扱えるので、この原理を利用してウラン濃縮を行うのが気体拡散法である。隔膜の材料としてはアルミナ、テフロン、ニッケル等が考えられる。

隔膜を通す1回の操作で達成される分離係数はたかだか$1.0043 = (238 UF_6 の分子量:352)/(235 UF_6 の分子量:349)$と極めて小さいため、軽水炉用の低濃縮ウランを製造するためには、およそ1000段からなるカスケード（同位体分離効果を重畳して目的の濃縮の製品を得るための連続多段分離系統）を組んで運転する必要がある。

その上、格段で隔膜を透過してきたUF_6ガスを次の段の高圧側に供給するために圧縮機が必要であり、その消費電力が極めて大きい。このような欠点はあるが、高度で特殊な技術をあまり必要とせず、また濃縮ウランの大量生産に適しているため、第二次世界大戦中にアメリカでこの方法を採用したウラン濃縮プラントが建設され、戦後、イギリス、フランス、中国の各国もこの方法を採用した。現在でも、世界中の濃縮ウランの大半は、気体拡散法を適用した濃縮プラントで生産されている。

ガス火力 [gas fired power generation] LNG、LPG等の地下資源を使用するものと、製鉄所の溶鉱炉から副生する高炉ガス等を使用するものがある。とくにLNGはコンバインドサイクル発電の燃料として急速に導入が進んでおり、硫黄分をほとんど含まないこと等環境に影響の少ない燃料として、その使用が増加してきている。

ガス絶縁開閉装置（→GIS）

ガス絶縁変圧器 [gas insulated transformer] 油入変圧器が絶縁媒体として絶縁油を使用するのに対し、SF_6（六フッ化硫黄）ガスを絶縁媒体として使用する変圧器。油入変圧器と比べて次のような特徴がある。①SF_6ガスが不燃性のため防災性向上が図れる。また、消火設備等の防災設備の省略が可能となる。②油入変圧器のタンク上部に取り付けられているコンサベータ（絶縁油の温度変化に伴う油膨張を吸収させるためのタンク）が不要なため、変圧器の高さを低くできる。このため、地下変電所の変圧器設置階の階高を2～2.5m（275kV変電所の場合）低くすることが可能である。③ガス絶縁変圧器とガス絶縁開閉装置をガス母線を介して直結することができる。これにより、変電所全体のレイアウトを合理化できる。

このように、ガス絶縁変圧器はその安全性、防災性、環境調和性が評価され、1980年代の後半から急速に普及してきている。とくに、都市部の配電用あるいは送電用の地下式変電所や屋内式変電所に設置する変圧器用としてのニーズが高まっている。

ガスタービン発電 [gas turbine generation] ガスタービンは、作動流体としてガスを使用し、タービンによって機械仕事を得る熱機関であり、これに発電機を直結して発電する方式。大気から吸入した空気を圧縮機により圧縮し、この圧縮空気を燃焼器で燃料とともに燃焼させると高温高圧の燃焼ガスが発生する。タービン内で膨張しつつ熱エネルギーをタービンの回転エネルギーに換え、大気圧近くの低圧となって大気に放出される。種類はオープンサイクルガスタービン発電、クローズドサイクルガスタービン発電等があり、またガスタービン発電設備はガスタービン、空気圧縮機、燃焼器、発電機、励磁機、起動装置等から構成される。

ガスタービン発電は構造が簡単であり、建設費が安く、運転操作（特に起動停止）が簡単であるが、熱効率が低く良質燃料を必要とする等の特質から、ピーク負荷用、あるいは非常用電源等として用いられている。また近年、ガスタービンの排熱を有効に利用し、総合熱効率を高める方法として、ガスタービンと蒸気タービンを組み合わせた大容量コンバインドサイクル発電の開発が行われ、事業用発電設備として急速に導入が進められている。

ガス田権益 [mining right] 天然ガスを探鉱・開発・生産し、ガスやLNGを

取得・処分できる権利。一般的に資源保有国では資源の所有権は国家に属しており、ガス田開発を行おうとする者（開発者）は、産ガス国政府から鉱業権であるガス田権益を取得する必要がある。

ガス密閉母線 [gas insulated bus] 接地した金属ケース内に導体を収納し、絶縁媒体としてSF$_6$ガスを充てんし、所要スペースを大幅に縮小した母線であり、高電圧になるほど縮小効果が大きい。大電流を通電できるとともに、感電の危険がない、外界の影響を受けない、火災の危険がない等の特徴があることから、広大な発変電所用地の取得が困難な場所、塩害やじん害を受ける地域に適している。一般にはガス絶縁開閉装置（GIS）と組み合わせ用いられ、都市部、山岳部等立地条件に応じ、大容量の送電線引込口や構内連絡母線に適用される。（→ガス絶縁母線）

ガス冷房 ガスを利用した冷房。水の気化熱を利用するガス吸収式と冷媒の蒸発と凝縮を利用するガスヒートポンプがある。

河川維持流量 [river maintenance discharge] 河川の適正な利用および河川の流量の正常な機能を維持できる最低限の流量のことであり、河川が本来持っている機能のうち、舟運、漁業、景観、塩害の防止、河口の閉塞の防止、河川管理施設の保護、地下水位の維持、動植物の保護、流水の清潔の保持等を確保するため、河川の主要な地点において総合的に勘案して定められる流量をいう。

河川法 [River Law] 河川について、洪水、高潮等による災害の発生が防止され、河川が適正に利用され、流水の正常な機能が維持されるように総合的に管理することにより、国土の保全と開発に寄与し、もって公共の安全を保持し、公共の福祉を増進することを目的とする法律（昭和39年法律第167号）。本法は、社会通念上の河川の全てに適用されるわけではなく、本法の定めるところにより重要度に応じて指定される「一級河川」、「二級河川」および「準用河川」にのみ適用または準用される。また河川を公共用物とし、適正な管理を行わせるために河川管理者を置き、その責務と権限等について定めている。このほか流水占用許可、ダムに関する特則、緊急時の措置等の河川の使用および河川に関する規制や河川に関する費用、監督、河川審議会等について定めている。

架橋ポリエチレン [cross-linked polyethylene] CVケーブル（Cross-linked polyethylene insulated polyvinylchloride sheathed cable）の絶縁材料である。架橋ポリエチレンはポリエチレンの分子間に橋かけ（架橋）を行い網状の分子構造にしたものであり、3種類の架橋の方法がある。その一つは高エネルギーの電子線やγ線を照射する方法であるが、照射設備の面で厚肉の電力ケーブルには適さずフィルムや機器配線用の電線に限定されている。第2は、ポリエチ

レン有機シラン化合物を混合し、触媒の存在下で水を外側から浸透させて架橋させる方法であり、架橋装置が不要なことから低圧ケーブルや制御用ケーブル等に使用されている。

しかし、現在電力ケーブルの製造に用いられているのは、主としてポリエチレンのなかに有機過酸化物（架橋剤）を混入して加熱することにより反応を起こさせて架橋する方法である。過酸化物（架橋剤）としては"ジクミルパーオキサイド(DCP)"や"2.5-ジメチルジターシャリーブチルペルオキシヘキサン"等がある。架橋ポリエチレンの特徴はポリエチレンと比較して耐熱性、機械的性能が向上し、同時に電気的性能（誘電率、誘電正接、電気破壊性能等）はほとんど大差がなく、ポリエチレンの優秀な諸性能を有していることである。したがって架橋ポリエチレンは連続最高許容温度を90℃で使用している。

なお、無機系充填剤や添加剤を加え、さらに耐熱性を向上させた架橋ポリエチレンも検討されている。架橋ポリエチレンの物性的な面では熱変形特性、熱老化特性、耐き裂性がポリエチレンと比較して非常に優秀な特性を示す。

仮想事故 [hypothetical accident] 1964年に原子力委員会が決定した「原子炉立地審査指針及びその適用に関する判断のめやすについて」による立地条件の適否を判断する条件の一つとして所要の低人口地帯の範囲、および人口密集地帯からの距離を求める際に仮想する事故をいう。最悪の場合には起こるかもしれないと考えられる重大事故より多くの放射性物質放出を仮定しており、技術的見地からは起こるとは考えられない事故である。

仮送電工法 [temporary transmission construction method] この方法は配電工事を行う場合に無停電機材（車）を仮設し、電気をその無停電機材にて切り替え送電し、需要家には送電を継続しながら、工事をする部分は停電して作業する工法である。無停電機材（車）には、高圧電力を発生させることのできる高圧発電機車、低圧電力を発生させることのできる低圧発電機車、高圧を低圧に変換することのできる移動変圧器車、高圧電力をケーブルによって迂回させることのできる高圧バイパスケーブル車がある。

画像伝送技術(画像符号化技術) [picture transmission technology] 画像を伝送、蓄積する際の技術として、さまざまな分野で注目され、最近のコンピュータや半導体技術の進歩により急速に進展した技術。ITU-Tから勧告されたものでは、主にTV会議システム等の通信系での利用に主眼をおいて作られたH.261やH.263、ISO／IEC主導により標準化されたものでは、圧縮された画像データを蓄積することを想定して作られたMPEG1 (moving picture experts group1)、DVDや衛星放送に利用されている

MPEG2、携帯電話での動画伝送等の低ビットレートで広く使われているMPEG4等があり、現在では両者共同で制定されたH.264/AVC等がある。

ガソリン [Gasoline] 石油製品の一つであり、沸点が摂氏30度から220度の範囲にある石油製品の総称。常温常圧の状態で蒸発し易く「揮発油」ともいう。もともと無色透明の液体であるが、常温常圧で爆発的に燃焼するという危険性が非常に高い性状を持っているためにオレンジ色に着色されて、容易に灯油との見分けができるようにされている。消費の99％以上は自動車用であるが、小型の航空機用や塗料用等にも使用されている。自動車用はレギュラー（並揮）、オクタン価の高いハイオク（高揮）の2種類がある。

また、環境規制に対応するために硫黄分の低減化が進められており、現在の規制値50ppm以下に対し、2008年より10ppm以下への品質規制の強化が予定されているが、石油連盟に加盟している石油精製・元売会社では、この規制に先駆け2005年1月より自主的にこれに対応した製品（サルファーフリーガソリン、10ppm以下）の供給を開始している。サルファーフリー化により自動車排ガスのクリーン化に効果を発揮するとともに、燃費の向上に伴うCO_2（二酸化炭素）削減による温暖化対策につながるものと期待されている。

渇水準備引当金 [reserve for fluctuations in water level] 河川の流量の増減により生ずる収支の不均衡を是正し、期間損益の調整を図るため設けられた制度で、電気事業法第36条の規定によって積み立てが強制される、いわゆる特別法上の引当金である。河川の流量の増加により水力発電量が平水の場合の電力量を上回り、運転費の高い火力発電量が減少することによって費用の減少があったときは、その費用減少相当額を積み立てておき、渇水の場合における費用の増加に充当しようとするものである。積み立て（または取り崩し）額は、「渇水準備引当金に関する省令」（昭和40年通商産業省令第56号）の定めに基づき、次の算式により算定される。［火力発受電単位当たり運転費の予定値－水力発受電単位当たり運転費の予定値］×［水力発受電電力量の実績値（または予定値）－水力発受電電力量の予定値（または実績値）］

渇水量 [drought flow] 河川の流量の一つで、年間を通じて355日を下らない程度の流量をいう。このほか河川の流量には、豊水流量（年間を通じて95日を下らない程度の流量）、平水流量（年間を通じて185日を下らない程度の流量）、低水流量（年間を通じて275日を下らない程度の流量）等がある。

活動基準原価計算（ABC）方式 [activity based costing] 託送コストを算定する際に、複数の部門に関連する共通費用を、費用の発生原因に着目して各部門に割り振る場合の会計方式として活動基準原価計算方式を採

用している。送電線建設等は託送費用に組み入れることができるが、一般管理費等は直接割り振ることができないため、基準をきめて託送費用とそれ以外の費用に振り分けている。

過度経済力集中排除法 1947年、アメリカ総司令部の指示により、わが国の独占資本を解体するために制定された法律。これにより王子製紙、日本製鉄等11社が分割され、日立、東芝等7社が工場および子会社の分離独立を命じられた。電力部門では日本発送電と9配電会社が、この法律の対象として指定を受け、電力再編成が進展した。再編成の基本構想については、日本発送電案（全国発送配電の1社運営・国家管理強化）と9配電会社案（民有民営の地域別発送配電一貫経営）との間で対立が見られたが、アメリカ総司令部の意図と結びついた後者がポツダム政令によって実現されることとなった。

カナダ型重水炉（→CANDU炉）

可燃性毒物（バーナブル・ポイズン）[burnable poison] 核燃料に固定または混入して核燃料の燃焼に伴って損耗することにより反応度の補償を行うための核毒物。燃料は燃焼度が進むにつれて、燃料棒内に核分裂生成物が蓄積され中性子をよく吸収するので、予定燃焼度まで燃料を燃焼させるには、初めから原子炉に余剰反応度を見込んでおかなければならない。このため燃焼度の低いところでは、反応度が過剰となるので、この過剰分を相殺するための工夫が必要である。燃焼度が進むに従って核分裂性物質が減少し反応度が低下するが、バーナブル・ポイズンは、中性子を吸収してそれ自体減損していくので、必要な核分裂反応が確保され、長期の運転が可能となる。また炉心の中性子束を平坦化させることにもなるので、燃料の燃焼度の調整にも役立つ。

可能出力曲線 （図）は、種々の制約条件を考慮して定められたタービン発電機の供給可能な有効・無効電力の関係を示しており、可能出力曲線と呼んでいる。

図　タービン発電機の可能出力曲線

ガバナ・フリー運転 [governor-free operation] ガバナとは、回転機の調速機のことをいい、回転機の入力を調整して回転速度を一定に保つための制御装置であるが、ここでは発電用水車や蒸気タービンの調速機を指している。ガバナ・フリー運転とは、このガバナ動作に負荷制限器（ロード・リミッター）による制限を設けず、周波数の変動に対して自由にガバナを応動させて運転する状態を意味する。ガバナ・フリーの状態では、周波数が低下（発電機の回転が低下

した場合は、回転機の出力が増加し、周波数が上昇（発電機の回転が上昇）した場合は、出力が減少するよう自動制御されるので、電力系統の周波数の安定維持に効果を発揮する。ガバナ・フリーは、数十秒から数分程度の短い変動周期の負荷調整を分担し、調整容量としては系統容量の3％程度以上を保有することが望ましいとされている。

株主資本等変動計算書 [statements of changes in net assets] 貸借対照表の純資産の部の各項目が、一事業年度または一定の会計期間に、どのような事由でどの程度変動したかを表示する報告書である。会社法では、株主総会の決議または取締役会決議により、配当等剰余金の分配を、分配時の剰余金に基づく分配可能額の範囲内で、いつでも決定できるようになると共に、株主資本における準備金や積立金等もいつでも変動させることができるようになった。このように、株主資本に係る施策を機動的に行えるようになったことから、債権者や株主の保護のためには、旧商法における利益処分案は適当でなくなり、代わって分配可能額の基礎となる剰余金を含む株主資本の変動を明瞭に表示する株主資本等変動計算書が設定された。

可変速揚水技術 [adjustable speed pumped storage hydro-power plant] 昼間の重負荷時における周波数調整運転は、火力、一般水力、揚水発電所で行っているが、夜間の軽負荷時においては、ベース電源の原子力発電等が主体の電源構成となるため、周波数調整を行う電源が乏しくなっている。これを解消するため、揚水発電所において深夜の揚水時間帯にポンプ水車発電電動機の回転速度をサイリスタ変換装置で制御し、入力調整を行う方法がある。回転速度を制御する方法として、同期機の入力側周波数を変化させる一次制御方式と巻線形誘導発電電動機の二次巻線に三相交流を印加し、周波数を変化させる二次制御方式がある。揚水発電所の場合、変換装置の容量、スペース等の面より二次制御方式が有利である。

可変速揚水発電システム [variable speed pumped storage system] 一般的な揚水発電システム（定速機）では、ポンプ水車・発電電動機を一定の回転速度でしか運転できないため、揚水量は一定となり、揚水運転時の入力電力は調整できない。これに対して、可変速揚水発電システムでは発電電動機の回転速度制御を行うことにより、ポンプ水車の回転速度を変化させ、揚水量を変化させることで、揚水運転時でも系統の需給状況に合わせて、きめ細かな入力電力の調整が可能となる。また、揚水発電所の大きな役割の一つとして、大型電源の事故停止時や負荷急増時等における緊急発電運転があるが、可変速揚水発電システムでは、発電電動機の運転が可変速範囲内の任意の回転速度でできるため、運転開始時の系統

への並入所要時間が大幅に短縮されるメリットがある。

ガラス固化（体）[vitrification] 使用済燃料の再処理によって発生した高レベル放射性廃液をガラス原料と一緒に溶隔固化して作られた固体状の放射性廃棄物。ガラスのマトリックスに放射性核種が封じ込められているため、放射性核種の保持性能が高く、長期間の安定性が期待できる。一般的にガラスにはホウケイ酸ガラスが、ガラスを入れる容器にはステンレス製のキャニスターが用いられる。

ガラス繊維強化プラスチック[GFRP: Glass Fiber Reinforced Plastics] 樹脂にガラス繊維を混入させることで、軽量かつ強度向上を実現した素材である。耐衝撃性、耐疲労性、耐熱性、耐火性および電気絶縁性に優れる等の特性を持ち、風車のブレード等の軽量化および高強度化が必要な部材に採用されている。

カリフォルニア電力危機[California energy crisis] 2000年夏季〜2001年春季にかけてカリフォルニア州で起こった電力危機。電力不足が引き金となって、電力価格高騰や輪番停電の実施、さらには主要電力会社が経営破綻に追い込まれる等、非常に大きな社会的、経済的影響を与えた。この電力危機を機に、小売自由化の便益性を疑問視する州も出始め、アメリカでの小売自由化を停滞させる一因となった。

火力発電所[thermal power station] 石炭、石油、ガス等の燃料を燃焼して得られる熱エネルギーを、原動機設備で機械的エネルギーに換え、さらにこれを発電機によって電気エネルギーとして取り出すものである。原動機により汽力発電と内燃力発電、さらにはこの二つを組み合わせたコンバインド発電に分類できる。また、使用燃料によって、①石油火力；重油、原油、ナフサ等の石油類を燃料とする火力、②石炭火力；石炭を燃料とする火力、③ガス火力；LNG（液化天然ガス）、LPG（液化石油ガス）等の地下資源を使用する火力と、製鉄所の溶鉱炉から副生する高炉ガスを使用する火力、さらには現在研究が進められている石炭をガス化して使用する火力、④混焼火力；石油と石炭あるいは石油とガス等、二つ以上の混焼が可能な火力の4種類に大別できる。

環境アセスメント（→環境影響評価）

環境影響調査[environmental impact inquiry] 電気事業者等は、発電所の建設事業の実施にあたり、環境影響評価法に基づいて、対象事業実施区域およびその周囲の概況、環境影響評価の項目ならびに調査、予測および評価の手法等を記載した環境影響評価方法書を作成し審査を受けなければならない。その方法書に基づき環境調査等を行い、その調査の結果の概要ならびに予測および評価の結果、環境保全のための措置等を記載した環境影響評価準備書を作成する。

環境影響調査書[environmental impact

surver] 環境影響評価法に基づき環境影響評価書を作成する事業は、道路、ダム、鉄道、飛行場、発電所等、規模が大きく環境に著しい影響を及ぼすおそれがあって、かつ国が実施し、または許認可等を行う事業であり、環境影響評価を必ず行う第一種事業、事業内容・地域特性に応じて環境影響評価を行う第二種事業に分類される。水力発電所については、出力規模等に応じて第一種事業、第二種事業、もしくは規模が小さく、いずれにも該当しない事業に分類される。いずれにも該当しない事業の場合、環境影響評価法には拠らないが、地元の対応等を考慮して自主的に調査を実施する場合があり、これにより作成するものを環境影響調査書という。

環境影響評価（環境アセスメント）[environmental impact assessment] 開発事業の内容を決めるに当たって、それが環境にどのような影響を及ぼすかについて事業者自らが調査、予測、評価を行い、その結果を公表して国民、地方公共団体等から意見を聴き、それらを踏まえて環境の保全の観点からよりよい事業計画を作り上げていこうという制度である。

環境影響評価条例 わが国の環境アセスメント制度では、国の取り組みとは別に、都道府県および政令指定都市等地方公共団体における環境アセスメントに対する取り組みにより、環境アセスメント制度が徐々に定着し充実してきた。住民関与を含む本格的な環境アセスメント制度をわが国の地方公共団体で始めて導入したのは、1976年10月に「川崎市環境影響評価に関する条例」を定めた川崎市である。現在ではすべての都道府県および政令指定都市において環境影響評価条例が定められている。

環境影響評価法 [Environment Impact Assessment Law] 環境影響評価について国等の責務を明らかにするとともに、規模が大きく環境影響の程度が著しいものとなる恐れがある事業について環境影響評価が適切かつ円滑に行われるための手続き等を定め、その手続き等によって行われた環境影響評価の結果をその事業の内容に関する決定に反映させるための措置をとる等により、事業に係る環境の保全について適正な配慮がなされることを確保し、現在および将来に国民の健康で文化的な生活の確保に資することを目的とする法律。1997年2月の「法律による環境影響評価制度を設けることが適当」とする中央環境審議会の答申をうけ、同6月に成立した。

本法はそれまでの環境影響評価制度と比べ、事業計画の早期段階から住民や自治体の意見を聴く仕組みになっている。具体的には、環境アセスメントの実施対象事業について、一定規模以上を必須とし（第一種事業）、それに準ずる規模（第二種事業）については、当該事業の許認可を行う行政機関が都道府県知事に意見を聴いて、事業ごとに環境影響評

価の実施の有無を判断することとしている(スクリーニング制度)。また事業者は環境調査を実施する前に環境影響調査の項目ならびに調査、予測および評価の手法等を記載した方法書を作成し、住民および自治体の意見を聴いたうえで環境影響評価の方法を定めることとしている（スコーピング制度)。

さらに環境影響評価準備書、および評価書作成の手続き等について定めている。発電所のアセスメントについては、従来通産省の省議決定に基づき実施されてきたが、本法の成立により、発電所も各事業共通の一般ルールが適用されることとなった。なお発電所の環境影響評価の固有の手続き等については、電気事業法で補完して規定されることとなり、1997年6月の事業法改正により新たに「環境評価に関する特例」が付け加えられている。

環境家計簿 [Household Eco-account Book] 家庭内における電気、ガス、水道、灯油、ガソリン等の使用量から、各エネルギーのCO_2（二酸化炭素）排出係数を用いて、家庭内のCO_2排出量を算出し、家計簿のように記録するもの。環境家計簿をつけることで、家庭内の環境負荷の発生量を知り、家計の経費節約も励みとしながら、環境に配慮したライフスタイルの見直しおよび実践に繋げること目的としている。環境省や地方自治体、企業、NPO等も独自の環境家計簿を作成している。

環境基準 [environmental quality standards] 人の健康の保護および生活環境の保全のうえで維持されることが望ましい基準として、終局的に、大気、水、土壌、騒音をどの程度に保つことを目標に施策を実施していくのかという目標を定めたものが環境基準である。環境基準は、「維持されることが望ましい基準」であり、行政上の政策目標である。これは、人の健康等を維持するための最低限度としてではなく、より積極的に維持されることが望ましい目標として、その確保を図っていこうとするものである。また、汚染が現在進行していない地域については、少なくとも現状より悪化することとならないように環境基準を設定し、これを維持していくことが望ましいものである。また、環境基準は、現に得られる限りの科学的知見を基礎として定められているものであり、常に新しい科学的知見の収集に努め、適切な科学的判断が加えられていかなければならないものである。

環境基本計画 [basic environmental plan]「環境基本法」（平成5年法律第91号）第15条において、「政府は、環境の保全に関する施策の総合的かつ計画的な推進を図るため、環境の保全に関する基本的な計画を定めなければならない」と規定されており、これに基づいて同法の最も中心的な施策となる「環境基本計画」が1994年に閣議決定され、長期的な目標として「環境への負荷の少ない循環を

基調とする経済社会システムの実現」、「自然と人間との共生の確保」、「公平な役割分担の下での全ての主体の参加の実現」、「国際的取組の推進」が示された。

2000年に閣議決定された第二次環境基本計画では、「理念から実効への展開」、「計画の実効性の確保」という2点に留意して策定され、さらに2006年に閣議決定された第三次環境基本計画では、今後の環境政策の展開の方向として、環境と経済の好循環、社会的側面と一体的な向上を目指す「環境的側面、経済的側面、社会的側面の統合的な向上」および「2050年を見据えた超長期ビジョン」の策定等を提示している。

環境基本法 [Basic Environment Law]
環境保全に関する新たな理念を定め、わが国の環境行政の基本的な方向を示す基本法（平成5年11月法律第91号）。従来の環境政策は、「公害対策基本法」と「自然環境保全法」ならびに1970年の公害国会で制定した各規制法によって進められてきたが、最近では、都市・生活型公害や身近な自然の減少、あるいは地球温暖化等の地球の規模で対応すべき問題等、環境問題の構造の変化が見られる。これに対し、環境基本法は、公害と自然を一体のものとして扱い、対策を講じるための総合的枠組みとなるものである。

本法第1章「総則」では、環境の保全についての基本理念として、環境の恵沢の享受と継承等、環境への負荷の少ない持続的発展が可能な社会の構築等、国際的協調による地球環境保全の積極的推進の三つをあげている。またすべての主体による環境負荷の低減・環境保全のための活動が重要との観点に立ち、国、地方公共団体、事業者および国民の責務を規定している。

さらに第2章では「環境の保全に関する基本的施策」を示す条文が規定されている。具体的には、第2節で環境施策の総合的・計画的な推進を図るため、政府が「環境基本計画」を定めることとし、第3節では行政上の目標として「環境基準」を定め、その確保に努めることを規定している。第4節では、特定地域の公害の防止のための施策を総合的に講じるため「公害防止計画」を定めることが示されている。第5節では「国が講じる環境保全のための施策等」として環境配慮、環境影響評価、規制的措置、経済的措置、環境教育、民間活動の推進等の施策について手法別のプログラム規定を設けている。第6節では「地球環境保全等に関する国際協力等」を規定し、第7節では「地方公共団体の施策」の方向性が示され、第8節では「費用負担及び財政措置等」によって、原因者負担、受益者負担等の環境保全を円滑に進めるための各種規定が定められている。最後に第3章では、環境基本法に基づいて設置される国の機関等として「環境審議会」と「公害対策会議」の設置が規定されている。

環境税 [environment tax] 地球温暖化や大気汚染等、環境に影響を及ぼす製品の生産・消費、環境汚染物質の排出、いずれかの段階で課税し、環境負荷低減に誘導するための税制を言う。日本ではCO_2（二酸化炭素）排出を減らすため、環境省がここ数年、化石燃料使用量等に応じて課税する環境税導入を検討している。2005年4月に閣議決定した「京都議定書目標達成計画」には、国民経済や産業の国際競争力に与える影響、諸外国における実施の現況等を踏まえ、国民、事業者等の理解と協力を得るよう努めながら真摯に総合的な検討を進めることが盛り込まれている。

欧州各国ではCO_2排出量に応じて課税する炭素税等の環境税が導入されており、経済協力開発機構（OECD）も環境税導入を勧告している。ただし、日本ではすでに「石油・石炭税」（エネルギー課税）が導入されており、その上に環境税が課せられると二重課税になる。新税導入の効果への疑問や企業の国際競争力に与える影響等の理由から経済界には導入反対の声も強い。

環境税制改革の導入に関する法（ドイツ）[Gesetz zum Einstieg in die ökologische Steuerreform] 2000年4月より施行。既存のエネルギー税であった鉱油税への税率上乗せとともに、それまで課税対象外とされていた電気に対して「電気税」を新設することで環境負荷の低減を図り、他方、その税収を年金基金の補助金に充て、環境税の導入による企業負担の軽減を目的とした法律。

環境に関するボランタリープラン [voluntary environmental plan] 企業における自主的な地球環境問題解決のための行動計画のことで、以前からくつかの企業において各種の取り組みを自らまとめ公表するといった試みがなされていたが、1992年に通商産業省が各業界に対して、環境に関するボランタリープラン策定の協力要請を行ったことによって、多くの企業で行動計画として策定されるようになった。この要請では、地球環境問題を解決するには、わが国の経済社会構造を環境に調和したものに変革していくことが必要であり、企業、消費者それぞれの自主的な取り組みが重要であるとされ、特に企業は経済活動における主要な主体であり、また環境問題との係わりも広範にわたること等から地球環境問題の解決の中核的な役割を果たすことを期待している。

環境への負荷 [environmental impact] 「環境基本法」（平成5年法律第91号）第2条で「環境への負荷」を、「人の活動により環境に加えられる影響であって、環境の保全上の支障の原因となるおそれのあるもの」と定義している。この定義に示すように、対象は人為的な原因に基づくものに限られ、地震、台風、洪水等の全くの自然現象によるものは「環境への負荷」にはならない。また、環境の保全上の支障とは、規則等の国民の権

利義務に直接係わるような施策を講じる目安となる程度の環境の劣化が生じることであるが、支障の原因となる前に自然の営みの中で回復されるものも「環境への負荷」とはならない。一方、CO_2の排出のように自然の営みの中で徐々に蓄積して支障を招く可能性のあるものは「環境への負荷」となる。

環境保全協定 [environmental protection agreement] 従来は「公害防止協定」と呼ばれていたが、最近は環境問題として広い範囲の対応が必要となったことから「環境保全協定」と呼ばれている。地方公共団体が、騒音や大気汚染等の公害発生源を有する事業者と、排出物質の規制基準、生産設備の新増設時の事前協議義務等公害の防止に関する措置について協議し、双方が合意した内容を協定書の形でまとめたものであり、法律や条例の規制を補う役割を果たしている。

環境モニタリング [environmental monitoring] 環境アセスメントが電源開発等の大規模な開発事業に伴う環境への影響を事前に予測・評価するのに対し、環境モニタリングは開発事業の実施（建設、運転）に伴う環境への影響を実際に測定・監視するものである。環境影響評価書や環境保全協定等に基づき建設中、および運転開始後の一定期間、大気、水質等について環境モニタリングを実施している。

韓国電力公社 (→KEPCO)

韓国電力取引所 (→KPX)

乾式アンモニア接触還元法 [dry ammonia cotalytic reduction method] 火力発電所における排煙脱硝のうち最も多く用いられている方法で、触媒の存在下で、排ガスにアンモニア（NH_3：還元剤）を添加することにより、NO_X（窒素酸化物）をN_2（窒素）とH_2O（水蒸気）に分解する方法である。この方式の排煙脱硝装置は、節炭器と空気予熱器の間のガス温度が350℃前後の位置に設置され、80%程度を越える脱硝効率が可能となっている。触媒としては、担体としてチタン・アルミニウム等の多孔質セラミックに、活性分として数種類の金属酸化物を担持させたものが用いられており、形状は粒状、リング状、中空円柱状、ハニカム状、板状等がある。

乾式法 [dry reprocessing aqueous] 原料から製品まで溶液状にせず処理する方式の総称。イエローケーキ、再処理後回収されたウランやプルトニウムを六フッ化ウラン（UF_6）、三酸化ウラン（UO_3）、二酸化プルトニウム（PuO_2）に転換する際に溶液状にしない方法。イエローケーキの転換の場合、イエロケーキ焙焼・水素還元し、UO_2とした後フッ化工程でHFガス、F_2ガスにより四フッ化ウラン（UF_4）を経てUF_6とする方法があり、装置がコンパクト、廃棄物発生量が少ない等の利点があるが反応の制御が難しいといわれている。

勘定科目表 [account table] 会社法は、

勘定科目については最小限の表示区分を定め、明細については「適当な名称を付した科目に細分しなければならない」としているが、電気事業会計規則は、電気事業の会計規制の必要性から、別表第1「勘定科目表」により、勘定科目の体系および会計整理上の区分の基準を定め、その遵守を義務付けている。

緩衝材 [buffer material] 高レベル放射性廃棄物の地層分において考えられている人工バリアの構成要素の一つ。オーバーパックを包んでおり、その機能としては、オーバーパックの支持および環境の安定化、地下水流の阻止、溶出した放射性核種の収着による移行遅延等が期待されている。緩衝材の候補材料としては、ベントナイトまたはベントナイトとケイ砂の混合物が考えられている。ベントナイトは粘土の一種であり、しゃ水性に優れている。また、水分で膨潤する性質を持っているので、埋め戻した後に接触した地下水で膨潤し、処分時に残留した空間を埋める役割も期待されている。

間接活線工法 [indirect hot-line work technique] 従来の防具、保護具を使用した直接活線作業とは異なり、間接活線機材（ホットスティック、仮支持アーム等）を使用した工法である。従来の直接活線作業では、高圧ゴム手袋や活線胴衣を着用し、直接、活線に触れる作業であったため作業者の疲労が大きく、また感電の可能性があったが間接活線工法の導入により、作業者の疲労が軽減され安全性が向上した。現在、この間接活線工法を配電作業の大部分に適用できるようにするため、新たな機材や工具の開発が進められている。

簡素化ペレット法 [simplified pelletizing fuel fabrication] ㈱日本原子力研究開発機構で開発中の燃料ペレットの製造工程を大幅に簡素化し、経済性向上を図ったMOX燃料製造技術。適切に富化度調整されたU/Pu溶液から直接MOX粉末を製造することで、粉末混合工程の合理化、ダイ直接潤滑方式の採用等をより大幅な工程簡素化が図られている。

ガンマ線 [gamma rays] 励起エネルギー状態にある原子核がより低い励起エネルギー状態または基底状態に移る（脱励起）とき、または物質が消滅（電子－陽電子消滅）するときに生ずる電磁放射線。波長は10^{-12}～10^{-14}m、エネルギーにして1～100MeV程度である。通常はX線よりも波長が短いが、波長が同じであれば物質的性質はX線もγ線も同じである。原子に起因するものをX線といい、原子核に起因するものをγ線という。γ線の透過力はX線よりも強いが、イオン化作用、写真作用、蛍光作用は小さい。

関連建設費 [associated cost of construction] 電気事業の場合、複数の建設工事が同時に行われる場合がある。この場合、二つ以上の建設工事相互に関連して要した金額を関連建設費という。関連建設費は、適正な

基準によってそれぞれの建設工事に配付しなければならない。ただし、関連建設費が少額で、かつ特定の建設工事に主として関連する場合は、全額その特定工事に配付することができる。

管路 [duct line] ケーブルを収容するために地中に埋設するパイプの集合体。パイプの材料としては、ヒューム管、石綿セメント管、鋼管、強化プラスチック複合管、硬質塩化ビニル管等があり、必要に応じてコンクリートで固定する。管路径は布設するケーブルの外径に応じて適切な管路径（100〜300mm程度）を選定し、ケーブルの分岐の位置、引き入れ・引き抜き時の張力、金属シースの誘起電圧等を考慮して径間長を決める。一般的には100〜300mmである。近年、一般的には強化プラスチック複合管、鋼管が用いられているが、橋梁添架部ではFRP管等も用いられる。また単心ケーブルを一つの管路に1本入れる1孔1条布設の場合は、電力損失軽減のため非磁性管（石綿セメント管、FRP管、強化プラスチック複合管、硬質塩化ビニル管等）が用いられる。管路にはケーブルの引き入れ・接続のため適当な区間ごとにマンホールを設置する。管路にケーブルを引き入れる方式を管路引き入れ式という。

管路気中送電線（GIL）[gas insulated transmission line] 絶縁特性の優れたSF$_6$（六フッ化硫黄）ガスを加圧充てんした管路中に、絶縁性支持物のエポキシスペーサーで支持されたパイプ導体を配置した構造の密閉型大容量送電方式である。従来の電力ケーブルは、送電電圧の上昇による誘電体損失の急増、送電距離の増加に伴う充電電流の増大等のために、送電容量や送電距離に制限があった。この管路気中送電線はSF$_6$ガスの比誘電率がほとんど1に等しく、しかも誘電体損失が無視できるほど小さいうえ、圧縮ガスの対流による冷却効果によって、従来の電力ケーブルに比べて非常に大きな送電容量（架空送電線に匹敵）と、送電距離が冷却設備なしで実現できる。

また導体は接地した金属管に覆われているため、雷害や塩じん害の恐れもなく、安定した送電が可能である。この方式の利用としては現在、コスト・ニーズ面や輸送上の問題（最大12m）から大容量発電所の引出し線、高電圧大容量架空送電線の交叉部等の短距離線路に限られているが、将来的には、大都市圏の長距離大容量地中送電線への適用も考えられている。

き

希ガスホールドアップ装置 [rare gas holdup equipment] 原子力施設からの排ガス放射能の主成分であるクリプトンやキセノン等の希ガスを活性炭充填槽内で吸着保持することによって、一例として、クリプトンは約40時間、キセノンは約27日保持することにより、放射能を効率よく減衰

させるものである。なお、活性炭の希ガス吸着性能を良くするため、排ガスは十分脱湿したのち活性炭充填槽に通す。活性炭充填槽を出た排ガスは放射能の崩壊により生じた固体状娘核種等微粒子状のものを高性能の排ガスフィルタで除去した後、排気筒より放出する。

企業会計原則 [corporate accounting principles] 会計は単に企業自身のためのものではなく、企業を取り巻く利害関係者に経営成績や財政状態を報告する任務をもっている。そこで報告の内容が信頼でき、また利害関係者が適切に判断できるものにするための基準として、企業会計の実務を通じて慣習として形成されてきたものの中から、一般に公正妥当と認められるものを整理し体系づけたものが企業会計原則である。企業会計原則は、会社法や税法のような法律ではないため、法令としての強制力はないが、1949（昭和24）年に公表されて以来、会計処理の基準として、公認会計士監査のよりどころとして、さらには会社法、金融商品取引法、税法等の法令の制定時や改正時の指針として重要な役割を果たしている。

気候変動課徴金 （→CCL）
気候変動に関する政府間パネル（→IPCC）
気候変動枠組条約 [Frame-work Convention on Climate Change] 大気中の温室効果ガス（CO_2（二酸化炭素）、CH_4O（メタン）等）の増大が地球を温暖化し自然の生態系等に悪影響を及ぼすおそれがあることを背景に、大気中の温室効果ガスの濃度を安定化させることを目的とした条約。また、その政策や対応措置と効果の予測等についての情報を提出し、締結国会議での審査を受けることとされている。この条約は1992年6月にブラジルのリオデジャネイロで開催された国連環境開発会議の期間中にわが国を含む150カ国以上によって署名され、1994年3月に発効。この条約に基づく締結国会議が開催されており、1997年に京都で開催された第3回締結国会議（COP3）にて「京都議定書」が採択され、先進各国について法的拘束力のある排出削減目標値に合意がなされた。

技術基準 [technical standard] 電気工作物を維持するための基準として技術基準が定められる。技術基準は経済産業省令で定められるが、事業用電気工作物の技術基準は次のような要件を定めている（電気事業法第39条第2項）。すなわち、①人体に対する危害防止と物件に対する損傷防止、②他の電気的設備その他の物件の機能に対する電気的・磁気的障害防止、③事業用電気工作物の損壊により一般電気事業者の電気の供給に著しい支障を及ぼす波及事故防止、④一般電気事業の用に供する事業用電気工作物の損壊によりその一般電気事業に係る電気の供給に著しい支障が生じることの防止、が要件である。

なお、一般用電気工作物については、波及事故や著しい供給障害が生

じないことから、その技術基準は上記①と②を準用し（同法第56条第2項）、これ以外の要件を準用しない。なお、技術基準に適合していないと経済産業大臣が認めた場合には、技術基準適合命令が発動され得る（第40条、第56条第1項）。

技術基準適合命令 [order to conform to technical standards] 事業用電気工作物が技術基準に適合していないと経済産業大臣が認めた場合には、技術基準適合命令が発動され得る（第40条）。具体的には、定期検査（第54条第1項）や立入検査（第107条第1項）等の結果、技術基準に適合していないと認められる場合に、技術基準に適合させるのに必要な範囲内で、当該事業用電気工作物の修理、改造、移転、使用の一時停止又は使用の制限が命令される。

また、一般用電気工作物が経済産業省令で定める一般用電気工作物の技術基準に適合していないと経済産業大臣が認めるときについても、その所有者又は占有者に対し、その一般用電気工作物の修理、改造、移転、使用の一時停止又は使用の制限を命ずることができる（第56条第1項）。これは、電気供給者が行う調査・通知（第57条）又は指定調査機関が行う調査・通知（第92条）について、これらの調査が拒否されたり、通知をしても何の措置も講じられない場合に、経済産業大臣が立入検査（第107条)を行うことを通じて発動される。

基準原油価格 [marker crude oil price] 一般的にはOPEC加盟国の原油価格決定の基準となる原油価格のことで、従来、アラビアン・ライト原油がこの役割を果たしていた。基準原油の価格はOPEC総会で決定され、他の原油価格は基準原油との品質、運賃差等を考慮した価格差（ディファレンシャル）に基づき決められていた。アラビアン・ライトが基準原油となっていた理由は、①世界最大の埋蔵量と輸出量を誇るサウジアラビアの最大油種であり、②極東、アメリカ、ヨーロッパの3大市場で大量に取引される代表的原油であったこと、等によるものである。基準原油制度は、第二次石油危機頃まではほぼ有効に機能していた。しかし、1980年後半からの原油価格の急騰による需要の減少に加え、北海やメキシコ等、非OPEC諸国の増産により市場は軟化した。このような状況下で各国が実質上値引き販売に走ったため、価格に硬直性が生じることを嫌ったサウジアラビアからの要請により、1985年1月のジュネーブ総会以降アラビアン・ライトは基準原油から外れた。

基準地振動 原子力発電所施設の耐震設計において、基準とする地震動。敷地周辺の地質・地質構造ならびに地震活動性等の地震学および地震工学的見地から施設の供用期間中に極めてまれではあるが発生する可能性があり、施設に大きな影響を与えるおそれがあると想定することが適切なものとして策定される。また、こ

の地震動は「敷地ごとに震源を特定して策定する地震動」と「震源を特定せず策定する地震動」に分けて策定される。

季節別時間帯別電灯[time-of-use lighting service] 従量電灯の適用範囲に該当する需要を対象に、選択約款として設定されている、季節別・時間帯別に異なる供給原価の差を料金に反映させた制度を採用した契約種別。料金率を重負荷時には割高、軽負荷時には割安に設定することによって、重負荷時から軽負荷時への負荷移行を図ることを目的とするものである。ある程度まとまった量の夜間使用量を確保するため夜間蓄熱式機器、あるいはオフピーク蓄熱式電気温水器の使用を加入条件としている。季節および時間帯区分は、夏季、その他季、昼間、夜間の2季節2時間帯に、軽負荷時間帯(朝・夕)を評価した2季節3時間帯が主流であるが、さらに土日祝日を評価するもの等、各社ごとの負荷実態や供給力構造を反映した多様なメニューとなっている。

また、料金は二部料金制を採っており、電力量料金にのみ季節別・時間帯別の料金率が設定されている。なお、需要場所におけるすべての熱源が電気でまかなわれている場合は、これを評価して全電化住宅割引を設けている会社もある。時間帯別電灯と同様に、通電制御型蓄熱式機器または5時間通電機器を使用する場合は、それぞれ一定の料金率で割引が行われる。(→オフピーク蓄熱式電気温水器、通電制御型蓄熱式機器)

季節別料金制度[seasonal rate system] 季節別の供給原価格差を反映させ、「夏季」(7〜9月)の電力量料金を「その他季」(夏季以外の期間)よりも割り増しすることにより、負担の公平と価格誘導効果による夏季ピークの抑制を目指す料金制度。夏季ピークの尖鋭化を背景とし、1979年3月の電気事業審議会料金制度部会の中間報告をうけ、1980年4月の料金改定時に、冬ピークである北海道電力を除く各社の業務用電力、低圧電力、高圧電力A・B、特別高圧電力等の動力需要を対象に導入された。

機能別分類[functional classification] 電気事業固定資産と電気事業営業費用は、原価の発生源(資産)と発生結果(費用)が有機的に対応するよう、科目が機能別に分類されている。たとえば、電気事業固定資産は水力発電設備や原子力発電設備、電気事業営業費用は水力発電費や原子力発電費というように分類される。

揮発性有機化合物(VOC)[Volatile Organic Compounds] 常温常圧で空気中に容易に揮発する物質の総称で、主に人工合成されたものを指す。英語表記の頭文字をとってVOCと略される。比重は水よりも重く、粘性が低くて難分解性であることが多いため、地層粒子の間に浸透して土壌・地下水を汚染する。一方、大気中に放出され光化学反応によって生成される光化学オキシダントやSPM(浮

遊粒子状物質）の発生に関与していると考えられている。炭化水素（系物質）を主とするが、C、H以外の元素が入っているものを含むため、炭化水素類（HC）より概念的には広い。

気泡混合軽量土 [air mortar] 気泡混合軽量土（エアモルタル）は、セメント、砂、混練水をミキサーで練り混ぜたものと、起泡剤溶液を発泡装置で発泡させたものとを混合し、ポンプで圧送打設するもの。軽量であることから、その用途は、道路擁壁、橋台背面、急傾斜地盛土等の構造物における土圧低減、盛土荷重の低減、狭小部の充填等である。

基本料金制 [basic charge system] 契約電力等の需要高に応じて計算する基本料金と、使用電力量に応じて計算する電力量料金の二つを組み合わせて電気料金を計算する料金制で、二部料金制ともいう。二つの要素から構成されているため料金計算自体はやや複雑になるものの、需要ごとの使用実態の差をより適切に料金に反映しうるとともに、原価構成に忠実な料金制といえる。なお、基本料金制では、需要高が同じ場合には使用電力量が多いほど、使用電力量が同じ場合には需要高が小さいほど、つまりは負荷率が高いほど使用電力量当たりの電気料金は割安になることから、負荷率の改善にも有効な料金制といえる。この料金制は、イギリスのジョン・ホプキンソンが考えたものといわれ、各国でも広く採用されており、海外ではホプキンソン需要料金制と呼ばれる。

逆フラッシオーバ [back flashover] 送電系統への雷直撃で、雷電圧が線路導体に侵入する経路は、三つに大別できる。①架空地線のしゃへいが失敗し、電力線が雷の直撃を受けて鉄塔の支持点で電力線から鉄塔にフラッシオーバする（しゃへい失敗）、②鉄塔または架空地線が雷撃を受け、鉄塔の電位が著しく上昇して、鉄塔から電力線へ逆にフラッシオーバする現象、③架空地線が雷撃を受け、雷撃電流の波頭部が急峻なために、鉄塔からの負の反射波が雷撃点に到達する前に地線の電位が大きくなって径間で電力線へ逆にフラッシオーバする（径間逆フラッシオーバ）。いずれにしても、がいし連にかかる電圧および、送電用導体と架空地線間にかかる電圧が、おのおのがいし連および導体、地線間の電圧時間特性曲線（v-t特性）上の電圧を上回った時点でフラッシオーバを発生する。

キャップ＆トレード型 [Cap & Trade] 排出量取引制度の方式の一つ。政府等が温室効果ガスの総排出量（総排出枠）を設定し、それを個々の主体（業界・企業等）に排出枠として配分。個々の主体で温室効果ガスの排出実績が設定された排出枠（キャップ）を下回る場合は余剰の排出枠を売却、排出実績が排出枠を上回る場合は不足分の排出枠を購入する等、個々の主体間において排出枠の一部（余剰分の排出枠、不足分の排出枠）を炭素クレジットとして、市場を通

じて移転または取得（取引）できる制度。

実施例としては、2005年1月よりEU域内で開始された欧州域内排出量取引制度（EUETS）がある。排出量取引制度の方式には、キャップ＆トレード型の他に『ベースライン＆クレジット型』があり、これは個々の主体に対して排出枠は設定されず、温室効果ガスの排出削減プロジェクト等を実施し、プロジェクトがなかった場合（ベースライン）からの温室効果ガス排出削減量をクレジットとして認定し、このクレジットを移転または取得できる制度。実施例としては、京都メカニズムのCDM（クリーン開発メカニズム）がある。

キャビテーション [cavitation] 運転中の水車の内部では、水の流速が大きく、その分だけ圧力が低下している。ある点の圧力が、その時の水温における蒸気圧以下になると、その部分の水は蒸発して水蒸気となり、流水中に発生する微細な気泡をいう。キャビテーションが発生すると、流水路中に水のはく離を生じ、効率、出力の低下流量の減少等が起こるとともに、一度発生した気泡が下流の高圧部で急激につぶれ、局部的に一種の水激作用が起こり、その衝撃により障害が発生する。この障害を抑制するためには、①水車を放水位に対して十分低い位置に据え付ける、②ランナ翼面を平滑に仕上げる、③キャビテーションの発生しやすい部分にステンレス鋼材を使用する等の対策が講じられている。

ギャロッピング [galloping] 着氷雪等によって電線の断面が非対称となり、これに水平風が当たることで揚力が発生し、着氷雪の状態によっては自励振動を生じて電線が上下に振動する状態をいう。電線断面積が大きいほど、また単導体よりも多導体において発生しやすい。これは、振幅が大きく、持続時間も長いので径間短絡事故を起こし、再閉路が一度成功しても再度短絡事故を生じることが多い。この振動は電線の張力変動が大きく、スペーサの損傷の原因となるほか、がいし金具の疲労強度の原因にもなる。ギャロッピング防止対策として、風上げ角を伴った風が送電線に直角にあたらないようなルートの選定や、電線配列・間隔の変更、相間スペーサや、ギャロッピングダンパの取り付け等が行われている。

ギャロッピング防止対策 [Galloping Preventive measures] ギャロッピングは、"電線の断面の非対称性によって、水平風に対して揚力が発生することに起因する低周波の振動"と定義され、特に電線に着氷雪が発生したときによく見られる。

送電線のギャロッピングは、着氷雪の形状がさまざまであること、径間条件、架線条件が異なることから、発生するギャロッピングの様相もさまざまである。このため、ギャロッピング防止対策は、種々考案されており、考え方は次の対策品と設計の二つに大きく分けることができる。

①対策品：相間スペーサ、捻回抑止装置（TCD）、空力特性制御（スパイラルロッド）、位相制御（偏心重量錘方式）、その他（ルーズスペーサ、フリクッションダンパ）

②設　計：電線の設計（断面、表面形状による空力特性を考慮）、鉄塔装柱（電線運動範囲を確保）、送電線のルート変更

吸収線量 [absorbed dose] 単位質量当たりに吸収される放射線のエネルギー量を表し、単位はグレイ（Gy）であって、γ線、X線のみでなく、全ての放射線に用いられる。定義としては、ある物質1kgが1ジュールの放射線エネルギーを吸収したとき、この吸収線量を1グレイという。なお、吸収線量の単位として以前はラド（rad）が使用されていた。$1\,Gy = 1\,J/kg = 100\,rad$

給電指令 [Power system operation instruction] 電力系統を構成する発電所、変電所、開閉所、送電線等の統制を保って安全かつ効率的に総合運用するために、給電所から発せられる指令をいう。これらの設備・機器の運転操作は、とくにその必要性がないものおよび人命に係わるおそれ、あるいは故障発生または拡大の懸念があり緊急処置を必要とする場合以外は給電指令によって実施されるもので、給電指令の系統・範囲・権限そのほか重要な基本事項は、規程等により明確に規定されている。給電指令は、周波数、電圧および潮流の調整、電力系統の変更、主要発電機をはじめとする電気工作物の使用および停止ならびに事故の復旧操作等重要な内容を持っている。給電所からの給電指令は、次の3種類に区分することができる。

①運転指令：電力設備の起動・運転・停止等についての指令事項

②調整指令：運転中の電力設備の出力、系統の周波数、電圧、力率あるいは電力潮流、貯水の放流量等を最も合理的な結果が得られるように調整する指令事項

③操作指令：電力設備の起動・運転・停止に関連する開閉装置の操作、これに関連する保護継電器の使用・不使用等についての指令事項

京都メカニズム [Kyoto mechanisms] 気候変動枠組み条約付属書Ⅰに記載された同条約締約国（以下、「付属書Ⅰ国」）および京都議定書付属書Bに記載された同議定書締約国が、京都議定書第3条に定める自国の温室効果ガス排出削減目標を達成するために利用が可能な、市場原理を活用した柔軟性措置のことをいう。但し、本メカニズムを利用して取得する排出削減量等は、自国の数値目標達成に向けた活動に対して補足的でなければならない。

このメカニズムには、他の京都議定書締約国と共同して実施した温室効果ガス排出削減量プロジェクトの成果に基づく排出削減量を、参加する締約国間で分配する制度（付属書Ⅰ国間で実施する場合には「共同実施（Joint Implementation：JI、京都

議定書第6条で規定)」、気候変動枠組み条約締約国で付属書Ⅰに記載のない京都議定書締約国と、付属書Ⅰ国で実施する場合には「クリーン開発メカニズム（Clean Development Mechanism：CDM、京都議定書第12条で規定）」という）と、京都議定書第3条に基づき割り当てられた割当量等を移転・取得する（「排出量取引（Emission Trading：ET、京都議定書第17条で規定）」）3種類の仕組みがある。いずれの場合も取得した締約国が、自国の排出削減目標の達成に利用することができる。なお、京都メカニズムは京都議定書締約国だけでなく、同締約国により参加を承認された事業者（企業等）も参加が可能。

強化プラスチック管（→FRP管）

強化プラスチック複合管（PFP管）[polycon fiberglass reinforced plastic pipes] 水圧管、導水管の鋼管等の代替製品として開発されたもので、土中埋設管として使用する場合が多い。構造は樹脂モルタル層の内外面にカット層フープ層、チョップドストランド層、保護層で形成している。FRP（強化プラスチック）管との違いは、管の剛性を高めるため、樹脂モルタル層が加わっていることである。埋設管として使用する場合、鋼管では腐蝕防止、座屈防止等を考慮し、一般的にコンクリートを巻立てて使用することが多いが、PFP管の場合は、耐腐蝕性、剛性が高く、継手部は角変位および管軸方向変位が吸収できること等から、無巻きで使用するのが一般的である。

供給区域 [supply area] 一般電気事業者が一般電気事業を営むことができると同時に、需要に応ずる供給義務を負う地域的範囲をいう。一般電気事業者の許可基準の一つに、その供給区域の全部または一部について一般電気事業の用に供する電気工作物が著しく過剰とならないことがあげられている（第5条第1項第5号）。これは、同一供給区域に複数の一般電気事業者が存在すると、激しい競争を惹起し、設備の二重投資を招き、ひいては使用者の利益を害する可能性も考えられるが、これが常に有害無益であるとは限らず、場合によってはかえって公共の利益の増進に資することとなることも考えられる。

したがって、実質的に過剰投資になる恐れがあるときにのみ二重の許可を与えないこととし、旧公益事業令における法的独占条項に代えて、一般電気事業についての過剰投資の防止を基準としたのである。一般電気事業者の供給区域は、電気事業の許可に当たって判断すべき最も重要な要素であると考えられることから、電気事業許可申請書の必須的記載事項の一つとなっている。

供給計画 [supply plan] 想定した電力需要に対して、電力の安定供給と電力設備の経済的開発、経済的運用を図るため、電力需給の実態を明確にし、需給運用の指針を得ることを目的とした計画であり、設備計画およ

び運用計画の中で最も基本となるものの一つである。電気事業者（特定電気事業者を除く）は、電気事業法第29条の定めにより、毎年度、当該年度以降経済産業省令で定める期間における電気の供給ならびに電気工作物の設置および運用についての計画（供給計画）を作成し、当該年度の開始前に、経済産業大臣に届けなければならない。その変更についても、同じく届け出を要する。

これは、広域的運営を単に事業者の自発的協調のみにまかせることなく、供給計画の届け出により大臣の積極的な広域的判断を加えようとするためのものである。このため大臣は、これらが広域的運営による電気事業の総合的かつ合理的な発達のため適切でないと認めるときは、それらを変更すべきことを勧告できるものとし、事業者がこの勧告に従わず合理的な広域運営が達成されない場合は、経済産業大臣の供給命令等が発動されることになる。

供給承諾 [acceptance of supply] 電気の需給契約は、需要家の申込みに対して電力会社が供給を承諾したときに成立するが、電力会社の承諾の意思表示は、規制部門の場合、原則として需要家の申し込みを電力会社が受け付けた日に行われたものとして取り扱われる。なお電力会社は正当な理由がない限り、規制部門の需要家に対して電気の供給を拒むことはできないが、法令、電気の需給状況、供給設備の状況その他によってやむを得ない場合には、需給契約またはその変更の申し込みの全部または一部を断ることがあり、この場合には、その理由を需要家に通知することになっている。

供給信頼度 [supply reliability] 電力系統の供給信頼度を求めるためには、電源設備と電力輸送設備の両者を総合して考えなければならない。電源の供給信頼度は通常、見込不足日数で表し、0.3日／月を目標としている。見込不足日数は供給不足日数の期待値を表すもので、その算定は電源設備事故、出水変動および需要変動による供給力不足を確率的に処理し求める方法が採られている。これに対して電力輸送面の供給信頼度は、D：1需要家当たりの停電ひん度（停電回数／年）、F：1需要家当たりの停電時間（停電時間／年）、S：全電力系統の不足電力量発生確率（供給支障電力量／年間総供給電力量）の3指標を求め、送電系統はR＝R(D, F, S) として与えられる信頼度総合指標を用い、配電系統はDとFの平均的な2指標によって信頼度表現を行っている。なお、配電系統の場合、停電回数、停電時間とも送電系統（配電用変電所上位系統による影響分）と配電系統（配電設備の事故による影響分）との和である。

供給地点 [point of supply] 特定電気事業に係る供給対象となる建物。一建物または一構内を単位とする。したがって、アパート等集合住宅の一部の号室やオフィスビル等の一部のテ

ナントを供給地点とすることはできない。なお、一建物と見られるかどうかについては、社会通念ないし取引観念によるため、複数の建物であっても、それぞれが地上または地下において連結され、かつ、建物として一体性を有していると認められる場合は一建物と解することとなる。たとえば、建物に近接する公衆街路灯や信号灯、公衆電話ボックス等は供給地点に付帯する需要であることから、供給地点と一体のものとして供給することが求められる。また、供給地点は一建物または一構内を単位とするため、当該建物または構内が消滅した場合は供給地点も消滅したこととなり、供給地点の変更許可申請は必要となる。

供給停止 [disconnection of supply] 電力会社と需要家は、供給約款および自由化部門における供給条件に従い権利の行使および義務を誠実に履行することにより、正常な需給関係を維持している。したがって、需要家がこれに反した場合には、電力会社は他の需要家の利益を保護するとともに需要家間の公平を保ち、また、電気の安全を確保するため、その需要家に対して電気の供給を停止することが認められている。

電力会社が電気の供給を停止できる場合としては、①需要家の責めとなる理由により生じた保安上の危険のため緊急を要する場合、②需要家の需要場所内における電力会社の電気工作物を故意に損傷または亡失し、電力会社に重大な損害を与えた場合、③需要家が電気料金を支支払期限を経過しても支払われない場合、④需要家が契約違反した場合等、が供給約款および自由化部門における供給条件に定められている。

供給の単位 [supply unit] 電力会社は不特定多数の需要家に対して公平に電気の供給を行う必要があるため、その供給設備は経済的かつ合理的なものであるとともに、需要者間の負担の公平が図られるものであることを要する。このため、特別の事情がない限り、供給の単位として、1需給契約につき1供給電気方式、1引き込みおよび1計量をもって電気の供給を行うことにしている。

供給命令 [supply order] 電気事業法では電気事業者の相互協調義務が訓辞的に謳われている（電気事業法第28条）が、一定の場合には、経済産業大臣が関与し、事業者に電気の供給等を命令することができる。

まず、一般電気事業者と卸電気事業者は、毎年供給計画を経済産業大臣に届け出ることとされているが、経済産業大臣は、供給計画が広域的運営による電気事業の総合的かつ合理的な発達を図るため適切でないと認めるときは、これらの変更を勧告でき、さらに、この場合において特に必要があり、かつ適切であると認めるときは、供給命令等を発動することができる（電気事業法第29条第4項）。また、災害時等の緊急事態においては、特定電気事業者、特定規

模電気事業者も含む全ての電気事業者に対して同種の命令が可能である（第31条）。

なお、供給命令があった場合、支払金額その他の細目については当事者間の協議により決められる。

供給約款 [General Supply Provisions] 一般電気事業者が電気の供給を行うに当たって、電気料金その他の供給条件を定めたもので、1995年の電気事業法改定により、従来の「供給規程」から「供給約款」へ名称変更されたもの。供給約款は経済産業大臣の認可を受けるべき義務が課されている（電気事業法第19条第1項）。

なお、1999年の電気事業法改正により、料金を引き下げる場合等、電気の使用者の利益を阻害するおそれがないと見込まれる場合には届出による供給約款の変更が可能となっている。供給約款での規定範囲は、自由化範囲の拡大に応じてその都度縮小され、2007年現在、供給約款の規定対象は低圧需要（沖縄電力は、低圧需要および高圧需要）のみとなっている。一般電気事業者は、電気の供給を行うに当たって、まず電気料金その他の供給条件について需要家と契約を締結することが必要であるが、一般電気事業者の電気の供給は、必然的に多数の需要家を対象とし、取引の都度、個々の需要家と供給条件を協議することは実務上困難であるためあらかじめ定型化された取引内容を約款として定め、これにしたがって、一律的に契約がなされることが取引の簡易化、合理化の見地から要請される。

また、一般電気事業は地域独占的公益事業であり、需要家は、供給を受ける一般電気事業者を自由に選択できないため、一般電気事業者がその独占的地位を利用して供給約款の内容を恣意的に定めたり、あるいは、需要家間の取り扱いにおいて不公平があったりすることは許されるべきではない。このような趣旨から、電気事業法において、一般電気事業者に供給約款を定めて経済産業大臣の認可を受けるべき義務が課されている。

内容としては、①適用区域または適用範囲、②供給の種別、③供給電圧および周波数、④料金、⑤電気計器その他の用品および配線工事その他の工事に関する費用の負担の方法（電気の使用者の負担となるものについては、その金額または金額決定の方法）、⑥供給電力および供給電力量の計測方法および料金計算方法、⑦送電上の責任の分界、⑧電気の使用方法等の制限、電気の供給条件、供給者および使用者の責任等に関する事項、⑨有効期間および実施期日、が定められている。

また供給約款の設定・変更の認可基準としては次の事項等があげられる。①料金が能率的な経営の下における適正な原価に適正な利潤を加えたものであること、②料金が供給の種類により定率または定額をもって明確に定められていること、③一般

電気事業者および電気の使用者の責任に関する事項ならびに電気計器その他の用品および配線工事その他の工事に関する費用の負担の方法が適正かつ明確に定められていること、④特定の者に対して不当な差別的取り扱いをするものでないこと。なお、一般電気事業者は供給約款設定の認可を受けたとき、または変更届出を行ったときは、その実施日の10日前から営業所および事務所においてその供給約款を公表する義務がある。

供給約款料金審査要領 資源エネルギー庁が供給約款料金の認可に当たって、一般電気事業者が申請した料金を審査する基本方針等を取りまとめたものであり、総則、「原価等の算定」に関する審査、効率化努力目標額の算出、「料金の計算」に関する事項、「他の制度との関係」に関する審査の各章から成っている。資源エネルギー庁が審査した結果を一般電気事業者に指摘し、それに基づき申請を適正に補正したと認められる場合に、当該申請に係る料金は認可される。

供給予備力 [reserve margin] 電力需要に対して安定した供給を行うためには、現在および将来における需要を的確に把握し、これに応じられる電力供給設備を建設し、運用することが必要である。将来における想定需要は、長期的には経済成長により、短期的には景気変動、気象条件等により変動するものであり、また供給設備においては、事故あるいは渇水等が発生すれば、供給能力が低下することがある。したがって、これらの設備の事故、渇水、需要の変動等予測し得ない事態が発生しても、安定して供給するためには、想定される需要以上の供給力を持つことが必要であり、この時の供給力から需要を差し引いたものを供給予備力という。また、供給計画における供給予備力は、供給力（第V出水時点における計画補修分を控除した無事故時の供給能力）と需要（最大3日平均電力）との差し引きにより表される。

供給予備力の対象となる要因としては、設備の計画外停止、渇水、需要の急激な増加等が考えられるが、景気変動等に基づく持続的需要超過を除いては偶発的に発生する事象であり、発生時期、大きさ等が予測できないため、確率手法によって出現度数を求め、この結果から供給予備力の量と供給信頼度の関連を検討し、適切な供給予備力の保有量を決定する。（供給予備力は、保有量が少なければ供給支障の発生度合いが多くなり、また保有量が大きいと供給支障は少なくなるが、設備投資が過大となるため、供給予備力の適正保有量は、供給信頼度との関連から検討する必要がある）供給信頼度の表し方は、一般に見込不足日数（供給不足日数の期待値）によっており、わが国の場合0.3日／月を採用しており、この場合の必要供給予備率が大体8〜10%に相当する。

供給力 [supply capacity] 使用するエ

ネルギーの種類により水力発電、火力発電、原子力発電に大別され、さらに運転特性とか構造その他によって種々の電源に分類される。水力発電は、河川流量をそのまま利用する流込式、大容量の貯水池をもち、相当長期にわたって流量調節を行う貯水池式、またこれらの中間で調整池により短期間の出力調整を行う調整池式があり、これ以外に上下に貯水池をもち、必要に応じて揚水発電を行う揚水式がある。

火力発電は、1日の負荷曲線のベース部分を分担する石炭火力等のベース火力、負荷のピーク部分を分担する石油火力、ガスタービン等のピーク火力、またこの中間の負荷を分担するLNG火力等のミドル火力に大別される。原子力発電は、核分裂エネルギーを熱源とした一種の汽力発電であり、燃料費が安いのでベース負荷を分担するもので、ベース供給力として積極的な開発が推進されている。また、上記以外で実用化されているものとして地熱発電があり、その他に燃料電池発電、太陽光発電、風力発電等の新エネルギーに関する実証試験・研究も行われている。

競争環境整備室 2004年7月、経済産業省がエネルギー、情報通信をはじめ広く競争市場における競争環境を整備するため、本省および8カ所の各地方経済産業局に設置。事業者間の競争紛争に関する相談や通報を総合的に受け付ける窓口機能のほか、重要市場における競争状況の検証（有効競争レビュー）を行い、その結果を踏まえた市場機能強化策を提案していく。

共抽出技術 [co-extraction] 再処理プロセスの中で複数の元素を一括して回収するプロセス技術。プルトニウムは単体で取り扱うことは核拡散上、適切ではないことから、核拡散抵抗性を備えた再処理技術として共抽出技術の開発を進めている。たとえばプルトニウムとウラン、プルトニウム、ウランおよびNpの共抽出技術等が検討されている。

共同火力 [cooperative thermal power generation] 戦前においては、大容量新鋭火力による高能率運転を目指して、逓信省の斡旋により電気事業者の共同出資による火力発電所が建設された。戦後の共同火力は1955年12月に石炭産業と電力会社の共同出資による常磐共同火力㈱が設置されて以来、通商産業省（当時）が共同火力の取り扱い方針を定める等した結果、製鉄やアルミ会社と電力会社との共同出資等により、昭和50年代前半まで各地に設立された。このように共同火力の建設が推進された理由は、電力会社にとっては電力調達の安定、開発資金の調達が容易になるほか、需要家にとっても発電所の大容量化に伴うスケールメリット、建設費の低減、低廉な電力の確保等の利益があったためである。

共同溝 [common use tunnel (ducts), multipurpose underground duct] 電気、電話、ガス、水道、下水道等、

2以上の公益事業者の公益物件を収容するために、国または地方自治体等の道路管理者が、道路の地下に設けるトンネル。一般的な構造は、洞道が横または立体的に組み合わされており、各公益事業者間に隔壁を設け、内部は独立している。「共同溝の整備等に関する特別措置法」は、自動車交通の激増による深刻な交通事情を背景として、電気・ガス・電話工事等による路面の掘り返しが、これに拍車をかけるという認識のもとに、共同溝の整備を行うことにより、道路の構造の保全と円滑な道路交通の確保を図ることを目的にして制定されたものである（昭和38年4月法律第81号）。

共同溝は、道路管理者により交通が著しくふくそうし、または著しくふくそうすることが予想される道路で、その占用工事が道路交通上著しい支障を生ずる恐れ等がある道路において建設され、共同溝建設後の埋設工事は原則として禁止される。また収容物件は公益性を有し、道路への敷設が常態となっている電線、ガス管、水道管または下水道管に限定されている。共同溝の建設費は、公益事業者が共同溝の建設によって受ける効用から算出される推定の投資額等を勘案して、政令で定めるところにより算出した額を負担し、残額の2分の1ずつを国および地方自治体が負担する。

共同火力発電事業者 [cooperative (or joint-ventured) thermal power generator utility] 戦前においては、大容量新鋭火力による高効率運転を目指して、逓信省の斡旋により電気事業者の共同出資による火力発電所が建設された。戦後の共同火力は1955年12月に石炭産業と電力会社の共同出資による常磐共同火力㈱が建設されて以来、通商産業省が1961年6月に共同火力の取り扱い方針を定める等した結果、製鉄やアルミ会社と電力会社との共同出資等により、昭和50年代前半まで各地に設立された。

共同火力の建設が推進された理由は、電力会社にとっては電力需給の安定、開発資金の調達が容易になるほか、需要家にとっても発電所の大規模化に伴うスケールメリット、建設費の節減、低廉な電力の確保等の利益があったためである。しかし石油危機以降、産業構造の転換に伴い、共同火力発電事業者の一方の出資者である鉄鋼、アルミ等エネルギー多消費型産業における生産規模が伸び悩み、同時に生産の省エネルギー化も進展したことで、電力供給における共同火力の持つ重要性は低下してきている。

共同実施 [Joint Implementation] 京都議定書において、附属書Ⅰ国の排出削減目標を達成するための補足的な仕組みとして、市場原理を活用する京都メカニズム（共同実施、クリーン開発メカニズム、国際排出量取引の三つ）を導入。共同実施は、京都議定書第6条で規定されている活動の通称名である。温室効果ガス排出

量の上限（総排出枠）が設定されている附属書Ⅰ国同士が協力して、附属書Ⅰ国内において排出削減（または吸収増大）プロジェクトを実施し、その結果生じた排出削減量（または吸収増大量）に基づいてクレジットが発行される。共同実施で発行されるクレジットをERU（Emission Reduction Unit）と呼ぶ。ERUは京都議定書の数値目標達成に向けて活用可能。ERUは2008年以降の削減分に対して発行される。

共同受電契約 [jointly receiving contract] 電気の需給契約は、1構内を1需要場所とすることが原則となっているが、例外的な事例については、この原則によらない場合があり、その一つが共同受電契約である。共同受電契約とは、コンビナート、中小企業工場団地等、隣接する複数の構内であって、それぞれの構内において営む事業の相互の関連性が高い場合に、複数の構内を1需要場所とするものである。たとえばコンビナートについては、各共同使用者が同一の資本系列に属しているかあるいは相互に電気設備上または製造工程上密接な協力関係を持っていること、等が要件となっている。

京都議定書 [Kyoto Protocol] 気候変動枠組条約の目的を達成するためCOP3（第3回締約国会議）で採択された議定書。先進国等に対し、温室効果ガスを1990年比で、2008年〜2012年に一定数値（日本6％、アメリカ7％、EU8％）を削減することを義務づけている。また、この削減目標を達成するための京都メカニズム（共同実施：JI、クリーン開発メカニズム：CDM、排出量取引）が導入された。わが国は2002年6月4日に締結。現在152カ国および欧州共同体が締結しているが、アメリカは離脱した。ロシアの締結により発効要件が満たされ、2005年2月16日に発効した。

京都議定書目標達成計画 [Kyoto Protocol Target Achievement Plan] 2005年4月28日に閣議決定された計画。京都議定書が同年2月に発効した。同議定書では、わが国について温室効果ガスの6％削減が法的拘束力のある約束として定められている。政府は、従来、地球温暖化防止行動計画（1990年）、地球温暖化対策に関する基本方針（1999年）、地球温暖化対策推進大綱（1998、2002年）を定める等、地球温暖化対策を推進してきた。2002年の地球温暖化対策推進大綱は、2004年にその評価・見直した。

また、地球温暖化対策の推進に関する法律（平成10年法律第117号。以下「地球温暖化対策推進法」という）は、京都議定書発効の際に京都議定書目標達成計画を定めることとしている。これを受けて、地球温暖化対策推進法に基づき、京都議定書の6％削減約束を確実に達成するために必要な措置を定めるものとして、また、2004年に行った地球温暖化対策推進大綱の評価・見直しの成果として、同大綱、地球温暖化防止行動計

画、地球温暖化対策に関する基本方針を引き継ぐ「京都議定書目標達成計画」を策定した。

京都電燈 京都では1883（明治16）年、祇園でアーク灯が試験点灯され、続いて同年には王政復古20周年記念祭の祝典で白熱灯が点灯された。その後、北垣国道京都府知事が1887年10月に会社設立の出願を行い、翌11月に許可を得た。この京都電燈は、発電所を京都市の中心に近い下京区第6組備前島町に設置することとし、東京電燈の仲介により、エジソン社製110V16燭光400灯用の直流発電機2台（25kW）を購入して1889年7月から事業を開始した。

業務規制 [business regulation] 電気事業に関する業務規制は、電気事業法第2章第2節「業務」（第18条〜第33条）において、電気事業の具体的な事業活動に関する規制を設けたものであり、第1款「供給」、第2款「広域的運営」、第3款「監督」として、それぞれ所要の規制が加えられる旨を規定している。第1款の内容は、供給義務、供給約款及び選択約款、最終保障約款、卸供給に関する供給条件、特定電気事業者の供給条件、補完供給に係わる供給条件、託送供給、振替供給、行為規制、区域外供給、電圧及び周波数の維持及び測定義務、電気の使用制限に関する規定である。

第2款は、広域的運営の推進を図るため、電気事業者相互の協調義務に関する宣言規定、供給計画の届出義務、この計画に対する変更勧告権等の規定からなっている。また、第3款は、業務の方法の改善命令、電気の供給命令等の規定からなっている。

業務用電力 [commercial power service] オフィスビル等、高圧または特別高圧で電気の供給を受け、電灯もしくは小型機器、またはこれらと動力をあわせて使用する需要で、原則として契約電力が50kW以上となるものに適用される契約種別。事務所、官公庁、病院、ホテル、商店等が主な対象需要となる。

契約電力は、500kW以上の場合は協議方式により、500kW未満の場合は実量値契約方式により、それぞれ定められる。料金制は、契約電力に応じた基本料金と使用電力量に応じた電力量料金からなる二部料金制で、供給電圧に応じた料金率が、それぞれに設定されている。また、基本料金には力率割引・割増制度が、電力量料金には季節別料金制度が採用されている。

共鳴吸収 [resonance absorption] 特定のエネルギーの中性子に対して、ある核種の中性子吸収断面積がとくに大きくなる場合を共鳴吸収と呼んでいる。質量数の大きい核種、たとえばU-238の場合、数eV〜1,000eVの間の中性子に対してしばしばこの共鳴吸収が起こる。なお、原子炉内の温度が上がると、このU-238の共鳴ピークが低くなると同時に幅が広がり平たくなる。すなわち、温度が

上がると中性子がU-238に共鳴吸収される確率が増大する。この効果は、ドップラー効果と呼ばれるが、原子炉に固有の安全性をもたらすものである。

逆調整池式発電所 [equalizaing reservoir type power station] 調整池式発電所や貯水池式発電所が1日の負荷変動に応じて使用水量を変化させると、発電所下流の使用水量が時間的に変動し、下流の各種利水事業等に支障を及ぼすことがある。

この変動する河川流量をもう一度フラットになるように調整運転することにより、下流に支障を与えないようにするものをいい、逆調整池式発電所は上流発電所の使用水量を逆に平均化調整する必要があることから、需要の変動に対応した発電はできない。単に逆調発電所と略される場合もある。

巨視的断面積 [macroscopic cross section] 核反応の割合は、反応の確率を表す「断面積」で示される。原子核一個に一個の中性子が衝突したときの核反応の大きさを「微視的断面積」と言い、実際の物質に存在する多数の原子核の数を考慮した断面積を「巨視的断面積」と言う。

魚道 [Fish Ladder] アユ、マス、サケ等の遡上(降下)性魚類は、河川にダムが築造されて流れが遮断されると、十分に成育できなくなり、沿川漁業に影響を与えるので、必要水量を放流して、これら魚族の遡上(降下)を可能とする設備を設けることがあり、この水路設備をいう。

魚道には階段式と可動型のバケット式、エレベータ式があるが、低いダムでは管理運用の容易な階段式が一般的。

貯水位に変動のあるダムでは上流部を可動とし、スムーズに落差を調整する必要がある。最近は、環境保全、生態系維持の立場から遡上対策が必要となる場合があり、魚道の設置が検討される。ただしダムが高くなると魚道の工事費も多くなり、魚族の遡上効果も減少するので、養殖施設の設置や稚魚の放流を行う等の補償手段を講じる場合が多い。

汽力発電 [steam power generation] 燃料をボイラで燃焼し、その熱エネルギーで高温高圧の蒸気をつくり、これを蒸気タービンに入れて機械動力(回転動力)に換え、さらに発電機で電気に換える方式である。

汽力発電所は基本的には給水系統、燃料系統、空気系統、蒸気系統、電気系統、冷却水系統によって構成されている。

また近年、発電所の大容量化および高効率化を図るため、亜臨界圧の自然循環ボイラおよび強制循環ボイラに代わり、蒸気条件を高めた超臨界圧貫流ボイラが多く採用されている。

均質・均一固化(体) [homogeneous or uniform solidified waste] 原子力発電所の運転により発生した濃縮廃液、使用済樹脂、焼却灰等の低レベル放射性廃棄物をセメント、アスフ

ァルト、プラスチック等を固化媒質として一体化した固化体。一般に、容器には200ℓドラム缶が使われる。ドラム缶内の放射性廃棄物がセメント等と均一に混合されているため均一固化体と呼ばれる。

　廃棄物を固化体とする目的は、廃棄物の安定性を増すことにより、その取り扱いや貯蔵および処分時の安全性を高めることにある。固化体に要求される性能としては、必要な機械的強度が得られること等があげられる。均一固化体は、青森県六ヶ所村の低レベル放射性廃棄物埋設センター1号埋設設備に埋設処分されている。

金属系超電導材料 [superconductive metals] 金属系超電導材料としては、液体ヘリウム（4.2K）で冷却する金属系低温超電導線材や薄膜材がある。

金属燃料 [metallic fuel] 軽水炉で一般に用いられる酸化物燃料に対して、金属ウランやウランープルトニウム合金等の金属状態で原子炉の燃料とするもの。研究炉やアメリカの高速実験炉（EBR-II）等で実績を有する。原子密度が高いことから炉心の高性能化が図れる、熱伝導度が高いことから燃料中心温度が低い等の利点を有する一方、被覆管との相互反応等の課題が指摘されており、課題解決に向けた研究開発が進められている。

く

クエンチ [quench] 通電中の超電導体が、熱的、電磁気的または機械的な要因により急激的かつ制御不能な常電導状態に転移する現象。

クッキングヒータ [cooking heater] クッキングヒータには、ヒータ構造の違いによってIH（電磁調理器）、クイックラジエント、ハロゲン、プレート、シーズの5種類がある。現在では熱効率や安全性、機能性の面からIH（電磁調理器）やIHとクイックラジエントとの組み合わせタイプが主流となっている。

熊本電燈　1888（明治21）年、第九銀行（国立銀行）の三淵静逸を中心として熊本電燈会社が発起され、翌年12月、設立許可を得て開業準備に当たった。社長に河野政治郎が就任し、京都電燈の初代技師長であった小木虎次郎を技師長に迎えて1891年6月、厩橋にエジソン8号型20kW発電機2台を設置し、翌7月事業を開始した。

クライアント／サーバ方式 [Client-Server model] クライアント／サーバ方式とは、分散型コンピュータシステムの一つであり、プリンタ、モデム等のハードウェア資源や、アプリケーションソフト、データベース等の情報資源を集中管理する「サーバ」と呼ばれるコンピュータと、サーバの管理する資源を利用するコンピュータ「クライアント」で構成されるコンピュータシステムのこと。

この方式では、クライアントがサーバに「要求」を送信し、サーバがそれに「応答」を返す形で処理が行われる。

かつてはメインフレームと呼ばれる大型コンピュータに接続された端末から利用者が操作する形態が中心であった。しかしながら、当時の端末は文字の入力受付と表示を行うのみの貧弱な処理能力しかなかったため、あらゆる計算はメインフレームによって集中的に処理された。その後、UNIXワークステーション等表示能力と処理能力の高いコンピュータをたくさん配置することがコスト的に容易な時代になり、本方式が一般化した。

クリーン・コール・サイクル(C3) 石炭価格の低位安定性を維持・強化しつつ、環境に調和した利用を拡大し、石炭をより有力なエネルギー源へと位置付けていくという流れのこと。2004年6月、クリーン・コール・サイクル(C3)研究会が取りまとめた、「2030年を見据えた新しい石炭政策のあり方」と題した中間報告では、石炭は資源量が豊富で地域偏在性が少ないことから、他の化石燃料に比べて価格が低位安定していることや、流出や引火・爆発の危険が少ないといった優位性がある反面、炭素や硫黄、灰分等の含有量が多いため、燃焼にともなう環境負荷が大きいとの課題が述べられている。

そのため、石炭の資源エネルギー政策上の位置付けは、他のエネルギー源と比較した相対的な利点の大きさおよび相対的な課題の大きさによって決まってくることから、利点の維持・強化を図りつつ、課題の克服に努めることが重要となると指摘し、クリーン・コール・サイクルを確立するための具体的なアクションプログラムの推進が不可欠としている。

クリーン・コール・テクノロジー(CCT) [Clean Coal Technology] 環境に対する負荷を軽減するために、石炭を効率的に利用する技術のこと。石炭は、従来燃焼時に発生するばいじんや排煙等が、環境汚染の原因となっていたが、新しい利用技術により、クリーンなエネルギー資源として大きな期待が寄せられている。

環境にやさしいこの技術には、①地球温暖化を抑える技術：従来より効率の良い装置の開発により、温暖化の原因である炭酸ガスの発生を抑える。②酸性雨やオキシダントを防ぐ技術：石炭燃焼法や、排ガス処理法の改善により、SO_x(硫黄酸化物)やNO_x(窒素酸化物)を取り除く。③石炭の取り扱いを容易にする技術：CWM等の新技術により、石炭を液体化し、石油と同等のハンドリング性を実現させる。④石炭ガス化技術、⑤石炭灰の有効利用技術等がある。

グリーン・ペーパー [Green Paper] EUにおいて規定が制定されていない特定の分野に焦点をあて、欧州共通の規定を導入するために、欧州委員会が作成する提案文書のこと。2000年

秋に発表されたエネルギー安全保障に関するグリーンペーパーでは、欧州のエネルギー安全保障における問題点として、輸送距離の長距離化、国際エネルギー市場に対するEUの影響力の欠如、危機対応メカニズム（石油備蓄等）の硬直性等が指摘され、そのための対策として、エネルギー需要抑制（課税・省エネ等）、域内エネルギー供給の強化（原子力、再生可能エネルギーの拡大、備蓄強化）、産油・ガス国との関係強化等を最優先課題としている。

また、2006年3月に発表されたEU共通のエネルギー戦略を示したグリーンペーパーでは、エネルギー需要の増大、価格上昇傾向の持続、地球温暖化等、欧州を取り巻くエネルギーに関連した環境が大きく変化したとの認識の下、エネルギー市場自由化の促進、エネルギー安定供給、エネルギー供給の多様化、地球温暖化対策、エネルギー技術開発、エネルギー外交政策の共通化を優先課題としている。

グリーン・ペレット [green pellet] 軽水炉燃料は、UO_2（二酸化ウラン）粉末を圧縮成形して円筒形状の成形体とし、これを約1,700℃の水素雰囲気中で焼成して焼結ペレットとする。この焼結前のペレットをグリーンペレットという。

クリーン開発メカニズム [Clean Development Mechanism] 京都議定書において、附属書Ⅰ国の排出削減目標を達成するための補足的な仕組みとして、市場原理を活用する京都メカニズム（共同実施、クリーン開発メカニズム、国際排出量取引の三つ）を導入。温室効果ガス排出量の上限（総排出枠）が設定されている附属書Ⅰ国が関与して、排出上限が設定されていない非附属書Ⅰ国（途上国）において排出削減（または吸収増大）プロジェクトを実施し、その結果生じた排出削減量（または吸収増大量）に基づいてクレジットが発行される。

CDMで発行されるクレジットをCER（Certified Emission Reduction）と呼ぶ。附属書Ⅰ国は京都議定書の数値目標達成のために、CERを活用可能。京都議定書の第1約束期間が始まる前にクレジットの発行が可能。

クリーンコールパワー研究所 [Clean Coal Power R&D CO.LTD] クリーンコールテクノロジーの一つであるIGCC（石炭ガス化複合発電）の実証試験を主目的として、電力各社の出資により2001年6月に設立された。実証試験機は福島県いわき市に建設され、2007年9月に実証試験を開始した。2009年度まで実証試験を行い、安定性・耐久性・経済性を検証していく予定である。

グリーン電力基金 [green electricity fund] 自然エネルギーの普及・促進のため、広く一般から助成金を募ることを目的に、2000年に創設された基金。地域の産業活性化センターが主体となって運営している。

グリーン電力証書 [The Certificate of Green Power] 自然エネルギーにより発電された電力を企業等が自主的な環境対策の一つとして利用できるよう、風力やバイオマス等の自然エネルギーの「環境付加価値」を「電気」と切り離して「証書」という形で取引することを可能にしたもの。証書を保有する企業・団体は、記載されている発電電力量相当分の環境改善を行い、自然エネルギーの普及に貢献したとみなすことができる。発電設備を持たずに自然エネルギー（環境付加価値部分）を利用でき、地球温暖化防止につながる仕組みとして関心が高まっている。

グレーター・サンライズ・プロジェクト [Greater Sunrise LNG Project] オーストラリア・ダーウィン北西沖合約450kmのティモール海に位置するグレーターサンライズガス田におけるLNGプロジェクトのことである。同ガス田は、サンライズとトロバドール等のガス田の集合体として知られ、埋蔵量は、天然ガス約8.9Tcf、コンデンセート約3.7億バレルと見積もられている。同ガス田は、その一部がオーストラリアと東ティモール政府が共同で管理する共同石油開発地域内に入り、大部分はオーストラリアの経済水域内にある。

参加事業者は、当該ガス田の探鉱費（評価費、市場調査費、技術経費と事業化調査費等を含む）に、既に総額2億5,000万豪ドルを支出している。オペレーターのウッドサイドは、当該事業からの収益配分に関するオーストラリアと東ティモール両政府の交渉が未解決であったため、2004年にはプロジェクトを一時中断していた。

事業化には、両政府の関係法制、税制面等に関する規定内容の最終確認が必要とされている。事業参加者は、ウッドサイド、コノコフィリップス、シェル、大阪ガスである。

グレンイーグルズ行動計画 [Gleneagles Plan of Action] 2005年7月6～8日にイギリス・スコットランドにて開催されたグレンイーグルズ・サミットにて、合意された省エネ、クリーン・エネルギーの活用等の具体的行動を含む行動計画。グレンイーグルズ・サミットでは、気候変動が主要議題の一つであった。行動計画の内容は、「エネルギー利用方法の転換」「将来に向けたクリーン電力の推進」「研究開発の促進」「クリーン・エネルギーへの移行のための資金調達」「気候変動の影響への対処」「違法伐採への取り組み」の分野において、前向きな行動をとることとされている。

クロロフルオロカーボン（→CFC）

け

経営効率化計画 [business efficiency plan] 電気料金の内外価格差の指摘、低廉な電気料金への社会的要請が強まる中で、電気事業審議会料金制度部会は料金制度の具体的設計について検討を行い、1995年7月にその結

果を「中間報告」として取りまとめた。

この中で、料金制度見直しのポイントの一つである経営の効率化を促す仕組みの導入に関して、ヤードスティック方式の採用によるインセンティブ規制の導入とともに、一般電気事業者による自主的取り組みとして、経営効率化計画を毎年公表し、料金改定時には、事業者は毎年度の経営効率化計画を見直した上で料金改定の理由、根拠、具体的な経営効率化努力が料金の原価低減にどのように反映されているかについて、料金改定申請とあわせて極力具体的かつ定量的に説明することとした。

具体的には、中長期的な経営の取り組みや目標、毎年の経営方針やそれに基づく設備投資の合理化目標、各種の業務計画等を極力具体的かつ定量的な形で取りまとめることを事業者に対して求めた。これを受け、一般電気事業者は、毎年経営効率化計画を発表し、効率化の達成度合いについてチェック・アンド・レビューを行っている。

景観対策 [land scaping] 近年の環境問題では、以前からある大気汚染や水質汚濁等の問題のほかに、アメニティ（快適環境）といわれるような質的な問題も大きくクローズアップされている。その中で景観については、周辺環境のデザインや色彩等と調和した建造物の建築を始めとし、地方公共団体における景観条例の策定等さまざまな取り組みがなされている。

電気事業においても、火力・原子力発電所の外装等の地域景観に調和した色彩計画、鉄塔の塗装、街並みに合わせた変電所の建設、配電線の地中化による美化等積極的に景観対策に取り組んでいる。

景観調和 人々の意識の高まりにより、ゆとりやうるおいのある快適な生活環境の実現が強く求められるようになっている。そこで、地域社会の全域に広がる電力設備の形成にあたっては、各地域の都市計画や地域開発計画等との協調を図ると共に、周辺の自然環境や景観との調和に努めることが重要となっている。電気事業者は火力発電所の煙突のライトアップや電線類の地中化等を行っている。

計器用変成器 [instrument transformer] 電力系統における高電圧および大電流を保護継電器、計測器および制御に使用しやすい低電圧、小電流に変成するものをいう。電流の変成に用いる変流器（CT）と電圧の変成に用いる計器用変圧器に大別される。変流器はその構造から巻線形（乾式、油入形）と貫通形（一次導体を持たない）に分類できる。乾式は33kV以下の電圧に、油入形は22kV以上の電圧に使用される。計器用変圧器は巻線形（PT）とコンデンサ形（PD）に分類できる。

計器用変圧器としては66kV以上の高電圧においてはPD、それ以下の電圧においては乾式PTが使用されるこ

とが多い。ただし、GISにおいては電圧によらずガス絶縁PTが使用される。

経済運用 [economic operation] 電力会社間の融通や供給予備力の節減、電源の定期補修時期の合理的選定等電力系統の経済性を追求した運用をいう。

経済改革研究会 (平岩研究会) 1993年9月に細川護熙首相（当時）の要請を受け、首相の諮問機関として平岩外四経団連会長（当時）が座長となり設置された。バブル崩壊後の不況にあえぐ日本が、激変する社会経済に対応した経済改革を果たすためのビジョンを示すことを目的とし、規制緩和・内需型社会の形成等を提言としてまとめた報告書（いわゆる「平岩レポート」）を同年12月に発表した。以下にその概要を記す。
《経済改革の4目標》 ①内外に開かれた透明な経済社会、②創造的で活力ある経済社会、③生活者を優先する経済社会④世界と調和し、共感を得られる経済社会
《改革のための五つの政策の柱》 ①規制緩和、②内需型経済、知的・創造的活力に富む経済へ、③少子化・高齢化社会への対応と男女が共に創る社会、④世界に「自由で大きな市場」を、⑤財政構造の改革と金融資本市場の活性化

経済負荷配分制御 (EDC) [economic load dispatching control] 電力需要の変化に応じて、効率の異なる各火力・水力発電機の経済的な出力配分を計算し、発電機出力を制御する。一般的にはこの制御と負荷周波数制御（LFC）を組み合わせて発電機出力を制御している。

周波数制御の観点からEDCは数十分以上の周期で変動する負荷調整を分担するのに対して、LFCはそれ以下の周期を分担する。発電所への出力配分は等増分燃料費法（等λ法）により最経済となるよう決定される。この手法は各発電機の出力増加に必要な増加経費を各発電機で等しくなるよう配分すれば最も経済的になるというものである。水力発電機の場合は単位水量当りの価格である水単価を用いる。なお、EDCはELDと呼ばれることもある。

経済融通 [economical power exchange] 火力発電運転費の低減およびベース電源の合理的運用を図るために需給する電力融通で、分類上は電力融通の1契約種別である全国融通の中の一形態。2005年3月まで実施されていたが、日本卸電力取引所の創設に伴い、一日前スポット市場の取引量を十分に確保し、またその価格指標性を高める観点から廃止された。

計算関係書類 [statements of account] 会社法では、貸借対照表、損益計算書、株主資本等変動計算書および個別注記表を「計算書類」とし、これに事業報告および附属明細書をあわせて「計算書類等」としている。また、「計算書類等」に連結計算書類（連結貸借対照表、連結損益計算書、

連結株主資本等変動計算書、連結注記表)、臨時計算書類(臨時貸借対照表、臨時損益計算書)および会社成立の日の貸借対照表をあわせて「計算関係書類」としている。

軽水炉 (LWR) [light water reactor] 軽水を減速材および冷却材に使う形の動力炉の総称。沸騰水炉と加圧水炉があり、ともにアメリカにおいて早くから開発が進められ、実用化された形式の動力炉として、原子力発電所、原子力潜水艦、原子力船等の動力源として用いられている。

軽水炉燃料集合体 [fuel assembly] わが国の原子力発電所は、ほとんど軽水炉であるが、この炉の燃料として濃縮ウランが使われている。この濃縮ウランは、ジルコニウム合金製の細長い管(被覆管)の中にUO_2(二酸化ウラン)のペレットの形で充てんしたものを燃料棒といい、さらに燃料棒数十～百数十本に束ね、一つのグループにまとめたものが燃料集合体である。燃料集合体は、原子炉の中に数百体(出力や炉型で異なる)整然と、ある間隔を置いて並べられ、炉心を構成している。

経団連の環境自主行動計画 [Keidanren Voluntary Action Plan]「2010年度に産業部門およびエネルギー転換部門からのCO_2(二酸化炭素)排出量を1990年度レベル以下に抑制するよう努力する」ことを目的に、1997年6月に㈳日本経済団体連合会(当時、㈳経済団体連合会)が策定した産業界による地球温暖化対策のための自主的な計画。

経団連の環境自主行動計画に参加している産業・エネルギー転換部門の業種は35業種であり、日本の総排出量の約4割、産業・エネルギー転換部門の約8割をカバーしている。

2006年度実績は1990年度比▲1.5％であり、2000年度から7年連続で目標を達成している。なお、透明性・信頼性確保の観点から2002年7月からは環境自主行動計画第三者評価委員会によるチェックを受け、継続的な見直しが図られている。また、経団連の環境自主行動計画に加えて、業務その他部門・運輸部門を含めた各部門について、経団連傘下の個別業種や日本経団連に加盟していない個別業種が策定している自主行動計画もあり、その透明性・信頼性・目標達成の蓋然性向上等の観点から政府によるフォローアップが実施されているとともに、京都議定書の目標達成向けて目標の引き上げや自主行動計画の策定業種拡大が図られている。

日本の京都議定書目標達成に向けて、経団連の環境自主行動計画、各業種毎の自主行動計画は産業界における対策の中心的役割を果たしている。なお、環境自主行動計画には「温暖化対策編」の他、「循環型社会形成編」もある。

系統安定化装置 (→PSS)

系統安定度 [system stability] 電力系統の負荷変化や、故障等の擾乱に対して、各発電機電圧が一定の相差角

を保ち、同期回転を維持できる度合いを安定度と呼ぶ。

安定度は、擾乱の大きさ、発電機・送電線・負荷接続方法、すなわち系統構成、発電機のインピーダンスや慣性等の機器定数、発電機と負荷の電力・無効電力、発電機電圧調整器（AVR）、調速機（governor）等の自動制御系、その他多くの要因によって左右される。

安定度の分類としては、緩やかな負荷変化が生じても安定に送電できる度合いを「定態安定度」といい、系統事故等のような急激な擾乱に際してもなお同期を保って送電できる度合いを「過渡安定度」と呼んでいる。

安定度の検討に際しては、制御系の影響を考慮して、過渡領域（0～1 sec）、中間領域（1 sec～10数sec）、定態領域（10数sec～無限時間）のように三つの時間領域について考えるのが実際的である。

系統運用融通 [system operation power exchange] 電力設備を有効利用し、導電ロスの減少、送変電設備の節減等を図るため受給する電力融通をいい、隣接二社間が対象となる。分類上は、電力融通の1契約種別である二社間融通に分類される。なお、この電力を受給する会社は両社の需給バランスに影響を与えないように、通常同一時間帯に同一電力を他の需給地点で返還することとしている。

系統切替 [network switching] 電力系統の運用に当たっては機器、送電線等の補修による運転停止や、需要、供給力の季節的変化に対応する潮流是正等のため、開閉装置および付属装置の操作により系統接続の変更を行うことをいう。系統切替には、ループ切替、停電切替、並列切替、解列切替がある。系統切替のうち、系統事故時にその復旧を目的として行う操作を事故復旧操作と呼び、それ以外のものを平常時操作と呼んでおり、そのそれぞれについて操作規準を規定しておき、実際に操作する場合は、操作単位ごとに給電指令にしたがって行い、誤指令、誤操作の防止を図っている。

系統周波数特性定数 [power-frequency constant] 電力系統の特性定数には、周波数特性定数と電圧特性定数とがある。系統周波数の変動ΔFと発電機出力の変動ΔP_Gの関係は次式で表され、K_Gは発電機の周波数特性定数と呼ばれる。

$\Delta P_G / \Delta F = -K_G$

また、周波数変動と負荷電力変動ΔP_Lの関係は次式で表され、K_Lは負荷の周波数特性定数と呼ばれる。

$\Delta P_L / \Delta F = K_L$

P電力系統としての電力変動$\Delta P = (\Delta P_G - \Delta P_L)$と周波数変動との関係式は、

$\Delta P / \Delta F = -(K_G + K_L) = -K$

であり、Kは系統の周波数特性定数または単に系統定数と呼ばれている。

系統操作 [system switching] 電力系統の円滑な運用のため、電力流通設

備に対して行われる調整と操作をいう。具体的内容としては系統構成の変更、過負荷の解消、緊急時周波数低下対策のための電源調整等をいう。系統操作は大別すると、その状態によって平常操作、緊急操作、系統事故または作業の復旧操作に分けることができる。

系統分離 [system separation] 系統が脱調したときあるいは系統周波数が異常に低下したときに、事故波及の局限化を図るため、同期並列運転を行っている電力系統の一部を、自動または手動で解列することをいう。系統分離を行うためには、系統分離点をどこにするか、またいつどのような方法で行うかについて、あらかじめ検討しておく必要がある。

系統保護リレーシステム [system protection relay system] 電力系統に発生した事故は、系統の安定運用と事故設備の損傷軽減のために、迅速に除去される必要がある。リレー装置は、この役割を果たすために、リレー（リレー要素を含む）の組み合わせで所定の保護機能を持ち、遮断器引外しおよび投入指令を出す装置をいい、系統保護リレーシステムとは、リレー装置と関連機器により所定の保護機能を実現する一連のシステム構成をいう。

系統融通 [system power exchange] 系統を連系運用していることに伴い、やむを得ず受給される電力融通をいい、分類上、電力融通の1契約種別である二社間融通に分類される。

系統容量 [system capacity] 電力供給地域における需要負荷の総量である。したがって、この値は季節および時間によって絶えず変化することになる。電力供給の立場からすれば、いかなる時でもこの電力需要に応える必要がある。すなわち、ある年度、時期および時間等における最大系統容量を予測し、これに応ずる供給設備を保持しなければならない。わが国の電力系統は、九州から中部、北陸までの60Hz系と東京以北の50Hz系がそれぞれ同一系統の形態を構成しているので、常時系統連系を維持している状態では、系統容量は連系系統全体の規模ということになる。

このような系統容量の規模が大きくなれば、電力の経済融通や効果的な電源開発が可能となるとともに、負荷変動や電源脱落等による系統周波数の変動を小さくできる等、多くの利点がある一方、短絡電流が増大する等の欠点もある。

系統連系 [interconnected system] 電力系統は、電気エネルギーを貯蔵する機能を持たないため、常に電力の発生と消費とをバランスさせる必要があり、小電力系統を単独で運転するよりも、それぞれの系統を連系して大電力系統として運転する方が種々の点で有利である。

系統を連系することによって得られるメリットには、①需要、電源の特性が異なる両系統を連系して、相互の水力余剰の利用、火力負荷率の向上、系統設備の節減等の経済効果

を高め得る、②連系によって電源ユニットの容量の増大が可能となり、建設費の低減を図り得る、③系統の事故等による電源脱落時には他系統からの応援が期待でき、それぞれの系統の予備設備の節減を図るとともに、系統全体としても電源の信頼度を高め得る、④連系を利用して発電所出力を振り替えることにより送電損失の軽減、燃料費の節減等経済融通を行い得る、⑤系統規模が大きくなるため発電機数が増加し、需要の変動に対する各発電機の出力調整分担量が減少し、変動に即応することが容易となる。このため周波数偏差が減少し、安定した周波数の維持が可能となる、⑥電源の共同開発による立地点の有効活用とコストの低減が図れる。

　一方、連系のデメリットとして系統事故時の他系統への波及等があり、このためには地区ごとの電源構成、事故時対策、経済効果等を考慮して、系統連系を拡大していく必要がある。

契約違反 [breach of contract] 需要家が需給契約による契約事項を履行しない場合は契約違反となる。契約違反による電気の使用は供給秩序を乱すうえ、善良な需要家との間が不公平となる。さらに需給両者間での契約遵守の見地からも厳正に取り扱うべきものである。

　契約違反として供給約款および自由化部門における供給条件に明示されているものは、①電気工作物の改変等による電気の不正使用、契約負荷設備または契約受電設備以外の電気使用、低圧電力での電灯または小型機器の使用、契約使用期間以外の電気使用等の契約違反については電力会社は違約金を申し受け、場合によっては供給停止となるものもある。②契約電力500kW以上の需要家の場合は、①のほか契約電力を超過して使用した電力について契約超過金を申し受けることになっている。

契約種別 [contract category] 負荷の特性と負荷態様の差異を基準として需要を区分したものを需要区分といい、これをさらに供給電圧、計量方法、使用期間等の差異により区分したものが契約種別であり、需給契約の単位となっている。

契約電力 [contracted power] 電気の使用者が、契約上使用できる最大電力（キロワット）をいい、契約期間中に消費される電気の量の、単位時間当たりの最大値を指す。電力会社は最大需要に見合う供給設備を常に準備しておく必要があり、契約電力は基本料金の算定や契約種別の判定等の基準として用いられる。契約電力の決定方式として、契約負荷設備等に基づき一定の計算式により算出する方法(計算式方式)、計量した最大需要電力値に基づき決定する方式(実量値契約方式)、電気の使用実態等に基づき需給両者の協議により決定する方式（協議方式）の三つがあり、需要規模や需要の特性にあわせていずれかの方式が適用されている。

(→実量値契約方式)

契約の単位 (→供給の単位)

ケーブル強制冷却技術 [cable cooling system] 地中送電線を大容量化するため、空気や水でケーブルを強制的に冷却し、ケーブルの温度上昇を抑制する技術。強制冷却方式には、ケーブルの外側から冷却する外部冷却方式と、導体を内部から直接冷却する内部冷却方式とに大別され、実用化が進んでいるのは、主として外部冷却方式である。

代表的なものには、管路の中央部に冷水通水用の孔を2～6条程度設け、これに冷却水を流して周囲のケーブルを冷却する「管路間接水冷方式」、同様の方式を洞道や洞道内トラフに適用した「洞道内間接水冷方式」「洞道内トラフ間接水冷方式」、管路式においてケーブル収容管に直接冷却水を流してケーブルを冷却する「管路直接水冷方式」、多条数のケーブルが敷設される洞道内にファンを用いて、外部の冷たい空気を送りこみケーブルを冷却する「洞道強制風冷方式」等がある。

ケーブル送電容量 [cable transmission capacity] ケーブルでは絶縁体が導体に直接接触しているため、導体の温度上昇により絶縁体が悪影響を受けないように導体の最高許容温度が規定されている。この許容温度は、その継続時間やケーブルの種類によって異なっている。ケーブルの送電容量（許容電流）は、導体温度がこの最高許容温度以下となる最大電流であり、ケーブルから発生した熱放散の良否、すなわち布設方式や併設ケーブル条数等により変わってくる。

ケーブルの許容電流には、連続して通電できる最大電流である常時許容電流、および他のケーブルの事故時に生じる一時的な過負荷となる場合の短時間許容電流、短絡事故が発生してから除去されるまでの間だけ許容される短絡許容電流の三つがある。なおケーブルの送電容量は、導体が絶縁体等に覆われているため、同じサイズの架空線よりかなり小さくなる。

下水汚泥燃料 [Biosolids Derived Fuel] 下水処理の過程で発生する汚泥を、乾燥させた後蒸し焼きにして炭化させ、固形燃料化したもの。石炭火力発電所において混焼させることが一般的であり、バイオマス燃料として近年注目されている。2007年11月に東京電力の子会社であるバイオ燃料株式会社が、東京都下水道局から受託して国内初の下水汚泥炭化燃料事業を開始した。今後は輸送費等コスト面での改善が普及に向けての課題である。他にも汚泥をバイオガスとして利用する研究開発等が進められている。

結晶シリコン型太陽電池 [crystalline silicon solar cell] 高純度シリコン単結晶ウエハーを利用する単結晶型と比較的小さな結晶が集まった多結晶でできている基盤を利用する多結晶型がある。単結晶型は、変換効率は

高いが生産に必要なエネルギーコストが高い。多結晶型は、材料に他のシリコン半導体素子の製造工程で生じた端材や、低度の不純物が混入したシリコン原料でも利用できる。単結晶に比べ変換効率が少し劣るが生産に必要なエネルギーコストを加味すると、コスト面では単結晶型より優れている。

ケミカルヒートポンプ [chemical heat pump] ヒートポンプが活用され、その有効性が認識されるにしたがってヒートポンプの省エネルギー技術としての期待は高まり、高効率化だけでなく、より低質の熱源が利用できること等、幅広い要求に対応できるシステムの開発が求められてきている。その意味では化学反応を用いるケミカルヒートポンプは、①駆動エネルギーが熱エネルギーであること、②本質的に蓄熱系であるため、熱供給と熱需要との時間的ずれや熱源の温度むら、熱供給むらに対応できること、③反応系を選ぶことによって冷房から産業用の高温熱まで広い温度幅の対応が可能であること、④排熱の利用等により熱利用効率が高くなる、等次世代のヒートポンプとして期待されるものである。

また、現在フロンによる地球環境悪化が問題になり、これに対してフロンの生産、使用に対する国際的規制がなされている中、この点からもフロンを全く使用しないケミカルヒートポンプへの期待は高まりつつあり、国内でも各種の媒体の研究が進められている。

減圧運転（変圧運転）[variable pressure operation] 昼夜間の電力需要格差が大きくなり、ベースロードである原子力の電源に占める比率が高まってきたことから、深夜または豊水期に火力発電所の低負荷運転を行う機会が多くなってきている。低負荷運転時の火力発電所の熱効率は、プラント熱サイクルの特性から低下することとなる。減圧運転（変圧運転）は、ボイラーの蒸気圧力をタービン出力にほぼ比例して変化させ、出力調整を行う運転方式で、これにより低負荷運転時の効率を向上させようとするものである。

この方式の特徴としては、①部分負荷ではタービン入口蒸気圧は、タービン出力に比例して低下するので、蒸気の比容積が大きくなり、容積流量は全負荷範囲でほぼ一定となり、タービン効率も全負荷範囲でほぼ一定となる、②タービン各部の温度分布は、負荷変化範囲ではほとんど変化しないため、タービンの負荷変化や起動停止による熱応力が大幅に軽減される等がある。

原価算定期間 [unit cost calculation period] 電気料金の原価算定における対象期間。原価算定期間は「4月1日または10月1日を始期とする1年間を単位とした将来の合理的な期間」とすることが、一般電気事業供給約款料金算定規則および一般電気事業託送供給約款料金算定規則において定められている。

原価主義［unit cost principle］一般に、独占が認められる公益事業においては、競争が働かないことから、企業の恣意性のない客観的な基準により料金が決定されることが要求される。一方、長期安定的に事業を行うためには、料金収入によって費用を賄うことも必要である。これらを満たすものとして、わが国では、電気料金、ガス料金、水道料金等においては、各事業者ごとに電気の供給に要する原価の算定を行い、それに基づいて料金を定める原価主義の原則が採用されてきた。電気事業法においては、規制料金の認可基準に「料金が能率的な経営の下における適正な原価に適正な利潤を加えたものであること」が要求されており（法第19条第2項第1号）、この趣旨が表されている。もっとも、1999年の法改正により小売が部分自由化され、特定規模需要に対する料金は原則自由に設定できることとなったため、その限りでは原価との関係は切り離されている。

減価償却費［depreciation expenses］いったん固定資産として投下した資本をその固定資産の耐用年数に合理的に配分して回収するために計上する費用。減価償却の方法としては、資産に応じて、帳簿価額に年間償却率を乗じて毎年の償却額を算出する定率法、耐用年数にわたり毎年均等に一定金額を償却する定額法を採用している。2007年度の税制改正における減価償却制度の抜本的見直しにより、償却可能限度額が廃止となり、耐用年数経過時に残存価額1円（備忘価額）までの償却が可能とされた。なお、2007年3月31日以前に取得した資産については、取得価額の95％まで償却した事業年度の翌事業年度以後の5年間で5％分を均等償却することとされた。

減価償却、積立金、引当金に関する命令［instruction concerning depreciation, fund, and reserve］経済産業大臣は、電気事業の的確な遂行を図るため、とくに必要があると認めるときは、電気事業者に対し、①電気事業の用に供する固定資産に関する相当の償却につき方法もしくは額を定めてこれを行うべきこと、②方法もしくは額を定めて積立金もしくは引当金を積み立てるべきことを命ずることができる（電気事業法第35条）。これは、電気事業経理の健全性の確保の観点から、①投下資本の確実な回収を図るため適切な減価償却を行うこと、②将来の損失・支出に備え、必要な引当金を積み立てること、③事業運営の過程で発生した利益は、公共の利益確保の立場から適正な留保（積立金の積み立て）を行うことについて、とくに強制命令ができるとしているものである。

原価要素［unit cost element］電気料金の原価は、大別して、固定費、可変費、需要家費の三つの原価要素に分類される。固定費は、電気の供給に必要な設備を建設しそれを維持するための費用であり、販売電力量の多少に影響されず固定的であると考

えられるもの（減価償却費等）をいう。可変費は、一般には、生産量の増減に応じて変化する費用をいい、電気事業の場合には、販売電力量の増減に応じて直接変化すると考えられるもの（燃料費等）をいう。需要家費は、需要家の数（契約口数）に比例して発生するもの（計量器に係わる費用、検針費、集金費等）をいう。

兼業規制 [non-core business regulation] 1995年以前の電気事業法下では、電気事業者が本業以外の事業を兼ねて営もうとする場合には、全て個別に通商産業大臣の許可が必要であった（電気事業法旧12条）。これは、電気事業者はその事業が高度の公益性を有していることから、いたずらに他の事業を行い経営の悪化を招来することとなっては、電気の使用者の利益を確保できないとの趣旨である。しかし、電力会社は私企業であることから、自己責任原則に基づく事業展開の自由度の拡大を求める声が上がり、これを受け、1995年改正において、電気事業以外の事業であっても、電気事業の経営の効率化に資する場合や、資源の有効活用を行うことが可能な場合に限り、個別許可が不要とされた。さらに1999年改正において、兼業規制は完全に撤廃され、条文も削除された。

原型炉 [prototype reactor] 新型動力炉の開発は一般に、原理確認を行う「実験炉」、発電設備を備え動力炉としての成立性を確認する「原型炉」、発電設備として実用化に向けた経済性や運転保守性を確認するための「実証炉」といった段階的開発を行う。原型炉は、実験炉に続き発電設備を備えた炉であり、具体的には高速実験炉「常陽」に続いて開発された高速増殖原型炉「もんじゅ」等がある。なお、最近は既存の知見を活用し、実験炉や原型炉等を省略して実証炉を導入する計画もある。

健康項目 [health item] 環境基本法（平成5年法律第91号）に基づいて定められている水質汚濁に係る環境基準は、「人の健康の保護に関する基準」と「人の生活環境の保全に関する基準」の二つの基準に大別できる。このうち前者の人の健康の保護に関する基準については、1993年の改正により、従来のカドミウムやシアン等の9項目にトリクロロエチレン等の有機塩素化合物やシマジン等の農薬等15項目が追加（1項目削除）され、さらに1999年の改正により、硝酸・亜硝酸性窒素等3項目が加わり、合計26項目について環境基準が定められた。

　これらの項目を一般に「健康項目」と呼んでいる。なお、人の健康の保護に関する基準については、すべての公共用水域に適用されるものであり、かつ直ちに達成され、維持されるように努めるものとされている。また、後者の人の生活環境の保全に関する基準に関する水質項目を「生活環境項目」という。

原子核 [nucleus] 原子の中核をなすも

原子燃料

ので陽子と中性子とからなる。陽子は正の電荷をもち、中性子は電荷を持たないので、原子核は正の電荷をもつ。この原子核の回りを負の電荷をもった電子が軌道上を飛び回り、その数は陽子と同じで、原子全体としては電荷をもたない。原子核の大きさは$10^{-14} \sim 10^{-5}$m程度である。原子核はその原子の性質を特長づけるものであり、たとえば、原子核内の陽子の数が同じものは全く同じ化学的変化をするが、これを同位体と呼び、また陽子と中性子との合計数が同じものを同重体、中性子の数が同じものを同中性子体と呼ぶ。

原子燃料 [nuclear fuel] 核分裂性核種を含有する物質で核燃料ともいう。原子炉内で核分裂連反応(すなわち燃焼)を起こすことができる原子核は、ウラン233 (233U)、ウラン235 (235U)、プルトニウム239 (239Pu)、プルトニウム241 (241Pu)等である。天然に産出する天然ウランは、238U、235U、234Uの3種類の同位元素の混合物である。このうち235Uだけが熱中性子で核分裂を起こすが、その含有率は僅か約0.7%に過ぎない。残りの約99.3%を占める238Uは、熱中性子では核分裂を起こさせないが、中性子を吸収すると239Puや241Puとなり、熱中性子で核分裂を起こすので核燃料として使用できるようになる。

またナトリウム232 (232Th)に中性子を吸収させると233Uとなる。これは核分裂を起こすので核燃料として使用することができる。以上のように、自然界に産出するものでは235U、中性子を吸収させて原子の種類を変えたものでは239Pu、241Puおよび233Uの四つが原子炉で核分裂を起こす燃料となる。これら四つを核分裂性物質と呼び、これに対し238Uや232Thのように、中性子を吸収させれば核分裂性物質となるものを親物質と呼び、これらを総称して核燃料と呼んでいる。

原子燃料サイクル [nuclear fuel cycle] 日本の原子力発電所では、鉱山で採掘されたウラン鉱石が製錬、転換、濃縮、再転換、成型加工の工程を経て、核燃料として原子力発電所の炉内で燃焼される。4～5年間の燃焼を経たウラン燃料(使用済燃料)にはプルトニウムと燃え残りのウランが含まれており、これを再処理し再び核燃料として再利用する一連の工程を原子燃料サイクルという。天然ウランの採鉱から成型加工までの工程をフロント・エンド、原子炉から取り出した後の使用済燃料の再処理工程等をバック・エンドと呼んでいる。

原子力安全・保安院 [Nuclear and Industrial safety Agency] 原子力その他のエネルギーに係る安全および産業保安の確保を図る経済産業省の特別な機関であり、本院(経済産業研修所を含む)、原子力保安検査官事務所および産業保安監督部から成る。本院は原子力安全委員会(内閣府)と原子力安全確保についてダブルチ

ェックを行っている。また、原子力安全に関する専門技術者集団である独立行政法人・原子力安全基盤機構とは原子力安全について連携を図っている。原子力保安検査官事務所は、原子力発電設備、核燃料サイクル施設の近くに設置され、原子力保安検査官および原子力防災専門官が常駐し、それぞれの施設に対する安全規制と防災対策を的確かつ迅速に行っている。産業保安監督部は全国9カ所に設置され、原子力発電所を除く電力、都市ガス、火薬類、高圧ガス、鉱山等に関する安全確保を目的にして、各事業者による自主保安を前提に監督・検査等を実施している。

原子力安全委員会 [Nuclear Safety Commission of Japan] 原子力基本法、原子力委員会および原子力安全委員会設置法および内閣府設置法に基づき設置されている。文部科学省、経済産業省等の行政庁からの独立性や中立性が保たれるよう、内閣府に置かれている。原子力安全委員会は、内閣総理大臣を通じた関係行政機関への勧告権を有する等、通常の審議会よりも強い権限を有する。

　原子力安全委員会の主な活動は以下のとおり。①原子炉の設置許可等に関する安全審査。審査においては、規制行政庁とは異なる視点から検討を実施、②原子力施設の設置許可の後に規制行政庁が行う「後続規制」活動の監視・監査、③原子力安全に関する指針類の整備。これらは、安全審査の基準や自治体における防災対策の基準として使用されている、④原子力施設に関する事故等への対応。とくに、1999年9月に発生したJCO臨界事故においては、現地における助言活動や事故調査報告書の作成等、専門的・技術的観点から事故対策に関する中心的な活動を実施。

原子力委員会 [Atomic Energy Commission] 原子力を開発している国々にある、原子力の政策、立法、研究開発等を管理、決定している政府機関を示す。国により名称や権限の範囲はさまざまである。日本においては「原子力委員会」がこれにあたる。1956年1月1日「原子力基本法」および「原子力委員会設置法」(現在は「原子力委員会及び原子力安全委員会設置法」)に基づいて総理府(現在は内閣府)に設置された。原子力利用に関する政策等の企画、審議、決定を行う。所掌する範囲は関係行政機関の調整、経費の見積もり・配分、核燃料物質および原子炉に関する規制、研究者の育成等原子力利用の全般にわたるが、安全の確保に関する事項は別に原子力安全委員会が所掌する。

原子力基本法 [Atomic Energy Fundamental Act] わが国が原子力の平和利用を行うに当たっての基本的な理念や体制を規定する、いわば"原子力の憲法"ともいうべきもので、昭和30年12月法律第186号として制定された。この法律は、原子力の研究、開発、利用を推進することによって、将来のエネルギー資源を確保し、学

術の進歩と産業の振興とを図り、人類社会の福祉と国民生活の水準向上とに寄与することを目的としている。また基本方針として、原子力の研究、開発、利用は平和の目的に限り、安全の確保を旨として、民主的な運営の下に自主的にこれを行うものとし、その成果を公開し、進んで国際協力に資することを定めている。

さらに同法は、国の施策を計画的に遂行し、原子力行政の民主的な運営を図るため、内閣府に原子力委員会および原子力安全委員会を設置すること、原子力開発機関として日本原子力研究開発機構を設置することとしている。このほか、核原料物質、核燃料物質および原子炉の管理や放射線障害の防止等について基本的なことを定めている。

原子力研究所 [Japan Atomic Energy Research Institute] 原子力に関する総合的な日本の研究機関。日本原子力研究所法に基づき、日本の原子力平和利用の推進を目的として、1956年6月に特殊法人として設立された。2005年10月1日核燃料サイクル開発機構との統合に伴い解散、独立行政法人日本原子力研究開発機構となった。

原子力災害対策特別措置法 [Special Law of Emergency Preparedness for Nuclear Disaster] 1999年9月30日に起きたJCOウラン加工工場の臨界事故の教訓等から、原子力災害対策の抜本的強化を図るために平成12年6月16日に施行された新たな法律。この法律では、原子力災害から国民の生命、身体および財産を保護するため、原子力防災業務計画の作成、原子力防災管理者の選任、原子力防災組織の設置、原子力防災資機材の整備、異常事態の通報義務等原子力事業者の責務の明確化、ならびに原子力災害対策本部(本部長:内閣総理大臣)と現地対策本部の設置、原子力緊急事態宣言、原子力災害合同対策協議会の設置、避難・退避等の指示、緊急事態応急対策調査委員の派遣、緊急事態応急対策拠点施設(オフサイトセンター)の指定と原子力防災専門官の配置、共同防災訓練の実施等国の役割を定めている。

原子力(平和利用)三原則 [3 principle of peaceful utilization of nuclear power] 1954年春、日本学術会議は第17回総会で、わが国における原子力の開発・利用の基本として、「民主」、「自主」、「公開」の三原則を声明したが、これは翌55年末に制定された原子力基本法(昭和30年法律第186号)に生かされ、同法は第2条で原子力の研究、開発および利用の基本方針として、「平和の目的に限り、安全の確保を旨として、民主的な運営の下に、自主的にこれを行うものとし、その成果を公開し、進んで国際協力に資するものとする」と規定している。

「民主的な運営の下に」行うため、原子力委員会および原子力安全委員会が設置されており、両委員会は合議制であり、また委員は国会の承認

を経て任命されている。「自主的」に行うことの意味は、心構えとして主体的に判断しなければならないことを示したものであり、外国からの技術の導入まで否定するものではない。また「成果の公開」は、原子力の軍事利用を行わないことを担保する考え方によるものであるが、企業秘密の公開までを義務づけるものではないと解される。

原子力政策大綱 [Framework for Nuclear Energy Policy] わが国の原子力政策に関する基本方針。10年程度の期間を一つの目安として定められている。原子力委員会は、1956年以来、概ね5年ごとに計9回にわたって「原子力の研究、開発及び利用に関する長期計画（原子力長計）」として策定されてきたが、2005年10月に名称が「原子力政策大綱」に改められた。

原子力「むつ」 [nuclear powered vessel "Mutsu"] 原子力船「むつ」は、1969年6月に進水し、以後、青森県むつ市の大湊港を定係港とし、1974年8月28日、本州東方海上において原子炉の初臨界を達成。しかしながら、その後に生じた放射線漏れのため、その実験・運航スケジュールは大幅に遅れることとなった。1980年からは佐世保において放射線遮蔽改修工事及び安全性総点検補修工事を実施し、1988年にむつ市の関根浜港に移り、ここを新定係港として活動を再開。再び原子炉を運転する前の種々の念入りな点検・整備を経て、1990年には出力上昇試験及び海上試運転を実施し、科学技術庁（当時）から使用前検査証、運輸省から船舶検査証書が交付され、原子力船として完成した。

1991年2月に実験航海を開始。実験航海には、原子力船の海洋の種々の条件の下で振動・動揺・負荷変動等が原子炉に与える影響等に関する知見を得るために、静穏海域、通常海域、高温海域及び荒海域において、4回にわたる洋上実験航海と岸壁係留状態での実験から構成されたが、1991年2月25日の第1回実験航海出港から1992年1月26日に岸壁での実験終了までの期間で所要の実験を実施し、多くのデータを取得した。その後解役され、海洋科学技術センターに引き渡された。

原子力損害の賠償に関する法律 [Law on Compensation for Nuclear Damages] 原子炉の運転等によって原子力損害が生じた場合における損害賠償に関する基本的制度を定め、もって被害者の保護を図り、および原子力事業の健全な発達に資することを目的として、昭和36年6月17日法律第147号として制定された。原子力損害賠償責任の規定は無過失、責任の集中、求償権の制限を内容としたもので、民法の損害賠償責任の特則を定めたものであり、以下の三つの特徴がある。

①無過失責任：原子力事業者は、原子炉の運転等によって第三者ならびに原子力事業者の従業員に原子力損害を与えた場合は、過失の有無を問

わず賠償の責めを負う。ただし、その損害が異常に巨大な天災地変または社会的動乱によって生じたものであるときは原子力事業者は免責され、国による被災者救助、被害拡大防止の措置がとられる。

②責任の集中：原子力損害の原因が、原子力事業者以外の者によって起こされたものであっても、被害者である第三者に対しては、原子力事業者が賠償の責めを負う。また、原子力事業者間の核燃料物質の運搬によって原子力損害が発生した場合は、特約がない限り発送人が賠償の責めを負う。

③求償権の制限：原子力損害が第三者の故意によって生じた場合に限り、原子力事業者はその者に対して求償権を有する。

原子力事業者は、原子力損害賠償責任保険契約及び原子力損害賠償補償契約の締結等により、1工場、1事業所または1原子力船当たり600億円または政令で定める金額の損害賠償措置を講じておかなければ、原子炉の運転等をしてはならないことが規定されている。

原子力損害賠償補償契約に関する法律
原子力損害の賠償に関する法律（昭和36年法律第147号）第10条第2項の規定に基づき、同条第1項に規定する補償契約に関し、その基本的事項について定めた法律（昭和36年法律第148号）。原子力事業者が原子力損害の賠償に関する法律の規定によって損害賠償措置を講ずる場合、実際的には責任保険契約と補償契約の組み合わせがとられる。

責任保険契約は、原子力事業者と保険業者の間で結ばれるが、原子力損害によっては、この契約で担保されないことがある。すなわち、①地震・噴火により生じた場合、②正常運転により生じた場合、③原子力損害の原因があった日から10年内に被害者から賠償の請求が行われなかったもの等、いずれの場合についても責任保険契約ではなく、補償契約がカバーする。補償契約は、政府と原子力事業者との間で締結され、原子力事業者が政府に補償料を納付することによって、上記①～③のような場合の原子力損害を原子力操業者が賠償することにより生ずる損失を政府が補償する。

原子力バックエンド事業[nuclear power back-end business] 使用済燃料の再処理事業および再処理に伴い発生する放射性廃棄物の処分や再処理施設の解体等の事業を総称して、「原子力バックエンド事業」という。「原子力バックエンド事業」は、超長期性、費用の巨額性、事業の不確実性、発電と費用発生時期とのタイムラグといった特性を有している。

原子力発電環境整備機構[Nuclear Waste Management Organization of Japan]（→NUMO）

原子力発電工事償却準備引当金[reserve for preparation of the depreciation of nuclear power construction] 原子力発電所運転開始後の減

価償却費負担の平準化を図るため、電気事業法第35条により計上が義務付けられている、いわゆる特別法上の引当金である。着工日が属する年度から試運転開始日が属する年度までの期間で積み立て、試運転開始日が属する年度から6年間で取り崩す。具体的には、「原子力発電工事償却準備引当金に関する省令」(平成19年経済産業省令第20号)に基づき計上することとされている。

原子力発電工事償却準備引当金に関する省令　2006年8月にとりまとめられた総合資源エネルギー調査会電気事業分科会原子力部会報告において、原子力発電所の運転開始直後に発生する巨額の減価償却費の負担を平準化するため、原子力発電所の建設段階の各年度に当該減価償却費の一部を引当金として積み立てができるよう企業会計上の措置の導入が提言された。これを踏まえ、総合資源エネルギー調査会電気事業分科会原子力発電投資環境整備小委員会において、原子力発電所の建設工事を行っている一般電気事業者は、建設工事期間に建設費の一部を引当金として積み立てを行い、当該原子力発電所の運転開始後、一定期間において取崩しを行う旨を定めた制度が創設された。これに基づき「原子力発電工事償却準備引当金に関する省令(平成19年経済産業省令第20号)」が2007年3月26日に公布され、2006年度決算から当該制度が適用された。

原子力発電施設解体費 [nuclear power plant decommissioning costs]　原子力発電施設の解体に要する費用。具体的には、原子炉の運転の廃止の後に行われる核燃料物質による汚染の除去、解体、汚染された廃棄物の放射能濃度の測定・評価および処理ならびにその他廃棄物の運搬および処分にかかる費用で、原子力発電施設解体引当金に関する省令にしたがい、積立て・取崩しを行う。

原子力発電施設解体引当金 [reserve for decommissioning costs of nuclear power units]　将来発生する原子力発電施設の解体に要する費用に充てるための引当金である。引当金の引当は、発電時に行われ、取り崩しは解体時に行われる。具体的には、「原子力発電施設解体引当金に関する省令」(平成元年通商産業省令第30号)に基づき計上することとされている。

原子力発電施設等辺地域交付金 [nuclear power plant local communication grants]　原子力発電施設の周辺地域の住民や企業に対して給付金を交付するため、または当該地域の住民が通勤できる地域への企業導入および産業の近代化のための措置に充てるため、都道府県に交付されるもの。電源開発特別会計法に基づく、発電施設設置の円滑化に資するための財政上の措置(第1条第2項)であり、電源立地交付金(→電源立地交付金)の一つ。

原子力発電所 [nuclear power plant]　ウランの核分裂の際に発生する熱エネルギーを利用して蒸気を作りタービ

ンを回し、これに直結した発電機を回転させ発電している所である。世界各国ですでに運転中のものにはガス冷却炉（GCR、AGR等）、軽水炉（PWR、BWR、ABWR）、重水炉（ATR、CANDU等）に大別されるが、実績からみると軽水炉が最も多い。

原子力発電における使用済燃料の再処理等のための積立金の積み立て及び管理に関する法律　原子力発電に伴って発生する使用済燃料の再処理に係る費用等を発電時点で積み立てるための法律。電力自由化と原子力の両立が議論される中で、整備されることとなったもので、2005年10月より施行されている。資金は透明性・安全性の観点から、資金管理法人「原子力環境整備促進・資金管理センター」に積み立てられ、日本原燃㈱への支払いに応じて取り崩されている。

原子力立国計画　[Japan's Nuclear Energy National Plan]　2005年10月に閣議決定された「原子力政策大綱」の基本方針（2030年以後も総発電電力量の30〜40％程度以上の電力供給割合を原子力が担う等）の実現に向けた課題と対応策を定めたもの。原子力発電の新・増設、既存炉リプレースに向けた事業環境整備、核燃料サイクルの推進、高速増殖炉（FBR）早期実用化、原子力発電拡大と核不拡散の両立に向けた国際的な枠組み作りへの貢献、技術・産業・人材の厚みの確保・発展、原子力産業の国際展開支援、廃棄物対策推進、原子力と国民・地域社会との共生について具体的方策が述べられている。

原子レーザー法（原子法）[atomic vapor laser isotope separation method (atomic method)]　ウランの原子や分子UF_6の励起準位が、同位体によって僅かに異なることを利用して、レーザー光の照射によりU-235の同位体だけを選択的に励起させて回収するウラン濃縮法をレーザー濃縮という。本方法を使用した場合、高い分離係数が期待できる。このうち、ウラン原子の蒸気にレーザー光を照射して、U-235の軌道電子を励起し、ついで、それが基底状態に戻らない内に第二のレーザー光を吸収させて電離させる。電離してイオンになったU-235を電磁場によって集めて回収する方法を原子レーザー法と呼ぶ。

原子炉周期　[reactor period]　原子炉内の中性子数（厳密には中性子密度）がe（=2.71）倍になる時間を原子炉周期という。原子炉の起動時や出力の過渡変化時に特に注意が払われる事項である。例えば起動時に制御棒を引き抜く場合、原子炉周期が極端に短くならないように（出力が急上昇しないように）あらかじめ設定した値以上であることを常に監視することにしている。数学的には、中性子密度をn、中性子密度の微少時間当たりの変化量を(dn/dt)とすれば、原子炉周期Tは、$T = n/(dn/dt)$で表される。この式より、$n =$

$n_0 \cdot \exp(t/T)$ を得る。つまり $t = T$ のとき、$n = n_0 \cdot e$ となるので、e倍になる時間というわけである。

原子炉主任技術者 [licensed nuclear reactor engineer]「原子炉等規制法」に基づき、原子炉設置者は、原子炉の運転に関して保安の監督を行うため、原子炉ごとに原子炉主任技術者免状をもった者のうちから原子炉主任技術者を選任し、その旨を主務大臣に届出しなければならない。また、原子炉の運転従事者は原子炉主任技術者が保安のために行う指示に従わなければならない。なお、原子炉主任技術者の資格判定には国家試験が行われる。

原子炉等規制法 (→核原料物質、核燃料物質及び原子炉の規制に関する法律)

原子炉廃止措置 [nuclear reactor-decommissioning measure] 役目を終えた原子力発電所の運転終了後の扱いをいう。わが国は原子炉の運転終了後できるだけ早い時期に解体撤去することを原則としている。

原子炉立地審査指針 [guidelines for nuclear site evaluation] 原子炉が陸上に定置されようとする場合に、原子炉安全専門審査会が立地条件の適否を判断するめやすとしているものである。基本的な考え方は原子炉はどこに設置されようと事故を起こさないように設計、建設、運転および保守を行わなければならないが、なお万一の事故に備え、公の安全を確保するために原則的に、①大事故の誘因となるような事象が過去になく、将来もあるとは考えられず、災害を拡大するような事象も少ないこと、②原子炉はその安全防護施設との関連において十分に公衆から離れていること、③原子炉の敷地とその周辺は必要に応じて公衆に適切な措置をとる環境にあること、の3点が立地条件に必要とされている。

基本的目標として万一重大事故が起こったとしても、周辺の公衆に放射線障害を与えないこと、また仮想事故の発生を仮定しても周辺の公衆に著しい放射線障害を与えないこととしている。

原子炉冷却材圧力バウンダリ [pressure boundary] 原子炉通常運転時に原子炉冷却材（PWRにおいては1次冷却材）を内包して原子炉と同じ圧力条件となり、異常状態において圧力障壁を形成するものであってそれが破壊すると原子炉冷却材喪失となる範囲の施設をいう。そのため設計に当たっては、①原子炉冷却材系に接続する配管系は原則として隔離弁を設けた設計にすること、②通常運転時、保修時、試験時および異常状態において、脆性的挙動を示さず、かつ、急速な伝搬型破断を生じない設計にすること、③原子炉冷却材の漏洩があった場合には、その漏洩を速やかに、かつ確実に検出できるように設計すること、④その健全性を確認するために原子炉の供用期間中に試験および検査ができるように設計すること等の配慮が払われる。

このシステムの健全性が損なわれ

ると冷却材喪失等の重大事象に発展する恐れがあり、その設計、製造、保守には特に注意が払われる。

検針 [meter reading] 取引用計量器(電力量計、最大需要電力量計等)を読み、使用電力量等を確定する作業。各需要家ごとにあらかじめ電力会社が通知した日に各月ごとに行われる。電気料金の債権、債務はこの検針結果により具体的なものとして確定する。供給約款および自由化部門における供給条件では、「従量制供給の需要家の料金支払義務は検針日に発生する」旨規定し、このことを明示している。なお、計量器の故障等により正しく計量できなかった場合には、過去の実績や現在の設備内容、使用状態等を基準にして需要家と協議のうえ決定している。

建設仮勘定 [construction in progress] 固定資産を建設によって取得する場合、その工事は大規模かつ長期間にわたることが多い。建設仮勘定は、工事の計画策定からその設備の使用開始・精算に至るまでの過程における数多くの取引について明確に把握し、適正な建設価額を算定するために設けられる勘定である。建設にかかる一切の支出は、建設仮勘定に整理され、その設備が使用を開始したとき、電気事業固定資産に振り替えられる。また、建設仮勘定は、「建設準備口」と「建設工事口」に区分される。建設準備口には、当該工事の実施が確定する前の予備測量・調査その他建設準備のために要した金額を整理し、実施が確定したときに建設工事口へ振り替える。反対に実施しないことが確定したときは営業外費用へ振り替える。

建設中利子 [interest during construction] 固定資産の建設のために充当した借入資金にかかるその工事期間中の利息。これを建設価額に含めるかどうかについては、含めるという説と含めないという説の両者があるが、電気事業会計規則は建設価額に含めることができるとしている。これは、「現在の需要家」と「固定資産稼動後の将来の需要家」との間で、電気料金負担を公平に行うためである。ここでいう公平とは、将来の需要家のために固定資産の建設を行っていることから、建設に伴う一切のコストは将来の需要家が負担し、現在の需要家が負担すべきでない、という意味である。もし仮に、借入資金の利息を費用として計上すれば、利益の減少を通じ、現在の需要家が高い原価に基づく料金を負担する恐れが生じてしまう。これに対し、利息を建設価額に算入すれば、固定資産稼動後に減価償却費という形で費用計上されるため、借入資金の利息はすべて、将来の原価に算入され、将来の需要家の負担となる。

建設分担関連費 [construction allocation relation costs] 電気事業は設備産業であるから、建設と営業とが並行的に通常行われている。この場合には、一般管理費に属する費用は、建設と営業の両方に関連しているこ

とから、どちらか一方の負担とすることは適切でない。このため、建設と営業の両方に関連している一般管理費については、適正な基準によって両者に配分し、建設に配分される額は、費用から建設費へ振り替えなければならない。このとき、建設費へ振り替えられる金額を建設分担関連費という。

減速材 [moderator] 核分裂反応によって発生した高速中性子のエネルギーを衝突により奪い、熱中性子にするための物質。減速材に要求される一般的な性質は、①1回の衝突で失うエネルギーが大きいこと、②中性子の散乱断面積が大きいこと、③中性子の吸収断面積が小さいこと、等である。代表的な減速材としては軽水、重水、黒鉛等がある。

減速材温度係数 [moderator temperature coefficient] 減速材の温度変化に対する反応度変化の割合をいう。運転中の原子炉内の温度が何らかの原因で変わると（たとえば、原子炉出力の変動）、減速材の密度が変化する。したがって減速材の巨視的断面積が変わり、中性子の吸収、減速割合および漏れ等が変化する。すなわち、原子炉の反応度が変化する。減速材の温度が上がったとき反応度が減少する場合を負の温度係数といい、逆に増加する場合を正の温度係数という。原子炉出力が大きくなり、減速材の温度が上昇したとき反応度が減り、出力の上昇を抑制するように、すなわち温度係数が負となるように設計することが原子炉の制御上および安全上望ましい。

現地組立形変圧器 [site assembly transformer] 変圧器は元来重量物であるため、山間部または都市部の発変電所への輸送問題は大型変圧器製作上の大きな制約条件となる。このような場合、変圧器の構成要素のうちで最大重量物の鉄心とコイルを分離し、別々にパッケージ輸送することにより輸送重量の軽減と寸法の縮小を図り、輸送制約を大幅に解消できる現地組立形変圧器（分解輸送式変圧器）が採用されている。

これ以外のメリットとして、500kV変圧器に現地組立形三相変圧器を採用することにより、従来形の単相器3台構成に比べて必要な据付面積を40〜60％に縮小可能なことがある。また、現地組立形変圧器は鉄心構造が普通三相式変圧器の鉄心構造と同一であり、磁束の流れがスムーズになるため、特別三相式変圧器に比べて鉄損の低減を図ることができる。現地組立技術においてポイントとなるのは次の点である。①プラスチックフィルムを用いた巻線やリード線の防湿、防塵技術、②鉄心加工設備と鉄心構造（接合方式、締め付け構造）、③超低温度乾燥空気発生装置、ジャバラハウス式建屋および空調設備の適用、④絶縁処理の理論的解析と実器適用技術、等があげられる。

原油先物価格 取引所に上場されている原油の価格のこと。上場原油の代表的なものは、ニューヨーク・マー

カンタイル取引所（NYMEX）のWTI（ウエスト・テキサス・インターミディエート）原油先物やインターコンチネンタル取引所（ICE）のBrent原油先物がある。日本では東京工業品取引所に中東産原油先物が上場されている。WTIは期近から30カ月と、36／48／60／72／84カ月、Brentは期近から12カ月と、15／18／21／24／30／36カ月の取引が行われる。

いずれも期近限月が最も活発に取引されており、この値段が世界の原油市況のベンチマークとして使用されている。取引時間はほぼ24時間であるため、一日中価格は変動するが、毎取引日ごとに決済価格が発表され、この値段がその日の終値として使用される。

原油リンク方式 LNG価格を原油価格に連動させる方式のこと。OPECが「天然ガス価格を原油価格にリンクさせ、天然ガス開発にインセンティブを与える」との決議を行ったのは、1980年6月のアルジェ総会であった。それ以前からも、供給国側はLNG価格を原油価格と熱量で等価にすることを主張していたが、この決議を契機として、原油リンク方式が世界的に採用されるようになった。現在でも原油リンク方式が主流だが、世界の地域ごとに異なった価格決定方式が採用されている。

日本向けのLNG価格の多くは全日本原粗油通関CIF価格（JCC）にリンクしており、JCCが急激に変動した場合でも、LNG価格は相対的に変動が小さくなるような価格決定方式が採用されている。また、アメリカにおける天然ガス価格は、天然ガスの需給状況等によって市場で決定されており、ニューヨーク・マーカンタイル取引所（NYMEX）で取引される天然ガス先物（ヘンリーハブ）価格が指標として多く用いられている。

こ

高圧タービン遮断コーティング

(→TBC)

高圧自動電圧調整器 [automatic high voltage regulator] 配電線の電圧は、負荷電力による線路電圧降下のため、供給地点、時間帯によって変動する。高圧電圧調整器は高圧配電線の電圧が、規定の電圧範囲に納まるように調整する目的で線路途中に設置される。一般にSVR（Step Voltage Regulator）と称する単巻変圧器を用いたものが使用されており、そのタップを自動的に切り替えすることにより行われる。SVRの送り出し電圧は、基準電圧およびLDC動作条件を設定することにより、基準電圧をベースとして、これに負荷電流の大きさに比例したLDC補償値（SVR設置点からそれ以降の負荷中心点までの線路電圧降下値）を加えた値に制御される。（LDC（Line Drop Compensation）：一定地点の電圧を一定にする方式）

高圧電力 [high voltage power service] 高圧（標準電圧6,000V）で電気の供

給を受けて動力(付帯電灯を含む)を使用する需要で、契約電力が原則として、50kW以上、2,000kW未満のものに適用される契約種別。対象需要は鉱業、製造業等ほとんどの産業分野に及んでおり、中小規模の工場に主に適用されている。契約電力500kWを境として、高圧電力Aと高圧電力Bとに区分される。契約電力は、500kW未満の高圧電力Aは実量値契約方式により、500kW以上の高圧電力Bは協議方式により、それぞれ定められる。料金制は、いずれも契約電力に応じた基本料金と使用電力量に応じた電力量料金からなる二部料金制で、基本料金には力率割引・割増制度が、電力量料金には季節別料金制度が、それぞれ採用されている。

高圧又は特別高圧で受電する需要家の高調波抑制対策ガイドライン 電気事業法に基づく技術基準を遵守したうえで、商用電力系統の高調波環境目標レベルをふまえて、商用電力系統から高圧または特別高圧で受電する需要家において、その電気設備を使用することにより発生する高調波電流を抑制するための技術要件を示したガイドライン。

広域運営 [wide area coordination network operation]各地域に分かれている電力会社が、事業の総合的かつ合理的な発達に資するため、電源開発・電力供給・設備運用等の面で相互に協調し発電・送電設備等の有効利用を図ることをいう。具体的には、複数の電気事業者が共同で電源を開発する共同開発、自社開発の必要な電源を立地条件がより優れた他電力に委託する委託開発、電気事業者間の電力融通、周波数変換設備をはじめとする送変電設備の共同運用等があり、広域運営は全国的な電力供給の効率化・安定化に大きく貢献してきた。

電源立地地点の遠隔化傾向、大都市圏の需要増加規模や環境面からの制約を考慮すると、電源開発面および融通面等での広域運営は、電気事業全体による長期的な供給力を確保する観点からも今後ともその推進が必要となっている。

行為規制 [regulation of conduct] 電力会社がネットワークを所有し、PPSに設備を利用させながら、同時に小売分野で競合する制度では、電力会社がPPSにネットワークを利用させなかったり、ネットワーク業務上必要となるPPS情報を利用して営業を行ったりする場合には、競争上優位に立つ可能性がある。これらは独禁法上違法な行為と解釈されていたが、2003年の改正電気事業法において明文化された(24条の6)。同条は電力会社のネットワーク部門が託送供給の業務において知り得た情報を当該業務以外の目的で利用・提供すること、および、託送業務において特定の事業者を不当に優先的あるいは不利に取り扱うことを禁じている。なお、卸電気事業者がそのネットワークを開放して振替供給を行うときも、

同様の規制がある（24条の7）。

広域的運営 [wide area coordination network operation] 各地域に分かれている電力会社が、事業の総合的かつ合理的な発達に資するため、電源開発・電力供給・設備運用等の面で相互に協調し発電・送電設備等の有効利用を図ることをいう。具体的には、複数の電気事業者が共同で電源を開発する共同開発、自社開発の必要な電源を立地条件がより優れた他電力に委託する委託開発、電気事業者間の電力融通、周波数変換設備をはじめとする送変電設備の共同運用等があり、広域運営は全国的な電力供給の効率化・安定化に大きく貢献してきた。電源立地地点の遠隔化傾向、大都市圏の需要増加規模や環境面からの制約を考慮すると、今後とも電源開発面および融通面等での広域運営は、電気事業全体による長期的な供給力を確保する観点からもその推進が必要となっている。

高位発熱量基準 [Higher Heating Value] 燃料が燃焼した時に発生するエネルギー（発熱量）を表示する際の条件を示すもので、燃料の燃焼によって生成された水蒸気の蒸発潜熱も発熱量として含めたもの。高位発熱量は、総発熱量とも呼ばれる。高位発熱量から燃料の燃焼によって生成された水蒸気の蒸発潜熱を除いた低位発熱量（真発熱量）に比べ、見かけ上の熱効率が低く表示される。高位発熱量基準は、政府のエネルギー統計、電力会社の発電効率基準、都市ガスの取引基準等に用いられている。

公益事業委員会 [public utility committee] 1950年11月24日公布の公益事業令に基づき、総理府の外局として同年12月15日設置された。5名の委員をもって構成され、①電気およびガスの料金を適正にすること、②公益事業の経理および会計を適正にすること、③公益事業の運営の調整、発達改善を図ること、④電気およびガスの供給を豊富かつ円滑にすること、⑤発電水力の合理的開発の促進および発電水力の調整、⑥その他電気およびガスの供給および使用の規制に関することを所掌事務とした。

　当委員会は、発足と同時に電気事業再編成令による全国9ブロック民有民営の発送配電一貫運営の電力会社の設立準備に着手し、日本発送電㈱の清算費用、公納金の増額、公営の復元等諸問題を処理し、1951年5月1日9電力会社の発足をみた。翌52年8月公益事業委員会は廃止され、その業務は通商産業省公益事業局に引き継がれた。

公益事業特権 [public utility prerogative] 電気事業の円滑な遂行に関して、他人の土地等を使用することができる権利をいう。公益事業による土地の収用または使用については、一般法として、土地収用法があるが、この土地収用法の規定によるものとは別に、電気事業法において、電気事業者に対して土地等の一時使用（第58条）、土地立入り（第59条）、通行（第60条）、植物の伐採又は移植

（第61条）、電気事業者又は卸供給事業者に対して公共用の土地の使用（第65条）、に特別な措置が設けられている。なお、この措置は一般電気事業者だけでなく、卸電気事業者や特定電気事業者についても適用され、さらに平成15年の電気事業法改正以降は特定規模電気事業者に対しても認められている。

公益事業令 [public utility order] 電気事業再編成令と同じく、ポツダム緊急勅令に基づくポツダム政令の一つで、現在に至る電気事業およびガス事業規制の基礎となったものである（昭和25年11月政令第343号）。電気（ガス）の料金を適正にし、その供給を豊富かつ円滑にし、電気（ガス）事業の運営を調整することによって、電気（ガス）の使用者の利益を確保するとともに、電気（ガス）事業の健全な発達を図り、もって公共の福祉を増進することを目的とし、①公益事業委員会の設置、②事業の許可、③供給規程および料金の認可、④料金の地域差調整措置、⑤聴聞制度等について規定している。

この政令は講和条約発効後、昭和27年4月法律第81号「ポツダム宣言の受諾に伴い発する命令に関する件の廃止に関する」により10月24日限りで失効したが、その内容は昭和27年法律第341号「電気及びガスに関する臨時措置に関する法律」により、電気事業に関する新しい法律が施行されるまでの間、効力を有することとなった（1963（昭和38）年7月の電気事業法制定により失効）。

公益的課題 [public interest requirements] 電気は国民生活・産業活動の基盤であることから、電気事業に対しては、効率性・低廉な料金のほか、供給信頼度の維持、エネルギーセキュリティの確保といった安定供給や、地球温暖化問題、環境汚染の防止といった環境適合、ユニバーサルサービスの達成等、さまざまな公益的課題への対応も期待されている。経済学的には、これらの多くは市場で解決可能であり、市場機能を阻害しないことが最大の解決策との考え方も可能である。ただし、電気事業は設備産業であり、問題が顕在化してからの短期的な解決が困難な面がある一方で、万一の場合には莫大な社会的な損害が発生することから、短期的な市場シグナルのみに依拠することは現実には難しく、制度設計に当たっては、それぞれの課題について十分配慮しながら、現実解を探ることが求められる。

高温ガス炉（→HTGR）

高温岩体発電 [hot dry rock geothermal power generation] 地熱地帯には、温度は高いが岩体に割れ目が少ないため、地熱流体が賦存はしない高温岩体が存在する。この高温岩体中に注水井と生産井を掘削し、その坑底付近に高い水圧をかけて人工的に割れ目（フラクチャー）をつくり、二つの坑井を連絡するようにした後、坑井の一方から注水する。水はフラクチャー中を移動し、この間に高温の

岩石から加熱される。これを生産井から地上に取り出して発電する方式が高温岩体発電である。

高温工学試験研究炉 (→HTTR)

高圧タービン遮断コーティング(TBC) [TBC : Thermal Barrier Coating] タービンにおける動翼、静翼等の高温部材の表面に、低熱伝導のセラミックス（主にジルコニア系）をコーティングするもので、高温部材の熱負荷を効果的に低減することが可能となる。近年、発電効率の向上のために、ガスタービンの高温化が求められており、高温に耐え得る金属材料の開発とともに、耐熱性を補う技術として遮熱コーティングの重要性が増している。

公害 [pollution] 一般に公害と呼ばれる現象は、人間の活動の結果として生み出され、一般公衆や地域社会に有害な影響を及ぼす現象として、非常に広く捉えられることもあるが、「環境基本法」（平成5年法律第91号）第2条で「公害」とは「環境の保全上の支障のうち、事業活動その他の人の活動に伴って生ずる相当範囲にわたる大気の汚染、水質の汚濁、土壌の汚染、騒音、振動、地盤の沈下および悪臭によって、人の健康または生活環境に係る被害が生ずること」と定義されている。この定義が示す大気汚染、水質汚濁、土壌汚染、騒音、振動、地盤沈下および悪臭の七つは、広い意味の公に対し、典型7公害とも呼ばれている。

公害健康被害補償法（公害健康被害の補償等に関する法律）[Pollution-related Health Damage Compensation Law] 公害健康被害者の迅速かつ公正な保護を図るため、本法が1974年9月1日から施行された。本制度は、民事上の損害賠償責任を踏まえ、汚染物質の排出原因者の費用負担により、公害健康被害者に対する補償給付等を行うもの。制度の対象となる疾病は、気管支ぜん息等のような原因物質と疾病との間に特異的な関係のない疾病（大気汚染が著しく、その影響による気管支ぜん息等の疾病が多発している地域を第一種地域として指定）ならびに水俣病、イタイイタイ病および慢性砒素中毒症のような原因物質と疾病との間に特異的な関係がある疾病（環境汚染が著しく、その影響による特異的疾患が多発している地域を第二種地域として指定）の2種類がある。

このうち第一種地域については、大気汚染の態様の変化を踏まえて見直しが行われ、1986年10月に出された中央公害対策審議会答申「公害健康被害補償法第一種地域のあり方等について」に基づき、①第一種地域の指定解除、②既被認定者に関する補償給付等の継続、③大気汚染の影響による健康被害を予防するための事業の実施、④「公害健康被害の補償等に関する法律（公健法）」への法律名の改正等を内容とする制度改正が行われ、1988年3月から施行されている。

公害健康被害補償法の認定患者 公害

健康被害補償法は、大気の汚染または水質の汚濁の影響による健康被害としての疾病を対象とするため、個々の被害者について補償給付の支給を行う場合には、その疾病と大気の汚染または水質の汚濁との因果関係を明らかにすることが前提となるので、補償給付の支給は都道府県知事または政令市の長に認定された者について行うこととしている。この認定の仕組みについては、大気の汚染による慢性気管支炎等の非特異的疾患と、水俣病、イタイイタイ病等の特異的疾患とがある。

公害国会 [The Pollution Diet] 1970年11月24日から12月18日まで開かれた第64回臨時国会では、「公害対策基本法」の一部改正を含め、公害関係の14法案の審議が行われた。この国会のことを称して「公害国会」と呼ぶ。それ以前の「公害対策基本法」では、第1条の目的規定において「生活環境の保全については、経済の健全な発展との調和が図られるようにする」と述べたいわゆる「経済との調和条項」が規定されていたが、経済優先の誤解を招くとの理由から削除されたほか、公害の定義に土壌汚染を追加し、廃棄物に関する事業者の責務や施設整備を規定する等の「公害対策基本法」の改正が行われた。

この他にも13の法案が審議され成立したが、その内容は「大気汚染防止法」の一部改正、「水質汚濁防止法」、「海洋汚染防止法」の制定等の公害規制の抜本的な強化と「下水道法」の改正や「廃棄物の処理及び清掃に関する法律」の制定等、直接規制でなく事業の実施や整備により公害防止を図るという多角的な対策手法がとられたものであった。

公開ヒアリング 原子力発電所の設置に係る安全審査等の決定に当たり、経済産業省、原子力安全委員会がそれぞれの立場から説明を行うとともに地元住民の意見を聞くことにより、地元住民の理解と協力を得て、原子力発電所立地の一層の円滑化に資することを目的とした制度。経済産業省が主催する第一次公開ヒアリングについては、「原子力発電所立地に係る公開ヒアリングの実施に関する規程」（平成13年3月21日経済産業大臣決定）により定められており、発電所の設置に係る諸問題について扱う。環境影響評価中に開催され、設置者（電力会社）も出席し必要に応じて意見陳述者に対する説明を行う。

また、原子力安全委員会が主催する第二次公開ヒアリングについては、「原子力安全委員会の当面の施策について」（昭和53年12月27日原子力安全委員会決定）において定められており、原子炉施設固有の安全性について扱う。経済産業省による安全審査後に開催され、地元住民等から得た意見等は原子力安全委員会が行う安全審査において参酌される。

公害紛争処理法 [Law concerning the settlement of Environmental Pollution Disputes] 公害紛争の処理と被害の救済は、究極的には裁判所を通

じて解決されるべきものであるが、既存の裁判制度では、因果関係等を巡って長い年月や経費を費やし、紛争解決手段として有効に機能しない面があることから、行政上の公害紛争処理制度を創設することにより、簡易迅速な解決を図ることを目的として制定された法律（昭和45年6月法律第108号）。本法は、公害等調整委員会および都道府県公害審査会等の紛争処理機構ならびにあっせん、調停、仲裁および裁定の紛争処理手続きについて定めているほか、地方公共団体による公害に関する苦情の適切な処理について定めている。

公害防止管理者 [pollution control manager]「特定工場における公害防止組織の整備に関する法律」（昭和46年法律第107号）第4条の規定に基づき、特定事業者が特定工場において選任することが義務づけられているものであって、公害防止に関し、それぞれの特定工場において、使用する燃料や原材料の検査、排出水や地下浸透水の汚染状態の測定、煤煙の量や特定ふんじんの濃度の測定、排出ガスや排出水に含まれるダイオキシン類の測定、騒音・振動の発生施設の配置の改善等の技術的事項を管理する者をいう。

公害防止協定（環境保全協定）[(environmental protection agreement)]最近は環境問題として広い範囲の対応が必要となったことから「環境保全協定」と呼ばれている。地方公共団体が、騒音や大気汚染等の公害発生源を有する事業者と、排出物質の規制基準、生産設備の新増設時の事前協議義務等公害の防止に関する措置について協議し、双方が合意した内容を協定書の形でまとめたものであり、法律や条例の規制を補う役割を果たしている。

公害防止計画 [environmental pollution control plan]「環境基本法」（平成5年法律第91号）に基づき策定される計画で、「公害対策基本法」（昭和42年法律第132号）で定められていた公害防止計画の規定を引き継いでいる。本計画は、現に公害が著しい地域、または人口および産業の急速な集中等により公害が著しくなる恐れのある地域で、公害防止に関する施策を総合的に講じなければ、公害防止を図ることが著しく困難になると認められる地域について、環境大臣が示した基本方針に基づき関係都道府県知事によって作成される。国および地方公共団体は、本計画の達成に必要な措置を講ずるように努めなければならない。

公害防止条例 [pollution control ordinance]都道府県が都道府県議会の議決を経て制定する公害に関する条例をいう。公害関係の法律は「環境基本法」（平成5年法律第91号）を頂点として、典型7公害に属する「大気汚染防止法」、「水質汚濁防止法」、「騒音規制法」を始め種々のものがあるが、これらの規制のみでは地域の自然的、社会的条件から判断して人の健康を保護し、または生活環境を

保全することが不十分な場合に、法律の基準より厳しい基準（いわゆる「上乗せ基準」）や、法律の規制対象の施設をより小規模なものにまで広げたもの（いわゆる「裾下げ」）、または新たな規制項目を追加（いわゆる「横出し」）する条例を地方公共団体が制定することができる。これを基にして地方公共団体は、企業に対して公害防止のための指導をしたり、勧告をしたり、協定を締結したりすることができ、すでにこうした条例は全都道府県ならびに多くの市町村が制定している。

光化学オキシダント [photochemical oxidants] 工場煙突からの排ガス中に含まれているNO$_x$（窒素酸化物）や、自動車の排気ガス中に含まれているNO$_x$やガス状の炭化水素が、夏季の強烈な太陽光線のもとで光化学反応を起こし、オゾンを主成分とするオキシダントを発生する。NO（一酸化窒素）は太陽光線のもとで空気中の酸素で酸化されてNO$_2$（二酸化窒素）となり、原子状の酸素を遊離し、これがオゾン発生の原因といわれている。

わが国における光化学オキシダントの発生は、1970年の東京都杉並区の立正高校にはじまり、大阪や名古屋等でも発生しており、目が痛む、咳込む、呼吸が苦しくなる等の症状が特徴である。地方公共団体では、地域のオキシダント濃度が規定値まで上昇すると注意報や警報等を発令し、対象企業に対する大気汚染物質の排出量の削減要請や自動車使用者に対する走行自粛の要請等を行っている。

工学的安全施設 [engineered safety feature] 1999年原子力委員会決定の「発電用軽水型原子炉施設に関する安全設計審査指針について」によれば原子炉施設の破損、故障等に起因して原子炉内の燃料破損、故障等に起因して原子炉内の燃料破損等による多量に放射性物質の放散の可能性がある場合に、これを抑制または防止するための機能を備えるよう設計された施設のことで、非常用炉心冷却設備、原子炉格納容器、格納施設雰囲気浄化系等の施設を総称している。

公害対策基本法 [Basic Law for Environmental Pollution Control] 事業者、国および地方公共団体の公害防止に関する責務を明らかにし、公害の防止に関する施策の基本となる事項を定めることにより、公害対策の総合的な推進を図り、もって国民の健康を保護するとともに、生活環境を保全することを目的として制定された法律（昭和42年法律第132号）。本法は公害対策における最も基本的な法律としての役割を果たしてきたが、その後の環境問題の変化に対し、環境を総合的に捉え計画的に施策を講ずる必要性が高まり、本法律を発展的に継承した「環境基本法」（平成5年法律第91号）が制定されたことに伴い廃止された。

降下ばいじん [dust fall] 大気中の粒子

状物質のうち、自重や雨の作用によって地表面に降下するものをいい、粒径の定義はないが、比較的粗大な粒子が多い。降下ばいじんの量はデポジットゲージまたはダストジャー等で測定し、t/km^2・月（30日）の単位で表す。測定値は測定場所や気象条件の影響を受けるため、絶対値についての厳重な評価は困難である。基準値等は設定されていないが、測定が簡便にできることから、多くの地域において常時監視が行われており、粒子状汚染物質による汚染の状態の概括的把握、月間の変動や地域比較の指標として広く用いられている。

工業技術院 [Agency of Industrial Science and Technology]日本全国に置かれた15の研究所から構成される旧通商産業省に属する組織。将来の技術革新の基盤となる研究開発およびエネルギー危機、資源の枯渇、公害等の問題解決のための技術開発を推進する機関であったが、2001年1月の中央省庁再編に伴い、工業技術院は廃止され、経済産業省産業技術環境局および経済産業省産業技術総合研究所として再発足した。産業技術総合研究所は2001年4月に独立行政法人となるとともに、旧工業技術院傘下の研究機関等が統合された。

公共用施設整備計画 [The Publicfacilities Construction Plan] 発電用施設の設置が予定されている地点のうち、主務大臣が一定の要件により指定・公示した地点が属する市町村、隣接市町村の道路、港湾等公共用施設の整備に関する計画を都道府県知事が作成し、主務大臣に協議し、その同意を求めることができる（発電用施設周辺地域整備法第4条）。この計画を「公共用施設整備計画」という。

また、同法10条には、周辺地域について都道府県知事が公共施設整備を除く住民生活の利便性の向上および産業振興に寄与する事業計画を作成し、主務大臣に協議しその同意を求めることができる「利便性向上等事業計画」も規定されている。

公共用水域 水質汚濁防止法（昭和45年12月25日法律138号）第2条に定義され、河川、湖沼、海等の公共の用に供される水域、およびこれに接続する、用水路、下水道等の公共の用に供される水路をいう。水質汚濁防止法では、特定事業場から公共用水域（下水道を除く）に排出される水に対して排水基準が適用される。

公共用水域の水質の保全に関する法律 1959年3月1日以降、水質汚濁防止法施行までの間、公共用水域への排水に関する規制の根拠となっていた法律の一つ。経済企画庁長官は、水質汚濁が原因となって公害が問題となっている水域を指定水域として指定し、この水域ごとに水質基準を定めることとされていた。

工業用水法 工業用水の合理的供給を確保するとともに地下水源の保全を図り、一定地域における工業の健全な発達と地盤沈下の防止に資するために制定された法律（昭和31年6月

11日法律第146号）。政令で定める指定地域内では、一定規模以上の工業用井戸から地下水を採取する場合、都道府県知事の許可が必要となる。

高経年化対策 [Aging Management] 原子力発電所は一般に30〜40年が運転期間満了（一般に寿命と表現）とされている。事業者は、1996年より国の指導のもとに運転開始から30年を迎える前に長期運転に伴う経年劣化事象が懸念される機器や設備に対する現状の保全活動を評価するとともに、追加的な対策の必要性を検討し、これに基づく長期保全計画を策定する等の高経年化対策を実施し、国はその妥当性を専門家を交えて評価を行う形で実施してきた。2003年10月の制度改正で、高経年化対策は原子炉等規制法等で義務づけられ、事業者が定める保安規程に盛り込む項目となり、同時に品質保証もあわせて追加規定されたことから、事業者の行う品質保証活動等の一環として実施されることになった。

混合酸化物燃料 （→MOX燃料）

高効率ガスタービン [Highlyefficiency Gas Turbine] 発電用ガスタービンの多くは、蒸気タービンと組み合わせてコンバインドサイクルとして使用されている。このシステムにおいて、ガスタービンの入口ガス温度を高めることで熱落差を拡大させ、一層の高効率化が図られている。これまでに、1,100℃級ガスタービンによる発電プラント（発電効率43〜44％HHV）から、改良型コンバインドサイクル（ACC＝Advanced Combined Cycle）発電の1,300℃級ガスタービン発電プラント（発電効率46〜49％HHV）を経て、現在ではMACC（＝More Advanced Combined Cycle）とも呼ばれる1,400〜1,500℃級ガスタービンによる発電プラント（発電効率50〜53％HHV）が実用化されている。

　1,500℃級ガスタービンは、冷却方式によって、燃焼器の蒸気冷却を行うタイプとガスタービン翼の蒸気冷却を行うタイプに分かれる。次世代型発電システムとしては、1,700℃級高効率ガスタービンの要素技術開発が国家プロジェクトとして進められている。

高効率ターボ冷凍機 [centrifugal water chiller] 大気の熱エネルギーを活用するヒートポンプの中でも、コンプレッサの形式がターボ（遠心）式のものをターボ冷凍機と呼ぶ。羽根車の高速回転による遠心力を用いて冷媒蒸気を圧縮させるターボ式は、大容量の冷凍機に向いているとされ、冷媒蒸気を熱的に加圧する方法（燃料の直接燃焼や吸収式等の方式）に比べ効率（COP）が高い。ターボ冷凍機のなかでもエネルギー消費効率（COP）が高いものを高効率ターボ冷凍機と呼び、その導入に際しては、とくに省エネルギー効果が見込まれる場合に国から補助金の交付を受け取ることができる等、普及に向けた支援策も講じられている。

高効率熱源機　温水暖冷房システムの中でも、熱交換器の性能向上、圧縮

機の効率向上、インバータ技術の採用等により、エネルギー消費効率（COP）が大幅に向上したもので、特に省エネルギー効果が高い熱源機のこと。

口座振替割引契約 [contract of discount for account trasfer payment] 料金を口座振替により支払われる需要家を対象とした付帯契約であり、初回の振替日で口座振替が完了した需要家に対して料金割引を行う制度である。口座振替による料金の支払いを促進することによって、営業費の削減を図り、電力会社の効率的な事業運営に資することを目的としている。

工事計画 [construction works plan] 事業用電気工作物設置者が、事業用電気工作物の設置又は変更の工事（既設の電気工作物の改造、修理、取替等の工事）のうち、経済産業省令で定める一定範囲（施行規則第62条第1項に規定）の工事をしようとするときは、その工事の計画について事前に経済産業大臣の認可を受けなくてはならない（電気事業法第47条第1項）。工事計画の変更についても経済産業大臣の認可を受ける必要がある（第47条第2項）が、経済産業省令で定める軽微なもの（施行規則第62条第2項）は、認可を受けないで行える。

その場合は、計画変更後、遅滞なく、その旨を経済産業大臣に届け出なければならない（第47条第5項）。認可基準は同法第47条第3項に規定されている。なお、第47条第1項の認可を要すべき工事以外の工事で、経済産業省令が定めるなお重要なもの（施行規則第65条第1項）については、事前に当該工事の計画及び工事計画の変更について届け出義務があり、また届け出のあった工事計画に関する経済産業大臣の変更命令権が定められている（第48条第1項〜第4項）。

工事費負担金 [contribution for construction] 電気事業においては、供給約款の定めるところにより、器具、機械その他の工事費を負担するために電気の使用者から金銭、資材その他の財産上の利益の提供を受けることがあり、これを工事費負担金と呼んでいる。工事費負担金は電気事業固定資産の取得原価の控除勘定として整理することとされている。

工事費負担金制度 [System for customer contribution for connection] 新規の需要家から電気の使用申し込み、あるいは既設の需要家から電気の増加申し込みを受け、電力会社が電気を供給する場合、需給地点までの供給設備は、原則として電力会社の負担で施設することになる。しかし、需要家が特別な供給設備の施設を希望したり、供給設備のない場所等に電線路を延長したりする場合等、特定の需要家の工事費をすべての需要家で均等に負担することは、電気料金の基本理念である公平負担の原則からみて好ましいことではない。そのため、電気事業では負担の公平

化を図るため、電力会社の負担限度を超過する部分については、原因需要家に負担してもらう原因者負担主義をとるのが工事費負担金制度である。

公衆街路灯 [public street lighting service] 公衆のために、道路、橋、公園等に照明用として設置された電灯や火災報知機灯、消火せん標識灯、交通信号灯、海空路標識灯その他これに準ずる電灯もしくは小型機器に適用される契約種別。主に夕刻から翌朝まで継続して使用されるため、一般の電灯に比べ負荷率が高く、供給原価の低い夜間に使用されることから、料金は一般の定額電灯や従量電灯よりも低位に設定されている。公衆街路灯は、負荷設備の容量に応じて、アンペア料金制会社(北海道、東北、東京、中部、北陸および九州電力)ではA、Bに、最低料金制会社(関西、中国、四国および沖縄電力)ではA、BおよびCに区分されている。Aはいずれも総容量が1kVA未満の需要に適用され、料金は定額料金制を採用している。

契約容量が1kVA以上で、かつ原則として50kVA未満の需要に適用されるアンペア料金制会社のBと、契約容量が6kVA以上で、かつ原則として50kVA未満の需要に適用される最低料金制会社のCは、基本料金と電力量料金からなる二部料金制（キロボルトアンペア料金制）である。また、最低料金制会社のBは、総容量が6kVA未満で、かつAを適用できない需要に適用され、料金は最低料金制を採用している。

工場排水等の規制に関する法律 1959年3月1日以降、水質汚濁防止法施行までの間、公共用水域への排水に関する規制の根拠となっていた法律の一つ。「公共用水域の水質の保全に関する法律」に基づき定められた水質基準を遵守させるため、主務大臣は、工場排水については本法律に基づき、「特定施設」を設置する工場または事業場であって指定水域に汚水等を排出するものについて、特定施設の設置等の届出、水質の測定等を行わせるとともに、汚水等の処理方法の計画変更あるいは改善等の命令を行うこととされていた。

控除収益 一般電気事業供給約款料金算定規則および一般電気事業託送供給約款料金算定規則において定められており、遅収加算料金、地帯間販売電源料、地帯間販売送電料、他社販売電源料、他社販売送電料、託送収益(接続供給託送収益を除く)、事業者間精算収益、電気事業雑収益(違約金・契約超過金、諸貸付料、共架料等) および預金利息を指す。これらは、会計上は収益に属するものであるが、料金原価算定上は電気料金総収入と総原価を一致させるという考え方から、総原価から控除する。

高性能酸化亜鉛形避雷器 [high performance lightning arrester] 従来の標準特性避雷器 (JEC-217-1984規格)から、避雷器素子の結晶組織微細化により、電圧電流特性の平坦化や短

時間エネルギーの高耐量化により電気的特性の向上を図り、動作電圧(電流10kAが流れたときの避雷器制限電圧)を66kV～154kV用クラスで15％低減、187kV～275kV用クラスで30％低減した避雷器。従来より避雷器の大幅な縮小化が図れるとともに、避雷器の保護特性の向上により、変電所等の機器についてもコンパクト化、コストダウンを図ることができる。

高速増殖炉 (→FBR)

高速増殖炉サイクル [Fast Breeder Cycle] 1994年に改訂された原子力長計において、高速増殖炉技術をベースにした新たなリサイクルシステムの研究開発(新型燃料・アクチニドリサイクル)にも取り組む方針が打ち出され、さらに、「もんじゅ」事故を受けた原子力委員会高速増殖炉懇談会でも、炉とサイクルの整合性のとれた研究開発の重要性が謳われた。つまり、一層の経済性向上、環境負荷低減、核拡散抵抗性の強化を念頭に置いたシステムの構築が求められ、先進湿式再処理技術の開発や、従来技術を抜本的に見直した新しい再処理技術の開発に向けた取り組みの重要性が認識され、1999年7月から、サイクル機構は電気事業者等との協力による全国的な体制での「FBRサイクルの実用化戦略調査研究」(FS)を開始した。

この研究では、幅広い技術選択肢の中から、安全性確保を大前提に、①経済性向上、②資源有効利用、③環境負荷低減、④核拡散抵抗性向上、を指標として評価し、FBRサイクルシステム全体の整合性に留意しながら、将来システムの実用化像の提示を目指して検討が進められてきた。FSの結果を受け、2006年度からは「高速増殖炉サイクル実用化研究開発」(FaCT:Fast Reactor Cycle Technology Development)として、ナトリウム冷却FBR、先進湿式法再処理および簡素化ペレット法燃料製造の組み合わせを主概念として絞り込み、集中的な研究開発が行われている。

高速中性子炉 [Fast neutron Ractor] 核分裂連鎖反応が高速中性子によって維持される原子炉のことである。高速炉ともいう。

高速バルブ制御 [early valve actuation] 送電線の事故時に、発電機への機械的入力を速やかに制限して、系統側の電気的出力急減による発電機の加速を防止し、過度安定度の向上を図るものである。具体的には、主蒸気の開閉はボイラ動特性に直接影響を与えるため、再熱蒸気を一時的に止めるようインターセプト弁を高速度に急閉するものである。

高速PLC技術 [High Speed Power Line Communication] 高速PLC技術は、通常の電力線に高周波信号(MHz帯)を重畳して高速にデータを送受信する技術。高速PLCでは、AC100V、50／60Hzの商用電圧上に高周波で非常に小さな電圧信号を重畳するが、周波数の差が非常に大きいので容易に

分離できる。家電機器が発生するノイズに対しても影響を最小にするさざまな技術開発が進められており、また、セキュリティ面でも信号自体が特殊暗号化され、盗聴ができない仕組みになっている。

　最新の高速PLCは、光ファイバやADSL等と同等レベルの高速通信がコンセントを経由して可能である。しかし、電気配線はもともと通信用ではないため、家電機器の使用状況によっては通信が不安定となる場合もある。また、高速PLCで使用する周波数帯は無線の短波帯であることから、不要電波の漏洩も懸念され、日本は世界で最も厳しい規制となっている。海外では規制が緩く、高圧線等から一般家庭にインターネットサービス等を提供する手段としても使用されているが、日本においては、2006年10月に2～30MHzの周波数帯が屋内利用のみ解禁された。

公租公課 [taxes and other public charges] 電気事業会計規則には「公租公課」という項目はないが、料金原価算定上は、水利使用料、固定資産税、雑税、電源開発促進税、事業税および法人税等の合計額であり、それぞれ税法、条例等に基づいて算定する。一般電気事業者は、一般の税制に基づく国税、地方税を負担しているほか、電源開発促進税、核燃料税といった電気事業特有の税を負担をしている。

亘長 [line length] 架空送電線路の長さのことで、一般に発変電所等の起点から鉄塔等の支持物の中心間を結んで、変電所等の終点に至るまでの水平距離を累積した長さである。

広聴　需要家や地域社会の意識やニーズを的確に把握する活動。具体的な活動としては、事業活動に関する世論調査や、オピニオンリーダーや地域社会の人々から意見を聴取する懇談会制度等がある。

公聴会 [public hearing] 国または地方公共団体の議会がその権限に属する一定の事項を決定するにあたって、広く利害関係人、学識経験者等の意見を聴いて参考にするために設けられた制度である。電気事業法では、経済産業大臣が次の処分をしようとするときは、公聴会を開いて、広く一般の意見を聴かなければならないと規定している（第108条）。①一般電気事業の許可をしようとしているとき（第3条第1項）、②供給区域の変更の許可をしようとしているとき（第8条第1項）、③供給約款の認可をしようとするとき（第19条第1項）、④供給約款の変更をしようとするとき（第23条第3項）。なお、公聴会の具体的な手続きについては、施行規則第134条に規定されている。

高調波 [higher harmonics] 系統の電流（または電圧）の波形が歪んでいる場合、その電流（または電圧）には、基本波の他に基本波周波数の整数倍の周波数をもつ波形成分が含まれている。これらの波形成分を高調波といい、基本波周波数f [Hz] の整数倍の周波数nf [Hz] の高調波を

第n高調波または第n調波という。

　高調波電流は、家電機器から産業用機器に至る半導体応用機器、アーク炉・高周波炉等の非線形負荷、変圧器・リアクトル・回転機等の磁気飽和の強いもの等から発生し、過大になると進相用コンデンサの過負荷・過熱、通信線への誘導障害、保護継電器の誤動作、計器の誤差発生等の影響を与える。高調波低減対策として発生機器側では、整流器の動作相数の増加、高調波フィルタの設置等があり、系統側では供給母線の短絡容量の増加、供給系統の分離がある。被害機器側ではコンデンサへの直列リアクトルの付加等がある。

高調波環境目標レベル [acceptable level for harmonic generation] 電力系統における高調波電圧歪みレベルは場所・時間によって変化するため、ある確率分布で表される。一方、機器の耐量レベルも機器個々によって異なり確率分布で表され、この二つの確率分布の重なり合う部分が高調波障害の発生する確率となる。重なり部分をなくすことは技術的にも経済的にも困難であるため、IEC（国際電気標準会議）では電力系統の電圧歪みと接続される機器とが両立できるレベルとして電磁気両立レベル（EMCレベル）を定義している。わが国の高調波環境レベルは高調波発生許容レベル（低圧・中圧回路のEMCレベル8％から低めに2〜3％のマージンを見積もったレベル）に相当し、配電系統で5％、特高系統で3％を目標としている。

交直変換設備 [AC/DC converter] 今日まで、電力輸送の手段として電圧の変換に便利な交流送電方式が全面的に採用されてきた。しかし最近ではサイリスタを用いた順・逆変換器の発達と信頼性の向上に伴い、その利点を活かした直流送電方式が大電力を長距離送電する場合や異周波連系用に採用されている。直流送電系統の基本的な構成要素は、変換器用変圧器、変換器、直流リアクトル、直流送電線路、交流フィルタ、しゃ断器等である。特に変換器は直流送電系統の中心をなすもので、順変換器（交流を直流に変換）と逆変換器（直流を交流に変換）とがある。変換器を構成するバルブ（整流器）は、当初水銀整流器が用いられたが、最近では逆弧や消弧等の異常現象がなく、信頼度の高いサイリスタバルブが用いられるようになった。

交直変換装置 [AC-DC converter equipment] 交流電力と直流電力の間の交換を行う変換装置（converter）をいい、交流電力を直流電力に変換するものを順変換装置（rectifier）、直流電力を交流電力に変換するものを逆変換装置（inverter）という。直流送電において交直変換装置は、変換器用変圧器、サイリスタバルブまたは水銀アークバルブからなる変換器、ゲート点弧装置、制御保護装置、その他の補助装置より構成されるが、順・逆変換装置とも、その装置構成は全く同一で、ゲートパルスの制御

により、どちらの変換装置としても動作させることが可能である。

近年、半導体技術の発達に伴い、変換器にはすべてサイリスタバルブが採用されており、バルブも大容量・高電圧化され、また光直接点弧型の素子等も開発され、信頼性・経済性が大きく向上してきている。

構内光LAN [optical local area network] 電力系統の規模拡大に伴い、保護・制御の高機能化、信頼度向上を図るため、保護制御装置の増加・多様化により、変電所における制御ケーブルの膨大化および輻輳化が進み、工事・運転・保守面で合理的なシステム構築が必要となった。これらの機能向上のニーズに応え、かつ設備の簡素化によるシステム建設費のコストダウンを図るため、変電所構内に光LAN（＝local area network）を構築し、膨大な制御ケーブルを少数の光ケーブルに置き換えたシステムが開発され、500kV基幹系変電所〜配電用変電所において採用されている。この構内光LANは変電所構内にある異メーカー装置間を高信頼度で相互結合可能な国際標準規格に則った方式で、伝送速度10〜100Mbpsの高速光LANである。

購入電力料 [power purchasing cost] 一般電気事業者が他の電気事業者等から購入した電気に対して支払う費用。一般電気事業者間の融通契約により購入する地帯間購入電力料と、卸電気事業者（電源開発㈱、日本原子力発電㈱）や卸供給事業者等からの購入のほか、地帯間電気相当量売買契約以外の契約による新エネルギー等電気相当量の購入、日本卸電力取引所におけるスポット市場からの購入といった他社購入電力料からなっている。

高濃縮ウラン (HEU) [highly enriched uranium] 国際原子力機関での協定や日米二国間協力協定等では、核分裂を起こすウラン235の濃度が20％以上のものを高濃縮ウランと呼んでおり、研究用原子炉や原子爆弾等に使用される。原子爆弾に供される高濃縮ウランは、濃縮度が90％以上（最低70％以上）であるため、原子炉で用いられる低濃縮ウラン燃料とは異なるため、取り扱いに注意を要する。

かつて、75％以上の同位体依存度のものが、高濃縮ウランと呼ばれていたことがある。

後備保護 [back-up protection] 電力設備の保護には、一般的に主保護と後備保護が設けられている。後備保護とは、主保護が何らかの原因で保護し損じた場合、または保護し得ない場合に動作する保護継電方式をいい、自区間に設置された自端後備保護継電方式（local back up）と遠端後備保護継電方式（remote back up）がある。したがって、たとえば地絡主保護継電方式に地絡回線選択継電方式が用いられている並行2回線送電線区間に対する地絡後備保護継電方式は、自区間に設置されている地絡方向継電方式のみならず、隣接区間に設置されている地絡方向保護継電

方式および遠方の電源端母線に設置されている地絡過電流継電方式、地絡過電圧継電方式等もすべて含まれることになる。

この後備保護継電方式には、それぞれの系統の重要度に応じて距離継電方式、方向継電方式、過電流継電方式等が一般的に用いられるが、これらの選定に当たっては、適用系統の先方区間、背後区間の継電方式との協調、後備保護遮断に至った場合の影響を総合的に検討し、決定する必要がある。

神戸電燈 東京電燈の矢嶋作郎社長の勧めにより、佐畑信之を中心に1887（明治20）年10月に設立された。翌11月には事業宣伝のため矢嶋社長が5kWの移動式発電機を用いて県会議事堂で催された天長節の夜会式場を照明し、神戸市で初めての点灯を行った。1888年1月に事業の許可を受けてエジソン第8号型16燭光300灯用20kW発電機2台をもって同年9月、事業を開始した。

公有水面埋立法 [Public Water Body Reclamation Law] 公有水面の埋立及び埋立地の利用に関する規制事項を定めている（大正10年4月法律第57号）。公有水面とは、河・海・湖・沼・その他公共の用に供する水流または水面で国の所有に属するもの（第1条）をいい、公有水面において埋立をしようとする者は、都道府県知事の免許を受けることを要する（第2条）。埋立免許は、指定期間内に公有水面埋立工事を竣工させることを条件として埋立地の所有権を取得させる行為である。都道府県知事は、その埋立が一定の基準に適合しなければ埋立免許を付与することができず（第4条）、また大規模な埋立や重要な港湾における埋立等の場合には国土交通大臣の認可を要する。埋立竣工前における埋立権の譲渡、用途・設計概要の変更または指定期間の伸長、ならびに埋立竣工後における所有権の移転、権利の設定または用途の変更には、都道府県知事の許可を要する等の制限がある。

小売自由化 [liberalization of retail market] 日本における電力自由化は、規制緩和の流れの中、競争原理の導入によって国際的に遜色ない電気料金を実現する目的で開始された。2000年3月、契約電力2,000kW以上の特高需要家（販売電力量ベースで市場全体の約3割）に対する小売が自由化された。自由化範囲は徐々に拡大され、2004年4月に契約電力500kW以上の大口高圧需要家（同約4割）、2005年4月に契約電力50kW以上の全高圧需要家（同約6割）が開放された。

家庭用を含む全面自由化については、2008年3月の電気事業分科会報告書において、原油価格の高騰等により料金低下が見込めない状況にあること、PPSシェアが伸び悩み需要家の選択肢が十分でないこと、低圧需要家への自由化拡大にはメータ費用等多額のコストを要すること等を考慮した結果、当面先送りとし、2013

年を目途に再度検討することとされた。

効率化努力目標額 [efficiency target]
供給約款の認可にあたり、他の一般電気事業者と経営効率化努力の度合いを相対比較するヤードスティック査定の結果に応じて、総原価から減額される額。効率化度合いによって、各一般電気事業者は三つのグループに分類され、効率化度合いが相対的に小さいと評価されたグループほど、総原価に占める効率化努力目標額の割合は大きくなる。

高流動点(HPP)原油 [High Pour Point]
高流動点（HPP）とは、石油製品のうち、主にC重油に使われる用語であり、一般にその流動点が15℃以上のものをいう。原油についても流動点のこの区分を一応の目安にして、流動点の高い原油をHPP原油（インドネシアのミナス原油、中国の大慶原油等）と総称している。HPP重油は低硫黄のHPP原油を精製した残渣油が基材となるため、低硫黄のHPP重油を得ることは、脱硫処理を行う必要のある低硫黄のLPP重油を得ることに比べて容易である。このためHPP重油の価格は硫黄分が低いほどLPP重油価格より安くなっている。しかし、HPP重油は輸送、貯蔵等の際に、保温または加温が必要である。

交流励磁機方式 励磁装置の電源に励磁用同期発電機を用い、半導体電力変換器と組み合わせて構成される方式をいう。交流励磁機方式は別置整流器付交流励磁機方式とブラシレス励磁方式の二つに大別される。回転電機子形の交流励磁機を発電機軸に直結して、電機子出力を軸上に設けた回転整流器により整流し、直接発電機の励磁電源に使用するブラシレス励磁方式が主に採用される。スリップリングや刷子等が無く保守が容易なことが特徴である。

高レベル放射性廃棄物（高レベル廃棄物）[high-level radioactive waste]
使用済燃料から再利用可能なウランやプルトニウムを回収した結果、発生する高い放射能をもつ高レベル放射性廃液。または、この廃液を溶融したガラスと混合して、ステンレス鋼製の容器（キャニスタ）の中に注入し、その中で固化したもの。（ガラス固化体）なお、アメリカ等のように使用済燃料の再処理を行わない国では、使用済燃料そのものが高レベル放射性廃棄物と呼ばれる。

高レベル放射性廃棄物貯蔵管理センター [high-level radioactive waste torage center] 日本原燃㈱が青森県六ヶ所村で高レベル放射性廃棄物の一時貯蔵事業を行っている施設。六ヶ所村の原子燃料サイクル施設は、高レベル放射性廃棄物貯蔵管理センターの他に、低レベル放射性廃棄物埋設センター、ウラン濃縮工場、使用済燃料再処理工場からなっている。高レベル放射性廃棄物貯蔵管理センターは、1995年に操業が開始され、海外から返還されたガラス固化体の貯蔵が行われている。

混焼火力 [multi-fuel fired power generation] 石油と石炭、あるいは石油とガス等、二つ以上の燃料を同時に燃焼することが可能な火力プラントである。

コークス炉ガス(COG) [coke oven gas] コークス炉ガス（COG）とは、コークス用原料炭等をコークス炉で乾留する際に、コークス用原料炭中の揮発分が分解して生成されるガスである。なお、コークス用原料炭等の揮発分中、分子量が大きく炭素が多い部分は、乾留時にコールタールとなるため、コークス炉ガスの成分の約50％は水素、約30％がCH_4O（メタン）となっており、他の副生ガスと異なり、コークス炉ガスは極めて水素分に富んでいるのが特徴である。2005年度におけるCOGの発電用消費実績に関しては一般電気事業用としては、四国電力㈱坂出発電所のみが約7.8億Nm^3（重油換算：約40.7万kl）、および共同火力7社（卸電気事業者）において約17.1億Nm^3（同：約88.4万kl）が消費されている。

コージェネレーション [cogeneration] 1種類のエネルギー源から複数のエネルギーを取り出して利用するシステムのこと。一般的には石油燃料・ガス等を用い、発電と排熱利用を行うシステムで、熱源供給と言うこともある。従来型の発電システムに比べ、発電の際に発生する排熱を給湯や暖房に有効利用することから、総合効率は70〜90％になる。ただし、大規模電源と比較して経済性を発揮するためには、需要面で電力と熱のバランスがとれていることが必要である。従来から電力とともに蒸気を大量に使用する紙パルプ産業等熱多消費型産業で大規模なものが導入されていたが、1980年台後半から、ホテル・病院等民生用においても普及が進んだ。

コール・センター [coal center] 外航船からの石炭受入基地を持たない多数の石炭消費者（特に小口消費者）向けに石炭を中継（荷揚げから保管、払い出しまで）するための施設。その構成は、アンローダ（揚炭機）等の受入設備、ベルトコンベア等の運炭設備、スタッカ（積付機）・貯炭場等の貯炭設備、リクレーマ（払出機）・シップローダ（船積機）・トラックホッパ等の払出設備他からなる。石炭利用は重油利用等に比べて経済的に劣性であったが、1979年の第2次石油危機以降、石炭利用の経済性が相対的に向上し、かつ海外炭輸入が増えてきたことに伴って、セメント、紙・パルプ業界等の小口の石炭需要者が石炭転換を志向した。そのため、海外炭の中継基地が必要となり、各地でコールセンターの建設が進められた。

現在、日本全国で21カ所のコールセンターが操業しており、海外炭の年間取り扱い規模が100万t以上のコールセンターは沖の山コールセンター（山口県宇部市：年間取り扱い能力600万t）を筆頭として10カ所ある。

コールチェーン [coal chain] 海外炭が山元で採炭されてから、石炭使用地

点に至るまでの石炭の一連の流れをいう。すなわち、山元で採掘された原炭は搬出、選炭工程を経て製品炭（精炭）となり、山元から積出港までの内陸輸送、積出港から日本までの外航輸送、さらには国内中継基地から石炭使用地点までの内航、あるいは内陸輸送の一連の流れを経て受け入れられる。海外炭の安定調達のためにこの流れは鎖のごとくつながっていなければならず、このうちのどれか一部が、その機能を果たさなくなると、石炭の流れは中断することになる。

黒鉛減速軽水冷却沸騰水型炉（→RBMK）

国際エネルギー機関（→IEA）

国際原子力エネルギーパートナーシップ［global Nuclear Energy Partnership］2006年2月に米国エネルギー省（DOE）が打ち出した原子力の利用拡大に関する国際協力プログラム。使用済の核燃料を再処理してプルトニウム等の有用物質をリサイクル利用し、資源の有効活用、廃棄物の発生・排出の最小化を図るための高速炉開発、核兵器への転用を防止する核拡散抵抗性の高い再処理技術の開発、新規原子力導入国向けの中小型炉の開発等、世界規模で原子力発電の利用拡大を目指すもの。

国際原子力機関（→IAEA）

国際短期導入炉（INTD）［International Near Term Deployment］次世代の原子炉概念の一つ。第4世代原子力システムにおいて、2015年までに実用化が可能と考えられるものとして選出された5概念グループのこと（①改良型BWR、②改良型圧力管型炉、③改良型PWR、④一次系一体型炉、⑤モジュラー型高温ガス炉）。

国際超電導産業研究センター（→ISTEC）

国際放射線防護委員会［International Commission on Radiological Protection］その前身を1928年に設立された「国際X線およびラジウム防護委員会」といい、1950年に現在の名称と組織形態に改められた独立した機関で、放射線防護に係わる基本的事項を勧告する役割を果たしている。本委員会は、医学、生物学、保健物理学等の分野で世界的に業績のある専門家で構成されており、常に各分野の研究成果に基づく新しい知見をとり入れて、放射線防護のための国際的勧告を出しており、1958年、1965年、1977年および1990年にそれぞれ国際放射線防護委員会出版物として勧告書を出している。わが国はもちろん世界各国および世界保健機関（WHO：World Health Organization）等の国際機関がこの勧告を基本に放射線防護のための基準を制定しており、放射線防護基準が世界的に統一性をもったものとなっている。

国産天然ガス発電　国産天然ガスを利用した発電方式のこと。国産天然ガスとは、日本国内および経済水域内で産出されるガスである。生産地には地域的な偏在性があり、その大部分が新潟県に集中しており、その他は、千葉県、福島県等に賦存している。2005年度における国産天然ガス

の発電消費量は、約5.1億Nm³（重油換算：約53.4万kℓ）であった。天然ガスは、生産地と消費地をパイプラインによって輸送するため、消費地も自ずと生産地に近い場所にならざるを得ず、天然ガスを利用している電気事業者は、現在のところ、東北電力㈱と東京電力㈱の2社のみである。

しかし北海道電力㈱が、2006年4月の発表によると、2012年4月から、苫小牧発電所1号機（出力25万kW）で重原油と国産天然ガスとの混焼を行う予定である。

極低温ケーブル [cryogenic cable] 極低温で金属の電気抵抗が極めて低くなる現象を利用したケーブル。銅・アルミ等の金属は、液体窒素温度（77K）程度に冷却すると、その電気抵抗が常温時の約10分の1になり、送電容量が飛躍的に増大する。冷媒は導体内部通路を往路とし、ケーブル収容管を帰路として流す方法や、導体内部通路およびケーブル収容管を往路とし、別の管を帰路として流す方法等が考えられている。電気絶縁としては、真空、冷媒自体、固体絶縁物に冷媒を含浸させたもの等が考えられている。このケーブルについては研究段階であり、今後の研究に期待する点が多い。

国土利用計画法 [National Land Use Planning Law] 全国的な地価の高騰と乱開発を抑制するため、国土利用計画の策定、土地利用基本計画の作成、土地取引の規制措置等を定め、総合的かつ計画的な国土利用を図ることを目的に制定された法律（昭和49年6月法律第92号）。国土利用計画は国・都道府県・市町村の3段階で全国計画、都道府県計画、市町村計画として作成され、国土利用の配分とその利用の方向を定める長期構想を樹立するものである（第4条）。土地利用基本計画は、都道府県知事により都市地域、農業地域等五つの地域および土地利用の調整等に関する事項が定められる（第9条）。土地取引の規制措置としては、土地売買等の契約締結の前に、都道府県知事が指定する規制区域内にあっては許可（第14条）、規制区域外での一定面積以上のものにあっては届出（第23条）を義務づけ、土地の投機的取引および地価の高騰が国民生活に及ぼす弊害を除去し、適正かつ合理的な土地利用の確保を図っている。

国内炭 [Indigenous Coal] 海外の石炭に対して自国の石炭をいう。国内炭の歴史は200年前に九州で始まり、昭和20年代までは日本のエネルギーの主翼を担い、一次エネルギーの46%、電力用化石燃料の90%、鉄鋼の原料炭の50%以上を占めた。しかし、昭和30年代に入ると、エネルギーの石油シフトの中、国内炭生産は、1962年の5,541万tをピークに減り始め、高度成長期の昭和40年代を通じて減少し、1975年には1,800万t台まで落ち込んだ。その後の急激な円高により、海外炭との内外価格差は大きく広がり、閉山が相次いだ状況下、石

炭鉱業審議会が1991年に「90年代が構造調整の最終段階」との答申を出し、1999年には「石炭政策の円滑な完了」に向けた方針が出され、産炭法が2001年度をもって廃止されることが決定した。これにより、最後まで残った釧路太平洋炭鉱と池島炭鉱も閉山した（2002年）。

なお、太平洋炭鉱では別会社が設立され、年70万tに縮小して出炭は続けられている。2005年度における国内炭の生産量は、125万tで大半が発電用で消費されている。

国内排出量取引制度 [domestic emissions trading system] 一般的には自国内で実施されるキャップ＆トレード型の排出量取引制度を指す。実施例としては2005年1月から欧州域内で開始されたEUETSの他、アメリカにおいても、今後の導入に向け、同制度を盛り込んだ法案（リーバーマン・ウォーナー法案等）が連邦議会に提出されている。京都議定書目標達成計画では、『排出枠の交付総量を設定した上で、排出枠を個々の主体に配分するとともに、他の主体との排出枠の取引や京都メカニズムのクレジットの活用を認めること等を内容とするもの』と記載されている。日本では本制度の知見・経験の蓄積を目的に、2005年度から環境省が『自主参加型国内排出量取引制度』を実施している。京都議定書目標達成計画の評価・見直しの審議において、追加対策として導入の是非が議論されたが、賛否両論あり結論に至らず、「今後速やかに検討すべき課題」として整理された。

国連人間環境会議 [United Nations Conference on the Humar Environment] 1972年にスウェーデンのストックホルムにおいて、国連主催で開催された環境会議のこと。「かけがえのない地球（only one earth）」というスローガンの下で、環境問題の解決策について世界113カ国の代表者が集まって討議を行った。開催を提案したのはスウェーデンで、提案の動機は西ドイツやオランダ、ベルギー等隣接の国々の工場等から排出されるSO_2（二酸化硫黄）が気流に乗って移動し、スウェーデンの環境を汚染していると考えられたことが大きい。

また大型タンカーによる油濁事故発生の可能性が高まっていたことや、北米大陸の五大湖、北欧の北海あるいはアメリカの太平洋、大西洋両岸の汚染問題が深刻になってきたことも、この会議開催に関心が高まった理由である。環境問題のもつ国際的性格が認識され、「人間環境宣言」が採択された。その後、1992年に国連人間環境会議の20周年を記念してブラジルのリオ・デ・ジャネイロで「環境と開発に関する国連会議（地球サミット）」が開催され、21世紀に向けて地球環境を守るためのよりどころとなる「リオ宣言」が採択された。

国連環境計画（→UNEP）

故障点標定 [fault locator] GISは密閉容器であるため信頼性が高く、内部

故障が発生する可能性は低い。しかし、万一、内部故障が発生すると、密閉化されているがゆえにブラックボックス化し、故障点が特定できずに復旧が遅れる恐れがある。そこで、GIS内部での地絡・短絡故障に際しては当該ガス区画の圧力が上昇することを利用し、その圧力上昇を検出して、故障区画を標定し、復旧の迅速化を図っている。この圧力上昇は半導体式圧力センサを用いた衝撃圧力リレー（SP-Ry）または圧力リレーにより検出している。この機能をさらに発展させ、母線保護継電器の動作情報、遮断器・断路器の開閉情報等をセンサ情報を組み合わせて、母線故障発生時の故障点を標定した上で、それ以外の健全な波及停止中の機器を自動的に健全母線へ切り替えし、一層の復旧の迅速化を目指した自動復旧装置も実用化されている。

固体高分子形燃料電池（→PEFC）
固体酸化物形燃料電池（→SOFC）
固体絶縁開閉装置（→SIS）
国家電力公司（中国）中国で行政機構改革によって撤廃される電力工業部の企業管理機能を受け継ぐため、1997年1月16日に設立された国務院全額出資の国有独資公司。従来電力工業省が管理してきた電力公司、研究所、学校等は国家電力公司が引き継ぎ、運営・管理した。国家電力公司の支社は東北、華北、華中、華東、西北、南方と電力網建設分公司の7社、全額出資の会社は四川省、福建省、雲南省、広西省、山東省、貴州省電力公司等を含め37社、持株会社は葛洲壩水利水電工程集団公司、中国電力技術輸出入公司、龍灘水電開発有限公司等を含め13社であった。

「中国電力報」は国家電力公司の機関紙。2002年末には、電気事業改革の一環として発送分離がなされ、国家電力公司は、送配電事業を実施する国家電網公司と南方電網有限責任公司、発電事業を営む五つの持株会社（華能集団公司、大唐集団公司、華電集団公司、国電集団公司、中国電力投資集団公司）、そして四つの補助企業へ分割された。

固定価格買取制度 特定のエネルギーから発電された電力に対し、系統管理を行う電力会社が一定の価格で余剰電力購入を行う制度。新エネルギー導入促進のために、RPS制度とならびび、主に欧州で導入されている。ドイツでは2000年に自然エネルギー法が成立し、電源ごとに20年の固定価格を保証することで投資リスクを回避させることによって、新エネルギーの導入量は増加した。一方で、RPS制度に比べ、新エネルギーのコスト低減に向けたインセンティブが働きにくいこと、買取費用の負担増等の問題も指摘されている。

固定性配列法 [fixed first order of arrangement] 貸借対照表の項目を配列する方法の一つであり、資産については固定資産→流動資産、負債については固定負債→流動負債の順に記載すると共に、その中の各科目に

ついても固定性の大きいものから順次配列する方法。固定資産のウェイトの大きい電気事業においては、固定性配列法によっている。

固定費の配分 [fixed cost allocation] 固定費の配分方法には、理論上さまざまなものがあるが、現在わが国では、発電・送電・受電用変電・給電の各部門の固定費の配分については、各需要種別の最大電力比率、発受電量比率、尖頭時電力比率にそれぞれ2対1対1のウエイトを置いて配分する方法（2:1:1法）が、また、配電用変電および高圧配電部門の固定費の配分については、各需要種別の延契約電力比率と発受電量比率にそれぞれ2対1のウエイトを置いて配分する方法（2:1法）が、採られている。（→2:1:1法、2:1法）

個別原価計算 [job order cost accounting] 電気料金の原価主義と公平の原則にのっとり、供給原価である総原価を、需要種別ごとに、その使用条件の差を考慮して配分すること。すなわち、需要の規模や使用形態等の違いにより、使用電圧、ロス率、負荷率、不等率等の電気の使用条件はそれぞれ異なっており、こうした使用条件の違いが、供給原価に差を生じさせている。個別原価計算では、この差を適切に料金に反映させるため、総原価を発電、送電、変電、配電および販売の各部門に展開し、託送に係る原価と託送に係らない原価に区分し、さらにこれを、固定費、可変費、需要家費に分けたうえで各需要種別ごとの使用条件の差を反映させた配分基準を用いて、それぞれの需要種別の供給原価を求める方法をとっている。なお、現在の個別原価計算上の需要種別は、低圧・高圧・特別高圧の3種別となっている。

個別償却と総合償却 [specific depreciation, composite depreciation] 減価償却には、個別償却と総合償却の二つの方法がある。個別償却は、固定資産の構造、用途、使用の程度、施設事業場等ごとに別々に償却計算を行う方法であり、総合償却は、共通的な用途に用いられる資産群について平均耐用年数を用いて一括的に償却計算を行う方法である。個別償却が原則であるが、実務的には総合償却がとられることが多く、電気事業においても総合償却を採用している。

ゴム引布製起伏ダム [rubber coated fabric dam] 気（水）密性を保つゴム材料と強度部材であるナイロン等の化学繊維材料の織布を主材料として積層した袋体を基礎コンクリートに取り付けたダムである。このダムは、水または空気を袋体に圧入りしたり、排除したりすることによって起伏させる構造になっており、可動堰と同等の機能を有し、わが国では高さ6mまでの実績がある。

特徴は、①従来のコンクリートダムのような鋼製ゲートが不要で安価である、②維持管理が容易である、③施工が容易で工期の短縮が図れる等の利点がある。一方、耐摩耗性は

比較的大きいものの、土石流による損傷等ゴム独特の弱点もある。したがって、農業用あるいは工業用の取水堰、防潮堤、水門等には幅広く用いられているが、河川上流部の土石流の多い地点に築造される中小水力発電用の取水堰としては、その実績は少ないのが現状である。現在、高さ10m程度までの土石流に耐え得るゴム引布製起伏堰の研究開発が進められている。

コンクリート重力式ダム [concrete gravity dam] 水圧等の外力に対し堤体自身の重量によって滑動転倒しないよう対抗する形式のダムであり、三角形断面をしている。このダムは設計理論構造が簡単であり、大規模施工に適し、またダム底面の反力が河心部で大きく、両岸上部にいくにつれて小さくなるので、わが国の河川の地質状況にも適し、洪水の処理は堤体を利用できるので、洪水量の多い河川中下流部や大流域で、広い川幅の場所には適した形式のダムである。また、工事中の冠水に対しても安全性が高く、将来かさ上げのできる利点がある。しかし基礎岩盤はアーチダムほどではないが堅硬なものを要すること、堤体積が大きくなること等の短所がある。堤頂越流余水吐を設けられる利点から、フィルダムの余水吐部分として採用される例も多い。

コンクリート中空重力式ダム [concrete hollow gravity dam] 外力に対し堤体等の重量によって対抗するコンクリート重力ダムの一種で、堤体の内部に空洞を設けた形式である。鉛直断面は、勾配1：0.45～0.55の二等辺三角形とするのが普通である。堤体内部に空洞を設け、ダム基礎に作用する揚圧力を減少させることによって、コンクリート量の節約を図れること、コンクリート打設時の硬化熱の発散効果が大きく、クーリングが楽になること、空洞内に鉄管等の設備を設置しやすいこと等の利点があるが、重力ダムに比較しダム底面が広くなるために掘削量が増し、空洞を設けるために型枠使用量も多くなる等の工事費増加要因もある。川幅の広いU字形の地形に適し、ダム高さ60m以上になると、重力ダムより経済的になることがあるとされているが、わが国における事例は比較的少ない。

混焼方式 2種類以上の燃料を同時に燃焼させること。石油火力における重油と原油の混焼、石炭火力における石炭とバイオマス燃料の混焼等がある。また、燃料の全熱量に対する燃料種別の熱量の割合を混焼率という。

コンバインドサイクル発電 [combined cycle generation] 2種類の発電システムを結合して高温域から低温域までエネルギーを利用し、高い効率を得ようとするもので、燃焼ガスがもっているエネルギーを、高温域はガスタービンで発電し、低温域はガスタービンの排気をボイラに導いて熱回収を行い、発生した蒸気を利用し

て蒸気タービンで発電するものである。また、この方式では比較的小容量の単位設備をいくつも組み合わせて大容量化することになるので、運用面においても、①起動時間が短く起動停止が容易、②負荷変化率が比較的大きく負荷追従性が良好、③部分負荷時の熱効率が高い、④最低負荷が低い等の優れた特性を有している。

さ

サージアブソーバー [surge absorber] サージの大きさを制限する避雷器とサージの立ち上がりを緩和するコンデンサを組み合わせたものをいう。主要変圧器の低圧側や発電機を保護するために用いられる。

サージタンク [surge tank] ダム水路式発電所の導水路が圧力水路で、かつその長さが長い場合は、導水路と水圧管の接合部に自由水面をもった水槽を設ける。これをサージタンク（調圧水槽）という。水路式の水槽とは異なり、一般に高い竪抗式構造となる。

　サージタンクの働きは、①水車が急停止した場合、水圧鉄管に発生する水撃圧が圧力トンネル内へ波及することを防ぐ。すなわち負荷急遮断の場合、圧力波サージタンク水面で反射し、これにより上流の圧力トンネルには圧力増加が波及しない。②負荷の変化に即応した水量を調整し、同時に圧力トンネル内の水を加速もしくは減速せしめ、新しい負荷に見合った流量を平衡させる。負荷を増加させるとサージタンクから水圧鉄管に不足水量が補給され、タンク内の水位が下がり、その結果、トンネル内の流速が加速される。いったん低下した水位は、圧力トンネル内の水の慣性によって再び上昇し、サージング現象が生じるが、圧力トンネルの摩擦損失で徐々に減衰して安定に至る。負荷が減少する場合は、これと逆になる。

　構造によって、①単動サージタンク、②水室サージタンク、③制水孔サージタンク、④差動サージタンクの四つに分類される。なお地下式発電所等で放水路が長い水路になる場合は、ドラフトと放水路の接合部にサージタンクを設けることが多いが、その働きは導水路のサージタンクと同様である。

サーマルノックス (→Thermal-NO_x)

西気東輸（中国）中国西部の新疆地区で産出する天然ガスを上海等華東の需要地にパイプラインを建設して輸送する国家プロジェクト。パイプラインの総延長は4,000kmで、2004年に開通し、2005年6月に浙江省で国内初のガス火力発電所が運転を開始している。

サイクリック・デジタル、情報伝送（→CDT）

サイクルイニシアティブ（AFCI）計画 [advanced fuel cycle initiative] アメリカで実施されている先進的な原子燃料サイクル技術の開発プログラム。AFCIの目標は、①使用済燃

料の容量の削減、②使用済み燃料中に含まれる長寿命・高毒性核種の分離・核変換、③使用済燃料中の有効エネルギーの回収であり、このための再処理や燃料開発等の技術開発が進められている。

採鉱 [mining] ウラン鉱石（粗鉱）を鉱山から採掘すること。ウラン鉱は、露天式または坑道採掘法により採掘されるほか、科学的な溶剤を鉱床に浸透させて、鉱石からウランを直接浸出する方法もある。またウランは、金、銅等の鉱石を採鉱する際の副産物として得ることもある。

財産分界点 [demarcation of property] 電気は、電力会社および需要家の一連の電気設備が接続されることによって需給が行われ、また供給と消費が同時に行われる特性をもっている。この一連の電気設備を、その所有関係によって区分する際の境界線を財産分界点と呼び、電力会社の電線路または引込線と需要家の電気設備との接続点がこれに当たる。

　この点は、需給両者間の電気の引き渡し場所でもあることから、需給地点でもある。需給地点までの電気設備は、電源（供給）側は電力会社によって、負荷（需要）側は需要家によってそれぞれ施設されることとなっている。また電気事業法上、需給地点までの電気工作物は電気事業用電気工作物、それ以降の電気工作物は一般用または自家用電気工作物となるため、需給地点すなわち財産分界点は、電気工作物の保安責任の分界点（責任分界点）でもある。

最終エネルギー消費 [final energy consumption] 工場等の産業部門、家庭やオフィス、商店等の民生部門および運輸部門の最終消費者が使用したエネルギー量のことをいう。石炭、石油、天然ガスといった化石燃料や、原子力、水力・地熱、新エネ等、われわれが直接得ることのできるエネルギー資源を一次エネルギーと呼ぶが、これらの大部分は電力や都市ガス、石油製品等、より使いやすい形の二次エネルギーに転換されてから使用される。

　したがって、一次エネルギー供給からこの二次エネルギーへの転換の際に生じるエネルギーロスを除き、さらに自家発電自家消費分の二重計上を調整したものが、最終エネルギー消費ということになる。日本では、経済産業省が「総合エネルギー統計」でこれらの実績を公表している。2005年度の最終エネルギー消費は4億1,320万kℓ（原油換算）であり、部門別には、産業が44％、民生が32％、運輸が24％となっている。

最終保障義務 特定規模需要の需要家においては自由交渉による私契約が原則であるが、どの供給者とも交渉が成立しない需要家に対しては、供給途絶防止の観点から、例外的に当該エリアの電力会社が供給するという義務のこと。電力会社は新たに最終保障約款を定め、行政に届け出ることが定められた。

最終保障約款 [provisions for last resort] 交渉が合意に至らず、誰からも電気の供給を受けられない特定規模需要に対し、当該供給区域の一般電気事業者が、例外的に供給義務（最終保障義務）をもって電気を供給する場合の、料金その他の供給条件について定めた約款。電気事業法第19条の2では、緊急避難的措置として附合契約約款としての最終保障約款の設定義務を一般電気事業者に課すとともに、その設定および変更に当たっては経済産業大臣への届出を要することとしている。

なお、その適正さを担保するために、経済産業大臣は最終保障約款の変更命令を行うことができる。また、電気事業法第20条において、供給約款および選択約款と同様に、一般電気事業者の事業所等で公表することが義務づけられている。このほか、電気事業法第21条において、一般電気事業者には最終保障約款の遵守義務が課せられており、誰からも電気の供給を受けられない特定規模需要については、原則として最終保障約款以外の供給条件によって電気の供給を行うことが禁止されている。

最小限界出力比 [Minimum Critical Power Ratio]沸騰水型原子炉（BWR）の熱的余裕の評価として、限界出力比（CPR）=限界出力／燃料集合体発生熱出力、で定義されるCPRのうち最小となる燃料集合体のものをMCPRという。ここで限界出力とは核沸騰から膜沸騰に遷移する状態となる燃料集合体出力のことである。熱設計において全燃料棒数の99.9%が沸騰遷移を起こさない限界のMCPRを安全限界MCPR（SLMCPR）といい、1.06〜1.07程度である。運転中は、これに想定される種々の異常な過渡変化の中で最大のΔMCPRを加えて運転制限MCPR（OLMCPR）を1.2〜1.3程度としている。

最小限界熱流束比 [Departure From Nuclear Boiling Ratio]原子炉では異常な出力の急上昇や流量低下が生じた場合、熱流束が制御されている伝熱面では、出力と冷却材除熱能力とが不均衡となる。この熱流束がある限界値を超えると、核沸騰による熱伝達から離れ、伝熱面温度が不連続に急上昇する。この限界熱流束をCHF（Critical Heat Flux）といい、核沸騰離脱をDNB（Departure from Nucleate Boiling）と呼んでいる。DNBRはDNB比のことを指し、出力と冷却除熱能力との不均衡の度合いを示す。

再生資源の利用の促進に関する法律（リサイクル法）[Law Concerning the Promotion of Recycling of Resources]大都市圏を中心に廃棄物の処理・処分場が絶対的に不足してきているため、ゴミの減量化と資源の再利用の促進を目的として制定された法律（平成3年法律第48号）。本法は事業者自身が対策を講ずることを狙いとしており、政令で①特定業種（再生資源の原材料としての利用を促進し、リサイクル率を高める業種…紙製造業、ガラス容器製造業、建設業等）、

②第一種指定製品（リサイクルが容易となるように設計構造・材質等を工夫すべき製品…自動車、エアコン、テレビ、洗濯機、冷蔵庫等）、③第二種指定製品（分別収集を容易にするための材料表示を行うべき製品…アルミ製とスチール製の飲料容器等）、④指定副産物（再生資源として利用促進すべき工場等からの副産物…電気業の石炭灰、建設業の土砂等）を定め、関係事業者が遵守すべき基本的事項についてのガイドラインを示している。2000年に「資源の有効な利用の促進に関する法律」に改正された。(→資源の有効な利用の促進に関する法律)

最大電力 [maximum demand] ある一定期間における電力需要のピークを最大電力（通常1時間平均値で表す）と呼び、キロワット単位で表示する。日本では、年間の最大電力は冷房需要が増大する夏季の昼間（通常14時から15時）に発生する。快適性を指向するライフスタイルの定着により、エアコン等冷房機器が急速に普及拡大、さらにサービス経済化の進展等に伴うオフィスビルの増加もあって、最大電力に占める冷房需要の比率は4割近くまで上昇している。

電力は貯蔵できないため、電力会社は最大電力に対応した電力供給設備を形成する必要があるが、ピーク需要の尖鋭化が進む中で、発電設備の稼働状況を示す負荷率は低下傾向にあり、コスト削減の面からも、効率的な設備利用が喫緊の課題となっている。

最大電力標準法 [cost allocation method by maximum demand] 電気料金の原価計算において、固定費を配分する方法の一種で、各需要種別の最大電力の構成比によって固定費を配分する方法。これは、需要種別が一種類のみしかない場合には、その需要種別の最大電力に応じた設備を当然つくらなければならないので、複数の需要種別が存在する場合でも自己の属する需要種別の最大電力に応じた固定費を負担すべきであるとの考えによっている。この方法は、各需要種別ごとの最大電力を考慮しているものの、それぞれの最大電力が発生する時刻は必ずしも同じでなく、供給設備の必要能力を決定づける総合最大電力（総合尖頭負荷）が発生する「時」を考慮していないという欠点がある。(→固定費の配分)

最低料金制 [minimum charge system] 使用電力量に応じて料金を算定する単純な従量料金制では、使用電力量が極端に少ないときや全くないときには供給設備に関連した原価を回収できないという欠点がある。これを補うため、一定限度の使用電力量までは電気使用の多寡にかかわらず、一定の料金（最低料金）を適用する制度を最低料金制という。この料金制は、比較的簡明な点が長所であり、基本料金制（二部料金制）を採らなくても料金負担に不公平が生ずる恐れのない、小容量で使用実態に差がない需要群に適している。

関西、中国、四国および沖縄電力の4社が、家庭用需要の大半を占める電灯需要にこの最低料金制を採用している。一方、北海道、東北、東京、中部、北陸および九州電力の6社は、ごく小容量の電灯需要に限って採用している。(→アンペア料金制)

再転換 [reconversion] 遠心分離法やガス拡散法等のウラン濃縮工程では、沸点の低いUF_6(六フッ化ウラン)を用いている。軽水炉の燃料はUO_2(二酸化ウラン)の化合物であり、濃縮後に六フッ化ウランを化学処理して粉末状のUO_2にする必要がある。この工程を「再転換」という。再転換法には大きく分けて、湿式法と乾式法の2種類がある。わが国では、湿式のADU法が採用されている。ADU法は、加熱気化したガス状のUF_6を加水分解し、UO_2F_2(フッ化ウラニル溶液)とし、これにNH_4OH(アンモニア溶液)を加えてADU(重ウラン酸アンモニウム)にとして沈殿させ、これを乾燥させた後、空気中で焙焼してU_3O_8の形にし、さら水素還元してUO_2粉末にする方法である。

サイリスタ開閉直列コンデンサ

(→TSSC)

サイリスタ制御直列コンデンサ

(→TCSC)

サイリスタバルブ [thyristor valve] 直流送電系統の交直変換所や異周波連系用の周波数変換所の順・逆変換装置には、高電圧・大容量サイリスタ素子を多数個組み合わせたサイリスタバルブが使用されている。複数個のサイリスタ素子を直列・並列に接続して必要な高電圧に耐え、必要な電流容量を持たせるようにしたものをバルブ(整流器)という。変換装置を構成するバルブは、当初水銀整流器が用いられたが、最近では逆弧や消弧等の異常現象がなく、信頼度の高いサイリスタバルブが用いられるようになった。当初のサイリスタバルブは空気絶縁風冷方式、油絶縁油冷方式が採用されていたが、現在では光直接点弧大容量サイリスタ素子を組み合わせて空気絶縁水冷方式としたものが主流となっている。

札幌電燈舎 1889(明治22)年2月後藤半七によって設立され、北海道で最初の電気事業を始めた会社。同年8月事業許可を得て、札幌市の大通で汽力25kW直流発電機を設置し、1891年10月架空配電線で札幌市内に電気を供給した。

砂漠化 [desertification] 地球の陸地の三分の一を占める乾燥地が毎年6万m^2の割合で増加している問題のことで、1992年の「環境と開発に関する国連会議(地球サミット)」において合意された「アジェンダ21」によれば、「乾燥地域、半乾燥地域、乾燥半湿潤地域における気候上の変動や人間活動を含むさまざまな要素に起因する土地の劣化」とされている。植物の生産能力を上回る過剰な放牧や薪の採取、従来は土地に還元されていた家畜糞や落ち葉の燃料としての利用が続いて、土地が痩せ、ついに

は不毛の土地と化すことになる。

砂漠化の被害人口は急増しており、さらに、将来地球が温暖化した場合には、多くの土地で今より乾燥が広がると予測されている。対策としてすでに1974年に「国連砂漠化防止会議」が開かれ「砂漠化防止行動計画」が採択され、かんがい事業、植林事業、乾燥地農業の普及等が進められているが、対策の歩みは遅々としている。

酸化亜鉛素子 [zinc oxide element] 電力設備に適用される避雷器は、直列ギャップと特性要素で構成されている。直列ギャップは、放電開始電圧の決定と常時は電路から特性要素を切り離しておく役目をし、特性要素については、雷サージのような高電圧では容易に電流を通過させ、通常の使用電圧のような低い電圧領域では電流を阻止するという、非直線性の抵抗特性が要求される。酸化亜鉛素子は、ZnO（酸化亜鉛）を主成分とし、これにBi_2O_3（三酸化ビスマス）、Sb_2O_3（三酸化アンチモン）等を添加して粉砕混合し加圧成形、焼成したものであるが、優れた非直線特性を有するので、従来からのSiC（炭化けい素）を主体とした素子に替わって特性要素として使用されるようになった。酸化亜鉛素子を使用すると、定格電圧が印加された状態でも流れる電流は僅かであり、直列ギャップを省略することもできる。現在では送電設備から配電設備まで、避雷器、高圧がいし用耐雷ホーン（ホーンの接地側に酸化亜鉛素子を挿入したもの）、耐雷型機器（酸化亜鉛素子を内蔵した機器）等に幅広く使用されるようになった。

酸化ウラン燃料 [Uranium Oxide fuel] セラミック燃料の一種。ウランを主体にした核燃料。金属燃料の場合にみられるような誇張・収縮その他の変形が少なく、耐熱性に富むので、現在広く用いられている。しかし酸化物の一般的特性として熱伝導率が小さく、燃料棒の中心と表面に1,000℃以上の温度差が生じることが短所である。

酸化物超電導体 [supercondutive oxide] 液体窒素で冷却する酸化物系高温超電導線材、薄膜、バルクのビスマス（Bi）やイットリウム（Y）等セラミック系は、酸化物超電導体とも呼ばれる。

産業廃棄物 [industrial waste] 廃棄物は主に家庭が出す一般廃棄物と工場等事業場が出す産業廃棄物、原子力発電所からの放射性廃棄物に分けられる。「廃棄物の処理及び清掃に関する法律」（昭和45年法律第137号）において、産業廃棄物とは「事業活動に伴って生じた廃棄物のうち、燃え殻、汚泥、廃油、廃酸、廃アルカリ、廃プラスティック類、その他政令で定める廃棄物と定義され、同法律の施行令で13種類の廃棄物が規定されている。

なお、産業廃棄物のうち、爆発性、毒性、感染性その他の人の健康または生活環境に係る被害を生ずる恐れ

があるもの等を特別管理産業廃棄物という。電気事業から発生する主な廃棄物には、石炭火力発電所から発生する石炭灰、配電工事に伴う廃コンクリート柱等のがれき類（建設廃材）、電線等の金属くずがあり、また、副生品として火力発電所から発生する脱硫石膏がある。これらの廃棄物については、さらなる発生抑制と再資源化を促進することにより、廃棄物最終処分量を低減することが重要な課題である。

サンシャイン計画 [sun shine project] 通商産業省工業技術院（現在の産業総合研究所）が、クリーンな新エネルギーの利用技術を開発するため、1974年度からスタートさせたナショナル・プロジェクト。計画は、原子力関係を除くすべての新しいエネルギー技術を対象とし、石油に代わるクリーンな代替エネルギーを確保し、安定した供給を実現するとともに、環境問題の解決をも図ることを目的としていた。

主な開発計画は、太陽エネルギー、地熱エネルギー、石炭の液化・ガス化、水素エネルギーの四つを柱とし、これらの新エネルギーの開発、輸送、利用、貯蔵を含めた新技術の開発に重点を置き、さらに風力エネルギー技術、海洋エネルギー技術についても基礎的研究を行った。1993年度には、省エネルギー技術の研究開発を進めるムーンライト計画と統合され「ニューサンシャイン計画」となり、中・長期的に顕著な効果が期待できる革新的技術として太陽光発電や燃料電池等が重点的に研究されてきたが、2000年に、社会情勢の変化や省庁再編等に伴い終了した。

酸性雨 [acid rain] 清浄な雨水でも大気中のCO_2（二酸化炭素）が炭酸として溶解すると、PH（水素イオン濃度）は約5.6となることから、一般に雨水のPHが5.6より低い雨を酸性雨と呼ぶ。酸性雨は、化石燃料の燃焼等に伴って、SO_x（硫黄酸化物）やNO_x（窒素酸化物）が大気中に放出され雲粒に取り込まれ複雑な化学反応を繰り返して最終的には硫酸イオン、硝酸イオン等に変化し、強い酸性を示す降雨または乾いた粒子状物質となって降下する。

酸性雨による被害としては、森林や農作物の枯死、湖沼水や井戸水の酸性化による漁業被害、健康被害、生態系の変化、建造物への影響等がある。特に北米やヨーロッパでは生態系への被害を伴う深刻な問題となっている。また、酸性雨は原因となる物質が気流等によって長い距離を運ばれ、発生源から数百キロから数千キロも離れた地域に現れることもあり、酸性雨問題は、長距離移流による越境汚染問題として、国際的な種々の取り決めや調査、研究が行われている。日本では、環境省が1983年から酸性雨対策調査を実施しており、現時点では酸性雨の及ぼす湖沼、土壌、植生等への環境は顕在化していない。

三段階料金制度 [3 stage rate system]

1974年3月の電気事業審議会料金制度部会の答申に基づき、原価主義の枠内で、高福祉社会の実現と省エネルギーの推進を図る観点から、電灯需要の電力量料金に取り入れられた制度。生活必需的な消費量に相当する第1段階部分についてはナショナルミニマムの考え方を導入した比較的低位な料金率を、第2段階の使用量についてはほぼ平均的な料金率を、第3段階の使用量については、限界費用の上昇傾向を反映した割高な料金率を適用する。なお、使用電力量の範囲をいくつかに区分し、各範囲に対応する段階的な料金率を設定する方法は、わが国の水道料金やガス料金の一部においても採用されている。(→てい増(減)料金制、ナショナルミニマム)

し

シーケンス・コントローラー [sequential controller] 最近のデジタル技術の進歩、特にマイクロプロセッサーの性能の向上に伴い、水力発電所の自動制御機器(シーケンス制御機能)として開発された。その後、調速制御機能、励磁制御機能、モニタリング機能、自動同期機能等の開発が進み、その適用範囲は広がりつつある。シーケンス・コントローラーは、従来の制御ケーブルと接点を用いたワイヤーロジックの制御盤に比べ、制御機能の高度化に対応可能であるとともに、設置場所の縮小化、布設制御ケーブルの減少、自動点検回路によるメンテナンスフリー化等のメリットがある。

システム構成は、操作機能と調速機等の制御機能を分散処理しその間を光等のネットワークで結合した「分散形」、各機能を一つの盤に収めた「集約型」、運転制御等の機能を一つのCPUに集約させた「一体形」等に分類され、発電所の規模および重要度により採用されている。なお、最近の中小水力発電所についてはコスト低減面から、保護機能および遠隔監視機能を含んだ「全機能一体形」についても採用される方向にある。

シールド工法 [shielding method] シールドといわれるトンネル掘進機の内側でセグメント(鋼製あるいはコンクリート製のブロック)を組み立てる方式で、内径1.8〜10m程度のものが可能であるが、地中電線路としては2〜3mの例が多く、一般に洞道として用いられる。シールド工法の選択に当たっては、地質、掘削延長等の施工条件や経済性安全性等の要因を勘案する。固く締まって自立している地質で、掘進延長が長い(内径2〜3mの小口径で1km前後)場合は機械式、短い場合は開放式(手掘り)が採用され、地質が軟弱で切り羽の自立が難しい場合はブラインド式、掘進に伴う地盤沈下の恐れのある場合、あるいはゆるい砂層等の場合には、泥水加工式、土圧式等が採用される。透水性の高い地質で、井戸枯れ、地盤沈下の恐れのある場合は、圧気($0.1〜3 kgf/cm^2$程度)

を行う。

自家発補給電力[backup power service for self-generations] 自ら発電設備を持ち、この電気を消費している者が、自家用発電設備の定検、補修または事故により生じた不足電力の補給を電力会社から受ける場合に適用される契約種別。高圧または特別高圧で電気の供給を受けて、電灯を使用、または電灯と動力とを併用する需要を対象とする自家発補給電力Aと、動力需要を対象とする自家発補給電力Bとに区分される料金制は、基本料金と電力量料金からなる二部料金制で、基本料金は、自家発補給電力Aは業務用電力の、自家発補給電力Bは高圧電力または特別高圧電力（産業用）の該当料金を10％割り増ししたものが適用され、不使用月については、自家発補給電力Aは使用月の30％、自家発補給電力Bは使用月の20％が、それぞれ請求される。

電力量料金は、定検または補修の場合は、それぞれ業務用電力、高圧電力または特別高圧電力（産業用）の該当料金を10％割り増ししたものが適用され、事故の場合には、定検または補修の場合に適用される料金を25％割り増ししたものが適用される。

自家用電気工作物 [electrical facilities for private use] 事業用電気工作物のうち、電気事業の用に供するもの以外のもの（電気事業法第38条4項）。以前は、電気工作物は「電気事業の用に供する電気工作物」、「自家用電気工作物」および「一般用電気工作物」の3種類に区分されていたが、電気の供給を行う者が多様化し「電気事業の用に供する電気工作物」と「自家用電気工作物」の概念が相対化してきたことから、1995年の電気事業法改正において、電気工作物は、設備の種類、規模に応じてより安全性の高いものが「一般用電気工作物」、それ以外のものが「事業用電気工作物」と定義された。ただし、電気事業の用に供する電気工作物以外の電気工作物については、主任技術者の選任の特例（第43条第2項）等があることから、条文規定上の分かり易さから、便宜的に「自家用電気工作物」が定義されている。

自家用発電設備設置者 事業用電気工作物のうち、電気事業の用に供さない発電設備の設置者。

時間帯別電灯 [time-of-day lighting service] 従量電灯の適用範囲に該当する需要を対象に、選択約款として設定されている、昼夜2時間帯の時間帯別料金制度を採用した契約種別。時間帯の区分は、制度の分かりやすさも考慮し、深夜電力と同じ時間帯（午後11時から午前7時まで。ただし中国電力は午後11時から午前8時まで）を夜間時間とし、それ以外を昼間時間としている（東北電力・東京電力は、夜間時間を午後10時から午前8時とする10時間型の時間帯別電灯も併せて採用している。また、九州電力は、10時間型の時間帯別電灯のみを採用している）。

料金は二部料金制を採っており、昼間時間の電力量料金には、従量電灯と同じくナショナルミニマムを導入した三段階料金制度が採用されている。基本料金は、一定規模までは一律同額の料金とし、これを超える部分は従量電灯C（B）の1kVA当たりの基本料金率と同じものとなっている。なお、通電制御型蓄熱式機器または5時間通電機器を使用する場合は、それぞれ一定の料金率で割引が行われる。（→通電制御型蓄熱式機器）

磁気分離 [magnetic isolation] 液体や気体中のさまざまな混合物質の選別、分離を磁気力によって行う。制御可能な磁気力が直接微粒子に働くことにより懸濁液を高速に処理でき、ろ過やイオン交換樹脂等の二次廃棄物が排出されない長所がある。高勾配磁気分離は、印加磁界を制御して磁気フィルターの周囲に大きな磁界勾配を発生し磁気力を増大させる方式である。ドラム式磁気分離には多極超電導マグネットや高温超電導バルクが適用される。弱磁性物資の分離には磁性の大きな物質を結合させる前処理を伴うが、超電導マグネットやバルクの適用によって装置の小型化や高速処理が期待される。

事業用電気工作物 一般用電気工作物以外の電気工作物。電力会社や工場等の発電所、変電所、送電線路、配電線路等を言う。このうち、電気事業の用に供する電気工作物（電気事業用電気工作物）以外のものを自家用電気工作物という。

事業外固定資産 [non-operating facilities] 事業外固定資産とは、電気事業または附帯事業の用に現に供されている設備以外の固定資産（建設仮勘定や却仮勘定に整理されるものを除く）をいい、その整理は電気事業固定資産の取り扱いに準じて行うこととされている。具体的には、次のようなものがこれに該当するものと解されている。①以前に事業の用に供していた設備で、現在廃止の状態にある設備、あるいは休止の状態が長く続き必要な維持補修も行われていない設備。②将来の必要性から取得した土地等のうち、建設工事の実施が確定する前の、建設準備の目的が明確でない時点で取得した土地等。

なお、事業外固定資産は、料金原価上、減価償却費や事業報酬の算定基礎にならないため、電気事業会計規則は、電気事業固定資産と事業外固定資産の区分の適正化を強く要請している。

事業外収益 [non-operating revenues] 電気事業営業収益、附帯事業営業収益および財務収益に属さない収益であって、特別利益に該当しない軽微なものを整理する。具体的には、固定資産売却益、有価証券売却益、過年度損益修正益等がある。

事業外費用 [non-operating expenses] 電気事業営業費用、附帯事業営業費用および財務費用に属さない費用であって、特別損失に該当しない軽微

なものを整理する。具体的には、固定資産売却損、有価証券売却損、過年度損益修正損等がある。

事業者間精算収益 [settlement revenues among utilities]託送供給約款に基づく振替供給により得た収益を整理する。

事業者間精算費 [inter-company adjustment]他の一般電気事業者が振替供給に要した費用を需要エリアの一般電気事業者が支払うもの。事業者間精算制度は、従来の振替供給料金制度に代わるものとして、2005年4月から導入された。それまでは系統利用者に対して、供給区域をまたぐごとに振替料金が課金される方式となっていたが、広域的な電力流通を図る観点から、政策的措置として振替料金は廃止され（いわゆる「パンケーキ廃止」）、今後家庭用等の非自由化対象需要家に悪影響が生じた場合にはパンケーキ廃止を見直すという条件付きで、供給区域内の需要家が区域内のコストと合わせて薄く広く負担する仕組みに改められた。

事業税 [enterprise tax]地方公共団体の行政サービス提供に対する応益的負担として、地方税法に基づき課税されている税（都道府県税）である。事業税の課税標準は、大部分の業種が「外形標準課税（所得割、資本割、付加価値割）」または「所得課税」であるが、電気事業・ガス事業・生命保険事業・損害保険事業は「収入金課税」とされている。電気事業の事業税は、各年度の収入金額等に所定の税率（現行1.3/100、2008年10月以降0.7/100）を乗じて算定される。

事業の許可 [permission to carryout businness]特定規模電気事業を除く電気事業（つまり一般電気事業、卸電気事業、特定電気事業）を営むには経済産業大臣の許可を受けなければならない（電気事業法第3条）。電気事業は高度の公益性を有し、また、電気の供給に関する設備は原則として規模の経済性を有していると考えられ、その二重投資の防止を図ることが国民経済的に望ましい。こうした観点から、電気事業は、一定の基準に適合するものにだけに営業を許可することとされたものである。

一方、1999年の電気事業法改正により導入された特定規模電気事業においては、一般電気事業者のネットワークを利用して行うことが一般的であると考えられることから、原則として自由に営むことが可能であり、事業の届出で足りるとされている（第16条の2）。なお、特定規模電気事業者が自営線を敷設して事業を行う場合には、弊害防止のための規定が別途設けられている（第16条の3）。

事業報酬 [rate of return]一般企業においては販売価格から所要原価を差し引いた余剰部分が利潤とされるが、電気料金原価の算定においては、支払利息・配当金等の資金調達に係るコストを事業報酬としている。料金原価算定の際には、事業運営に必要な資金の調達を可能にするため、適

正な事業の報酬を織り込んでおかなければならない。

このように、あらかじめ適正な報酬を織り込んでいるところに電気料金の特色がある。事業報酬は、電気料金決定の3原則の一つ「公正報酬の原則」に沿う必要があり、現在はレートベース方式により算定している。レートベース方式は、設備産業である電気事業の特質に合致し、資金調達に係わる一般電気事業者の自主的な合理化努力を促進するために有効な方式であるとされている。（→電気料金決定の3原則、レートベース方式）

事業報酬率 [return] 事業に投下された真実かつ有効な事業資産の価値（レートベース）に対して乗じることにより事業報酬を算定するための率。事業報酬率は、自己資本（資本金、準備金等）と他人資本（社債、借入金等）のそれぞれに対する適正な報酬率を30対70で加重平均した率となっている。（→レートベース方式）

資源ナショナリズム [nationalism over natural resources] 発展途上国の保有している資源は、外国資本や国際資本によって開発されている例が圧倒的に多い。その場合、資源産業に進出しているそれらの外資の行動様式が自国の利益と相反するものにならないよう、発展途上国側の利益を強く主張する動きのことを指す。自国資本で生産し、先進国に輸出しているものについて、発展途上国同士が結束して共同戦線を張る動きも含まれる。

具体的には、外資の全面的な国有化、加工・流通・販売等資源外資への資本参加要求、あるいは課税対象となる価格の決定への直接関与や利潤を現地開発のために再投資することを求める等の動きとして現れている。現在の発展途上国が第二次世界大戦後相次いで独立国となったとき、それらの国の地下資源の開発権は利権の形で先進国企業の手に握られていた。この資源に対する開発権の問題は国連において1952年から取り上げられ、1962年には「天然資源に関する恒久主権の権利」の宣言が出され、これが途上国のその後の行動の論拠となっている。

資源の有効な利用の促進に関する法律（改正リサイクル法）[Law concerning the Promotion of Effective Utilities of Resources] 2000年に、「再生資源の利用の促進に関法律（平成3年法律第48号）」を改正し、資源の有効利用を促進するため、廃棄物の発生抑制、リサイクルの強化や再利用等を定めた「資源の有効な利用の促進に関する法律」が制定された。この法律では、「特定省資源業種」、「特定再利用業種」、「指定省資源化製品」、「指定再利用促進製品」、「指定表示製品」、「指定再資源化製品」、「指定副産物」の指定等の具体的事項を定め、循環型社会形成推進基本法で示されている「3R（リデュース・リユース・リサイクル）」を推進するための方策を示している。

事後監視型・ルール遵守型行政 行政が、電気料金に係るルールを事前に明確化し、事後的に届出内容が不適切な場合の変更命令、監視、チェック、紛争処理等への対応等を担うこと。1999年度の電気事業制度改革において、料金制度全体についての透明性を確保し、行政介入を最小化することによって、規制部門の供給を担う一般電気事業者の経営の自主性を最大限に高め、その経営効率化の効果を規制分野の需要家に機動的かつ柔軟に還元する仕組みを作るという基本的な考え方に基づき導入された。

自己資本比率 [owned capital ratio] 自己資本の総資本に占める割合を示す比率。

自己資本比率(％)＝(自己資本／総資本)×100

(注) 自己資本＝資本金、準備金等

この比率の高いことは、総資本のうち自己資本の占めるウェイトが高いことを意味し、流動性ないし安全性の見地からいえば、経営の安定度の高いことを示している。また、事業報酬率の算定に当たり、自己資本比率はかつて50％と定められていたが、1996年の料金改定において、類似の公益事業（鉄道、航空、電気通信、ガス等）を参考にして、適正な自己資本比率が30％とされ、以降30％を適用することが、一般電気事業供給約款料金算定規則および一般電気事業託送供給約款料金算定規則において定められている。

事故波及防止リレー方式 [fault cascading prevention system] 系統の部分的事故が全系に拡大・波及していくことを防止するために設けるもので、一般に次の機能をもっている。①系統周波数の異常防止（需給バランス対策）、②系統動揺の抑制（過渡・中間領域安定度対策）、③異常電圧の抑制（無効電力バランス対策）。事故波及防止継電装置は、種々のものがすでに運用され、かつより高機能なものが開発されている。これらを動作原理から分類すると、系統擾乱に発展し得る事故を想定して、事前情報からあらかじめ制御量を設定しておく事前演算形、事故中および事故後の情報をもとに演算を行い、制御量を決定する事後演算形、特に演算を伴わない設備事故除去リレーと同様な構成のリレー形に分けることができる。

資産再評価 [revaluation of assets] 戦後のインフレーションが進むなかで、資産は以前の評価額に固定されていたため相対的に低くなり、減価償却が抑えられ、十分な資本の回収が行われなくなってきた。このため会計処理として固定資産の帳簿価額をインフレートした貨幣価値を基準として修正することになり、これを資産再評価という。1950（昭和25）年、資産再評価法が制定され、三次にわたり実施する機会が与えられたが、当初の期待通りでなかったので、政府は1954年６月「企業資本充実のための資産再評価等の特別措置法」を

制定し、一定規模以上の企業に対して強制的に行わせた。電気事業については、1951年度から三次にわたって実施されたが、電気料金に及ぼす影響が大きいこと等により、監督官庁の承認が必要とされた。

資産単位物品 [materials arranged to capital expenditure]電気事業固定資産の維持、運営に当たっては、資本的支出（資産勘定整理）と収益的支出（費用勘定整理）との区分を適正に行う必要がある。電気事業会計規則は、電気事業固定資産に付加または当該資産を取り替えた場合に、資本的支出として整理すべき一定単位の物品（これを資産単位物品という）を定め、これにより資本的支出と収益的支出の厳正な区分を行うことを義務づけている。資産単位物品として定められていない物品を非単位物品という。

自主開発原油　自主開発原油とは、産油国において、長期にわたる採掘権またはそれに準ずる権利を日本企業が取得して、探鉱・開発・生産を行い、そのリスクやコスト等の負担の代償・報酬として、生産した石油の一定割合を当該企業が取得する事業であり、①わが国への高い供給安定性、②石油需給環境変化の早期把握、③産油国との相互依存関係強化、等といった点で優位性が認められるものである。代表的な自主開発油田は、アラブ首長国連邦で生産しているムバラス油田、アッパーザクム油田やサウジ・クウェート中立地帯のカフジ油田等がある。生産された自主開発原油の輸入量は、現在日本における原油輸入量の約10～12％を占めている。現在の自主開発原油は、緊急時以外は経済性の観点から世界のマーケットで販売されるケースも増えている。

自主復旧操作 [independent operation]電力系統に事故が発生した時、正常系統に復旧するために、給電指令を待つことなく、自所で得られる情報に基づいてあらかじめ定められてある範囲および手順により、制御所あるいは電気所が自主的に行う操作をいう。

市場監視小委員会　2003年2月の電気事業分科会の基本答申「今後の望ましい電気事業制度の骨格について」において、「行政の市場監視・紛争処理機能の整備」の必要性が謳われたことを受け、2005年4月に、電気事業分科会および都市熱エネルギー部会の下に設置された委員会。同委員会では、電気事業法・ガス事業法にかかる紛争案件のうち重大な案件や同法に定められた行為規制（情報の目的外利用の禁止、差別的取扱いの禁止および内部相互補助の禁止）に係る行為の停止又は変更命令発動の可能性が問われる案件について行政措置発動の妥協性を審議し、経済産業省に報告するほか、毎年、「電力・ガス市場における紛争処理等の結果及び制度運用に係る報告」を作成・公表することとなっている。

次世代ガス開閉装置 [future gas insulated switchgear] 地球温暖化問題への対応として、密閉形電力機器の絶縁媒体として広く用いられているSF$_6$（六フッ化硫黄）ガスの排出抑制が進められている。SF$_6$ガスは、化学的にきわめて安定しており、一旦大気中に排出されると長期間残存すると考えられている。SF$_6$ガスの代替となる単独ガスについては多種報告されているが、有毒性、沸点や液化温度、価格等の問題から、現在のところSF$_6$ガス以上のものはない。また混合ガスについても、SF$_6$と窒素の混合ガス等が報告されているが、相互の液化圧力が異なるため、ガス回収とリサイクル方法に課題がある。このような状況の下、CO$_2$ガス遮断器が次世代ガス開閉装置として有力視されている。

絶縁媒体として自然ガスであるCO$_2$を用いるため、環境に与える負荷は小さいが、絶縁性能を得るためには、SF$_6$ガスの数倍の高い圧力が必要となる。これまでに300kV級の試作器による、絶縁性能や遮断性能に関する基礎研究が実施され、実用化の可能性が見出されているが、縮小化が今後の課題である。またSF$_6$ガスの代わりに高圧の乾燥空気を用いた66・77kVタンク形真空遮断器が実用化されているが、大電流化、高電圧化が今後の課題である。

次世代型軽水炉 [next-generation light-water reactor] 2030年前後からの代替炉建設需要をにらみ、世界最高水準の安全性と経済性を有し、世界標準を獲得し得ることを目指して、国、電気事業者、メーカーが一体となったナショナルプロジェクトとして開発が進められている原子炉である。電気出力170〜180万kW級のBWR、PWR各1炉型が開発される。

プラント概念を実現するコアコンセプトとして、①世界初の濃縮度5％超燃料を用いた原子炉系の開発による、使用済燃料の大幅削減と世界最高の稼働率実現、②免震技術の採用による、立地条件によらない標準化プラントの実現、③プラント寿命80年とメンテナンス時の被ばく線量の大幅低減を目指した、新材料開発と水化学の融合、④斬新な建設技術の採用による、建設工期の大幅短縮、⑤パッシブ系、アクティブ系の最適組み合わせによる、世界最高水準の安全性・経済性の同時実現、⑥稼働率と安全性を同時に向上させる、等世界最先端のプラントデジタル化技術があげられている。

自然環境保全法 [Nature Conservation Law] 自然環境の保全の基本理念・基本事項を定め、保全を総合的に実施し、国民の健康で文化的な生活の確保に寄与することを目的とした法律（昭和47年法律第85号）として制定されたが、その後、1993年に環境保全の基本理念とこれに基づく基本的施策の総合的な枠組みを定めた「環境基本法」（平成5年法律第91号）が制定されたことにより、自然環境保全法の基本理念等の基本法的部分の内容が「環境基本法」に継承され

て同法から削除されたため、「自然環境保全法」は実施法的な性格の法律となっている。本法では自然環境を保全すべき地域を指定するとともに、保全地域ごとに自然の特性を保全するため、法で定められた行為について許可を要することになっている。

自然公園法 [Natural Park Law] 優れた自然の風景地の保護とその利用の増進を図り、もって国民の保健休養および教化に資することを目的とする法律（昭和32年6月法律第161号）。自然公園には、①国立公園（わが国の風景を代表するに足りる傑出した自然の風景地で、環境大臣が指定するもの）、②国定公園（国立公園に準ずる優れた自然の風景地で、環境大臣が指定するもの）、③都道府県立自然公園（優れた自然の風景地で、都道府県が条例により指定するもの）がある。

自然独占 [natural monopoly] 規模が大きければ著しく費用が低減し、複数の企業で供給するより、独占的に供給した際の費用の方が低くなるような場合に成立する独占。自然独占が成立するような産業（電気、ガス、水道等の公益事業）において、多くの国では、企業に独占を認めるような権利を与え経済性を追求させ、その一方で、企業の価格決定を規制するような政策が実施されてきた。しかし、近年、技術革新や市場構造の変化に伴い、規制のあり方も見直されるようになってきており、たとえば電気事業では、自然独占性の残るネットワーク部門の規制を残しつつ、発電・小売部門の規制を緩和するという方向で制度改革が進められている。

自然冷媒ヒートポンプ [natural refrigerant heat pump] 自然界に存在する物質である水、空気、CO_2（二酸化炭素）、アンモニア等を冷媒として用いたヒートポンプ。自然冷媒は、オゾン層を破壊せず、かつ地球温暖化係数が小さいという特徴を持つ。自然冷媒の適用例としては、①冷凍機（アンモニア）、②ノンフロン冷蔵庫（イソブタン）、③ヒートポンプ給湯機（CO_2）、④カーエアコン（CO_2）、⑤自動販売機（CO_2）、等がある。

持続可能な開発 [sustained development] 将来の世代が享受する経済的、社会的な利益を損なわない形で現在の世代が環境を利用していこうとする考え方で、わが国の提案で設けられた「国連・環境と開発に関する世界委員会（ブルントラント委員会）」が1987年に発表した報告書の中で明らかにされた。この持続可能な開発は、発展途上国と先進国とではそれぞれ異なる局面で必要とされる。発展途上国では、貧しさを改善しなければかえって環境破壊が進んでしまうとして、生活水準を上げ、人口増加率を抑え、環境への負荷を減らす形での開発力が求められる。一方、先進国では、大量の使い捨てや、過度のエネルギー使用等を特徴とする生産と消費のパターンを改善する形での開発が求められている。

実効増倍係数 [Effective multiplication coefficient] k＝単位時間あたりの中性子発生数／単位時間あたりの中性子消滅数（吸収および漏れ）。kは原子炉炉心の組成、配列、寸法、形状等によって定まる。k＝1のとき、臨界（critical）状態にある。k＞1のとき、核分裂数は世代と共に増大し、連鎖反応は発散し、臨界超過（super critical）の状態にある。k＜1のとき、連鎖反応は停止し、臨界未満（subcritical）の状態にある。もれのある有限な体系に対する増倍率を、実効増倍率（effective multiplication factor）といいkeffで表す。減速材の温度が変化すると減速材の密度が変化し、中性子のエネルギーが変化することによって、実効増倍率が変化する。

湿式法（燃料再処理）[aqueous reprocessing] Purex法に代表されるプロセスで水溶液を用いる再処理技術。水溶液を用いることで臨界制限が厳しく核物質が希薄な状態での取り扱いのためプロセスが複雑で大型化する等の特徴がある。現在、世界にある商業規模の再処理施設はすべて湿式法のピューレックス技術を用いたものである。湿式再処理に対して水溶液を用いず、溶融塩やフッ素等を用いる再処理技術を乾式再処理と言う。

実証炉 [demonstration reactor] 新型動力炉の開発は一般に、原理確認を行う「実験炉」、発電設備を備え動力炉としての成立性を確認する「原型炉」、発電設備として実用化に向けた経済性や運転保守性を確認するための「実証炉」といった段階的開発を行う。実証炉は実用規模プラントの技術の実証と経済性、運転保守性等、実用炉としての見通しを確認するために作られる原子炉。なお、最近は既存の知見を活用し、実験炉や原型炉等を省略して実証炉を導入する計画もある。

湿分利用（AHAT）ガスタービン [Advanced Humid Air Turbine] ガスタービン発電において、燃焼用空気を高湿分空気とすることでガスタービン作動流体増加により出力を増大させ、さらに加湿水加温に排熱回収することで熱効率改善を図るシステムをHAT（Humid Air Turbine）という。AHATガスタービンは、吸気噴霧冷却採用によりシステム構成をシンプル化し、排ガスから加湿水の回収を行う等発展型（Advanced HAT）としたもので、蒸気タービンを用いることなく、コンバインドサイクルをしのぐ高効率システムが期待できることから、国家プロジェクトとして、実用化に向け開発が進められている。

実用化戦略調査研究 [Feasibility Study on Commercialized Fast Reactor Cycle Systems] 高速増殖炉（FBR）サイクル実用化戦略調査研究のこと。高速増殖炉サイクル技術として適切な実用化像とそこに至るための研究開発計画を2015年頃に提示することを目的とし、1999年から日本原子力

研究開発機構と電気事業者が、電力中央研究所、メーカー、大学等と協力し、炉型選択、再処理法、燃料製造法等のFBRサイクル技術に関する多様な選択肢についての調査・研究を開始している。

実用発電用原子炉の設置、運転等に関する規則 [Rules for the Installation, Operation, etc. of Commercial Power Reactors] 核原料物質、核燃料物質及び原子炉の規制に関する法律(昭和32年法律第166号)及び核原料物質、核燃料物質及び原子炉の規制に関する法律施行令(昭和32年政令第324号)中実用発電用原子炉の設置、運転等に関する規定に基づき、および同規定を実施するための規則。

実量値契約方式 契約電力の決定方式のうち、計量した実績値に基づき過去1年間の最大需要電力(需要電力の最大値)を求め、これにより契約電力を決定する方式。具体的には、30分ごとの需要電力を記録型計量器により計量し、その月の最大需要電力と過去11カ月の最大需要電力のうち、いずれか大きい値を契約電力とするもの。契約負荷設備等に基づき一定の算式により算出する計算式方式に比べ、需要家ごとの電気の使用実態をより適切に契約電力に反映できることから、1988年の料金改定以降、契約電力500kW未満の高圧電力および業務用電力に対しそれまでの計算式方式に替えて導入されている。(→契約電力)

指定試験機関 [designated examination agency] 経済産業大臣に代わって電気主任技術者試験の実施に関する事務を行う者として、経済産業大臣が指定した者(電気事業法第45条2項)。指定検査機関は一の者を限って指定され(第83条)、具体的には(財)電気技術者試験センターが指定されている。指定検査機関は公的性格が強いものであることから、経済産業大臣の強い監督下に置かれ、経済産業大臣は業務の休廃止の許可(第84条の22の2)、業務規程の認可(第84条の2)・事業計画の認可(第84条の3)、役員の選任・解任の認可(第84条の4)等を行うこととされている。また、指定検査機関の役員、職員又は試験員は刑法の適用に際しては公務員とみなされ(第85条の2)、退職後も含めて秘密保持義務を負う(第85条)。

自動給電システム [Energy Management System] 計算機や通信装置等を用いて、発電所の発電機出力、系統の潮流・電圧・周波数等の情報を取り込み、時々刻々変化する需要に応じて発電機出力を制御する等、発電機の経済運転・周波数調整・潮流・電圧の制御および記録・統計・需給計画等の給電運用業務を自動的に処理実行するシステムの総称。電力会社の中央給電指令所等に設置される。主な機能に需給計画作成、監視、経済負荷配分制御(EDC)、負荷周波数制御(LFC)、電圧・無効電力制御(VQC)等がある。

自動再閉路装置 [automatic reclosing]

送電線または配電線が当該区間の事故で保護継電器動作により遮断した場合、ある一定の無電圧時間をおいて自動的に遮断器を再投入する装置をいう。この装置の方式には事故相のみ遮断する保護方式に対応した単相・多相再閉路方式、回線一括で遮断する保護方式に対応した三相再閉路方式がある。また、再投入する時間で区分すると、1秒程度以下で再投入する高速再閉路、1～15秒で行う中速再閉路および1分程度で行う低速再閉路がある。

　高速再閉路方式は、停電回避を目的とするもので、事故回線または事故相のみを遮断し、系統から事故を除去した後、ある一定の無電圧時間をおいて残った健全相またはループ系統で両系統が同期を保たれていることを確認のうえ遮断した回線または相を再投入する。また、低速再閉路方式と中速再閉路方式は、停電時間の短縮または省力化のために、手動による再送電を機械装置により自動化を行ったもので、線路の無電圧等を確認して再投入する。

自動車NOx、PM法　「自動車NO$_x$法」による規制にもかかわらず、自動車交通量の増大等により、大都市のほとんどの地域でNO$_2$（二酸化窒素）の環境基準が達成できていないこと、加えて、粒子状物質についても、大都市における浮遊粒子状物質の環境基準達成状況は低く、健康への悪影響も懸念されていることを受けて、自動車NO$_x$法の改正法として制定された（2001年6月）。大都市地域（首都圏、阪神圏、中京圏）で使用できる車の制限（車種規制）や一定規模以上の事業者について自動車使用管理計画の作成が規定されている。（正式名称：自動車から排出される窒素酸化物及び粒子状物質の特定地域における総量の削減等に関する特別措置法（平成4年6月3日法律第70号））。

自動周波数制御装置 [Automatic Frequency Control]　電気事業者は、その供給する電気の電圧および周波数の値を経済産業省令で定める値に維持するよう努めることが電気事業法に定められており、需要家や一般家庭に良質な電気を供給する義務がある。この周波数を一定に保つために、時々刻々と変化する電力消費に合わせて、水力および火力発電所の出力を制御して電力系統の周波数を維持する装置。

自動電圧調整器（AVR）[automatic voltage regulator]　同期機の励磁装置内に設置されており、定常運転時に同期機の電圧を一定に保持する機能によって、負荷が変化するとき電圧を維持し無効電力を調整のうえ動態安定度を向上させることおよび電圧急変時速やかに電圧を回復する機能によって、負荷遮断時の電圧上昇を抑制し、過渡安定度を向上させる等の目的を有している。この目的のために、AVRは、総合電圧変動率（制御偏差）を小さくし、十分な即応度を持ち、制御系として十分安定で

ある(安定な利得余裕と位相余裕を持つ)ことが必要である。

自動負荷調整装置(→ALR)

自動無効電力調整装置(AQR)[automatic reactive power regulator] 発電機の無効出力を有効出力の関数で与えられる基準値になるように励磁電流を自動的に制御する装置をいう。送電損失の軽減と無効電力潮流の適正化を目的として、需要端に近く無効電力調整効果の大きい火力発電所や揚水発電所でこの方式をとる場合がある。

自動力率調整装置(APFR)[automatic power factor regulator] 発電機力率を一定となるよう励磁電流を自動的に調整する装置をいう。小容量の発電機で発電機電圧を一定に保つのに必要な無効電力を発生させると発電機が過電流になることがあるため、一般にこの装置が設置されることが多い。

資本的支出と収益的支出[capital expenditure & revenue expenditure]固定資産に関する支出のうち、固定資産の取得原価を構成する支出を資本的支出といい、費用として整理する支出を収益的支出という。電気事業会計規則は、資産単位物品を定め、資本的支出と収益的支出の区分を厳正に行うことを義務付けている。

ジメチルエーテル(DME)[Dimethyl Ether]低品位炭や温室効果の高い炭層メタン、中小ガス田の天然ガス等を原料として製造される、常温では気体の物質。空中に放出されると数時間で分解するため、温室効果やオゾン層破壊の懸念がなく安全でクリーンな点が特徴とされている。また硫黄分を含まないため、燃焼してもSO_x(硫黄酸化物)が発生せず、NO_x(窒素酸化物)の発生も少ない。

現在は大部分がスプレー式の塗料や化粧品の噴射剤として使われているが、今後、低コストで製造できれば、ディーゼルエンジン燃料や分散型電源用燃料としての用途が考えられる。DMEは物性的にLPガスに類似しており、基本的には既存のLPガスの取り扱い条件に準拠していくのが導入への近道とされているが、「安全性の確認」「LPガスインフラの転用実証」「利用技術の開発」「法規制の整備」等といった解決されるべき課題も少なくない。

遮断器[(Circuit) Breaker] 常時の電力の送電および停止ならびに送配電線路あるいは機器故障時の回路の自動遮断に用いられる開閉装置。消弧媒質の種類によって、ガス、油、空気、真空、磁気遮断器等に分類される。基幹系送電線路に使用される遮断器は高速度遮断・再投入性能が必要であり、特に架空送電線路用遮断器については近距離線路故障(SLF)遮断性能を満たす必要がある。変圧器用遮断器は無負荷励磁電流遮断時の異常電圧発生に留意する必要がある。分路リアクトル用遮断器は、遮断電流が比較的小さく、遮断後の過渡回復電圧が高くなるため、消弧能力不足とならないよう注意が必要で

しゃへい材 [shielding material] 原子炉中の放射線が外部へ漏れるのを防ぐ役目をするもので、原子炉においてしゃへいしなければならない放射線は、透過力の強い中性子とγ線がある。しかし、しゃへい材中にも誘導放射能源が存在するので、これをも考慮して材料を選定しなければならない。一般に、γ線は原子番号の大きい元素ほどしゃへい効果が大きく（水素は例外）、鉄、バリウム、鉛等を含む密度の大きい材料が使用される。中性子源に対しては、高エネルギーでは物質の吸収断面積が小さいため、まず中性子のエネルギーを減速効果の大きいもの（軽水中の水素等の質量数の小さい元素）でエネルギーを下げ、続いて吸収断面積の大きい物質を用いて、中性子線を吸収する方法がとられている。

ジャンパ横振れ [swing of the jumper loop] 強風によって、耐張鉄塔のジャンパが鉄塔塔体方向に振れることをいう。懸垂鉄塔においては、懸垂がいし連が同様に横振れする。鉄塔の装柱設計では、これら横振角と鉄塔との絶縁間隔を考慮した離隔検討図（クリアランスダイアグラム）を作成し、鉄塔と充電部との離隔が確保されるよう設計している。

集じん効率 [dust collection efficiency] 流入ダスト量に対する捕集ダスト量の比で表示され、集じん装置の性能を表す。

$$効率(\%) = \frac{捕集ダスト量}{流入ダスト量} \times 100$$

集じん効率は、ダスト性状、ガス性状、装置の設計、運転状況等によって変化する。

集じん装置 [dust collector] 燃焼ガス中のばいじんを捕集する装置。集じん装置を集じん方式で分類すると、機械式と電気式に分類できる、ばい煙排出基準の強化等に伴い、電気事業用としては微細粒子の補集が可能な電気式が主流となっている。電気式はコロナ放電による静電力を活用して集じんするもので、集じん極（正極）と放電極（負極）の間に数万Vの直流高電圧を印加し、クーロン力によって燃焼ガス中のばいじんを集じん極へ吸引させる。

重水炉 [heavy water reactor] 重水を減速材として用いる原子炉。重水は軽水に比べて中性子の吸収量が少ないため、燃料として濃縮していない天然ウランを使用できる。重水炉は、カナダ、インド、韓国で稼動している他、数カ国で採用されている。

修繕費 [repair expenses] 固定資産の通常の機能を維持するため、部品品の取り替え、損傷部分の補修、点検等に要する費用。固定資産に関する支出には、資本的支出と収益的支出の二つがあるが、資産の増価をもたらす支出が資本的支出であり、これに対応する費用は減価償却費である。一方、資産の増価をもたらすことなく、その効用を現状に回復するために要した支出が収益的支出であり、

修繕費がこれにあたり、その支出が行われた事業年度の費用として整理される。

重大事故 [serious accident] 1964年に原子力委員会が決定した「原子炉立地審査指針及びその適用に関する判断のめやすについて」による立地条件の適否を判断する条件の一つとして、非移住地域の範囲を求める際に仮定する事故をさす。敷地周辺の事象、原子炉の特性、安全防護施設等を考慮し、技術的見地から見て最悪の場合には起こるかもしれないと考えられる事故のことである。

充填固化体 [packed solidified waste] 原子力発電所の運転により発生する低レベル放射性廃棄物であって、金属類、プラスチック、保温材、フィルター類等の固体状廃棄物をセメント系充填材(モルタル)を充填して一体化した固化体。一般に容器は200ℓドラム缶が使われる。充填固化体は、青森県六ヶ所村の低レベル放射性廃棄物埋設センター2号埋設設備に埋設処分されている。

周波数 [frequency] 交流では電流の向きが周期的に正・負に代わるが、この1秒間の繰り返し数を周波数と呼び、単位としてはHz(ヘルツ)を用いる。世界的にみた場合、電気事業が供給している電気の周波数は50Hz(ヨーロッパ系)または60Hz(アメリカ系)のどちらかに集約されてきており、わが国でも電気事業発展の歴史的背景から、東地域(北海道・東北・東京)が50Hz、中・西地域(中部、北陸、関西、中国、四国、九州)が60Hzの系統周波数に大きく別れている。わが国では電気事業法によって、供給する電気の周波数を一定値(供給する電気の標準周波数に等しい値、すなわち50Hzまたは60Hz)に維持することとされており、周波数の測定と記録保存が義務づけられている。周波数の変動は、モータの回転速度等に影響を与えるが、現状では平常時ではほとんどの場合、標準周波数に対して±0.1Hz以内の変動範囲におさまっている。

周波数変換所 [frequency converter station] わが国の電気事業は黎明期、電気機械をヨーロッパから輸入した東京方面と、アメリカから輸入した関西方面が各々50Hz、60Hzと異なる周波数で電力系統を構築したため、現在では、ほぼ本州中央部で50Hzと60Hz地域に2分している。一方、電力系統はますます拡大し、供給信頼度向上を目的とした緊急時の電力融通や発電経費の節減、あるいは効率運用を目的とした経済融通等、広域運営の必要性から周波数の異なる東西系統を連系するため1965年電源開発㈱が佐久間(30万kW、水銀バルブ、1993年、サイリスタバルブに更新)、1977年東京電力が新信濃(30万kW、サイリスタバルブ)、2006年中部電力㈱が東清水(30万kW、10万kW運転、サイリスタバルブ)に各々周波数変換所を運転開始した。

周波数変換所は、送電線のないBack-to-Backと呼ばれる直流送電の一

分野で、交流の電力を直流に変換し、再び交流に戻す順逆二つの交直変換設備によって周波数を変換するものである。交直変換設備は変換用変圧器、サイリスタバルブ、高調波フィルタ、直流リアクトル、制御保護装置等の機器で構成され、三相ブリッジ2回路常時並列12相運転している。現在、高電圧大容量のサイリスタの開発により、サイリスタバルブが変換器の主流になっている。

周波数バイアス（偏倚）連系線電力制御（TBC）[tie line load frequency bias control] 周波数の変化量と連系線潮流の変化量とを同時に検出して、負荷変化が自系統内で生じたと判断した場合にのみ、自系統の発電機出力を制御する方式をいう。自系統内の負荷変化量を地域要求量（AR）といい、(系統定数)×(系統容量)×(周波数変化量)＋(連系線潮流変化量)で表される。なお、本制御では系統定数として整定される値をバイアス値と呼ぶ。この方式は、50Hz系統では東北、60Hz系統では沖縄以外の各電力会社で採用されている。

周波数変換器 [frequency converter] 国内の電力系統は、周波数が50Hzの系統と60Hzの系統がある。この二つの系統の間で電力を融通するのに周波数変換器が使用されている。（佐久間周波数変換所、新信濃変電所、東清水変電所）周波数変換器は、順変換器（交流を直流に変換）と逆変換器（直流を交流に変換）を組み合わせて、交流→直流→交流に変換している。入力の交流と出力の交流の周波数は、同期をとる必要がない。よって、異なった周波数の交流系統の連系ができ、容易に周波数変換ができる。なお、順変換器と逆変換器が互いに背中を突き合わせて配置されているので、BTB（back to back）と呼ぶ。FC（frequency converter）とも呼ぶ。

周波数変動対策 風力発電の電力系統への連系量が増大すると、風力発電の出力変動が周波数に影響を及ぼすことが懸念されるため風力発電連系量は限られている。このため風状の良い地点を有する複数の電力会社に風力発電系統連系をするときには周波数変動対策が必要となる。対策としては、系統からの解列や蓄電池の導入等がある。

重油 [fuel oil] 原油から精製される石油製品の一種。一般的には、LPG、ナフサ、ガソリン、灯油、軽油等を取り出した残油に軽油を調合したもの。粘度（動粘度）によってA重油、B重油、C重油の3種類に分けられる。粘度、発熱量が最も低いのはA重油で、流動性も良いため常温での取り扱いが可能で、中小工場のボイラ用、ビル暖房用、小型船舶のディーゼルエンジン用等に使用される。B重油はA重油とC重油の中間的性質を持ち、中小工場のボイラや窯業炉用に使用される（ただし、現在はほとんど流通していない）。

C重油は粘度、発熱量が重油の中で最も高く、常温では流動性を失う

ため、加熱・保温設備を必要とし、大型工場のボイラ用、大型船舶のディーゼルエンジン用燃料として使用されている。また、C重油の中で硫黄分の高いものはHSC重油（高硫黄C重油）、低いものはLSC重油（低硫黄C重油）と呼ばれている。電力会社では、C重油を火力発電所ボイラの発電用燃料として使用している。また、A重油を離島用発電機の燃料として使用しているケースもある。

重要電源開発地点 [The Important electricpower development Place] 電源開発を推進することがとくに重要な地点について、地元合意形成や関係省庁における許認可の円滑化等を図るため、電気事業者等の申請に基づき経済産業大臣が指定する地点。2003年10月電源開発促進法の廃止に伴う「電源開発基本計画」に代わり、「電源開発基本計画」が有していた意義・機能を継承するため、「閣議了解（2004年9月10日）」により新たに創設。対象となる電源は原子力、水力（1万kW以上）、地熱（1万kW以上）、火力（沖縄県内の1万kW以上）。これに対し、電源開発の初期段階の地点について、地元との合意形成等により、調査および建設の円滑化を図ることを目的として、電気事業者等の申請により、資源エネルギー庁長官が指定を行う地点を「重要電源促進地点」という。

重要電源開発地点指定制度 [certification of national important power development plan] 2003年に電源開発促進法廃止に伴い電源開発基本計画が廃止となったが、電源開発に当っては、電源開発の促進のため引き続き必要となる地元合意形成や関係省庁における許認可の円滑化等、これまで電源開発基本計画が有してきた意義や機能を承継する必要があることから、国は、推進することがとくに重要な電源開発に係る地点の指定を行うこととし、2005年に新制度を施行した。この制度では、地球環境問題への対応に配慮しつつ、電力の安定供給確保を図るため、国際情勢の変化による影響が少ない、発電過程においてCO_2（二酸化炭素）を排出しない、長期継続的に安定した運転が可能である等の特性を有する原子力、水力（出力1万kW以上等）、地熱（出力1万kW以上）等の電源開発に係る地点を事業者の求めに応じて経済産業大臣が指定することとしている。

地点指定に当たっては、地元同意形成を図るため、地元の都道府県知事の意見を聞くこととしているほか、関係省庁における許認可の円滑化等を図るため、関係省庁の協議連絡の場を設けることとしている。また、地点の指定については、電源開発に係る計画の具体化が確実なこと、地元市町村の首長の同意が得られていること等の要件が設けられており、指定の手続きとともに別途定めることとしている。

従量料金制 [meter rate system] 使用電力量に応じて電気料金を計算する

料金制。計量された使用電力量に基づき料金が計算されるため、定額の料金制に比べて電気の使用実態を料金に反映でき、電気の浪費を招く恐れも少ないこと、料金計算が比較的簡明であること等の長所がある。また、各需要の負荷率が概ね等しい場合、需要高は使用電力量に比例することとなるため、電気料金は使用電力量に基づいて算定すればよいことになる。反面、使用電力量が非常に少ないかまたはゼロの場合には、供給設備に関連した固定的な費用を回収することができないという問題が生じる。このため、従量料金制を採用する場合には、使用電力量が一定量以下（使用量がゼロの場合も含む）でも支払われるべき一定金額（最低料金）を別に定める方法が採られる場合があり、これを最低料金制という。（→最低料金制）

従量電灯 [metered lighting service] 電灯需要の中心をなす契約種別で、家庭用需要がその大半を占めている。その家庭用需要の大半を占める契約種別に適用される料金制の違いにより、アンペア料金制会社（北海道、東北、東京、中部、北陸および九州電力）と最低料金制会社（関西、中国、四国および沖縄電力）の２グループに分かれている。

　従量電灯は、負荷設備の容量に応じて、アンペア料金制会社ではA、BおよびCに、最低料金制会社ではA、Bに区分されている。アンペア料金制会社の場合、Aは使用する最大電流が５A（アンペア）以下で、かつ定額電灯を適用できない需要に適用され、料金は最低料金制を採用している。Bは契約電流が10A以上60A以下の需要に適用され、料金は基本料金と電力量料金からなる二部料金制（アンペア料金制）である。Cは契約容量が６kVA以上で、かつ原則として50kVA未満の需要に適用され、料金は基本料金と電力量料金からなる二部料金制（キロボルトアンペア料金制）である。一方、最低料金制会社の場合、Aは最大需要容量が６kVA未満で、かつ定額電灯を適用できない需要に適用され、料金は最低料金制を採用している。

　Bはアンペア料金制会社のCと同様である。なお、アンペア料金制会社のB、Cならびに最低料金制会社のA、Bの電力量料金には、高福祉社会の実現および省エネルギーの推進という社会的要請を背景とした、三段階料金制度が採用されている。（→アンペア料金制、最低料金制、三段階料金制度）

樹枝状配電方式 [branch type distribution system] 電源から需要地点に向かって樹枝状に配電線を構成するもので、わが国の高圧配電線の一部および低圧配電線に採用されている方式。また、自動区分開閉器と故障区間検出リレーとを組み合わせて、故障が発生した場合に故障点以降を自動的に切り離して健全区間までの送電を確保する方法が一般に採用されている。樹枝状方式は、設備費が安

価で系統構成も単純なため、高低圧配電線の大部分に広く採用されてきたものであるが、都市部地域等へ供給する高圧配電線においては、樹枝状配電方式に比べ供給信頼度が高いループ配電方式が採用されてきている。

需給計画 [demand and suply plan] 想定される将来の電力需要に対して、与えられた供給力をその特性に応じて適切に組み合わせて、必要な予備力を保持できるよう供給計画を策定することをいう。需給計画はその策定期間により、①短期需給計画（貯水池の使用計画ならびに発変電設備の補修点検計画等、日常運用の基礎となるもので、月単位で作成される）と、②長期需給計画（電源、送電設備等の開発計画を作成するために用いられ、代表月、年単位で作成される）に区別される。

需給バランス [demand and supply balance] 需給バランスとは、電力系統の需要と供給力のバランス（需給均衡度、供給力の稼働状況等）を表現するもので、通常は、次の二つに大別される。①最大電力バランス　短期および長期需給計画における最大電力バランスは、当月の想定最大需要（最大3日平均電力）と最渇水時点をベースとした水力および火力・原子力等各種供給力の供給能力の合計を対比して、月内における最も苦しい時点における供給予備力の保有状況を明らかにするために作成され、H3-L5バランスとも呼ばれる。

また、需給運用時の最大電力バランスは、当該期間において実際に予想される最大需要に対し、その期間における出水状況や補修工事の実施状況、さらに系統の状況や各電源の運転特性等を考慮し、安定供給ならびに経済運用を維持するために必要な供給力を確保するために検討・作成される。②電力量バランス　電力量バランスは、当該期間に想定される需要電力量に対し、水力・火力・原子力等の各種供給力を種々の制約条件の中でどのように組み合わせて、全体として最も経済的・効率的な発電を行うかを検討するために作成される。

需給契約 [electricity contract] 電気の需給に関する契約。その性格は、電力会社が需要家の求めに応じ電気を引き渡し、需要家は引き渡しを受けた電気の対価を支払うという私法上の双務契約で、電気の継続的供給を目的とした売買契約の一種として位置づけられる。供給約款では需要家からの電気使用申し込みに対し電力会社が承諾したときに成立するものとしている。なお、需給契約の単位は、供給設備を合理的、経済的に施設することにより経費の節減を図り、同時に需要家間の負担の公平を確保するため、「1需要場所について1契約種別を適用して、1需給契約を結ぶこと」を基本としている。

需給地点 [supply point] 需給契約上、電力会社が需要家に対して電気を引き渡す地点であり、通常、電力会社

の引込線と需要家の電気設備との接続点である財産分界点と一致している。需給地点は需要場所内の一地点とし、電力会社の電線路から最短距離にある場所を基準として需給両者の協議によって決められるが、山間地、離島等特殊な場所、あるいはその他特別な事情がある場合は、需要場所以外の地点を需給地点とすることがある。電力会社は需給地点において契約した標準周波数、標準電圧を維持することを要するとともに、需給地点から電源側の電気設備について保安の責任を負うことになっている。

需給調整融通 [demand and supply adjustment power exchange] 全国融通の一方式で、渇水、天候の急変による需要の急増や電力設備の突発的な故障等により、供給力が不足した時、あるいは渇水や故障の長期化により、近い将来そのような供給不足が予測される時等に、需給の不均等を緩和するために融通を行う、応援的な融通。全国融通が「需給相互応援融通電力」と「需給協力応援融通電力」の二種類に整理されたことに伴い、当該区分は廃止された。

主任技術者 [chief engineer] 主任技術者制度は、保安規程の作成届出義務とならんで自主保安体制の柱となっている。事業用電気工作物の設置者は、事業用電気工作物の工事、維持および運用に関する保安の監督をさせるため、電気事業法施行規則第52条の規定にしたがい、主任技術者免状の交付を受けている者のうちから主任技術者を選任しなければならず、その選任、解任については経済産業大臣への届出義務がある（電気事業法第43条第1項、同第3項）。ただし、卸供給事業者を含め、自家用電気工作物設置者は、経済産業大臣の許可を受けて、主任技術者免状の交付を受けていない者から主任技術者を選任し得るとの特例がある（第43条第2項）。

主任技術者は、事業用電気工作物の保安の監督の職務を誠実に行う義務を負い（第43条第4項）、事業用電気工作物の工事、維持又は運用に従事する者は、主任技術者が保安のためにする指示に従うべき義務を負う（第43条第5項）。主任技術者免状には、電気主任技術者免状（第1種・第2種・第3種）、ダム水路主任技術者免状（第1種・第2種）、ボイラー・タービン主任技術者免状（第1種・第2種）の計7種がある（第44条第1項）。また、電気主任技術者試験については、その試験内容、実施機関および実施細目について電気事業法で定められている（第45条第1項～第3項）。

ジュネーブ協定 [geneva agreement] 1971年2月に調印されたテヘラン協定により、OPEC加盟のペルシア湾岸6カ国は、創設以来の悲願であった原油公示価格の引き上げに成功した。しかし、同年8月15日のニクソン声明以来の国際通貨変動に伴い、OPECの9月の第25回総会でドル減

価による購買力低下を補償するために必要な行動をとることを決議し、1972年1月10日ジュネーブにおいて、OPEC加盟ペルシア湾岸6カ国と石油会社側との間で開始された。10日間にわたる折衝の結果妥協した協定がジュネーブ協定と呼ばれるもので、イラン、イラク、クウェート、サウジアラビア、カタール、アブダビのペルシア湾岸ならびにパイプラインにより地中海岸から出荷される原油の公示価格を1972年1月20日から8.49％引き上げることを取り決めたものである。この協定はまた、その後の通貨変動に対して四半期ごとに見直しを行い、一定計算式によって公示価格を調整することが規定された。

需要家費（→原価要素）

需要種別（→個別原価計算）

需要場所 [demand location] 電気の需給契約における需要場所は、電気の需要を必要とする場所のうち一体として区分・把握しうる範囲を言い、単なる地理的な概念ではなく、電気の使用実態からみた概念であり、需給契約の単位として重要な意味をもっている。1構内をなすものは1構内を、1建物をなすものは1建物を1需要場所とすることを原則としている。なお、特例としてコンビナート、中小企業工業団地等の共同受電契約や電気鉄道の総合契約があるほか、会計主体、用途、受電設備、建物構造等の実態からみて、需給両者にとってより合理的であると考えられる場合には、一定の条件のもとに、1構内または1建物であっても、2以上の需要場所を認めることができる。（→共同受電契約）

循環型社会形成推進基本法 [Basic Law for Establishing the Recycling-Based Society] 2000年6月に公布された法律（第110号）で、環境基本法の理念に則り循環型社会の形成に関する施策を総合的かつ計画的に推進し、現在および将来の国民の健康で文化的な生活の確保に寄与することを目的としており、この中で処理の「優先順位」を①発生抑制、②再使用、③再生利用、④熱回収、⑤適正処分と規定し、国、地方公共団体、事業者および国民の役割分担を明確化するとともに、政府が「循環型社会形成推進基本計画」を策定すること等が定められている。

瞬間消費性 電気は大規模に貯めておくことはできず、生産と同時に消費される。この生産と消費のバランスが崩れると、電力系統全体の電圧および周波数が変動し、最悪の場合は系統のコントロールが不能となるため、電力系統を安定的に維持するためには、両者を常に一致させなければならない。こうした性質により、電力産業には発電と送電ネットワークが一体となった設備形成が不可欠であり、また、需給変動への備えとして、予備力の確保や、出力調整の容易な発電所が必須である。とくに、日本では季節ごと、時間ごとの需要変動が海外諸国よりも激しく、また、

瞬時電圧低下（瞬低）[instantaneous voltage drop]電力系統を構成する設備に、落雷等により2相または3相短絡（地絡）が発生した場合（直接接地系では1相地絡事故を含む）、事故設備を保護リレーで検出し、遮断器を開放することにより事故設備を切り離すが、それまでの極めて短時間（0.07～2sec程度）故障点を中心に、広範囲に電圧が著しく低下する現象をいう。1980年頃からコンピュータ等精密高感度のエレクトロニクス機器が急激に普及したが、これらの機器は瞬時電圧低下に鋭敏で、電圧が20～50％低下し、その継続時間が数ms～数十msであっても機器が停止することがある。この影響を防止する代表例として、コンピュータ停止対策の交流無停電電源装置（CVCF）がある。

瞬時電圧低下対策装置[protective equipment for instantaneous voltage drop]無停電電源装置（UPS）も広義の意味では瞬時電圧低下対策装置であるが、一般的に「瞬時電圧低下対策装置」という場合は、①大容量・高電圧（～数MW級で高圧フィーダーの一括補償が可能）、②常時商用・高速切替方式（数msの電圧低下を許容する代わりに常時の電力損失を低減）、の機器を指すことが多い。高速切替スイッチには、機械方式（高調波印加による零点生成）と半導体方式がある。電源部は種々の機器が使われており、補償時間が長い場合は蓄電池（鉛、NAS、レドックスフロー等）が使われるが、瞬低補償のみの場合はコンデンサ、SMES、フライホイール、電気二重層キャパシタ等も使用されている。

順送式故障区間検出方式[sequential fault detection system]配電線路を自動区分開閉器により数区間に区分し、線路に故障が発生した場合、故障区間に最も近い電源側の自動区分開閉器で、その区間を切り離し健全区間まで送電を続ける方式。すなわち配電線に故障が発生すると変電所の遮断器が遮断され、各区分点の自動区分開閉器はすべて開放する。次いで変電所の遮断器が再閉路継電器によって再閉路され再送電が行われ、自動区分開閉器は一定時間間隔（これを投入時限またはX時限という）で投入し、各区間に次々に送電される。

　故障区間に送電されると、再び遮断器が遮断するが、自動区分開閉器は投入後一定時間（検出時限またはY時限という）内に停電すれば、投入回路がロックされる機能になっており、この再停電で故障区間に最も近い電源側の自動区間開閉器だけは開放ロックし、ロックを解除しない限り再投入されない状態となる。したがって、この後もう一度再送電すれば、記述のように次々送電されるが、故障区間には送電されないので、自動的に故障区間は除去されること

になる。

この場合、自動区間開閉器が再送電によりX時間間隔で順次投入していく一方、変電所には遮断器の投入動作により起動する区間表示器が設置してあり、故障区間に送電すると遮断器が遮断し、区間表示器は停止する。この区間表示器の起動から停止するまでの時間要素によって、事故区間が分かるようになっている。

省議アセスメント 環境影響評価法(平成9年6月法律第81号)制定以前の環境アセスメントは、1984年の閣議決定に基づいて(いわゆる閣議アセス)、さらにそれ以前は、各省の省議決定に基づいて様々に実施されていた。電気事業(発電所)に関して「省議アセスメント」といえば、1977年7月の通商産業省省議決定「発電所の立地に関する環境影響調査および環境審査の強化について」に基づくアセスメントのことを指し、環境影響評価法施行まで実施されていた(閣議アセスは適用除外)。

蒸気タービン [steam turbine] ボイラや原子炉等で発生した蒸気のもつ熱エネルギーを、機械的エネルギーに変換させる原動機で、今日では多くの分野で利用されている。歴史的にはボイラから発生した蒸気を使うことから発展してきたが、現在ではボイラからのものに限らず、原子力発電のように原子炉から、また地熱発電のように地中より噴気する蒸気も有効に使用される。またガスタービンやディーゼル機関と異なり大容量化が容易で、火力発電用および原子力発電用蒸気タービンでは100万kW級の設備が運転開始している。

蒸気タービンの分類は多様で、①蒸気の作用による分類(衝動タービンと反動タービン)、②車室数による分類(単車室タービンと多車室タービン)、③軸の配列による分類(串形〔タンデムコンパウンド〕タービンと並置形〔クロスコンパウンド〕タービン)、④再熱蒸気による分類(再熱タービンと非再熱タービン)、⑤使用蒸気の処理方法等による分類(復水タービン、抽気復水タービン、背圧タービン、混圧タービン)等がある。また蒸気タービンは車室(高圧、中圧、低圧)、ロータ、動静翼、軸受、パッキン等から構成されている。

蒸気卓越型 [vapour-dominated fluid well] 地熱流体は、一般に水蒸気と熱水が混ざり合った二相流体である。貯留層の特性により、熱水をほとんど含まず、蒸気を噴出するような地熱流体の型をいう。熱水卓越型の対語であるが、厳密な定義はない。

消弧リアクトル接地方式 [arc-suppression coil compensated grounding method] 消弧リアクトル接地方式は、地絡点における対地充電電流を180°位相の異なるリアクトル電流で補償し、地絡電流をゼロに近くして、自然消弧させるものであり、雷事故の際にも停電することなく事故除去できる方式である。

常時バックアップ 新規に参入した特定規模電気事業者(PPS)が不足分

の電力について一般電気事業者から継続的に卸売を受けて、需要家に供給すること。一般電気事業者とPPSとの間の私契約であるが、2006年12月に改定された適正取引ガイドラインにおいて、ほとんどの新規参入者が常時バックアップを既存の電力会社に依存せざるをえない状況に鑑み、「一般電気事業者に供給余力が十分にあり、他の一般電気事業者との間では卸売を行っている一方で、新規参入者に対しては常時バックアップの供給を拒否し、正当な理由なく供給量を制限し又は不当な料金を設定する行為は、新規参入者の事業活動を困難にさせるおそれがある」ことから、正当な理由なく常時バックアップの供給を拒んだ場合等には、独占禁止法上違法となるおそれがあるとされている。

照射線量 [exposure] 空気をどれだけ電離するかを表す放射線の量で、γ線とX線のみに対して用いられ、単位はクーロン毎キログラム（C/kg）。以前は、照射線量の単位としてレントゲン（R）が使用されていた。1レントゲンとは、γ線またはX線が0℃標準気圧の乾燥空気1cc（0.001293g）中に、1静電単位（esu）の正負のイオン対を生成する放射線の量。

$$1\,C/kg = 3.876 \times 10^3 R$$

小出力発電設備 [small capacity generating plant] 以前は、一般用電気工作物は「電気を使用するための電気工作物」のみであったが、新エネルギーの技術的進歩および保安の自己責任原則の徹底を背景に、1995年の電気事業法改正により、発電設備のうち安全性の高い小出力のものとして、小出力発電設備も一般用電気工作物に追加された。

具体的には、電圧600V以下の電気を発電する、①出力20kW未満の太陽電池発電設備、②出力20kW未満の風力発電設備、③ダムを伴うものを除く出力10kW未満の水力発電設備、④出力10kW未満の内燃力を原動力とする火力発電設備、を指す。

使用済燃料 [spent fuel] 原子炉内である期間使用したのち取り出した核燃料。使用済燃料は軽水炉等の場合放射能が$10^{16}\sim 10^{17}$Bq/tUと高く、$10\sim 20$kW/tの崩壊熱を発生し、かつ臨界の恐れもあるので、取り扱いには安全性の確保に十分な注意を要する。高速炉の場合は、燃焼度が軽水炉より3倍以上高いので、多量の核分裂生成物や超ウラン元素を含んでいる。使用済燃料はキャスクに収容され長期間貯蔵し再使用しない一回通過方式も考えられているが、一般には一定期間冷却し、再処理工場に輸送し、化学処理その他のプロセスにより、有用物質を回収し、再使用を図ったり、放射線源として使用する等の処理がとられている。

使用済燃料プール [spent fuel pool] 高放射線のしゃへいと燃料体の冷却のため、使用済燃料を含む放射性固体廃棄物を貯蔵するためのプール。原子力発電所内におかれる他、再処理工場等にも置かれる。

使用済MOX燃料 [spent MOX fuel] 原子炉でのプルトニウムの利用には一般的にウランとプルトニウムの混合酸化物燃料（MOX燃料）が用いられるが、核分裂後の原子炉から取り出された使用済のMOX燃料を示す。

使用済燃料再処理等既発電費 使用済燃料の再処理等に要する費用のうち、「原子力発電における使用済燃料の再処理等のための積立金の積立て及び管理に関する法律（2005年10月）」の施行に伴い、新たに引当対象となった部分（再処理施設の解体、海外返還廃棄物の貯蔵等）で、2004年度末までに発生したもの。当該費用については、一般電気事業者および特定規模電気事業者の双方の需要家から、15年間で総額を回収し、毎年、外部に積み立てることとなっている。

使用済燃料再処理等積立金 [reserve fund for reprocessing of irradiated nuclear fuel] 原子力バックエンド事業を確実に実施していく観点から、2005年5月、「原子力発電における使用済燃料の再処理等のための積立金の積立て及び管理に関する法律」が成立し、日本原燃六ヶ所再処理工場で処理する使用済燃料の発生に応じ、引当金として費用計上すると共に、積立金として外部積み立てする制度が導入された。同法に基づき積み立てる積立金を使用済燃料再処理等積立金という。

使用済燃料再処理等準備費 [cost of preparation for reprocessing of irradiated nuclear fuel] 原子力発電所の運転に伴い発生した使用済燃料のうち再処理等を行う具体的な計画を有しない使用済燃料の再処理等の実施に要する費用の引当である。

使用済燃料再処理等準備引当金 [reserve for preparation of reprocessing of irradiated nuclear fuel] 原子力発電所の運転に伴い発生した使用済燃料のうち、再処理等を行う具体的な計画を有しない使用済燃料について、具体的な計画が固まるまでの暫定的措置として、今後の再処理等の実施に要する費用に充てるための引当金である。電気事業会計規則に定められた一定の算式により計上する。

使用済燃料再処理等発電費 使用済燃料の再処理等（再処理、残存物の処理、管理および処分、再処理施設の解体、分離有用物質の貯蔵等）に要する費用（使用済燃料再処理等既発電費に整理されるものを除く）。将来の再処理等に必要な金額については、毎年、外部に積み立てることとなっている。

使用済燃料再処理等費 [reprocessing costs of irradiated nuclear fuel] 原子力発電所の運転に伴い発生した使用済燃料のうち再処理等を行う具体的な計画を有する使用済燃料の再処理等の実施に要する費用である。

使用済燃料再処理等引当金 [reserve for reprocessing of irradiated nuclear fuel] 原子力発電所の運転に伴い発生した使用済燃料のうち、再処理等

を行う具体的な計画を有する使用済燃料について、今後の再処理等の実施に要する費用に充てるための引当金である。電気事業会計規則に定められた一定の算式により計上する。

使用済燃料貯蔵施設（中間貯蔵施設）[spent fuel storage facility (interim storage facility)] 原子力発電所で使い終わった燃料（使用済燃料）を、再処理するまでの間、貯蔵しておく施設。当該発電所以外の使用済燃料貯蔵施設において貯蔵することを中間貯蔵という。2000年6月、原子炉等規制法の改正により中間貯蔵に関する事業、規制等が定められた。

使用済燃料の再処理 [reprocessing] 使用済原子燃料からウランやプルトニウム等の有用物質を回収するとともに、FP（核分裂生成物）等不要な物質を分離する処理。処理方式としては水溶液を用いるピューレックス法に代表される湿式法とフッ化物揮発法、金属電解法等、水溶液を用いない乾式法がある。

使用済燃料ピット [spent fuel pit] 原子炉から取り出した使用済燃料を一時的に貯蔵するプール。使用済燃料の崩壊熱除去、放射線のしゃへいのため水を張って使用される。また、シッピング検査、燃料シャクリング等でも使用する。なお、PWR（加圧水型炉）においては十分な未臨界確保のためにほう酸水が用いられる。

状態監視保全 [Condition Based Maintenance] 傾向監視保全と日常保全に区別される。傾向監視保全とは、構築物、系統および機器の状態確認あるいは傾向監視を行うとともに、科学的知見により劣化の進展状況、寿命の予測や評価を行い、これに基づき妥当と判断される時期に点検・補修等の処置を行う保全のことを、日常保全とは、巡視点検および定例試験等によって構築物、系統および機器の状態を監視するとともに、適宜フィルタ等の清掃、消耗品の取り替え等の処置を行う保全のことを言う。一定の時期が到来したら保全を行う時間計画保全と対比される。

消費地精製方式 [refining at point of consumption] 海外から石油製品を輸入する代わりに、原油を生産地からそのまま輸入して、消費地で精製する方式。第二次世界大戦前は、世界的に見て生産地精製方式が主体であったが、戦後は石油の大輸出国であったアメリカが石油輸入国に転じ、中東諸国が新たに産油国として登場したため、消費地精製方式が主流となった。

　本方式は、①石油供給のセキュリティが確保できる、②原油の方が大量輸送でき、効率化、コスト低減が図れる、③国内の製品需要の変動に対し弾力的に対応でき、安定供給ができる、等多くの利点をもつ。日本では、1950年1月太平洋岸製油所の操業開始以来、この方式が一貫して石油政策の基本として採用され、1962年施行の石油業法でも消費地精製方式の考え方に基づき、石油供給計画の策定や特定設備の許可等が行

われてきた。しかし、対外貿易摩擦の進展等に対応して1986年1月、特定石油製品輸入暫定措置法（特石法）が施行され、ガソリン等の輸入が開始された。当初ガソリン等石油製品の輸入量は増加傾向であったが、1990年8月に湾岸危機が発生し、国際石油製品需給が逼迫したことから、消費地精製主義が再評価され、製品輸入は減少した。

しかし、1996年4月の特石法廃止による石油製品輸入規制の緩和等により、石油製品輸入はその水準を維持し、2005年度の輸入量は3,629万kℓとなっている。

情報遮断 送配電部門の透明性・公平性を確保するため、電気事業法は一般電気事業者に対し、託送供給の業務に関して知り得た情報の目的外利用の禁止を規定している（第24条の6）。目的外利用とは、たとえば、他の電気供給事業者の経営状況の把握、特定の需要家への対抗営業、電力市場において自己に有利な結果とするため等の目的に用いることを指す。

「適正な電力取引についての指針（公正取引委員会、経済産業省）」は、情報の目的外利用の禁止を担保するため、一般電気事業者の託送供給部門と営業部門等他部門との情報遮断を厳格に行うことが適当であるとし、「望ましい行為」として、たとえば、託送供給業務を行う従業員は発電部門または営業部門の業務を行わないこと、託送供給業務を行う部門は他部門と文書・データを共有しないよう厳格に管理すること、別フロアー化等により物理的に隔絶すること、等を挙げている。

消防法 [Fire Services Law] 火災を予防、警戒、鎮圧し、国民の生命、身体および財産を火災から保護するとともに、火災または地震等の災害による被害を軽減することによって社会の秩序を保持し、公共の福祉の増進に資することを目的として制定された。（昭和23年7月法律第186号）火災の予防、危険物、消防の設備、消防用機械器具の検定、火災の警戒、消火の活動、火災の調査、救急業務等について規定したもの。

使用前安全管理検査 「使用前安全管理検査（第50条の2）」は、1999年電気事業法改正において新たに規定され、「使用前安全管理検査」には、「使用前自主検査」と「使用前安全管理審査」がある。電気事業法で、第48条第1項の規定による届出をして設置又は変更の工事をする事業用電気工作物のうち、経済産業省令で定めるものを設置する者は、その工事について自ら検査（以下「使用前自主検査」という）し、次の適合基準（第50条の2第2項）に適合していることを確認するとともに、その検査の結果を記録保存しなければならないと規定している（第50条の2第1項）。

これは、保安に関する国の関与の方法を見直し、設置者の自己責任原則を明確にする観点から原子力発電に係るものを除き工事計画の届出対

象となる事業用電気工作物については、原則設置者が行う自主検査に委ねることとしたものであり、次の事項のいずれにも適合していることを確認しなければならない。
①その工事が第48条第1項の規定による届出をした工事計画に従っておこなわれたものであること。
②第39条第1項の経済産業省令で定める技術基準に適合するものであること。

また、使用前自主検査を行う事業用電気工作物を設置する者は、使用前自主検査の体制について、経済産業省令で定める時期に、経済産業省令で定める事業用電気工作物を設置する者にあっては「登録安全管理審査機関」が、その他の者にあっては「経済産業大臣」が行う審査を受けなければならない（以下これらの審査を「使用前安全管理審査」という。）（第50条の2第3項）。審査項目は、使用前自主検査の実施に係る組織、検査の方法、工程管理等が規定されている（第50条の2第4項）。

使用前検査 [pre-service inspection] 工事計画の認可を受け、または届け出をして、設置もしくは変更の工事をする事業用電気工作物で、経済産業省令で定めるもの（電気事業法施行規則第68条）は、その工事について経済産業省令で定める工事工程（同法施行規則第69条）ごとに、経済産業大臣の検査に合格しなければ、これを使用してはならないと規定している（同法第49条第1項）。

ただし、試験のための使用等、経済産業大臣の承認を受け、その承認を受けた方法により使用する特定の場合は除外される（同法施行規則第70条）。検査を受けるには手数料の納付を要し、検査は電気工作物の検査官が行う。検査の合格基準は、①工事が認可を受け、または届け出た工事計画に従って行われたものであること、②技術基準に適合しないものでないこと（同法第49条第2項）。

使用前自主検査 [pre-service inspection] 工事計画の認可を受け、または届け出をして、設置もしくは変更の工事をする事業用電気工作物で、経済産業省令で定めるもの（電気事業法施行規則第68条）は、その工事について通商産業省令で定める工事工程（同法施行規則第69条）ごとに、経済産業大臣の検査に合格しなければ、これを使用してはならない（同法第49条第1項）。

ただし、試験のための使用等、経済産業大臣の承認を受け、その承認を受けた方法により使用する特定の場合は除外される（同法施行規則第70条）。検査を受けるには手数料の納付を要し、検査は電気工作物の検査官が行う。検査の合格基準は、①工事が認可を受け、または届け出た工事計画にしたがって行われたものであること、②技術基準に適合しないものでないこと（同法第49条第2項）。

商用周波異常電圧 [temporary overvoltage] 短時間過電圧。系統のある地

点の相一大地間あるいは、相間に発生する持続時間が比較的長い過電圧。代表的なものには、負荷遮断時の電圧上昇や一線地絡時の健全相電圧上昇がある。商用周波異常電圧が高いと、がいし枚数が多くなり不経済となる場合がある。国内においては、超高圧送電線で有効接地系（直接接地系）を採用し、商用周波異常電圧を抑制している。

擾乱 [disturbance] 電力系統が安定に運転しているなかで、系統事故や負荷の変動等により電圧や潮流・周波数が乱れる現象をいう。

除却仮勘定 [retirement in progress] 除却は多くの場合工事を伴い、除却する物品の数量も多数となるほか工事期間も長期にわたる。このため、除却漏れ等の誤り防止と、電気事業固定資産とこれ以外の固定資産の明確区分の観点から、除却を行う設備については「除却仮勘定」を設けて整理する。具体的には、除却することが明らかになった時点で、除却設備の帳簿原価、減価償却累計額および工事費負担金を電気事業固定資産勘定から除却仮勘定に振り替え、除却仮勘定の中で除却物品に関する振替処理等の整理を行う。ただし、除却工事が短期間で、かつ整理が簡単なときは、除却仮勘定の設定を省略することができる。

職制別計上科目基準 [standard to specify employee's business] 費用のうち給料手当、厚生費、雑給、消耗品費および諸費は、従業員がどのような職務に実際に従事したかによって計上すべき科目が異なってくる。電気事業会計規則は、これらの費用については「あらかじめ適正に定めた基準によって、職務に対応して、電気事業営業費用勘定、附帯事業営業費用勘定、事業外費用勘定及び固定資産勘定に計上しなければならない」旨を定めている。このあらかじめ定められた基準を「職制別計上科目基準」という。

除染係数（DF）[decontamination factor] 汚染区域の除染作業、使用済燃料再処理あるいは放射性廃液処理の過程において、除染の前後の放射能のレベルまたは濃度の比。この用語は、ある特定の核種について、または測定可能な全放射能についていう。

所内電力 [station-use power] 一般に発電所においては、その発電所を運転するために補機類（たとえば、火力発電所ではファン類、ポンプ類、照明関係等）が必要で、この補機類で消費する電力、電力量をそれぞれ所内電力、所内電力量という。この所内電力はプラントの出力に比例して増加する部分と、出力に無関係な部分を含んでいる。また発電電力量に対する所内電力量の割合を所内比率（所内率ともいう）という。所内比率は、火力を例にとれば、石炭、重油混焼火力では5〜10％、油、ガス火力では2.5〜8％程度である。なお火力発電所運転中の補機類の電力は、発電機と同系統の所内用変圧器

により供給されるが、停止中にはプラント起動に必要な容量をもった起動用変圧器から受電するようになっている。

需要区分 [class of service] 負荷の特性や負荷態様を基準に需要を分類したものを需要区分といい、現行供給約款および自由化部門における供給条件では「電灯需要」「電力需要」「電灯電力併用需要」の三つに区分されている。具体的には、一般家庭等低圧で電気の供給を受けて電灯または小型機器を使用するものを「電灯需要」、工場等で動力(高圧または特別高圧供給の場合には付帯電灯を含む)を使用するものを「動力需要」、オフィスビル等で高圧または特別高圧で電気の供給を受けて電灯もしくは小型機器と動力とを併用するものを「電灯電力併用需要」という。

こうした負荷設備を基準とする区分方法はわが国における電気利用の歴史を踏まえて設定されているものであるが、欧米諸国では、家庭用、商業用、工業用といった用途別の区分方法が採られる例が多い。

シリコーン変圧器 [silicone-oil-immersed transformer] 現在、変電所では油入機器を使用していることからさまざまな防災対策が適用されているが、一方で燃えない設備の開発、実用化も進んでいる。燃焼するとシリカ層とシリコーンゲル層が形成されて酸素の供給を遮断し、燃焼が抑制される自己消炎機能を有するシリコーン油を用いた変圧器の開発・実用化がその一例である。シリコーン油が、万一地上に漏れた場合でも、加水分解し、ケイ素とCO_2(二酸化炭素)、水に分解することから環境面でも優れた変電設備と言える。シリコーン油入変圧器は電鉄用変圧器としての実績は多くあるが、シリコーン油の粘性が高く、高価であるため、変電所用変圧器としてはあまり普及しなかった。

近年では低粘度のシリコーン油を採用することにより、変電所への採用も検討されており、製品化されれば、絶縁冷却液の取り扱い基準の簡素化や消化設備の削減のほか、耐熱クラスアップ(E種:120℃)による冷却装置のコンパクト化も期待できる。現在、66kV用のものが実用化されているが、更なる高電圧化が望まれる。

シリコンカーバイドデバイス (→SiCデバイス)

ジルカロイ [zircaloy] Zr(ジルコニウム)合金の一種。原子炉用材料としてZrの高温水に対する耐食性を改良する目的でつくられた合金。中性子吸収断面積が小さく、すぐれた機械的性質をもち、板、棒、管、線等に加工できて、炉心タンク、燃料被覆材、冷却管等に使用される。

ジルコニウム合金 [Zilconium Alloy] ジルコニウムは、原子番号40の元素で記号はZr。銀白色の硬い金属。高温において機械的性質が良く、耐久性が強いため熱中性子吸収断面積が小さく、錫、鉄、クロム等を添加した

合金は原子炉の構造材料に広く用いられている。

新・国家エネルギー戦略 [New National Energy Strategy] 原油価格高騰をはじめ昨今の厳しいエネルギー情勢に鑑み、「国民に信頼されるエネルギー安全保障の確立」、「エネルギー問題と環境問題の一体的解決による持続可能な成長基盤の確立」、「アジア・世界のエネルギー問題克服への積極的貢献」を目的とする「新・国家エネルギー戦略」が2006年5月に公表された。

具体的取り組みとして、「省エネルギーフロントランナー計画」では2030年までにさらに30％のエネルギー効率改善を目指すこと、「運輸エネルギーの次世代化」では石油依存度を2030年までに80％程度とすることを目指すこと、「新エネルギーイノベーション計画」では太陽光発電コストを2030年までに火力発電並みとすることや、バイオマス等を活用した地産地消型取り組みを支援し地域エネルギー自給率を引き上げること等、「原子力立国計画」では2030年以降においても発電電力量に占める比率を30～40％程度以上にすることや、核燃料サイクル早期確立や高速増殖炉の早期実用化に取り組むこと等、数値目標を伴う取り組みが掲げられている。

新エネルギー [new energy] 石炭・石油等の化石燃料や核エネルギー、大規模水力発電等に対し、新しいエネルギー源や供給形態の総称。化石燃料等高度成長期を支えたエネルギー源が、枯渇によるエネルギー危機、燃料中に含まれる窒素・硫黄等による汚染物質の排出（NO_x・SO_x）、CO_2（二酸化炭素）の排出による地球温暖化、また大規模水力発電による流域の自然破壊や生態系への影響等さまざまな問題を抱えることから、エネルギーのセキュリティ確保や環境負荷低減等の観点から開発が進められてきた。

「新エネルギー利用等の促進に関する特別措置法（新エネルギー法）」（平成9年4月18日法律第37号）で定める「新エネルギー等」には、太陽光発電、風力発電等の再生可能な自然エネルギー、廃棄物発電等のリサイクル型エネルギーのほか、コジェネレーション、燃料電池、メタノール・石炭液化・バイオマス・雪氷冷熱等の新しい利用形態のエネルギーが含まれる。また、新エネルギーの利用等の促進に最大限の努力を行うことにより、エネルギー供給に占める新エネルギーの割合を3％程度まで高めることを目標としている。

新エネルギー利用等の促進に関する特別措置法 内外の経済的社会的環境に応じたエネルギーの安定的かつ適切な供給の確保に資するため、新エネルギー利用等についての国民の努力を促すと共に、新エネルギー利用等を円滑に進めるために必要な措置を講ずることを目的とし、1997年4月に公布された。「新エネルギー利用等」とは、「石油代替エネルギーの開

発及び導入の促進に関する法律(石代法)」に規定する石油代替エネルギーを製造・発生・利用すること及び電気を変換して得られる動力を利用することのうち、経済的な制約から普及が不十分なものであって、その促進を図ることがとくに必要なものを指す。

具体的にはバイオマス利用・太陽熱利用・温度差利用・雪氷熱利用・バイオマス発電・地熱発電(バイナリ方式に限る)・風力発電・水力発電(かんがい等発電以外の用途のものに設置される1000kW以下のものに限る)・太陽光発電が対象となる(2008年2月の政令改正によってリサイクル資源利用・天然ガスコージェネレーション・天然ガス自動車・電気自動車・燃料電池が対象から除かれた)。経済産業大臣は本法律に基づき新エネルギー利用推進の基本方針を策定する。また、新エネルギー利用指針の策定及びエネルギー使用者への指導・助言を行う。事業者は新エネルギー利用等に関する利用計画を提出することで認定を受けることができる。

認定された利用計画に必要な資金に関しては、独立行政法人新エネルギー・産業技術総合開発機構(NEDO)の債務保証等の金融支援を受けることができる。

新型転換炉(→ATR)

真空バルブ式LTC [vacuum interrupter type on-load tap changer] 油入変圧器のLTC(負荷時タップ切換装置)では、油中でのアーク遮断による接点の摩耗が生じるため、その摩耗量を管理する必要がある。アークにより油が汚損するので、変圧器本体と隔離したLTC室に収めている。また、活線浄油機を設け、LTC室の汚損した絶縁油を自動的にろ過する必要がある。真空バルブ式LTCは、タップ切換時の電流開閉に真空バルブを用いるため、内部点検の省略を期待できるほか、①アンバランス消耗による切換不良の発生がほとんどない、②切換アークによる油汚損がなくLTC室の絶縁油汚損がほとんどない、③活線浄油機が不要となる(活線浄油機の点検費用も不要)等のメリットがある。

現在、配電用変圧器にて実用化されているが、500kVまでの高電圧化が望まれる。真空バルブは、高真空の容器に電極を収めた構造をしている。高真空の優れた絶縁耐力と、消アーク能力を利用して電流の遮断を行うもので、真空しゃ断器のしゃ断部に用いられている。

人件費 [personnel expenses] 一般的に人件費とは、従業員等に支払われる給与、賞与、退職金および厚生費等をいう。電気事業会計規則には「人件費」という項目はないが、料金原価の算定上は、役員給与、給料手当、退職給与金、給与手当振替額(貸方)、厚生費、委託検針費、委託集金費および雑給の合計額である。

人工バリア [engineered barrier] 高レベル放射性廃棄物の地層処分におい

て、地下水への放射性物質の溶出を少なくするため、地下水との接触を遅らせ、放射性物質が周辺の地層中に移行することを妨げることを目的とした人工的なバリア。人工バリアには、安定な形態をもつ廃棄体（ガラス固化体）、廃棄体を格納する容器（オーバーパック）、地下に埋設する際にオーバーパックと地層の間に充填される物質（緩衝材）が含まれる。

進相運転 [leading power factor operation] 発電機は有効電力を発生すると同時に無効電力も発生し、また状況によっては系統から無効電力を吸収することができることから、最も有効な電圧調整機器の一つになっている。一般に無効電力を発生する運転方法を遅相運転と呼び、発生電力は遅れ力率である。この場合は最大出力であっても85％程度の力率まで運転することができ、さらに出力を下げると力率は更に遅れる（一般に力率が悪くなる）が励磁機電流容量に制限を受けて60％程度以下には下がらない。また、発電機自体の界磁電流を減少し、系統から無効電力を吸収する運転方法を進相運転と呼び界磁電流は進み力率である。これは、低励磁運転であるため発電機の内部誘起起電力が低下し、系統に短絡等の擾乱が発生すると系統電圧が低下し、それと同時に発電機も安定に同期運転を継続することができなくなる恐れがある。

　進相運転では発電機端子電圧が低下するため、補機類の出力が低下して、結果的には発電出力の減少を招いたり、発電機固定子端部が漏れ磁束により過熱する等の問題があるため、進み力率の90〜95％が限度とされ、それほど大幅な進相運転は一般には不可能とされている。こうした有効・無効電力の発生限界能力を表す曲線が個々の発電機ごとに設けられており、これを可能出力曲線と呼んでいる。

深層取水 [deep water intake] 火力・原子力発電所における温排水の水温影響低減化対策の一つで、取水海域に形成される水温成層に着目して、下層より温度の低い海水を選択的に取水することにより、放水温度をそれだけ低く押さえることができるものである。深層取水方式には表層水の流入を防止して下層水を取水するカーテンウォール方式と、海面下に取水管を埋設して下層水を取水する海底取水管方式とがある。

新増設供給義務 需要家の電気設備の新設、増設ならびに改修を伴う電気使用の申し込みを受け、需給契約を締結すると共に、需要家の希望に応じ、送電を開始するまでの各行程を総称したものをいう。新増設供給業務は契約電力の大きさ、供給電圧等の違いにより、契約電力の決定方法、事務手続き、工事期間等が異なっている。現在では高圧以上の需要家は自由化対象となっており、各電力会社とも制度上、戦略上の観点から規制分野と自由化分野でそれぞれ専任の係を置き、担当を別にしている。

振動規制法[Vibration Regulation Law] 工場および事業場における事業活動ならびに建設工事に伴って発生する相当範囲にわたる振動について必要な規制を行うとともに、道路交通振動に係る要請の措置を定めること等により、生活環境を保全し、国民の健康の保護に資することを目的とする法律(昭和51年法律第64号)。本法は、都道府県知事により指定される地域内において、著しい振動を発生する特定施設を有する工場または事業場の設置者の規制基準遵守義務、特定施設の設置・変更届出義務、著しい振動を発生する特定建設作業を伴う建設工事施工者の作業実施届出義務等についてそれぞれ定めている。また、都道府県知事は、指定地域内における自動車の運行に伴い発生する振動の防止に関し、道路管理者または都道府県公安委員会に対して必要な措置をとるよう要請できることを定めている。

深夜電力[night-only service] 夜間の特定時間に限り使用される電力需要に適用される契約種別。主として家庭用の電気温水器が対象となっており、概ね、深夜電力A、Bおよび第2深夜電力に区分される。深夜電力Aは、毎日午後11時から翌日の午前7時までの8時間に限り、温水用動力を使用するもので、その総入力が0.5kW以下のものに適用され、料金は1月1契約当たりの料金が設定された定額料金制である。深夜電力Bおよび第2深夜電力は、いずれも従量制供給で、料金は、基本料金と電力量料金からなる2部料金制を採っている。

供給時間は、深夜電力Bは深夜電力Aと同じで(ただし中国電力は午後11時から午前8時まで)、第2深夜電力は午前1時から6時までの5時間となっている。深夜電力の料金率は、軽負荷時に限定して使用される負荷の特性を考慮して相対的に低くなっているが、なかでも第2深夜電力は深々夜時間帯の供給原価を反映し、深夜電力Bよりも低位な水準に設定されている。また、通電制御型蓄熱式機器を使用する場合は、料金割引制度が設定されている会社もある。なお、1995年の電気事業法改正を受け、翌96年1月からは選択約款として設定されている。さらに、自由化範囲の拡大に応じて、2007年現在、低圧需要のみ(沖縄電力は、低圧需要および高圧需要)が、選択約款での規定対象となっている。(→通電制御型蓄熱式機器)

深夜率[minimum ratio in a daily load curve] 深夜の最小電力と一日の最大電力の比率を表したもの。

信頼回復委員会 [Trust Restoration Committee] もんじゅ事故、JCO臨界事故、データ改ざん等の問題によって失われた原子力への信頼回復のために、2002年10月電気事業連合会にて、電力10社と日本原子力発電、日本原燃、電源開発の13社の社長で構成する「信頼回復委員会」を発足。これまでの主な取り組みとしては

「電気事業連合会行動指針」の見直し、情報公開・情報共有の促進、社外からの意見の反映、コンプライアンス窓口の設置、NSネットとの連携強化等。

森林の減少 [deforestation] 地球上の森林の半分を占める熱帯林が、年々大幅に減分している問題のこと。熱帯林は、熱帯地方の人々の食糧、肥料、燃料の供給源となり、土壌保全、治山・治水に欠かせないほか、世界的な食糧の原産地、建材等の供給源、さらには地球温暖化対策の観点から、その保護と回復に大きな関心が集まっている。熱帯林の減少の原因としては、過度の焼畑耕作、薪炭材の過剰採取、放牧地や農地への転用、不適切な商業伐採等が直接の原因と指摘されているが、その背景には発展途上国における貧困、急激な人口増加等の問題がある。

対策として、世界農業機構(FAO)による「熱帯林行動計画」(1985年)の策定、地球サミットでの「森林原則声明」(1992年)の採択のほか、1994年に「国際熱帯木材協定(ITTA)」が地球サミット後初めての協定として採択される等、森林の保全についての世界的な合意がなされている。

す

水質汚濁防止法 [Water Pollution Control Law] 工場および事業場からの公共用水域への水の排出および地下水への浸透を規制すること等により、公共用水域の水質の汚濁の防止を図り、もって国民の健康を保護するとともに生活環境を保全すること、ならびに工場および事業場から排出される汚水および廃液に関して人の健康に係る被害が生じた場合における事業者の損害賠償の責任について定めることにより被害者の保護を図ることを目的とする法律(昭和45年法律第138号)。本法は、有害物質を含むか、または生活環境に被害を生ずる恐れのある汚水または廃液を排出する特定施設を設置する事業者に対して、都道府県知事への施設設置の届出、排出基準遵守等の義務を課している。

また都道府県知事に対して、公共用水域の水質汚濁状況の常時監視を義務づけるとともに、事業者に対する改善命令、立入調査等の権限を与えている。さらに同法は、有害物質を含む汚水等の排出により人の生命または身体を害した事業者は、無過失損害賠償責任を負うことを定めている。

水主火従 [shift from reliance on thermal power to hydropower] 日本の電気事業は火力発電方式により始まったが、駒橋発電所(柱川水系)の運転開始(1907(明治40)年)等を機に火力発電所は予備化され、火力から水力への転換が行われて、水主火従の発電方式がとられることとなった。これに伴い料金も大幅に値下げが可能となり、電灯は石油燈、ガス灯等の競合エネルギーを駆逐して急速に普及していった。この後、各地

で大規模な水力開発ならびに高電圧送電計画が相次ぎ、昭和30年代の新鋭火力の導入によって再び火主水従に転換するまで、水主火従方式が日本における供給力構成の一般的な形態となった。

推進工法[jacking method]内径600mm～2,000mm程度のヒューム管、鋼管あるいはダクタイル管の先端に刃先を取り付け、推進基地杭にセットした推進用油圧ジャッキにより圧入、掘削する工法。地中電線路としての利用方法は、一般に管路布設方式で使用されるが、洞道として使用される場合もある。推進工法は、管をジャッキにより圧入推進する工法のため、その施工こう長は一般に50～70mで、推進速度は一般に日進4～5mであるが、中間に補助推進用の中間ジャッキのセット、減摩材のセットをすることにより300m程度までの推進も可能である。軌道や、道路、河川底ならびに沿道状況、交通状況により通常の開削工法が困難な道路等に採用することにより、軌道、道路の交通、あるいは沿道等への影響を最小限に抑えた施工ができる。最近は、砂礫層やS字曲線の推進を実施する例もあり、技術開発の進展に伴って、今後適用が増加する。

水素イオン濃度（指数）[Hydrogen Ion Concentration]水溶液の酸性、アルカリ性の度合を表す指標。一般に「水素イオン濃度」といわれることもあるが、正確には、水素イオン濃度の逆数の常用対数を示す値。pH（potential Hydrogen, power of Hydrogen）という記号で表される。pH試験紙やpH計等で簡易に測定できる。pHが7のときに中性、7を超えるとアルカリ性、7未満では酸性を示す。

水素エネルギー[hydrogen energy]水素はクリーンで資源的に豊富であり、かつ利用の可能性がきわめて高いエネルギーともいわれている。しかし、実際には大量の水素を安価に製造する技術が確立していないため、エネルギーとしての利用開発が遅れている。水素は現在ロケット用燃料等の特殊分野にしか使用されていないが、化石燃料にはみられない多くの特徴をもっている。今後の利用方法としては、高効率な燃料電池への使用、余剰電力で水の電気分解により水素を作り、蓄電と同じ効果を得ること等が考えられている。また、水素貯蔵合金を利用した冷暖房蓄熱システムへの適用のほか、石炭の液化や現有の軽質化のための水素添加等、その利用範囲は広い。

水素ステーション[hydrogen station]現在、日本国内を走行している燃料電池自動車は、圧縮水素を燃料とするタイプが主流であり、燃料電池自動車への水素充填を、ガソリンスタンド等と同様に行うことができる施設のこと。

水素貯蔵[hydrogen storage]大量の水素を可逆的に吸蔵、放出させることのできる合金のことをいう。この合金は、①水素と低温あるいは高圧下で反応させると多量の水素を吸蔵

し、金属水素化物を生成すると同時に発熱する、②逆にこの金属水素化物を高温あるいは低圧下に置くと、水素を放出すると同時に、周囲より熱を奪い吸熱反応を起こすという性質をもつ。水素貯蔵合金の大きな特徴は、水素化物にすることにより極めて高い水素密度にすることができることであり、同じ体積で比較した場合、水素化物は水素ボンベや液体水素よりもコンパクトになるばかりでなく、安全に水素を貯蔵することができる。

合金の種類としては、希土類、チタン、マグネシウム、その他の金属をベースとしたもの等がある。水素吸蔵合金は、民生用としてニッケル・水素二次電池に発電設備には発電機水素純度維持装置に利用されている他、通商産業省工業技術院（当時）のニューサンシャイン計画では、ヒートポンプ、ケミカルエンジン、水素およびエネルギーの貯蔵・輸送システム等の開発が進められている。

水中放流方式 [underwater discharging type cooling system] 火力・原子力発電所の温排水対策として、放水口付近の水深が深い場合に、温排水を深層部から水中に直接放出するか、あるいはパイプを利用して温排水を深い海域まで誘導して放出し、深層部の冷たい海水との混合希釈を促進させ、温排水の拡散範囲の低減を図る方式をいう。

水中ポンプ形水車 水中プロペラを応用し、固定翼プロペラ水車と誘導発電機を連結したコンパクトな構造で、流量調節機構（ガイドベーン）がないことが特徴。

水密形絶縁電線 [watertight isolated cable] 従来の高圧絶縁電線（屋外用架橋ポリエチレン絶縁電線）は、より線導体の外周部に絶縁被覆を施したものであるが、配電線路で使用した場合、被覆はぎ取り部分からの雨水等の侵入により腐食が発生し、素線の残留応により断線に至るケースがあった。水密型絶縁電線はこの対策として開発されたもので、より線導体の素線間の隙間および導体と絶縁体の間の隙間に混和物を充填し、雨水等の侵入防止を図った電線である。

水利権 [water rights] 特定の目的のために河川の流水を含む公水一般を、継続的、排他的に使用する権利をいい、河川法第23条（流水の占用の許可）の規程により許可を受けたもの（許可水利権）と定義されるが、旧河川法施行（明治29年）前から主としてかんがい用水として慣行的に流水を占用していた水利権（慣行水利権）も含まれる。使用目的による分類としては、かんがい用水利権、工（鉱）業用水利権、水道用水利権、発電用水利権、養魚用水利権等がある。発電用水利権の主な内容は、使用の目的、流水占用の場所（取水口、注水口および放水口の位置）、取水量および使用水量、水力発電の落差、流水の貯留における総貯水量、有効貯水量および常時満水位、取水の方法、

責任放流量、流水の貯留の条件、排他性の制限、存続期間等である。

水力発電 [hydroelectric power generation] 高所にある河川や湖沼の水を適当な方法で導水して、低い位置にある発電所に落下させて水車を回し、その動力によって発電機を回転し、電気を発生させるものである。水の落差を得る方法により①水路式発電所②ダム式発電所③ダム水路式発電所に分類され、水の使い方により①流込み式発電所②調整池式発電所③貯水池式発電所④揚水式発電所に分類される。

河川流量を利用するにあたり、自然の流量をそのまま水車に通して発電する流込み式よりも、極力調整池または貯水池を設け、電力需要の変化および季節に応じて調整し得る調整池式、貯水池式の方が望ましいのはいうまでもない。現在、わが国の水力地点は、大規模な地点はほとんど開発されつくした感があり、スケールメリットが追及できず経済的に割高となっている地点が多く、今後水力開発にあたっては、建設費を低減させるため中小水力に適した水車発電機の開発、標準化、土木施工技術の開発等による思い切ったコストダウンを図る必要がある。また、水力発電設備の設置により河川流量が減水し、景観、水生生物、水質等に対して影響等を与えることもあり、環境保全との調和をとった開発も必要となっている。

水力発電施設周辺地域交付金 [hydropower plants local community grants] 水力発電所の設置により生じた影響緩和のための施設整備に係る財政需要に応えるため、電源開発特別会計法に基づき、運転開始後15年以上経過している水力発電施設または当該発電施設の減水区間の存する市町村に対し、都道府県を通じ間接交付される交付金。ただし、一市町村内の水力発電施設の出力合計が1,000kW以上で、かつ電力量の合計が500万kWh以上のものに限られる。交付限度額（年額）は、評価年間発生電力量に1000kWh当たり75円（揚水37.5円）を乗じた額であり、交付期間は7年間であるが、最長で合計30年間まで延長される。

水路式発電所 [conduit type hydropower plant] 河川勾配に比べて緩勾配の水路を設けて導水することにより、落差を得る方式の水力発電所で、できるだけ短い水路延長で大きい落差が得られる場合に有利となる。したがって一般に勾配が急であって、かつ屈曲の多い河川の中・上流部に設けられることが多い。（→流込み式発電所）

スーパー・ゴミ発電 天然ガスを燃料とするガスタービン発電機を併設し、その排熱を利用して発電効率を上げた廃棄物発電。ゴミ発電の効率を妨げる要因の燃焼ガスによる過熱器の腐食を避けるため、天然ガス発電の腐食性の低いガスタービン排熱を利用する。発電効率は従来の自己完結型のゴミ発電と比べて、10％以上高

い22〜26％の実績が報告されている。CO_2（二酸化炭素）、NO_x（窒素酸化物）、SO_x（硫黄酸化物）等の低減が図られるばかりでなく、冷暖房、温水プール等に余剰蒸気を活用できる等、ごみ焼却時の熱エネルギーを多様に活用できる。

スーパーフェニックス [Super Phenix] フランスの高速増殖炉実証炉。電気出力約120万KW、燃料にはプルトニウム―ウラン混合酸化物燃料、冷却材にはナトリウムを使用。1985年に運転を開始し、その後、フランスの政権交代に伴い、経済的理由により、1998年に閉鎖された。

スタッカー [stacker] アンローダで陸揚げされた石炭を、通常ベルトコンベアで貯炭場まで運んだ後整然と貯炭場に積付けする機械のこと。なお払い出し用の機械であるリクレーマの機能を兼ね備えたスタッカー・リクレーマもある。

スタッキングレシオ 年間補修量（MW・月）を用いて補修の月別配分、月別需給均衡度を検討するが、具体的に各ユニットの補修を決定する場合には、ユニット容量の大小、補修日数の長短、作業工程、作業処理能力、補修必要時期等の制約を受け、必要補修量から得られた補修枠の範囲内で各ユニットの補修を完全にうまくはめ込むことは難しく、ある時点では供給予備力が減少して需給均衡度が低下する恐れがあるので、これを防止するため補修枠の内に必要補修量に対する余裕を見込むことが必要となる。このような余裕を送り込むため、必要量からくる月別補修枠と実際の補修量との比をスタッキングレシオという。

スタットクラフト社（ノルウェー）[Statkraft SF] 1992年1月、ノルウェーの旧国有公社（Statskraftverkene）が分割・改組された際、発電・供給部門を引き継いで、商業ベースで運営される国有企業として設立。国内発電設備の約3割を保有し、電力多消費型産業の大口需要家へ電力供給を行う。

ストーカ炉 [Stoker Furnace] ゴミをストーカー（「火格子」とも呼ばれるゴミを燃やす場所。下から空気を送りこみゴミを燃えやすくするため、金属の棒を格子状に組み合わせてある）の上で転がし、焼却炉上部からの輻射熱で乾燥、加熱し、撹拌、移動しながら燃やす仕組みの焼却炉。国内の焼却炉で最も多く使われているタイプ。ストーカーの形状や移動方式によりいろいろな種類がある。このほかに、炉内で高温に熱した砂を流動させてゴミを燃焼する「流動床炉」がある。

ストール制御 [stall control] ブレードの取り付け角（ピッチ角）を固定とし、風速が一定以上になるとブレード形状の空気特性により、失速現象が起こり、出力が低下することを利用して制御するもので、ピッチ制御に対して構造が簡単で低コストである。

ストックホルム条約（POPs条約）[Stockholm Convention on Persistent Organic Pollutants] 早急な対応が必要と思われる残留性有機汚染物質（POPs）の減少を目的として、それらの指定物質の製造・使用・輸出入の禁止または制限をする条約で、2001年5月に採択、2004年5月17日に発効、日本は2002年に受諾している。具体的には、アルドリン、ディルドリン、エンドリン、クロルデン、ヘプタクロル、トキサフェン、マイレックス、ヘキサクロロベンゼン、ポリ塩化ビフェニル（PCB）の製造と使用の禁止、DDTの製造と使用の制限、ダイオキシン類、フラン類の排出の削減、ポリ塩化ビフェニルの使用を2025年までに停止し、処理を2028年までに完了することが目標、開発途上国への代替品開発や物質処理に関する支援等が定められている。

ストランデッドコスト化　電力会社が安定供給義務を果たすために過去に行った発電設備等への投資が、自由化により価格競争力を失い、回収ができなくなること（＝回収不能コスト化）。カリフォルニアでは、1998年4月から一般家庭を含む全需要家を対象に自由化されたが、3大私営電力会社の小売電気料金は2002年3月までの時限措置として自由化前の水準で凍結され、その期間中に、発電設備の簿価と市場価格の差額等のストランデッドコストを回収することとされた。

スプリッタランナ［splitter runner］東京電力㈱と㈱東芝が共同開発した多翼型ポンプ水車ランナ。従来6～7枚であった羽を10枚に増やすとともに、長い羽根と短い羽根を交互に配置することにより水車効率およびポンプ効率を向上させた世界初の技術。

スペイン電気事業連合会［Unidad Eléctrica S.A.：UNESA］1944年にスペイン大手電力17社によって、全国規模で発送電設備の協調運用を図ることを目的に設立。その後、現REEが系統運用会社として設立されたため、UNESAの役割は、加盟電力会社間の調整機関として存続している。UNESAの加盟会社は2002年現在、4大企業にViesgo（ビエスゴ）を加えた5社である。加盟会社はUNESAを通じて、電力需要見通し、新規設備計画、料金改定等に関する合同提案を行う等、多方面にわたる調整を実施している。

スポット価格［spot price］1973年の第一次石油危機までは、石油の取引は原則として長期契約に基づいて行われていた。しかし、1972年12月のリヤド協定により産油国の事業参加が認められ、産油国が独自に原油の販売を開始すると、しだいに従来の供給ルートに乗らない原油の取引が増加してきた。これをスポット取引、この市場をスポット市場、さらにその取引価格をスポット価格と呼ぶようになった。スポット取引は、数量が少なく、また定期的に行われるものでなかったが、需給調整役としての機能から、しだいに石油の市況を

示す指標としての役割が重視されるようになった。

第二次石油危機のころからは取引量も増えて、スポット価格が産油国の価格決定にも大きな影響を与えるようになった。さらに、1988年頃からは、産油国は自ら価格の設定を行うことを放棄し、スポット価格にリンクして契約原油も販売するようになったため、スポット価格が実質的な世界の石油取引価格となった。なお、スポット価格の代表油種としては、北海のブレント原油、中東のドバイ原油等があげられる。

スポットネットワーク方式 [spot network system] 22（33）kV配電線において採用される方式で、都心部の高層ビル等で高密度の大容量負荷がある場合等に適用される。一次配電線を2回線以上（通常3回線）で受電し、回線ごとに設置された変圧器の2次側を共用するため、一部の一次配電線または変圧器が停止しても無停電で受電できる極めて信頼性の高い供給方式。配電線の事故等により変電所の遮断器が開放されると、当該変圧器において低圧側から一次側に電流が逆流し、ネットワーク・プロテクタが動作する。この場合、この系統から供給されている低圧系統は、他の健全な一次配電線およびこれにつながるネットワーク変圧器を通して供給されることになるので、供給支障は全く生じない。

スラリー [slurry] 岩石等の固体を微粉化して水等に混ぜ、かゆ状の流体にしたもの。最近ではトンネル掘削に伴い生じるズリ（土砂）をスラリー化してパイプ輸送することにより、施工性の改善、向上を図った流体輸送式トンネル掘削機（TBM：Tunnel Boring Machine）を始め、タンカーやパイプラインでの輸送やタンクでの貯蔵が可能であるという流体の特性を十分に活用した高濃度石炭水スラリー（CWM：Coal Water Mixture）等、スラリー化の利用分野を拡大してきている。

スラリー燃料化技術 [Slurry Fuel] 木質バイオマス等を高温高圧（270－330℃、数十分）の熱水で改質することにより、炭化し、水に懸濁した状態（スラリー化）とする技術である。木質バイオマスは、そのままでは発熱量が低く、乾燥に多大なエネルギーを必要とするが、スラリー化によりエネルギー密度が高くて、ポンプ輸送・タンク貯蔵が可能で取り扱いが容易になる。

スリーマイル・アイランド（原子力発電所）事故 [Three Mile Island accident] 1979年3月28日に、アメリカのペンシルベニア州のスリーマイル・アイランド原子力発電所（TMI）で発生した事故で炉心の一部が溶融する事態に発展し、わが国を始め原子力発電を積極的にすすめている各国に大きな影響を与えた。

事故を起こした原子炉は、バブコック・アンド・ウイルコックス社製の加圧水型原子炉。この事故の特徴には、①給水ポンプ停止の際に備え

られている補助給水ポンプの出口弁が、米国原子力規制委員会の技術仕様書に違反して、閉めた状態で運転を行っていた、②加圧器逃がし弁が故障して、一次冷却材が原子炉格納容器内に抜け続け、さらに故障に気づかなかったため、加圧器逃がし弁の上流にある元弁を閉めなかった、③運転員は、原子炉の中には十分な水があると判断し、非常用炉心冷却装置の流量を少なくしたり、早く止めたりしたため、原子炉の中の温度が上昇し、燃料棒の一部に損傷が起こった、④放射性物質を含んだ水が誤って補助建屋に移送され環境中に放射性物質が放出されてしまった、等がある。

放出された放射性物質は希ガス（キセノン、クリプトン）約250万Ci（約9.3×10^{16}Bq）、よう素約15Ci（約5.6×10^{11}Bq）と推定されている。付近の住民の一時避難も行われたが、実際には周辺住民の受けた最大放射線量は1mSv以下であり、また周辺80km以内に住む住民の受けた平均放射線量は0.01mSv程度と自然放射線量の60分の1程度であった。

諏訪エネルギーサービス㈱ [Suwa Energy Service CO.LTD] 1995年の電気事業法改正によって、特定の地点への小売を業とする「特定電気事業」が認められた。1997年6月に初の特定電気事業者となったのが諏訪エネルギーサービス㈱である。長野県諏訪市の再開発地域において周辺施設への電力供給を行っており、コージェネレーションシステムを採用し熱電併給による高効率のエネルギー供給を実現している。なお、2007年3月現在の特定電気事業者は計5社、約26万kWである。

せ

生活環境項目 [Living Environment Items] 環境基本法（平成5年法律第91号）に基づいて定められている水質環境基準の一つ。水質環境基準には、人の健康の保護に関する基準（健康項目）と生活環境の保全に関する基準（生活環境項目）の二つがある。健康項目は全国一律の基準であるが、生活環境項目については、河川、湖沼、海域の各公共用水域について、自然環境保全、水道、水産、工業用水、農業用水、環境保全（生物生息含む）等の利用目的に応じて設けられたいくつかの水域類型ごとに基準値が定められており、具体的な水域への類型あてはめは都道府県知事が決定する仕組みになっている。

生活環境を保全するうえで維持することが望ましい基準として具体的には、PH（水素イオン指数）、BOD（生物化学的酸素要求量）、COD（化学的酸素要求量）、SS（浮遊物質量）、DO（溶存酸素量）、ノルマルヘキサン抽出物質、大腸菌群数、全窒素、全リン等の基準値が設定されている。

制御材 [control material] 原子炉中の中性子の数を適切に保ち、炉の出力を制御するために用いられるもので、

①中性子吸収断面積が大きいこと、②中性子に長期間照射されてもその効果を失わないこと、③熱および放射線に対し安定であること、④機械的性質が良いこと、等の性質が要求される。代表的な制御材にほう素がある。ほう素は質量数10と11の同位元素があるが、中性子吸収断面積が大きいのはB-10で、天然ほう素に約20％含まれている。ほう素は、単体では耐食性、加工性が悪く、そのままでは使用できないため、炭化物B_4Cとして管に入れて使用されることが多い。しかしこの場合、B-10は中性子と反応してヘリウムガスを生成するため、管の強度上留意が必要。また、ほうけい酸ガラスとしたり、ほう酸溶液として使用されることも多い。カドミウムやガドリニウムも制御材として使用される。

制御地域（アメリカ）[control area] アメリカの系統運用上の最も基本的な単位。140以上の制御地域がある。制御地域には、単一の電気事業者系統の場合もあれば、複数の電気事業者が、契約によってあたかも一系統のごとく系統運用している地域もある。制御地域内では、一定の信頼度基準内で運転費を最小化し、適切な周波数、電圧を維持するため中央給電指令システムをとっている。また、制御地域内のオペレーターは発電出力を調整することにより、他の制御地域との連系線上の潮流をモニターし制御している。複数の電気事業者による制御地域はパワープールである場合もある。

制御棒 [Control Rod] 原子炉出力を制御するために、炉心内で生成される中性子数を調整（中性子吸収によって）する棒または板状物質をいう。熱中性子炉では、ホウ素、カドミウム、ハフニウム等の中性子吸収断面積の大きい材料を炉心内に挿入して用いる。制御棒には、粗調整棒、微調整棒、安全棒等がある。制御棒は、原子炉を緊急に停止するときにも用いられ、その際は炉心に急速に挿入される（これは安全棒の役割である）。

成型加工 [fabrication] 金属ウランや酸化ウラン粉末等の素材から燃料ペレット、燃料板等の成型を経て、所定の燃料棒あるいは燃料集合体の形にまで加工する一連の工程の総称をいう。

静止形無効電力補償装置（→SVC）

静止形励磁方式 励磁装置が、発電機主回路に接続した励磁用変圧器または励磁用変流器等と半導体電力変換器とで構成される方式をいう。静止形励磁方式は自励式とサイリスタ励磁方式の二つに大別される。静止形励磁方式では、構造が簡単なサイリスタ励磁方式が主に採用される。

正常営業循環基準 [normal operating cycle rule] 企業の営業活動に伴う「現金→原材料→製品→売掛債権→現金」という営業循環過程にある資産や、これに対応する負債について、その期間にかかわらず、流動資産、流動負債とする基準。

制水門 [regulating gate] 水力発電所等において、流量を調整する目的で水路に設置する水門をいい、制水ゲートとも呼ばれる。水力発電所においてはダム、取水口、沈砂池、ヘッドタンク、放水口等に設置される。取水口には導水路を断水して点検補修したり、洪水が導水路に侵入するのを防いだりする目的で制水門を設ける。沈砂池、ヘッドタンクおよび放水口の制水門は、場合によっては角落とし設備で代用し、省略することもある。ダムに用いる制水門は、その使用目的によって洪水吐ゲート、放流管ゲートと呼ばれる。水路内に設置されるゲートの形式は、開水路の場合はスライドゲート、ローラーゲート、圧力水路の場合はローラーゲート、特に作用水圧が大きい時はキャタピラゲートが多く採用される。

成績係数 (→COP)

生物化学的酸素要求量 (→BOD)

生物多様性国家戦略 [National Strategy for the Conservation and Sustainable Use of Biological Diversity] 政府(地球環境保全に関する関係閣僚会議)が、生物多様性条約に基づき、1995年10月に「生物多様性国家戦略」を決定した。これは、私たちの子孫の代になっても、生物多様性の恵みを受け取ることができるように、生物多様性の保全と持続可能な利用に関する基本方針と国のとるべき施策の方向を定めたものである。この「生物多様性国家戦略」では、施策の実施状況について毎年点検を行うとともに、概ね5年程度を目途に見直しを行うことが規定されており、2002年3月には「新・生物多様性国家戦略」が定められ、2007年11月には、「第三次生物多様性国家戦略」が定められた。

製錬(粗製錬)[smelting] ウラン鉱石から不純物を取り除きイエローケーキを作るまでの工程。採掘されたウラン鉱石を粉砕し、硫酸か炭酸アルカリ溶液に浸出させ、貴液(高濃度の金属を含む浸出液)にする。この貴液のウラン純度をイオン交換法、または溶媒抽出法によって高めた後、アンモニア、苛性ソーダまたは酸化マグネシウムを加えてウランを沈殿させ、それを濾過、乾燥して、イエローケーキとする。この工程により、U_3O_8換算で70~90%程度までウランの純度が高まる。

ゼオライト [Zeolite] 日本名は沸石(ふっせき)。ギリシャ語の沸騰する石という意味で、鉱物学的には沸石群に属す。ゼオライトは本来アルカリまたはアルカリ土のアルミノケイ酸塩で、結晶格子の中に主成分として水を含んでいるものが多い。ゼオライトはその成分であるアルカリまたはアルカリ土カチオンが比較的容易にイオン交換する特性を持っている。また、結晶構造に起因する規則的な細孔を持っており、その細孔径より小さい種々の物質を、脱水された細孔内に吸着する特性を持っている。このため、分子ふるい、イオン交換

体、触媒、吸着材として利用されている。現在ではさまざまな性質を持つゼオライトが人工的に合成されており、工業的にも重要な物質となっている。

世界原子力協会(WNA)[World Nuclear Association] 1975年6月の設立当初はウラン協会(Uranium Institute)という名称で、世界の主要ウラン生産会社所在国5カ国(カナダ、オーストラリア、フランス、南アフリカ、イギリス)のウラン生産業者(カナダのデニソン・マインズ社、リオ・アルゴム社、フランスのCEA、イギリスのRTZ社等)から構成されていたが、1976年1月に定款の改定を行い、消費者、加工業者等も加入できることになった。設立の目的は、エネルギー供給源確保に資するためにウランの平和利用を促進することであり、世界のウラン需要、ウラン資源および鉱山会社のウラン生産能力の調査、ウランに関する情報交換等が行われていた。わが国からは電力会社、加工業者、商社等が会員となっている。なお価格協定については、定款に「本協会の行為は生産を制限し、価格を固定し、競争を抑制するような協調的行為であってはならない」とウラン・カルテル化を禁止している。2005年1月に現在の名称に変更。2006年末時点の会員数は132会員である。

1975年6月に、世界の主要ウラン生産業者(カナダのデニソン・マインズ社、リオ・アルゴム社、フランスのCEA、イギリスのRTZ社等)により、ウラン協会(Uranium Institute)として設立された。翌年には定款を改定し、ウラン生産者以外の電力事業者、加工事業者も加入できるようになり、次第に活動領域を原子力全般に拡大、2005年1月にはWNA(World Nuclear Association:世界原子力協会)に名称変更した。2006年末時点の会員数は132会員である。

同協会の目的は、持続可能なエネルギー資源を実現するために原子力の平和利用を促進することであり、各種ワーキンググループにより、会員相互の情報交換や国際組織への働きかけ等を行っている。また、同協会が発行している「The Global Nuclear Fuel Market」は、ウラン資源やウラン加工の需給に関する貴重なレポートとして利用されている。

石炭ガス化燃料電池複合発電(→IGFC)
石炭ガス化複合発電技術 (→IGCC)
石炭火力[coal fired power generation] 石炭を燃料とする火力で、石炭を微粉炭状に粉砕して燃焼する微粉炭燃焼が主流である。また、次世代の発電方式として石炭をガス化してガスタービンと蒸気タービンを組み合わせて発電する石炭ガス化複合サイクル発電の開発も進められている。

石炭資源開発株式会社[Japan Coal Development Co.,Ltd.] 1980年1月23日、海外炭の輸入増に備えるため、電力会社9社と電源開発㈱の出資により設立された。①海外における石炭資源の調査、探鉱、開発、輸入ならび

に販売、②石炭の輸送および流通基地の設置、運営、③それに付帯関連する一切の事業を営むこと、を目的とする。豪州クィーンズランド州ブレアソール炭鉱とクレアモント炭鉱に、現地法人であるJCDオーストラリア社を通じて参加しているとともに、豪州ニューキャッスル港第2ローダーの運営会社であるポート・ワラタ・コール・サービスや北海道苫小牧市にある苫東コールセンターにも出資している。

また、1978年2月に締結された「日中長期貿易取り決め(L／T貿易)」を具体的に実施するために、①日本が輸入する中国一般炭の日本側窓口として、電力、セメント等の業界の調整および取りまとめ、②中国側との交渉における日本側需要家代表としての役割を果たすとともに、産炭国の政府、石炭業界との対応については、日豪、日中の国際会議をはじめ、あらゆる機会を通じて、日本の電気事業や石炭需要動向の理解浸透を図り、業界窓口としての機能も果たしている。

石炭スラリー製造技術 (→CWM)

石炭灰 [coal ash] 石炭には、5〜30%の灰分が含有されいるため、石炭火力発電所等で微粉炭を燃焼させたあとその残渣として、石炭灰が発生する。石炭灰は、集じん装置で集められたいわゆるフライアッシュとボイラ底部で回収される溶結状の石炭灰を砕いたクリンカに大別される。石炭灰の主成分はシリカ(SiO_2)とアルミナ(Al_2O_3)であり、この二つの無機質で全体の70〜80%を占めている。その他少量の酸化第二鉄(Fe_2O_3)、酸化マグネシウム(MgO)、酸化カルシウム(CaO)等である。

石炭メジャー 石炭メジャーそのものについての明確な定義はないが、一般的に、BHPビリトン、エクストラータ、リオ・ティント、アングロ・アメリカンの4社が4大石炭メジャーといわれている。日本にとって最大の石炭供給国であるオーストラリアにおいては、石炭の価格低迷期に石油メジャーや多くの中小探鉱が撤退し、M&Aによって4大石炭メジャーの市場占有率が高まっている。この動きについては、4大石炭メジャーによって上流開発投資が促進される可能性があるという意味で、プラスの評価ができる反面、市場支配力が増し、石炭価格の決定過程における影響力が過度に強化されることへの懸念も指摘されている。

石油依存度 [oil dependency] 一次エネルギー供給における石油の占める割合をいう。エネルギー資源に乏しいわが国において、供給面で不安定性が懸念される石油に過度に依存する危険性は、過去2度の石油危機を通じて広く認識されるようになった。このため石油の安定供給を図る一方、石油代替エネルギーの開発・導入、省エネルギー等を推進し、OPEC等の産油国の政情や海外の経済事情に影響されないようエネルギーの安定供給の確保につとめてきた。その結

果、石油依存度は、1973年度の77%から2005年度には51%まで低下している。電力会社は石油危機以降、石炭・LNG等の非石油燃料や原子力等の導入を推進し、石油代替エネルギー増加分の約9割をしめる等、エネルギー供給安定化の中心を担ってきた。

石油火力 [oil fired power generation] 重油、原油、ナフサ等の石油類を燃料とする火力で、1970年代初頭には火力の主流を占めていたが、石油危機以降、脱石油化が推進され、2005年度末現在では発電電力量の約12%まで低下してきている。発電機出力を柔軟に変動させることにより、中間負荷対応およびピーク供給力電源の役割を担っている。

石油危機 [oil crisis] 1973年の第四次中東戦争の際に、アラブ諸国によって採られた石油輸出停止、価格の4倍引き上げによってもたらされた世界的な経済混乱（深刻な失業、インフレーション）が極めて甚大であったことから、これを石油危機と呼んでいる。この石油危機後、エネルギー情勢は一時的小康を得たが、1978年末からのイラン政変を機に、石油価格はバーレル30ドルを超えて上昇し、世界は再度、深刻な不況に陥った。これを1973年の石油危機と区別する意味で、第二次石油危機と呼んでいる。とりわけ78%と高い率で石油に依存していたわが国の2度の石油危機の影響は、大きいものがあった。

石油業法 [Petroleum Industry Law] 日本のIMF（国際通貨基金8条国移行に伴い、原油の輸入が自由化されるに当たって、従来の原油輸入外貨割当制度に代わって、石油業に対する行政権行使の基礎として、1962年5月に制定され、同年7月より施行された法律。石油精製業の事業活動を調整することによって、石油の安定的かつ低廉な供給を図ることを目的とし、①石油供給計画の作成（第3条）、②石油精製業、精製設備の新増設の許可（第4～7条）、③石油製品生産計画の届出および変更勧告（第10、11条）、④石油製品の販売価格の標準額設定（第15条）等を規定し、国内の石油需給状況や各社ごとの精製・販売計画に至るまで、政府が行政的に監督・指導することができるようになった。

石油業法施行後の石油政策は、総合エネルギー政策の一環として位置づけられ、エネルギー政策の総合化が進められていった。なお、石油精製業の許可等の需給調整規制を撤廃し市場原理を一層導入することにより強靭な経営基盤を確立するため、石油業法は、2002年1月に廃止された。

石油コンビナート等災害防止法 [Law for the Prevention of Disaster at Oil Complexes, etc.] 大量の石油または高圧ガスを取り扱う区域を石油コンビナート等特別防災区域として政令で指定し、当該区域の災害発生および拡大を防止するため、他の一般の地域以上に規制を強化し、国、地方

公共団体、事業者の三者による防災体制の総合的な整備強化を図り、災害から国民の生命、身体および財産を保護することを目的に制定された（昭和50年12月法律第84号）。

同法では、特別防災区域に所在し、石油または高圧ガス等の貯蔵・取扱量が基準量以上の事業所を特定事業所とし、特定事業所を設置している者に、特定防災施設および自衛防災組織の設置、防災管理者の選任、防災規程の作成を義務づけているほか、異常現象の通報義務、共同防災組織および広域共同防災組織の設置、災害時における自衛防災組織等の応急措置、石油コンビナート等防災本部・防災計画等について定めている。自衛防災組織には特定事業所における石油等の貯蔵・取扱量に応じて防災資機材等の備え付け、防災要員の配置を義務づけている。

石油石炭税 原油や製品の輸入段階で、関税とともに課税される税金。経済産業省は、2003年度の税制改正において地球温暖化対策のため、従来の石油税を見直し、新たに石炭に課税すると、CO_2（二酸化炭素）排出量を課税標準に取り込んだ石油石炭税を、2003年10月から導入した。税率は、激変緩和のため、3段階にわたり実施され、最終的には2007年4月以降、石油は2,040円／kℓ、LNGやLPガスは1,080円／t、新たに課税される石炭は700円／tとなっている。税収は、石油開発・石油備蓄等の石油対策や省エネルギー・代替エネルギー等のエネルギー需給高度化対策等に使用されている。

石油増進回収 （→EOR）

石油代替エネルギー [alternative energies for oil] 石油に代わるエネルギーのことで、具体的には原子力、石炭、LNG（液化天然ガス）、水力、地熱、太陽エネルギー、風力等をいう。1973年の石油危機を契機に石油の供給制約が強まり、石油価格が高騰したのに対し、わが国では「石油代替エネルギーの開発及び導入の促進に関する法律」（昭和55年月30日法律第71号）を定め、石油依存度の低減を図るとともに、エネルギー源の多様化を推進することとしている。

石油代替エネルギーの開発及び導入の促進に関する法律 [Law for Promotion of Development and Introduction of Alternative Energies to Petroleum] 石油危機を契機として、内外の経済的社会的環境に応じたエネルギーの安定的かつ適切な供給の確保に資するため、石油代替エネルギーの開発および導入を総合的に進めるために必要な措置を講じることを目的に1980年に制定された法律（昭和55年5月30日法律第71号）。その内容を以下に示す。

経済産業大臣は、総合的なエネルギーの供給の確保の見地から、石油代替エネルギーの供給目標定め、これを公表しなければならない（第3条）。また、エネルギーを使用する者は、石油代替エネルギーの導入に努めなければならず（第4条）、経済産

業大臣は石油代替エネルギーを使用することが適切であると認められる工場又は事業に対する石油代替エネルギーの導入の指針を定め、これを公表する(第5条)。さらに、政府は石油代替エネルギーの開発および導入を促進するために必要な財政上、金融上および税制上の措置を講ずるよう努めなければならない。このほか、石油代替エネルギーの開発および促進のために必要な業務等を総合的に行うことを目的とする「新エネルギー・産業技術総合開発機構(NEDO)」について定めている。

石油代替エネルギーの供給目標[target of alternative energies of for oil]「石油代替エネルギーの開発及び導入の促進に関する法律」第3条に基づき、経済産業大臣は閣議の決定を経て、石油代替エネルギーの供給目標を策定・公表することとなっている。これは、一口に石油代替エネルギーといっても、その特性、用途等から多種多様のものがあり、石油代替エネルギーの開発・導入を、必要量を確保しつつ、円滑かつ効率的に進めていくには、このような供給目標の策定が必要と考えられるためである。供給目標では、開発および導入を行うべき石油代替エネルギーの種類およびその種類ごとの供給数量目標、その他石油代替エネルギーの供給に関する事項について、エネルギーの需要および石油供給の長期見通し、石油代替エネルギーの開発状況、その他の事情を勘案し、環境の保全に留意しつつ定めるものとされている。

この目標の実現に向けて、国は石油代替エネルギーの開発・導入を促進するための施策を講じることとなっている。供給目標は、過去に8回策定されているが、2007年4月28日に閣議決定された目標は、2010年度までに開発および導入を行うべき石油代替エネルギーの種類と供給数量を次の通りとしている。①原子力8,700万kℓ、②石炭10,100万kℓ、③天然ガス8,100万kℓ、④水力2,100万kℓ、⑤地熱100万kℓ、⑥その他の石油代替エネルギー2,400万kℓ(すべて原油換算万kℓ)。

石油備蓄法(現:石油の備蓄の確保等に関する法律)[Petroleum Reserve Law] 現在は「石油の備蓄の確保等に関する法律」という。第一次石油危機後の経験から緊急時における石油の安定供給を図る上で、石油備蓄の抜本的増強を図る必要性が強く認識されたことをうけ、1979年度末までに90日分の備蓄を目標とし、1975年12月に制定された。同法は、①備蓄円滑化のための国の施策実施業務、②将来にわたる石油備蓄目標の策定、③石油精製業者等の将来にわたる石油備蓄に関する計画の届出、④基準備蓄量の算定および通知、⑤石油精製業者等の基準備蓄の常時保有義務⑥これに反する場合の勧告、命令および罰則、⑦緊急時における義務解除としての基準備蓄量の減少、等である。この計画は、1979年の第二次石

油危機のため1年足踏みしたが、1981年度末には目標が達成された。

一方、90日備蓄計画期間中の1978年6月、石油のほぼ全量を輸入に依存しているわが国は、90日分を超える備蓄が必要であり、それを民間石油企業に課すのは過重であるとの認識の下に、石油公団による国家備蓄が法制化された。この国家備蓄は、1987年11月の石油備蓄問題小委員会において1990年代半ばを目途に5,000万kℓ達成という目標が示され、1998年に達成し、この過程で、国家備蓄の増強と同時に、民間備蓄の軽減を進め、1989年度から民間備蓄義務日数を90日分から毎年4日分軽減し、1993年度からは備蓄義務日数70日体制となった。

石油元売会社 [primary distributor of oil products] 元売会社そのものについての公的な定義・規定はないが、一般的に自社マークを保有し、特約店・給油所・灯油販売店等の流通機構や直接販売（直売）を通じて需要家に石油製品の販売を行っている石油会社を「元売会社」と呼び、自ら精製会社を兼ねているか、あるいは精製会社と資本関係で緊密に結びついている。元売会社は現在10社（新日本石油、エクソンモービル、東燃ゼネラル石油、三井石油、昭和シェル石油、太陽石油、コスモ石油、出光興産、ジャパンエナジー、九州石油）ある。

セクター別アプローチ [sectoral approach] 温室効果ガス排出量の比較的多い業種・部門（セクター）に着目し、セクターごとに排出目標・技術基準等の設定や好事例の共有等を通じて温暖化対策に取り組む手法で、経団連では、『複数の国・地域の参加の下、業種別にエネルギー効率の目標等を設定し、その実現に向けて取り組むスキーム』と定義している。

2007年12月のCOP13（気候変動枠組み条約第13回締約国会合）で採択されたバリ行動計画においても、技術移転を促進する温暖化対策の手法として位置付けられた。国全体での温室効果ガス排出量管理や温暖化対策実施が困難な途上国でも、主要セクターとして参加可能な手法であることから、途上国における排出削減の促進、国際競争の不均衡回避の観点から関心を集めている。セクター別アプローチでは、具体的な既存・将来技術の特定化とポテンシャルの明確化や、過去の取り組みに関する客観的評価によるセクター内の衡平性の担保、炭素リーケージ（温室効果ガス排出規制地域以外への産業移転による温室効果ガス排出増加）回避等が期待できる一方で、実効性の担保、国連の枠組みとの整合性の確保、客観的な評価尺度（データ）の入手・評価可能性等が課題として指摘されている。

具体的事例として、APP（クリーン開発と気候に関するアジア太平洋パートナーシップ）における官民協働による技術協力スキームや、国際アルミニウム協会(IAI)、セメント・

サステナビリティ・イニシアティブ (CSI)、国際鉄鋼協会 (IISI) 等国際業界団体の温暖化対策の取り組み等がある。

石炭ガス化複合発電 (IGCC) [coal gasification combined cycle generation] 粉砕した石炭をガス化炉で燃料ガスに転換し、このガスをガス精製装置で脱硫、脱じんを行った後、ガスタービンの燃料として使用し、発電するとともにガスタービンからの排ガスを排熱回収ボイラで熱回収し、その発生蒸気にて蒸気タービンを回して発電する方式（略称IGCC：integrated gas combined cycle）。

この発電方式は、①加圧流動床複合発電（蒸気タービンを回すと同時に、ボイラの排ガスでガスタービンを回す方式）よりも高温のガスタービンと排熱回収ボイラ、蒸気タービンの組み合わせによる複合サイクルにより発電効率の向上が図れる、②石炭灰は、ガス化炉から溶融スラグの状態で排出されることから、灰の有効利用および処理処分上有利である、等の利点があげられる。現在、㈱クリーンコールパワー研究所（CCP）が研究開発の主体となり、福島県いわき市において、250MW級実証研究設備を建設し、2007年9月から実際に石炭をガス化して発電する試験を開始している。

絶縁協調 [insulation co-ordination] 雷の直撃、誘導による外雷、または線路の開閉、断線、地絡等に伴う内雷による異常電圧に対し、発・変電所、送電線を含めた高電圧系統のいずれの部分の絶縁耐力も、これらのすべての異常電圧に耐えるように設計することは、技術的にも経済的にも困難である。そこで高電圧系統全体として、安全でしかも経済的な絶縁設計を行うことを絶縁協調という。そのためには、架空地線等を用いて直撃雷に対して防護し、かつ接地抵抗を低減して雷遮へいの有効化を図る。また避雷器によって異常電圧の値を低減し、機器の絶縁強度と協調をとる。新しい高電圧を採用する場合は、避雷器の保護レベルを基準として機器の絶縁レベルを決めている。

絶縁協調の基本的な考え方は、機器の絶縁強度と避雷器の保護レベルとの間に適切な裕度を持たせることである。さらに絶縁破壊事故を最小限に止めるため、復旧容易な部分の絶縁強度を他の重要な部分の絶縁強度より低めることも必要である。具体的には、時間的な協調（V−t特性）、空間的な拡がり（被保護機器に対する避雷器の位置）を検討することになる。

石灰（石灰石）―石こう法 [the Limestone-Gypsum Process] 火力発電所の排煙中の硫黄分を除去するための、方法の一つであり、吸収剤としての石灰石が、国内で豊富に産出され、経済性に優れていること、副生品として、セメント用や石膏ボードに適した商品価値の高い石膏が回収可能であるため、脱硫方式の主流となっている。これは、排ガス中の亜

硫酸ガスを吸収塔内で石灰石を含む吸収塔スラリーと気液接触させ、亜硫酸カルシウムとし、水分を分離した後、副生石膏として取り出す方式である。

接続供給 [intra-area wheeling service] 一般電気事業者が、他の一般電気事業者または特定規模電気事業者から特定規模電気事業の用に供するための電気を受電し、自らが維持・運用する供給設備を介して、同時に、供給区域内の需要者の需要の変動に応じて契約者に供給すること。契約については、あらかじめ定めた発電場所と需要場所（それぞれ複数設定可）について1接続供給契約を結ぶことが可能である。また、1発電場所が複数の接続供給契約に属することも可能となっている。かつては、1発電場所は1接続供給契約にしか登録できなかったが、卸電力取引所の設立等の状況変化を踏まえ、市場取引にも対応した柔軟な系統利用制度の在り方として複数契約への登録を可能とした。

設備利用率 [capacity factor] 発電所や変電所等の総供給設備容量に対する平均電力の比をいい、設備がどのくらい有効に使われているかをみる指標。効率的な供給を確保するために、負荷平準化や定期検査の短縮等を通じ、設備をより効率的に利用し、設備利用率を向上させることが課題となっている。

瀬戸内海環境保全特別措置法 [Law Conserrvation of the Environment of the Seto Inland sea] 水質汚濁防止法等をはじめとする従来の規制方式では瀬戸内海の環境保全を図ることが不十分であったことから、水質汚濁防止法の規制方式を広域的にとらえ直し、瀬戸内海の環境の保全を図ることを目的として制定された。瀬戸内海環境保全基本計画および府県計画の策定等に関し必要な事項を定めるとともに、特定施設の設置の規制、富栄養化による被害の発生の防止、自然海浜の保全等に関し特別の措置を講ずることにより、瀬戸内海の環境の保全を図ることを目的としている。なお、この法律は1973年に「瀬戸内海環境保全臨時措置法」として制定されたが、1978年に抜本的な改正が行われるとともに、法律名を現在の名称に変更したものである。

セラフィールド・リミテッド [Sellafield Limited] イギリスの原子燃料サイクル事業に携わる会社。1971年にUKAEA（英国原子力公社）の生産グループから独立し、British Nuclear Fuels Ltd（BNFL）が設立された。BNFLは、ウラン濃縮事業、原子燃料サイクル事業、原子炉施設解体・撤去、マグノックス型原子力発電所の運営等を行っていたが、2005年4月1日に組織改変が行われ、BNFLは原子燃料サイクル事業を行うBritish Nuclear Group Sellafield Limited（2007年6月29日付でSellafield Limitedに名称変更）の持株会社として機能することとなった。Sellafield Limitedは、主な事業として、原子燃

料の再処理、MOX燃料の加工、放射性廃棄物の貯蔵、原子燃料および廃棄物の輸送事業を展開している。

セラフィールドMOX燃料加工工場
（→SMP）

セラミック燃料 [ceramic fuel] 原子燃料の種類は、それを用いる原子炉の使用目的と技術の進歩によって異なっている。発電用原子炉では、当初は天然ウラン金属を用いたコルダーホール型や重水炉も開発されたが、現在の商業炉の大半を占める軽水炉においては、低濃縮ウランを酸化物としたセラミック燃料が使用され、また、重水炉においても低濃縮ウラン酸化物のセラミックス燃料が使用されるようになった。これら燃料は、ウラン酸化物を焼き固めたペレットを金属被覆管内におさめたものである。なお、研究炉は目的に応じていろいろな燃料が使用されており、U-Alの金属燃料等が用いられている。

全国融通 [nationwide power exchange] 電力融通は電力経済圏を拡大することによってメリットを追求する広域運営の柱として位置づけることができ、電力需給の安定と供給コストの低減に大きな役割を果たしている。電力融通に係わる契約を電力融通契約という。これには全国契約、2社契約、特定契約等がある。全国融通は、全国大で需給の安定と設備の有効利用を目的とするもので、①需給応援融通電力（受電会社の供給力不足を補う）、②需給協力融通電力（需要の不等時性、供給力構成の差異を活用した設備の合理的運用、ベース供給力の有効利用）、③経済融通電力（送受電会社両社の運転費の低減）の種別がある。

全固体絶縁変電所 [all-solid-insulated substation] 次世代の変電所には、これまで以上に低コスト化、高密度化、高環境性・防災性、および流通設備の有効利用を図るための高機能化が要求される。これまでに、変電所の母線、開閉装置は大気絶縁から使用電界強度を大幅に大きくとれるSF_6（六フッ化硫黄）ガス絶縁による容器内絶縁に移行し、コンパクト化を図ってきた。変圧器は紙・油絶縁が主流であるが、プラスチック系絶縁紙とSF_6ガスで絶縁したガス絶縁変圧器が実用化されている。

　変電機器の一層の高密度化を図るには、使用電界強度の高い固体絶縁とすることが有効であり、また、脱SF_6、脱油化によって環境性、防災性が飛躍的に向上する。さらに、機器をモジュール化し、モジュール間を固体絶縁接続器で接続することで、変電設備のユニット化と高拡張性が可能となり、また潮流制御機器や限流開閉器を合わせて導入することで、流通設備の利用率を向上することが可能となる。現在、300kV級の全固体絶縁変電所が検討されており、今後研究開発が進むものと考えられる。

センサネットワーク [Sensor network] 周辺に配置された複数の小型端末が無線により自立的にネットワークを

先進湿式法再処理 [advanced aqueous reprocessing method] 使用済燃料の再処理には、沈殿法等に代表される湿式法とフッ化物揮発法等に代表される乾式法があるが、湿式法の一つ。従来の湿式法よりも、プラントの工程が単純化でき小さなプラントで大きな処理量が得られる等経済性が高く、マイナーアクチノイド（ネプツニウムやアメリシウム）をウランやプルトニウムとともに回収できるため廃棄物の発生量を少なくできる。また、プルトニウムを単独で取り出すことができないことから、核拡散抵抗性が高い。

仙台電燈 1894（明治27）年4月、宮城水力製糸紡績会社社長菅克復および佐藤助五郎が中心となって、東北地方で最初の電気事業を始めた会社である。同年7月、宮城水力製糸紡績会社が動力用の水を利用して新たに建設した発電所から30kWを受電し、仙台市内に電灯供給を行い、事業を開始した。

選択取水設備 [selective water intake facilities] ダムにおいて洪水期の濁水長期化防止対策、あるいは下流かんがい用水の水温低下防止対策として、表層や低層等の層から、必要に応じて自由に取水する方法をいい、このための設備を選択取水設備という。選択取水設備として具備しなければならない要件は、表層取水、低層取水のどちらでも可能であること、取水流速の小さいこと、一定の表層を水位変動に追従して連続的に取水できること等である。なお、選択取水設備には、大別すると二つの方式がある。①多孔取水塔方式は、取水塔の前面に間隔をおいて流入孔を数多く設け、所定のゲートを操作して選択取水を行うもの。②多段ゲート方式は、数段のスライドゲートまたはローラーゲートをすだれ状に組み合わせたゲート。

選択周波数制御 [selective frequency control] TBC方式と同じような制御特性を有しているが、TBC方式が採用される前に採用された方式である。TBC方式と異なる点は、周波数変化量、連系線電力の変化量の大きさそのものには無関係に、その変化量が＋であるか−であるかを検出し、その組み合わせにより、いずれの系統で制御すべきかを判定し制御するものである。

選択約款 [optional supply provisions] 一般電気事業者は、設備の効率的使用、すなわち負荷の平準化、もしくは効率的な事業運営に資すると見込まれる料金その他の供給条件であって、需要家が供給約款との間で選択可能なものについて、供給約款以外に選択約款という形で経済産業大臣への届出により設定することができる（電気事業法第19条）。

　これは、電気が生産即消費されるものであり、貯蔵が困難であるという財としての特性を有することから、

ピーク需要の尖鋭化に伴う負荷率の悪化、設備の利用率の低下に対して需要側における負荷平準化対策の充実・強化が喫緊の課題となっていたことをかんがみ、料金制度を通じて、これに対応する観点から、1995年電気事業法改正以前において、第21条ただし書に基づく認可を要していた需給調整契約制度や季節別時間帯別料金制度等負荷平準化のための料金制度を選択約款として届出により設定可能とすることにより、一般電気事業者が自らの創意工夫に基づいて、負荷平準化に資する料金の多様化・弾力化を進めることが可能となった。さらに、1999年の電気事業法改正により、選択約款の設定要件として、従来の「設備の効率的な使用」に加え、「その他の効率的な事業運営に資する」ものとの規定が追加されたことにより、「口座振替割引契約」等の営業費の低減に資する新たな料金メニューが設定されている。

なお、2000年3月には特別高圧、2004年4月には高圧で受電する契約電力500kW以上、続いて2005年4月には高圧需要のすべてが自由化の対象となったことにより、2007年現在では、低圧需要のみが、選択約款の規定対象となっている(沖縄電力については、特別高圧以上が自由化対象となっているため、高圧需要の選択約款が存在する)。

尖頭責任標準法 [cost allocation method by peak load] 電気料金の原価計算において、固定費を配分する方法の一種で、総合尖頭負荷時における各需要種別の需要電力の構成比により固定費を配分する方法である。固定費は電気の生産能力である供給設備の規模に比例して変化する費用であるから、総合尖頭負荷時における需要電力に応じて配分するこの方法は、電力量標準法や最大電力標準法よりも理論的に優れている。しかしこの方法は、総合尖頭負荷時以外に発生する最大電力を無視すること、総合尖頭負荷が発生する時点が変わった場合、固定費の各需要種別への配分率が大きく変動すること等の欠点を持っている。(→固定費の配分)

潜熱蓄熱 [latent heat storage] 物質の相転移を伴う熱収支を活用した蓄熱。相転移とは、固体と液体、液体と固体等の変化であり、相転移を伴わない蓄熱(顕熱蓄熱)に比べ、体積当りの蓄熱量を多くすることができる。

全面プールモデル [compulsory pool model] 電力市場のモデルの一つで、第三者アクセス(TPA)モデルと対比して用いられる。TPAでは、小売事業者が契約や市場等により調達した電源を自社の需要に合わせて供給し、系統運用者は全体の需給バランスを瞬時瞬時で均衡させることで系統の安定を保つ。これは、相対契約による供給力調達をベースとし、小売事業者が自社顧客の安定供給に一義的な責任を持つ仕組みであり、日本、ドイツ、イギリス等で導入されている。

これに対し、全面プールモデルは、すべての電源および小売事業者が系統運用者の開設する卸電力市場（プール市場）へ参加し、価格は需要と供給により決定され、系統運用者が系統の需給を一元的に管理するというシンプルな仕組みである。しかし、実際には、発電事業者の市場支配力の行使が容易、小売事業者に電源確保の義務がなく安定供給の責任を負わない、等の問題点もあり、自由化初期に導入したイギリスではTPA制度へと移行した。米国PJMでは全面プールを維持しているが、上記の問題点を克服するため非常に複雑な取引ルールが規定されている。

専用供給設備 [exclusive supply equipment] 配電設備、送電設備または変電設備で特定の需要家（必ずしも単独の需要家の場合に限らない）だけの専用として、将来他の需要への供給のために使用しないことを原則とする供給設備。その施設費用は全額需要家が負担することになる。電力会社が需要家の専用設備として供給設備を施設する場合は次の通りである。①需要家がとくに希望し、かつ、他の需要家への供給に支障がないと認められる場合、②他の需要家、当該電力会社または他の電気事業者に電圧もしくは周波数の変動等が及ぶことを防止するため、専用供給設備として施設することが適当と認められる場合、③需要家の施設の保安上の理由、または需要場所およびその他周囲の状況から将来においても他の需要が見込まれない等の事情により、特定の需要家のみが使用することになる供給設備を専用設備として施設することが適当と認められる場合、である。

なお、専用供給設備は特定の需要家に専属的に使用されることを前提として施設されるものの、その後の地域需要の動向、技術水準の向上等から、その合理的使用を図ることが望ましい場合は、電力会社は需要家の了解を得て、専用供給設備を一般供給設備に変更することがある。

線量当量 [dose equivalent] 放射線が生物に及ぼす効果は、放射線の種類やエネルギーによって異なる。したがって、種類の異なる放射線による生物学的障害の差を表すために、生物学的効果を考慮した吸収線量を線量当量といい、単位はシーベルト（Sv）を用いる。線量当量Hは吸収線量D、線質係数（Q）およびその他の修正項Nの積として定義される。

$H = DQN$

線質係数は放射線の種類とエネルギーの高低の違いを組み入れるためのもので線エネルギー付与（LET；放射線が水中1μm当たりに付与するエネルギー〔keV/μm〕単位で表す）の連続関数として与えられる。またNは通常1とする。

線路電圧降下補償器（LDC）[line drop compensator] 配電用変電所の電圧調整装置で、負荷電流に応じて母線電圧を自動的に変更して調整する。変電所の送り出し電圧を重負荷時に

は高く、軽負荷時には低くする作用を自動的に行わせるため、LDCによって電圧調整器を制御し、変電所の送り出し電圧を上下させ、配電線の負荷重心点の電圧を一定に保たせる。この装置の原理は、配電用変電所の二次側母線から配電線の負荷重心点までの線路インピーダンス整合要素（抵抗分、リアクタンス分）を設け、これに負荷電流に対応するCT二次側電流を流した時に発生する線路電圧降下と、等価なインピーダンス降下、すなわちLDC電圧を得て、これと電圧調整継電器との組み合わせにより電圧調整器を制御する。

　配電線の電圧調整方式としては、母線電圧をあらかじめ定めたスケジュールによって行う方法、あるいは配電線路途中に電圧降下補償器を設置する方法もある。

線路用電圧調整器 [line voltage regulator] 配電線途中に施設され、施設位置以降の高圧線電圧を調整し、配電線末端付近の電圧低下を補償するための機器。線路用電圧調整器は、変圧部、タップ切替部、制御部から構成され、負荷電流の変動に応じ自動的に最適タップが選択される。

そ

騒音規制法 [Noise Regulation Law] 工場および事業場における事業活動ならびに建設工事に伴って発生する相当範囲にわたる騒音について必要な規制を行うとともに、自動車騒音に係る許容限度を定めること等により、生活環境を・保全し、国民の健康の保護に資することを目的とする法律（昭和43年法律第98号）。本法は、都道府県知事により指定される地域内において著しい騒音を発生する特定施設を有する工場または事業場の設置者の規制基準遵守義務、特定施設の設置・変更届出義務等について、また著しい騒音を発生する特定建設作業を伴う建設工事施工者の作業実施届出義務等についてそれぞれ定めている。また環境大臣は自動車騒音に係る許容限度を定めなければならないこと等を定めている。

双極導体帰路方式 [bipolar metallic return method] 直流送電のうち、本線が＋極、－極の2極で構成される方式を双極方式という。また、本線が＋極または－極のみで構成される方式を単極方式という。直流電流による電食等の影響を避けるために、帰路電流を導体に流す方式を導体帰路方式という。海外の一般的な直流送電系統は、地中または海水を帰路回路として使用する大地（海水）帰路方式であるが、わが国のような比較的人口密度が高く、各種工作物が多い環境にあっては、帰路電流が大地を流れることがなく、地中埋設物への電食の問題がない導体帰路方式を採用している。

総原価 [overall cost] 電気を安定に供給し、電気料金として収納するまでにはさまざまな費用が必要になる。人件費、燃料費、修繕費、減価償却費、公租公課、卸電気事業者等から

購入する電気の代金である購入電力料や消耗品費、補償費等の営業費のほか、支払利息・配当金等に当たる事業報酬が必要であり、これらを総称して総原価と呼んでいる。電気事業法第19条第2項で「能率的な経営の下における適正な原価に適正な利潤を加えたもの」と規定されているとおり、総原価算定の前提となる諸計画は、厳正・適正に策定されなければならない。なお、附帯事業等電気の供給に直接関係のない費用や建設部門に負担させるべき費用は除外されることとなっている。

総合エネルギー効率 [overall energy efficiency] 石油・石炭等の一次エネルギーは、石油精製所、発電所等を経由し、石油製品、電力、都市ガスに転換されるか、または各産業で原燃料として使用され、最終的に動力・光熱として消費される。総合エネルギー効率とは最終エネルギー消費量の一次エネルギー供給量に対する比であり、2005年度の総合エネルギー効率は70%であった。残りはエネルギー転換、流通の段階で捨てられることを意味するので、総合エネルギー効率は省エネルギーの進展の度合いを見る指標として使われる。近年、地球温暖化への対応が世界的に重要な課題となっている中、地球温暖化の主要因であるCO_2(二酸化炭素)の排出を抑制するためにも総合エネルギー効率の改善はより重要なものとなっている。

総合エネルギー調査会 (現:総合資源エネルギー調査会) [Advisory Committee for Energy] 「鉱物資源及びエネルギーの安定的かつ効率的な供給の確保並びにこれからの適正な利用の促進に関する重要事項等を調査審議すること」を目的に、2001年1月に設置された経済産業大臣の諮問機関。全体を統括する総合部会や長期エネルギー需給見通しを策定する需給部会を始め、原子力、新エネルギー、省エネルギー等テーマ別の各部会があり、2001年1月の省庁再編に伴い、名称を「総合エネルギー調査会」から「総合資源エネルギー調査会」に変更されるとともに、石油審議会を始め、電気事業審議会や電源開発調整審議会を分科会として併合した。原子力問題、電力市場自由化、地球温暖化問題等激変する周辺状況を背景に、2004年10月、需給部会は「2030年のエネルギー需給展望/中間とりまとめ」を経済産業大臣に答申した。

総合資源エネルギー調査会電気事業分科会 [Electricity Industry Committee Advisory Committee for Natural Resources and Energy] 電気事業は、国民生活や産業活動に密着する極めて公益性の高い事業であることから、広く各界の意見を電力行政に反映させる目的で、旧電気事業法93条により、通商産業省に電気事業審議会が設置されていた。2001年1月の省庁再編時に、審議会等も大幅に整理・統合され、電気事業審議会も廃止されたが、その役割は、経済産業大臣の諮問機関として新たに資源エネ

ギー庁に設置された総合資源エネルギー調査会の電気事業分科会に引き継がれた。分科会の委員は経済産業大臣により指名され、学識者（経済系、工学系等）、大口需要家、消費者代表、電力会社、新規参入者、発電事業者等から構成される。

分科会の下には部会を置くことができ、2008年3月現在、原子力部会が置かれている。分科会・部会の下には小委員会、ワーキンググループを置くことができ、学識者委員が座長となって専門的な議論を行うのが通例である。

総合資源エネルギー調査会電源開発分科会 [Electric Power Development Committee Advisory Committee for Natural Resources and Energy] 2001年の省庁再編に伴い廃止された電源開発調整審議会の後を引き継ぎ、①電源開発に関する重要事項についての調査審議、②電源開発促進法の規定に基づき策定される電源開発基本計画の調査審議、を目的として資源エネルギー庁総合資源エネルギー調査会の元に設置された。これまで分科会においては②の電源開発基本計画についての審議のみが行われており、2003年に電源開発促進法の廃止に伴い電源開発基本計画の調査審議の機能が廃止されて以降分科会は開催されていない。

総合排水処理装置 [synthetic waste water treatment equipment] 一般排水である定常排水（除濁ろ過装置排水、補給水脱塩装置排水、灰処理装置排水等）および非定常排水（集じん装置洗浄排水、空気予熱器洗浄排水、煙道洗浄排水等）等を1カ所に集めて処理する装置で、凝集沈澱槽、ろ過槽、中和槽、脱水機等で構成されており装置は自動化されている。水質は水質監視計器により常時監視され、処理水が排出基準値を満足しない水質になった場合、直ちに排出は停止される。

相互調整融通 [mutual adjustment power exchange] 送電会社および受電会社の需要の不等時性、供給力構成の差異等を活用、ならびに系統作業等に伴う潮流制約の解消等電力設備の合理的運用を図ることを目的とした融通であり、契約種別としては全国融通に分類される。全国融通が「需給相互応援融通電力」と「需給協力応援融通電力」の二種類に整理されたことに伴い、当該区分は廃止された。

増殖 [breeding] 核分裂連鎖反応において、核分裂性原子核が消費するたびに、その消費した数以上の割合で新たに核分裂性原子核が生じるような過程。増殖炉は増殖比1.0以上の原子炉を示す。1.0以下の場合は一般的に転換比と呼ばれる。増殖比や転換比は炉心の設計に依存し、軽水炉では約0.6程度である。なお高増殖を目指すには、核分裂の際に発生する中性子数が多いこと、冷却材や構造材の中性子吸収、炉心外への漏洩を小さくすること等が必要である。

早遅収料金制度 [early and late payment rate system] 電力会社は、電

気料金を早期に支払った需要家とそうでない需要家との間に格差を設けることによって、需要家間の公平を図ると共に、早期支払いを促進する目的で、早遅収料金制あるいは延滞利息制を設けている。早遅収料金制においては、料金が支払義務発生日の翌日から起算して20日以内に支払われる場合は早収料金が適用され、それ以降に支払われる場合には遅収料金が適用される。遅収料金は早収料金の3％割り増しとなっており、この差額分は、原則として翌月の早収料金に加算される。（→延滞利息制度）

送電線保護継電方式[transmission line protective relay] 落雷や他物接触等により送電線に事故が発生した場合に、当該送電線を速やかに電力系統から切り離すことを目的とした、保護継電器・変成器・しゃ断器等一連の機器の組み合わせおよび機能をいう。過電流保護継電方式、距離保護継電方式、回線選択保護継電方式、電流差動保護継電方式等の種類があり、保護対象送電線の系統構成、電圧階級、中性点接地方式等によって適切な保護継電方式を選定している。

送電電圧[power transmission voltage] 一定の距離に一定の電力を送る場合、電圧が高いほど電流が小さくなり、電力損失が少なくなるが、その反面、建設費が高くなるという関係があるため、最も経済的な電圧を求めることができる。しかし実際の送電電圧の定に当たっては、送電電力の大きさ、送電距離、既設系統との連系、電源開発、地域需要の動向、用地事情等総合的・長期的視点から検討していくことが必要である。

送電電圧は送電距離および送電電力の増大に伴い次第に高電圧が要求され、また高電圧設備の設計・製作技術の進展とともに経済的にも有利となる範囲が拡大して送電電圧の上昇をきたした。また高電圧化により送電損失の減少、下位電圧系統の分割による短絡・地絡電流の抑制等も可能となった。現在わが国の運転最高電圧は500kVであるが、一部1,000kV設計で建設された送電線がある。

送電電圧制御励磁装置（PSVR）[Power System Voltage Regulator] 送電線送り出し母線電圧と基準電圧との偏差に応じて発電機の励磁電流を制御し、送電線送り出し母線電圧を基準値に維持する装置。

送配電等業務支援機関 送配電部門に係るルールの策定および運用状況の監視等を行う機関で中立機関とも呼ばれる。2003年の電気事業制度改革において、電気の安定供給を図るためには、発電設備と送電設備の一体的な整備・運用が必要であるとした上で、送配電部門の公平性・透明性を確保するための機関を創設することとなったもの。2004年2月有限責任中間法人電力系統利用協議会（ESCJ）が設立され、同年6月に日本唯一の送配電等業務支援機関とし

ての指定を受けている。

送配電部門の行為規制　垂直一貫体制の下、送配電部門の公平性・透明性を担保する為、電気事業法により、下記の3点を、一般電気事業者に対して義務付けている。(電気事業法第24条の5、第24条の6)
　①情報目的外利用の禁止　託送供給の業務において知り得た、他の電気供給事業者(特定規模電気事業者や、他の一般電気事業者、卸供給事業者、自家用発電設備設置者等)、及び需要家に関する情報を、本来の目的以外の目的のために、小売部門の営業活動に利用することや、子会社に提供すること等を禁止する。
　②内部相互補助の禁止　託送供給業務等により送配電部門に生じた利益が、他の部門で使われていないことを監視するために、送配電部門に係る収支計算書等の作成及び公表を行なう。
　③差別的取扱いの禁止　託送供給の業務において、特定の電気供給事業者に対して、不当に差別的な取扱いをすることを禁止する。

総量規制 [area-wide total pollutant control regulation]　一定の地域内の汚染物質(または汚濁物質)の排出総量を環境保全上許容できる限度にとどめるため、工場等に対し汚染物質の許容排出量を配分し、この量をもって規制する方法をいう。「大気汚染防止法」、「水質汚濁防止法」、「湖沼水質保全特別措置法」等もともとこれらの法律では、個々の工場等の排出ガスや排出水に含まれる汚染物質の量や濃度に着目した排出基準(または排水基準)で規制する方式をとっていたが、このような規制では、地域の望ましい環境上の条件、すなわち環境基準を維持達成することが困難な場合に、その解決手段として総量規制が行われることとなった。
　「大気汚染防止法」では1974年、「水質汚濁防止法」では1978年にそれぞれ法律改正が行われ、また「湖沼水質保全特別措置法」が翌79年に新たに制定されて法的な整備がなされた。

速度垂下特性　電力系統の周波数は、系統に接続された発電機の回転速度によって決まる。系統の水車発電機およびタービン発電機は、各機間の負荷配分を適正にし、かつ安定に運転するために「周波数が低下すると発電電力が増加し、周波数変化を抑制するように働く」特性をもたせている。これを、発電機の速度垂下特性という。速度垂下特性を表すものとして、速度調定率があり、一般に調定率εは2〜7％程度に設定されている。

即発中性子と遅発中性子 [prompt neutron and delayed neutron]　原子炉中の中性子は、大部分が核分裂と同時に発生するが、ごく一部のものはやや遅れて核分裂で生じた核分裂片から生じる。前者を即発中性子、後者を遅発中性子と呼んで区別している。遅発中性子の全中性子に対する割合

は、U-235の場合0.63％と僅かで、遅発中性子は核分裂の時点から0.01秒ないし数分間にわたって遅れて生じる。この性質によって、原子炉の反応度制御が行われている。

即発臨界と遅発臨界[prompt criticality and delayed criticality] 遅発中性子に頼ることなく、即発中性子の働きだけで臨界が維持される状態を即発臨界という。この状態では原子炉内の中性子密度は急速に増大しうる可能性を持ち、炉の制御が困難となり、暴走の原因となる。一方、即発中性子および遅発中性子双方の寄与によって臨界が維持されている状態を遅発臨界という。通常、臨界とはこの遅発臨界のことをいう。

ソフト地中化方式[Soft Underground Distribution Methods] 電力路上機器設置スペースのない、狭隘歩道路線の無電柱化において採用される手法であり、柱状型機器（変圧器、低圧分岐箱）を照明柱等に添架する方式。引込の基本は地中であるが、官民境界に規模の大きな水路等があり、地中引込が困難な場合には、架空引込での対応も可能となる。

ソリディティ比[solidity]「風車の受風面積に対する風車翼の全投影面積の比」として定義され、風車の性能を特徴付ける重要な特性係数である。ソリディティと風車の周速には強い逆相関があり、回転数の高い発電用風車では、ソリディティの小さな風車が採用される。

損失電流高調波成分法[loss current method] ケーブルに交流電圧を印加した際に流れる電流に含まれる課電電圧と同相の電流波形を測定して周波数分析し、第三高調波の振幅と位相により劣化度合いを判定する方法をいう。第三高調波の振幅が大きく、交流電圧と電流波形の位相が小さいほど、ケーブル全体の水トリーによる劣化が進んでいると判定される。

損失の低減（地中線）[loss reduction cunderground cable] 電力ケーブルの大容量化に伴いケーブルの大サイズ化が進んでいるが、ケーブルを大サイズ化しても表皮効果の影響で導体の交流実効抵抗が大きくなり、送電容量はあまり増加しない。表皮効果を低減するには、導体素線間の接触抵抗を大きくする方法があり、その一つの方法として各素線間を絶縁したものを素線絶縁導体という。導体の素線間を絶縁する方法としては、エナメルまたはホルマール被覆を施した線を用いる方法と、金属酸化被膜（銅導体の場合には酸化第二銅被膜）を素線表面に形成する方法とが開発されている。

　エナメル線の場合、油浸紙ケーブルに使用するには耐油性、絶縁油に対する影響等を考慮するとともに、被膜厚が厚くなるために、導体の占積率小さくなるので注意する必要がある。酸化第二銅被膜の場合、その固有抵抗は$10^5 \Omega\cdot cm$程度であるが、表皮効果低減の点からは十分であり、被膜厚も$1\mu m$程度以下と薄いため占積率もほとんど低下せず、機械的に

強くまた化学的にも安定している。
(→素線絶縁導体)

た

タービン高速バルブ制御 (→EVA)

タービン発電機 [turbine generation]
　蒸気タービンまたはガスタービンにより駆動される発電機をいい、一般に横置型で高速回転するので、通常は円筒形回転界磁形同期発電機をいう。大容量クロスコンパウンド機の二次側、あるいは原子力発電では4極機が用いられることが多いが、その他のものはほとんど2極機。タービン発電機は冷却方式、励磁方式によって種々に分類できるが、固定子の冷却方式としては、発電機内に水素を封入した、いわゆる普通(間接ともいう)水素冷却、固定子コイル内に通路を設けて水素を通す直接水素冷却、さらにその通路内に油または純水を通す直接液体冷却がある。回転子の冷却方式にも普通水素冷却と直接水素冷却とがある。励磁方式には大きく分けて直流励磁方式、交流励磁方式および静止形励磁方式の三つがある。

　直流励磁方式は、励磁機の駆動方法により直結、直結減速、別置に分類される。交流励磁方式は、直結交流励磁出力を別置の整流器で整流して発電機界磁に供給する別置整流器付励磁方式と、回転電機子形の直結交流励磁機出力を軸上の整流器で整流して供給する刷子なし励磁方式に分けられる。静止形励磁方式は回転励磁機を使用しない方式であり、自励式とサイリスタ励磁方式とがある。発電機容量は、材料や冷却方式の進歩等により2極機で80万kW程度、4極機で130万kW程度の大容量のものが製作可能となった。発電機電圧は送配電電圧、受電電圧等で異なるが、3.3～25kV程度であり、定格力率は系統構成、負荷状態で定められ、一般に0.8～0.9のものが多い。

第2深夜電力 (→深夜電力)

ダイオキシン類等対策特別措置法　ダイオキシン類による環境の汚染の防止およびその除去等を図るため、ダイオキシン類に関する施策の基本となる耐容一日摂取量(TDI)および環境基準の設定とともに、大気および水への排出規制、汚染土壌に係る措置等を定めた法律(平成11年7月16日法律第105号)。

大気汚染防止法 [air pollution lawsuit]
　工場および事業場における事業活動に伴って発生するばい煙の排出等を規制し、ならびに自動車排出ガスに係る許容限度を定めること等により、大気の汚染に関し、国民の健康を保護するとともに生活環境を保全し、ならびに大気の汚染に関して人の健康に係る被害が生じた場合における事業者の損害賠償の責任について定めることにより、被害者の保護を図ることを目的とする法律(昭和43年法律第97号)。規制対象物質は、ばい煙、粉じん、特定物質および自動車排出ガスであり、規制対象施設は、ばい煙発生施設、粉じん発生施設お

よび特定施設である。

太径中空高密度燃料（中空燃料）[large diameter high density hollow fuel (hollow fuel)] 高速増殖炉では、増殖比等の炉心性能を向上させるためには全炉心体積に対する燃料物質の体積比（燃料体積比）を高めることが必要となる。これには燃料ペレット径の拡大（太径化）が効果的である一方、太径燃料ではペレット中心温度が高くなる。このため、ペレット形状を中空化することでペレット中心の溶融を防止するとともに、ペレット密度の高密度化を図ることで炉心性能の向上を図る。

大同電力 大阪送電と木曾電気興業と日本水力の3社が合併して、1921（大正10）年2月に設立された卸電気事業会社。1922年7月には、木曾川（須原発電所）と大阪の間を結ぶ238kmの15万4,000V送電線を完成し、1923年10月には大阪電燈の事業の一部を譲り受けて配電事業にも進出した。その後、宇治川電気との間で市場競争を行い、宇治川電気への電力供給権を獲得し、これを機に市場の大きい関東にも進出した。

大都市外輪系統 極めて高負荷密度の大都市に対して供給する系統は、需要増加に対して十分対応能力をもつこと、信頼性が高いこと等の条件が厳しく要求される。このため大都市の周辺に超高圧外輪線を建設し、これを都市供給の母線と考え、水・火力電源を外輪線の適当な地点に導入して、供給系統に再配分する系統構成が採用される。一般に、このような系統構成を大都市外輪系統と呼ぶ。

第二次石油危機[second oil crisis] 1978年に起きたイラン革命に伴うイラン原油の輸出停止等による石油需給の逼迫と、OPEC（石油輸出国機構）内での強硬派の台頭により石油価格は急騰し、1979年末にはスポット価格で40ドル／バーレル以上と未曾有の水準に達した。また公式販売価格も1979年から1980年まで連続的に値上げが続き、危機前の2倍以上である30ドル／バーレル台に到達した。

太陽エネルギー[solar energy] 地球に降り注いでいる太陽エネルギーは化石燃料や原子力エネルギーと異なり、環境汚染のないクリーンな資源である。また、特定の地域に埋蔵されている資源エネルギーと違い、日射量の地域差はあるものの、どの地域でも利用可能。さらに、地球環境の中でいろいろなエネルギーに姿を変えて存在しており、太陽エネルギーの利用には直接利用、間接利用等をはじめさまざまな方法がある。

太陽光発電[photovoltaic power generation] 太陽電池（シリコン等の半導体）に光が当たると電気が発生するという現象を利用して、太陽光エネルギーを電力に直接変換する発電方式。発電システムは太陽電池のほか、必要に応じ出力を安定化するための蓄電池、電力系統と接続するための直交流変換装置等によって構成される。発電時に温室効果ガスを排

出しないこと、純国産エネルギーであり化石燃料の使用を抑制できる等の長所があるが、気象条件の影響を受けやすく出力が不安定であること、既存電源に比べ発電コストが高い（約45円／kWh）こと、エネルギー密度が小さく必要な敷地面積が大きいこと等の短所も併せ持つ。2005年3月に示された長期エネルギー需給見通しによると、2010年度に4,820MW程度の導入を見込んでいる。また、新エネ進展ケースにおける2030年度の試算値は原油換算2,024万kℓ（8万2,800MW相当）程度としている。

太陽電池 [solar cell] 物質に光があたったとき、その物質に現れる電気的効果の総称である光電効果の一種である光起電力効果（物質に光が照射されたとき起電力を生ずる現象）を利用して起電力を発生させる電池。このような現象が顕著にみられるのは物質の組成が場所によって著しく不均一な場合で、その種類には、結晶系シリコン太陽電池、非結晶系（アモルファス）シリコン電陽電池、化合物半導体太陽電池等がある。

耐雷ホーン [arcing horn] ホーンの接地側にZnO酸化亜鉛（酸化亜鉛）素子を有する、高圧がいし用のアークホーン。雷サージによりがいし部でフラッシオーバすると、商用周波の続流によりがいしの破損やスポットアークによる高圧絶縁電線の断線が発生するが、耐雷ホーンは避雷器と同様に雷サージを流して速やかに続流を遮断することにより、これらの被害を防止することができる。また、電線とホーン間に気中ギャップがあるので、万一酸化亜鉛素子が劣化しても地絡事故には至らない。

台湾電力公司 [Taiwan Power Company：TAIPOWER] 1946年台湾政府により設立され、全土にわたり発電から配電まで一貫して担当する事業者。1994年、世界的な電力規制改革の潮流を背景に電気事業法が改正され、発電部門への民間資本の参入が認められた。2005年時点でIPPによる発電電力量は国内発電電力量の約4分の1を占めている。政府は、さらに発電部門を中心に電気事業改革を進めるため、将来的には台湾電力公司を民営化し、政府の持ち株比率を3分の1以下にすることを計画している。

高松電燈 四国地方で最初に電気事業を始めたのは高松電燈と徳島電燈で、高松電燈は資本金5万円で1895（明治28）年に開業し、設備は火力発電で単相交流50kW発電機2台であった。

託送供給 [wheeling service] 一般に、ネットワークを所有する電気事業者が、他者の求めに応じて、それらの供給先に電気を送ることを託送と言い、電気事業法上は、ネットワークを所有する事業者（A）が、託送を求める者（B）から電気を受け取り、同時に別の場所でその者へ電力を供給する（A→B）という、供給の特殊形態として規定される（なお、供給

先Cに供給するのはB)。このうち、いわゆる卸託送に該当するのが振替供給、一般電気事業者が供給区域内の小売事業者へ需要変動のしわ取りをしながら供給する(いわゆる小売託送)のが接続供給であり、両者を包含して託送供給という。

一般電気事業者(10電力会社)は、正当な理由なく託送供給を拒否してはならない(オープンアクセス義務)。また、一般電気事業者は託送供給を行う際の料金等を定めた約款(託送供給約款)の届出が義務づけられ、経済産業大臣は、その内容に問題がある場合には事後的に変更命令を発動することができる。なお、パンケーキの項も参照のこと。

託送供給約款 [wheeling service provisions] 一般電気事業者が託送供給を行うにあたって、託送料金および必要となるその他の供給条件が電気事業法施行規則にしたがい規定されている。従来、接続供給および振替供給に係る供給条件等については、それぞれ接続供給約款および振替供給約款を設定していたが、2003年の電気事業法改正を受けて、2005年4月から託送供給約款として一本化された。託送供給約款は、電気事業法第24条の3に基づき経済産業大臣に届出を行い、公表することが義務づけられている。規定内容は、適用区域をはじめとして検討および契約の申込み、料金率、料金の算定や支払い方法等の取り扱い、さらには工事費の負担に関する事項まで広範な事項にわたっている。

託送供給約款届出義務 託送供給は多数の特定規模電気事業者等を対象として行われるため、一般電気事業者は、取引の簡易化、合理化の見地から、一律の契約がなされ、託送供給を依頼する者のアクセスが容易となるよう、契約の内容を定型化した託送供給約款をあらかじめ定めておくことが必要になる。その契約内容には公正・公平性が要求されることから、託送供給約款の設定に当たっては、電気事業法第24条の3に基づき経済産業大臣に届出を行い、公表することが義務づけられている。

託送収益 [transmission revenues] 他の委託を受けて送電、変電、配電を行うことによって得る収益を整理する。「事業者間精算収益」に整理されるものを除く。

託送料 [transmission expenses] 他に送電を委託した場合の費用を整理する。「事業者間精算費」に整理されるものを除く。

託送料金 [wheeling charge] 一般電気事業者による託送供給サービスを利用する際に負担する料金のこと。一般電気事業託送供給約款料金算定規則にしたがい算定されている。具体的には、電気事業部門の供給コスト(総原価)から、託送実施に必要なコスト(送電・高圧配電関連費)をきめ細かく抽出し、さらに特別高圧需要および高圧需要に対応する送電・高圧配電関連費を抽出し、算定している。託送料金については、効率的

な送配電ネットワーク利用へのインセンティブを付与するため、送配電ネットワークの利用率を高めるほど電力量あたりの託送料金が低くなる二部料金制を採用するとともに、負荷平準化に資するメニューとして、時間帯別料金等を設定している。

他社販売（購入）電力料 [sold (purchased) power to other suppliers] 地帯間電力融通契約以外の契約によって、販売（購入）した電気の料金をいう。すなわち他社販売電力料は、卸売契約によって他の事業者に電気を販売したことによる電力料である。また他社購入電力料は、他の卸電気事業者または電気事業者以外のもので自家用発電設備を所有するものから電気の売買契約によって購入した電気の料金である。

多重事故 [multiple faults] 電力系統の事故は、一線地絡、二線短絡等の単純事故と、多重事故とに大別される。多重事故は、電力系統内の複数個所で同時に、または短時間に連続して事故が発生する現象で、一般に次のように分類される。①異なる線路区間の地点で同時に複数の事故が発生する場合（異区間多重事故）②同一地点で平行二回線線路の両回線にまたがって発生する場合（両回線にまたがる同地点多重事故）③同一線路区間内の異地点で発生する場合（同一区間内異地点多重事故）

多重バリアシステム [multi-barrier system] 地層処分された放射性廃棄物を人間の生活圏から隔離するために設置された人工バリアと天然バリアの組み合わせを多重バリアシステムと呼ぶ。多重バリアシステムを用いることにより、処分された放射性廃棄物の中にある放射性核種の生活圏への移行を遅らせ、人間への放射線的影響が無視できる程度となる。

多重防護（深層防護） [multiple protection depth] 原子力施設の安全対策が多段的に構成されることをいい、設計に直接係る部分は三段階の安全防護の考え方がなされている。第一段階として異常発生の防止に関する防護がなされ、第二段階は異常が発生した場合には早期に検知し、異常の拡大を防止し、さらに第三段階ではそれにもかかわらず事故の発生した場合には事故の拡大を防止し影響を軽減することにより公衆の安全が確保されるよう対策を実施する、という三つのレベルの安全対策を施すことを基本としている。

多地点接続装置（MCU）[Multi pointo Control Unit] テレビ会議を複数地点接続させるための装置または機能のこと。

脱調 [step out] 発電所で発生した電力は、需要端まで送電される間に各種の電力輸送機器を通過するとその両端の位相角に差（これを位相差という）が生じ、これはインピーダンスまたは通過電力のいずれが増加しても増大する。一方、電力系統は多くの同期機の集合体であり、また系統的には部分的な送電系もそれぞれ1台の同期機とみなすことができ

るわけであるが、これらは慣性と同期化力をもっていて、それ自体で同期運転を継続しようとする能力を保有している。しかし、両同期機間の位相差が大きくなり過ぎると両機は安定に運転することができなくなる。この現象が脱調と呼ばれるもので、脱調に至らずに安定に運転できる程度を安定度と呼んでいる。脱調には、同期運転に比べ進み位相となる加速脱調と遅れ位相となる減速脱調がある。

脱調未然防止リレーシステム [step-out preventive relay system] 送電線の低インダクタンス化、中間調相設備の設置、超速応励磁・PSSの採用といった機器単体での系統安定化対策に加えて、事故点から離れた電気所にて安定化制御を実施する脱調未然防止リレーシステムが導入されている。実施する安定化制御としては、発電機を遮断する電源制限が主であるが、系統分離制御や発電機のEVA制御が適用されている例もある。また、計算機や伝送装置の高速化に伴い、オンライン事前演算方式や事後演算方式等、よりきめ細かい制御が可能となっている。

多導体送電線 [multi-conductor transmission lines] コロナ損失の軽減、電波障害の防止のために、同一のがいし連に、一相分の導体として、2本または数本を、25～50cm程度の間隔で並列に架線した電線であり、等価断面積の単線に比し、コロナ臨界電圧は15～20％程度上昇する。また線路リアクタンスは20～30％程度減少し、静電容量は20～30％程度増加する。このため、送電容量は2割程度増加し、重負荷送電線路では調相設備が節約できる。また、直径の大きな単一導体を使用する場合に比べて工事中の電線の扱いも容易で、表皮効果による抵抗も小さい。多導体（複導体）は、電気的にもすぐれており、超高圧送電線路にはほとんど使用されている。

他人資本比率 [borrowed capital ratio] 事業報酬率の算定に用いる他人資本比率とは、他人資本の総資本に占める割合をいう。1996年の料金改定において、類似の公共事業（鉄道、航空、電気通信、ガス等）を参考にして、適正な他人資本比率が70％とされ、以降70％を適用することが、一般電気事業供給約款料金算定規則および一般電気事業託送供給約款料金算定規則において定められている。

　他人資本比率（％）
　　＝（他人資本／総資本）×100
　　＝100－自己資本比率
　(注) 他人資本＝社債、借入金等

なお、一般的に用いられる他人資本比率（負債比率）は、

　他人資本÷自己資本×100（％）

すなわち自己資本に対する他人資本（負債）の割合を示し、企業の安全性を表すものである。

タバニール社（イラン）[TAVANIR/Iran Power Generation, Transmission & Distribution Management Co.] 1970年に設立されたイラン・エネルギー

省の特殊持ち株会社。イランでは、電気事業は国による独占事業として行われており、タバニール社の傘下に、地域電力会社16社、発電管理会社27社、配電会社42社、その他5社が存在する。エネルギー省の電力担当副大臣がタバニール社の最高経営責任者（COE）を務めている。

ダブルフラッシュ方式［double flash system］通常気水分離器で分離された熱水が、蒸気量の数倍ありこの温度が150〜170℃と高い場合には、この熱水をフラッシャで減圧沸騰（フラッシュ）させると、熱水の一部が低圧の蒸気になるため、その蒸気をタービンの中間段に導入して有効利用することができる。同じ生産井を用いた場合、シングルフラッシュ方式に比べ、15〜25％発生電力が増加する。

ダム管理主任技術者［dam management superior］ダムの維持・操作その他の管理を適正に行うことを職務とする者であって、河川法第50条の規程に基づいて、河川法施行令第32条で定める資格を有するもの。基礎地盤から堤頂までの高さが15m以上のダムを設置する者は、当該ダムを流水の貯留または取水の用に供する場合においては、上記職務を行うため、管理主任技術者を置き、これを河川管理者に届け出なければならない。

ダム式発電所［dam type power plant］河川を横断してダムを築造することにより水位を高め、落差を得る方式で、できるだけ小規模なダムで、できるだけ大きい貯水容量が得られる場合が有利となり、一般的に勾配が緩やかで、流量豊富な河川の中・下流部に設けられることが多い。しかし時には河川流量の既設的な変動を年間を通じて平均化する目的で、河川の最上流部に大規模な貯水池を設ける場合に、貯水池からの放流を利用してダム式発電所を設けることもある。

ダム水路式発電所［dam and conduit type power plant］水路式発電所およびダム式発電所を組み合わせた発電所形式で、河川勾配の緩やかな所にダムを築造して水をせき止め、ダム下流の急流部または屈曲部の落差を、水路を延長することによって利用する方式。したがって一般に河川の上・中流部に設けられることが多い。

ダム操作規程［dam operation regulations］ダムおよび貯水池（調整池・その他を含む）における運転・保守管理に関して施設の安全確保と、平常時および洪水時におけるダムの操作による河川災害・被害の発生防止のため、法令によりダム操作規程が定められて運用されている。河川法第47条では、ダム（河川法によるダムで、基礎地盤からの高さが15m以上のダム）を設置する者は、その設置・使用の前に操作規程を定め、河川管理者の承認を得て運用するよう規定されており、その内容を変更する場合も同様とされている。電気事業法第42条では、電気工作物の使用

開始前に保安規程を定め、通商産業大臣に届け出なければならないとされており、その内容を変更する場合も同様とされている。

多目的ダム [multipurpose dam] 洪水調節、発電、上工水、かんがい等、多目的に共同して使用されるダムのことで、国土総合開発の一環として、水資源のより高度の利用を図るもの。この場合、各事業者はダム等の共同施設費をそれぞれの受益の割合に応じて分担することになる（この費用配分をアロケーションという）。（→アロケーション）

頼母木案 [Taromoki Plan] 電力国営論の主唱者であった時の逓信大臣頼母木桂吉が、電力の国策を強力に推進するため、その具体策として「電力国家管理要綱」を立案し、1936（昭和11）年10月、広田内閣の閣議で可決され、この「電力国家管理要綱」を頼母木案と称した。この頼母木案を法文化した「電力管理法」等五法案は、1937年1月、臨時閣議に提出し承認されたが、第70議会の議事にのぼらないうちに広田内閣が総辞職し、次の林内閣は再検討のためとして、この法案を撤回してしまった。

短周期電圧変動 数十分以下の短周期の変動で、主にアーク炉、電気鉄道、圧延機等の変動負荷によって生じるものである。このような電圧変動が大きくなると、電動機の回転ムラを生じて工場製品の質に影響を与えたり、発変電所の負荷時電圧調整装置の動作頻度が増えて、これを損傷する恐れがある。とくに大型アーク炉からの毎秒数回から数十回の激しい電圧変動は、フリッカと呼ばれる電灯照明のちらつきを発生する恐れがある。

炭鉱技術移転5カ年計画 アジア・太平洋地域における産炭国の炭鉱技術者を対象として、日本の炭鉱現場等を効果的に活用しつつ、日本の炭鉱開発の過程で蓄積された技能・ノウハウを「人から人へ」と直接指導することで、総合的な炭鉱技術の海外移転を図ることを目的とした計画。1999年8月に開催された石炭鉱業審議会総会において答申された。

日本が石炭供給の多くを依存するアジア・太平洋地域を中心としたオーストラリア、インドネシア、中国、ベトナム等各産炭国では、露天における可採資源量の枯渇や環境面の制約等により露天掘から坑内掘へ移行し、また坑内採炭箇所の深部化・奥部化によって採掘環境が悪化し、石炭の安定的な生産に支障が生じる危険性が指摘されている。これらの国々が坑内掘の技術的課題を克服できず、石炭生産活動に影響が生じるような場合、アジア・太平洋域内の石炭需給バランスが崩れ、日本への石炭安定供給にも影響を及ぼしかねない。そのため、わが国の炭鉱が長年培った、優れた坑内掘生産・保安技術を活用し、それらの国々において技術協力を行うことで、日本の海外炭安定供給確保に資するとの考え方が提案された。

弾性散乱と非弾性散乱 [Elastic scattering and Inelastic Scattering]「散乱」には2種類ある。一つは「弾性散乱」といい、もう一つは「非弾性散乱」といわれる。「弾性散乱」は、散乱過程において標的核の内部状態が変化しない散乱である。これに対し、「非弾性散乱」は入射中性子のエネルギーの一部が標的核に与えられ、その内部状態が変化する散乱である。このとき、原子核に与えられたエネルギーは、ガンマ線となって放出される。「弾性散乱」は運動エネルギーと運動量保存法則にしたがった散乱過程で、標的核の内部状態は変化しないが、入射中性子のエネルギーの一部が原子核の運動エネルギーになり、中性子は運動エネルギーの一部を失う。

炭素クレジット [carbon credit/credit] 京都メカニズムを通じて取得・移転を行うことができる京都議定書に規定された排出削減量および割当量等は、下記の五つである。

① 「割当量単位 (Assigned Amount Unit：AAU)」：気候変動枠組み条約事務局より、対象となる約束期間において各締約国に割り当てられる、それぞれの締約国の基準年排出量から京都議定書付属書Bに記載される数値を乗じて算出される温室効果ガス総出量 (CO_2換算) の単位

② 「吸収源活動による吸収量 (Removal unit：RMU)」：付属書B国が、それぞれの自国内で京都議定書第3条3項および4項の活動を行うことで発生する、森林のCO_2吸収量の純増加分

③ 「共同実施 (JI) プロジェクトを通じて発行されるクレジット (Emission Reduction Unit：ERU)」：「京都メカニズム」の項参照・「CDMプロジェクト活動を通じて発行されるクレジット (Certified Emission Reduction：CER)」：「京都メカニズム」の項参照

④ 「新規植林と再植林CDMプロジェクトを通じて発行されるクレジット (短期の期限付きクレジット (Temporary CER：tCER)

⑤ 長期の期限付きクレジット (long-term CER：lCER))」：CDMプロジェクトのうち、新規植林および再植林活動を行った成果による、森林によるCO_2吸収量の人為的純増加分。

なお、わが国では、京都メカニズムを通じて取得・移転を行うことができる京都議定書に規定された排出削減量および割当量等 (上記の5種類の炭素クレジット) を、地球温暖化対策の推進に関する法律において「算定割当量」と定めている。

断面積 [cross section] 中性子が原子核と衝突して散乱または吸収される確率を表すのに用いられる概念。ある原子核1個当たりの断面積はσの記号で表され、散乱、吸収の区別にはσ_s, σ_aが、また吸収のうち分裂、捕獲にはσ_f, σ_cがそれぞれ用いられている。このσは一種の確率で、単位は

(cm^2)。しかし、その値は非常に小さいので$10^{-24} cm^2$をバーン（barn）と呼んで、これを断面積の単位としている。各核種の断面積は実験によって求められ、断面積の値は中性子の速度によって変わり、一般に低速では大きく、高速になると小さい。

熱中性子に対する吸収断面積σaの例をあげると、重水素0.55ミリバーン、水素0.332バーン、U-235は683バーン等。なお、1cm^3内の全原子核の断面積の総計を巨視的断面積といい、その記号はΣと書き、単位はcm^{-1}で、これに対して前のσを微視的断面積という。

短絡強度 [short-circuit resistance] 送変電設備は、短絡電磁力、風圧荷重および地震力等の荷重に対して安全に運転できるよう機械的強度の協調が図られている。電力系統の短絡事故によって、送変電機器・母線およびこれを支持するがいしに与えられる電磁力は、膨大な力となって機械的衝撃を与える。機器等は、この機械的衝撃に耐えるような強度（短絡強度）をもって設計されている。

短絡容量 [short-circuit capacity] 電力系統なかで短絡故障が発生すると、各電源から短絡地点に向かって短絡電流が流れる。短絡電流の大きさは短絡発生の瞬間から時間の経過とともに減衰するが、その大きさや分布は系統構成のあり方や故障点の位置または故障の種類等によって複雑に変化する。短絡容量は短絡電流に線間電圧を乗じたもので、次式で与えられる。

$$\sqrt{WS} = 3 ISV$$

ここで、WSは3相短絡容量〔MVA〕、ISは短絡電流〔KA〕、Vは線間電圧〔kV〕を表す。系統規模の拡大に伴い短絡電流も増加している。系統の短絡電流が遮断器の定格遮断電流を超過する場合には次のような対策が考えられる。①上位定格遮断器への取替、②系統分割、③高次系統電圧の導入、④BTBによる交流系統分割、⑤高インピーダンス機器の採用、⑥限流リアクトルの採用

断路器 [disconnector] 主回路の接続変更や母線の区分および機器の点検修理等の場合の切り離しを電路が充電状態のままで行う装置。ただし、遮断器とは異なり、負荷電流の開閉や故障電流の遮断を行う能力はない。断路器は気中絶縁設備においては一般に大気圧空気により絶縁を行っているが、GISに組み込まれている断路器はSF_6ガス（六フッ化硫黄）による絶縁を行っている。断路器は主に、①断路部の数によって一点切、二点切、②断路方式によって水平切、垂直切、パンタグラフ形等、③取付方法によって、水平上向き取り付け、水平下向き取り付け等に分類される。一般的には水平一点切、水平二点切、垂直一点切が多い。275kV以上の設備等機器の据え付け面積の縮小化を図る必要のある場合にパンタグラフ形が採用される。GIS用断路器では、タンク内に断路器を密閉化する必要があることから、直線切形となって

ち

地帯間販売（購入）電力料 [sold (purchased) power to other utilities] 地帯間電力融通契約によって販売（購入）した電気の料金をいう。地帯間電力融通契約とは、一般電気事業者相互間における需給の不均衡の緩和やその電力設備の有効利用を図ることにより、広域運営を円滑かつ適切に行うことを目的とする電気の需給契約である。

地域温室効果ガス・イニシアチブ（RGGI）（アメリカ） [Regional Greenhouse Gas Initiative] アメリカ北東部10州（メイン、ニューハンプシャー、バーモント、コネチカット、ニューヨーク、ニュージャージー、デラウェア、マサチューセッツ、ロードアイランド、メリーランド）が参加する温室効果ガス削減にむけた取り組み。パタキ・ニューヨーク知事の呼びかけをもとに開始され、州政府主体の法的拘束力のあるプログラムとしては、国内初の試みである。

発電所からのCO_2（二酸化炭素）排出量を2009～2015年の間は年間1億2,100万t程度に安定化させ、さらに2019年までに10％削減することを目標としている。25MW以上の火力発電所が対象とされ、キャップ＆トレード制度が導入される。RGGI参加10州は、2006年8月にモデル規則案を発表、同規則案に基づきCO_2排出量を削減する各州独自のアプローチを策定することとしている。

地域冷暖房システム [District Heating and Cooling system] 大規模蓄熱層を用いて一定の地域全体に冷温熱を供給するシステム。地域の再開発事業等に合わせて電気事業者が積極的に推奨活動を行っている。

チーム・マイナス6％ [Team Minus 6 % Committee] 地球温暖化防止「国民運動」の愛称。京都議定書によるわが国の温室効果ガス削減約束である"マイナス6％"の達成に向けて、個々人で行動するのではなく、みんなで一つの"チーム"のように力を合わせ、チームワークの意識を持って、みんなで一丸となって地球温暖化防止に立ち向かうことをコンセプトとしたもの。2005年4月に地球温暖化対策推進本部（本部長：内閣総理大臣）は、幅広い主体が参加し、国民すべてが取り組めるような「国民運動」を推進することを決定。この国民運動を効果的に推進するため、「チーム・マイナス6％」と銘打ったロゴマークを定め、集中キャンペーンを開始した。趣旨に賛同した個人や法人・団体が参加している。身近に実践できるアクションプランを提案しており、ライフスタイルやワークスタイルを見直す「クールビズ」「うちエコ！」「1人、1日、1kgCO_2削減応援キャンペーン」等を実施している。

チェルノブイリ原子力発電所事故 [chernobyl accident]

1986年4月26日、旧ソ連ウクライナ共和国キエフ市北方のチェルノブイリ原子力発電所で運転中の4号炉で発生した原子力発電史上最大の事故。チェルノブイリ発電所は黒鉛減速軽水冷却の沸騰水型炉で、事故当時、タービン発電機の慣性実験を行うことになっていた。実験の目的は外部電源が喪失しタービンへの蒸気供給が停止した時、タービン発電機の慣性エネルギーが所内の電源需要にどの程度対応できるか調べることであった。

背景には旧ソ連における電力供給が日本のように安定で信頼性がないことがあると考えられる。この実験の遂行を優先するあまり、この原子炉の特性を無視し、さらにいくつもの規則違反を重ねた結果、炉出力が短時間に急上昇した。この衝撃により、原子炉や建物等が破壊され、続いて減速材の黒鉛が発火し、火災が発生した。このため、大量の放射性物質が大気中に放出され、広範囲にわたって放射能汚染が広がった。旧ソ連当局は1986年8月に半径30kmの住民13万5,000人の外部被ばくが1万6,000人Sv、死者は原子炉運転員2人、消防隊員29人の計31人、急性放射線障害者が203人と発表した。放射性物質は現地はもとより、旧ソ連国境を越えて広がり、各地の住民の内部被ばくを伴う人体への影響についての長期的な調査が続行されている。

地球温暖化 [global warming]

化石燃料の大量消費によって大気中に増えるCO_2（二酸化炭素）、家畜飼育やゴミ埋め立て等から排出されるCH_4O（メタン）等温室効果のある気体は、太陽光は通過させるが地表からの赤外線を吸収するため、これらの物質が増加すると地球が温室のようになり温度上昇が起きる。この現象を地球温暖化といい、海面の上昇、異常気象の発生、農業・動植物への被害等が懸念されている。2007年11月に公表された気候変動に関する政府間パネル（IPCC）第4次評価報告書では、次の通り記載されている。

気候システムの温暖化には疑う余地がなく、大気や海洋の全球平均温度の上昇、雪氷の広範囲にわたる融解、世界平均海面水位の上昇が観測されていることから今や明白である。地域的な気候変化により、多くの自然生態系が影響を受けている。人間活動により、現在の温室効果ガス濃度は産業革命以前の水準を大きく超えている。20世紀半ば以降に観測された全球平均気温の上昇のほとんどは、人為起源の温室効果ガスの増加によってもたらされた可能性がかなり高い。等。

地球温暖化対策推進法 [Law Concerning the Promotion of Measures to Cope with Global Warming]

1998年10月9日に公布された。地球温暖化が地球全体の環境に深刻な影響を及ぼすものであり、気候変動に関する国際連合枠組条約および気候変動に

関する国際連合枠組条約第三回締約国会議の経過を踏まえ、気候系に対して危険な人為的干渉を及ぼすこととならない水準において大気中の温室効果ガスの濃度を安定化させ地球温暖化を防止することが人類共通の課題であり、すべての者が自主的かつ積極的にこの課題に取り組むことが重要であることにかんがみ、地球温暖化対策に関し、国、地方公共団体、事業者および国民の責務を明らかにするとともに、地球温暖化対策に関する基本方針を定めること等により、地球温暖化対策の推進を図り、もって現在および将来の国民の健康で文化的な生活の確保に寄与するとともに人類の福祉に貢献することを目的として制定された。

地球温暖化防止行動計画 [The Action Program to Arrest Global Warming] 温暖化対策を計画的・総合的に推進していくための政府方針と今後取り組むべき対策の全体像を明確にしたものとして、1990年10月に策定。官民挙げての最大限の努力により、一人当たりのCO_2（二酸化炭素）排出量について、2000年以降概ね1990年レベルでの安定化を図る、という目標を示した。また、講ずべき対策として、CO_2排出抑制対策、CH_4O（メタン）その他の温室効果ガスの排出抑制対策、科学的な調査研究、観測・監視、技術開発およびその普及、普及・啓発、国際協力等を掲げている。

地球環境産業技術研究機構 （→RITE）

地球サミット [United Nations Conference on Environment and Development] 1972年にスウェーデンのストックホルムで開かれた国連人間環境会議の20周年を記念して、1992年6月3日から12日間、ブラジルのリオ・デ・ジャネイロで開かれた「環境と開発に関する国連会議」のことで、世界100カ国以上から大統領や首相クラスの代表者が参加し、地球環境問題について討議したことから「地球サミット」と呼ばれている。

会議では、地球環境保全に対する各国国民の義務や権利等の基本原則を定めた「リオ宣言」、21世紀に向けて環境保全のために実施すべき具体的行動を定めた「アジェンダ21」、「森林保全等に関する原則声明」が合意されたほか、地球温暖化防止のための「気候変動枠組条約」や「生物多様「生条約」への署名も開始される等、持続可能な開発に向けての地球環境保全に関する対策についての国際的な取り決めが協議された。また、あわせて発展途上国に対する資金・技術移転問題も検討された。

蓄熱式電気暖房器 [thermal strage electric heater] 割安な夜間の電力を利用して蓄熱材（レンガ等）に熱を蓄え、昼間に放熱して暖房する暖房器。輻射熱で暖房され、設定温度より室温が下がると温風が吹き出すという強制対流方式と、輻射熱と暖められた空気の自然対流で暖房する自然対流方式がある。

蓄熱式床暖房 [thermal strage floor heating] 床にヒーター等の発熱体、

もしくは温水管を埋め込み、床そのもの、あるいは専用の蓄熱材に蓄熱し、床面からの輻射熱で、足元から部屋全体を均一に暖める暖房設備。

蓄熱事業 [heat supply business] 需要家に代わって電力会社が、蓄熱システムの熱源側設備を設計・施工から運転管理、メンテナンスまでのすべてを行う事業。これにより、需要家は初期投資が大幅に軽減され、効率的な資金運用が図れるとともに、電力会社が熱源機の効率的な運転を行うため、蓄熱システムの経済メリットを最大限に活用することができる。また、設備の保守管理業務の煩わしさを解消できることから、この事業の利用により蓄熱システムのさらなる普及促進、ならびに電力需要のピーク移行が期待される。

蓄熱システム [heat storage system] 温熱や冷熱等の熱エネルギーを貯蔵する装置であり、空調設備等に採用することによって、電力消費の平準化、熱源機器の高効率運転および熱回収等の省エネルギーに貢献することができ、エネルギーの有効利用を図るうえで重要な手法として、大きな期待が寄せられている。蓄熱システムは冷水または氷、温水を蓄える方式が代表的であるが、これ以外にも潜熱蓄熱材、建物躯体、土壌等さまざまな材料を用いるものがある。また、蓄熱時間については、通常は夜間に蓄熱、昼間に放熱する1日サイクルのものが多いが、海外には夏と冬の温度差を利用して1年サイクルの蓄熱を行うものもある。

蓄熱調整契約制度 [heat storage adjustible contract] ヒートポンプシステム等を利用し、冷暖房負荷等を夜間に蓄熱式運転することにより、昼間から夜間へと電力負荷を移行し、電力需給の安定と電力供給設備の効率的利用を図ることを目的とする付帯契約制度であり、各社において、蓄熱調整契約メニューが選択約款として設定されている。

地層処分 [geological disposal] 地下300mより深い安定な地層中に、適切な人工バリアを構築し隔離する処分方法。処分後のいかなる時点においても人間とその生活環境が放射性廃棄物の中の放射性物質による有意な影響を受けないようにすることを目的とする。わが国では、高レベル放射性廃棄物とTRU廃棄物の一部が地層処分対象とされており、地層処分する地層としては、花崗岩および堆積岩が候補として考えられている。

窒化物燃料 [nitride fuel] 軽水炉で一般に用いられる酸化物燃料に対して、ウランやプルトニウムを窒化物の形で原子炉の燃料としたもの。熱伝導が優れることから燃料中心温度が低く、融点が高いことから原子炉温度の高温化や原子密度が高いことから炉心の高性能化が図れる。窒化物燃料は照射下での安定性に優れ、核分裂生成ガス放出も酸化物燃料等と比べて大幅に低減できる等の利点を有する一方、万一の事故において燃料温度が上昇した場合、窒素乖離によ

る圧力上昇やN-14の中性子吸収・β崩壊によって生成するC-14による被ばく等の課題がある。

窒素酸化物（→NO_x）

地熱発電 [geothermal generation] 仕組みは基本的には火力発電と同じであり、ボイラの代わりに、地下深部の地熱貯留層から採取される地熱流体を用いて発電する。適正な地熱貯留層が形成されるには、地層が高温であるだけでは不十分で、流体を貯める器となる割れ目、流体を地表へ移送、利用するのに不可欠な水の3条件が満たされる必要がある。高温であっても他の条件に恵まれない地熱地帯では、高圧水を注入して人工的に熱水系を造成する技術（高温岩体発電、参照）が用いられる。

地熱発電は、蒸気井（地熱井）掘削により自噴する地熱流体を用いるが、そのためには、少なくとも200℃以上の高温の地熱貯留層を探す必要があり、噴出する流体が蒸気であるか、熱水を随伴するものであるかにより発電の基本構成は異なる。また、効率を重視して大容量の設備に仕立てる必要があるか否かにより、復水式か背圧式かが選択される。あるいは、通常では発電に利用しない熱水をさらに減圧して低圧蒸気を発生させ発電に供するダブルフラッシュ方式の採用が検討される場合がある。なお、全世界の2005年時点での地熱発電設備容量は8,879MW。わが国では、2005年時点で大略550MWとなっている。

地方給電所 [local load dispatching center] 電力系統の総合運用を、直接担当するための給電指令機関であり、地域、電圧階級等により適宜区分された一区域の給電業務を担当する機関である。

中央環境審議会 [Central Environmental Council]「環境基本法」（平成5年法律第91号）第41条の規定により環境省に設置されており、環境基本計画案の作成に関する審議や、環境大臣または関係大臣の諮問に応じ、環境の保全に関する重要事項を調査審議すること等が主な仕事。なお、本審議会は、「公害対策基本法」（昭和42年法律第132号）で定められていた中央公害対策審議会が、「環境基本法」の制定によって名称を変更したもの。

環境の保全に関する施策を作り、実施していくためには、今日の環境問題の広がりに応じ、多方面にわたる専門的知識、広い視野に立った多角的な判断が必要になる。このような特質を有する環境保全に関する問題に対処する上で、環境保全対策の基本的問題を解明しさらにその施策を適時適切に行政に反映させていくためには、広く学識経験者に意見を求めることが必要とされることから、本審議会が設置されている。なお、「環境基本法」により都道府県には、都道府県環境審議会の設置が義務づけられ、市町村においては条例で定めるところにより、市町村環境審議会を置くことができる。

中空燃料（→太径中空高密度燃料）

中継振替 振替供給のうち会社間連系点で受電する場合を「中継振替」と呼ぶ。一方、当該エリア内にある発電場所で受電する場合を「地内振替」と呼ぶ。

中性子 [neutron] 素粒子の一種で、陽子とともに原子核を構成する。陽子と中性子をひとまとめにして核子と総称される。電気的に中性であり、質量が僅かに大きいことを除けば、諸性質は陽子と似ている。質量は電子の重さの約1,800倍。中性子と陽子の間には、弱い相互作用の他に中間子を媒介とする強い相互作用、中性子と陽子が入れ替わる荷電交換作用があり、原子核を構成する核力の元になっている。電気的に中性であるため、電気的な斥力を受けず原子核に入り込み、種々の核反応を起こすので、原子核構造の研究に重要な役割を果たしてきた。特にU-235に中性子が衝突して核分裂反応を起こすことは有名である。

中性子吸収材 [neutron absorbing material] 原子炉や再処理等の原子力施設において、反応度制御や被ばく防止等を目的に中性子を吸収するために用いる物質を示す。原子炉での中性子吸収材の代表としては、反応度制御を行う制御棒があり、中性子吸収材として、B₄C（ボロンカーバイト）やHf（ハフニウム）等の中性子吸収材が用いられている。また、再処理等の核物質を取り扱う燃料サイクル施設において経済性向上を図る手段としてスケールアップを図る場合、機器・設備の大型化や核物質の高濃度化が効果的である一方、臨界に対する対応が必要となり、臨界防止のため機器・設備に中性子吸収材を用いることがある。

中性子の減速と拡散 [neutron moderation and diffusion] 中性子の減速とは、速い中性子が、一般に軽い原子核と弾性衝突して速度が減少することをいう。一方、原子炉の中で高速中性子が減速されて熱中性子になったあと、それが吸収されるまで原子炉内の物質中を原子核と衝突しつつ次第に広がっていく過程を拡散と呼ぶ。また、中性子が核分裂によって生じてから減速されて物質に吸収されるまでの時間を中性子寿命と呼んでいるが、この寿命は中性子の減速している時間と拡散している時間の和である。

中性子の散乱と吸収 [neutron scattering and absorption] 中性子がある物質内を動くとき、その物質の原子核と衝突して散乱されたり、吸収されたりする。これらの相互作用を中性子の散乱および吸収という。散乱には弾性散乱と非弾性散乱とがあり、弾性散乱では原子核に衝突した中性子は運動エネルギーの一部または全部を失い、失われたエネルギーは原子核の運動エネルギーになる。この衝突の前後において、運動量および運動エネルギーの保存則が成立している。

一方、非弾性散乱では、中性子が

衝突した原子核の内部エネルギー状態が、中性子の失うエネルギーの一部で乱されて、散乱後にγ線を放出して安定になる。この場合、衝突の前後において運動エネルギーは保存されない。原子炉内における中性子の減速は、主として中性子と減速材の原子核との間の弾性散乱による。吸収には、原子核が中性子を吸収してウランのように核分裂を起こす場合と、吸収したあと分裂せずに放射線を出す場合とがある。

中性点接地方式 [neutral point connecting method] 電力系統の中性点は、事故発生時における過電圧の抑制と保護装置の確実な動作のために接地されることが多い。接地方式は、直接接地、抵抗接地、非接地に大別できるが、抵抗接地には系統特性に応じて、補償リアクトルや消弧リアクトルが併用される場合がある。わが国の電力傾倒では、超高圧以上の系統においては、異常電圧の抑制、経済的な絶縁設計、保護リレー動作の迅速・確実化のメリットが通信線への電磁誘導対策費用増加のデメリットを大幅に上回るため、直接接地が採用されている。また、33kV以下の一部の系統には非接地が採用されており、そのほか一般の送電系統には抵抗接地が採用されている。

中東欧電力供給機構（→CENTREL）

中央給電指令所 [load dispatching center] 電力系統では、多数の発変電所、電線路を統一した思想のもとに安定かつ経済的、広域的に運用するため、給電指令組織をおいて電力系統の総合運用に関する業務を専門に担当している。わが国の電力会社では、組織の最上部に中央給電指令所を設置し、その下位に中核組織として電力系統の階層別、あるいは業務機関単位ごとに系統給電指令所（基幹給電制御所等）、地方給電所（給電所、系統制御所、給電制御所等）を設置し、これら給電指令機関はピラミッド型の組織を形成して統轄、被統轄を明確にしたライン組織を構成している。近年は、系統監視制御の自動化進展に伴い、電力系統の拡大複雑化にもかかわらず、機関数を減少して、より簡明な指令組織を形成するようになっている。

中央給電指令所では、電力系統全体を把握して運用方針の大綱を指示するほか、主として需給調整業務、各電力会社間の接点業務を行う。下位の給電指令所は、中央給電指令所の指示に基づいて担当系統の運用を行っている。わが国の電力系統は、各電力会社の系統を連系して広域的にもっとも合理的な総合運用を行っているが、円滑な運用を図るため、東・中・西地域ごとに給電連絡指令所を置き、さらに全体をまとめた中央給電連絡指令所を置いて、広域的立場から各社の系統・需給運用を調整している。

長期エネルギー需給見通し [long term prospect of electricity demand] わが国エネルギー政策の枠組みとなる長期エネルギー需給見通しは、経済

産業大臣の諮問機関である総合資源エネルギー調査会によって策定され、これまで数次にわたって改訂されてきている。2005年3月には、エネルギー情勢の変化、地球温暖化対策や新エネルギーの導入状況等を踏まえ、2010年および2030年のエネルギー需給見通しが作成された。

超高圧送電線[ultra high voltage transmission line] 公称電圧が170kV以上の送電線をいう。戦後の電力需要増大により、送電ロスが少なく、遠方まで安定送電できる超高圧送電線が要求され、1953年に国内初となる275kV送電線が、1973年には500kV送電線が建設された。現在わが国の運転最高電圧は500kVであるが、一部1,000kVで設計されたものもある。高電圧化により送電損失の減少、下位電圧系統の分割による短絡・地絡電流の抑制等も可能となった。

超高圧連系系統 わが国においては、各拠点変電所相互間をおおむね187kV〜500kV級の系統で連系しており、154kV以下の系統は順次放射状構成とし、短絡電流の抑制、系統運用の簡素化を図っている。このような超高圧連系系統においては、連系送電線や母線に大電力が集中するので、この部分の事故が全系に波及する恐れがあるため、高い信頼度が要求される。

超小型衛星通信地球局（VSAT）[Very Small Aperture Terminal] 衛星通信で用いられる電波を地上で受ける基地局（地球局）のうち、口径がきわめて小さなパラボラ・アンテナを使用する地球局の総称である。複数のVSAT地球局（子局）と、それを制御する一つのVSAT制御局（親局）から構成され、子局は、直径1.2m程度の小型パラボラ・アンテナと、ODU（Out-Door Unit、屋外装置）、IDU（In-Door Unit、屋内装置）から構成される。通信形態としては、親局が複数の子局に対して一斉同報通信を行う場合と、親局を経由して子局同士が映像、音声、データ等の相互通信を行う場合があり、子局では、IDUにHUBやLANスイッチを接続することによりLANを構成することが可能となる。最近では、直径1.2m程度のアンテナで最高1.5Mbps程度の双方向通信ができるVSATも登場してきている。

長周期電圧変動 数十分〜数時間以上の長周期の変動で、比較的長時間にわたる負荷変化や、系統構成の変化に伴って生じるものである。このような電圧変動が大きくなると、電動機、電子応用機器等一般需要家の負荷設備および発電機、変圧器等の電力供給設備の動作に支障を与える。

調整池式発電所[pondage type power plant] 1日間あるいは1週間の河川の流量を調整する天然または人工の調整池をもち、出力を時間的に変化させることのできる水力発電所をいう。日間調整は、夜間の軽負荷時に発電を停止して河水を貯え、昼間の重負荷時に、河川自流分に貯水分をあわせて発電に使用する。週間調整

では、休日の軽負荷時に貯水し、平日の重負荷時に発電するという運用を行う。したがって、この種の発電所では、流込み式発電所に比べて最大使用水量と常時使用水量の比が大きく、設備利用率は低い。なお、一般に季節間調整池式発電所は揚水式発電所と共に負荷追従性の最も優れた発電所であることから、系統上ピーク対応電源として位置づけられる。

超々臨界圧プラント (USC) [Ultra Super Critical Power Plant] 石炭焚発電プラントは、石油やLNG発電に比べてCO_2（二酸化炭素）、SO_x（硫黄酸化物）、NO_x（窒素酸化物）の排出量が多い上、環境対策設備による所内動力の増大を招き、他燃料と比較して単位熱量当りのエネルギー効率が低くなる傾向にあった。また、近年の地球温暖化問題においてCO_2排出抑制に対する気運が高まる等、環境負荷低減に向けた一層の高効率発電技術への要求が大きくなった。

このような中、超臨界圧プラントの蒸気圧力24.6MPa、蒸気温度566℃を超える超々臨界圧化に向けた技術開発が1980年代から開始、段階的に高温高圧化が図られ、現在までに数々の超々臨界圧プラントが導入されてきた。蒸気圧力においては中部電力㈱川越火力（LNG焚き）の31MPaが、蒸気温度においては電源開発㈱橘湾火力および磯子の600℃／610℃が最高レベルにある。今後は、更なる高効率化と経済性、運用性の観点から700℃級のUSCの技術開発に向けて、新たな高温材料や実規模プラント要素の製造技術が進められる予定である。

超電導エネルギー貯蔵装置（→SMES）

超電導ケーブル [superconducting cable] 遷移温度（常電導から超電導へ移行する特性温度）以下で、ある種の物質の直流電気抵抗がゼロとなる超電導現象を利用したケーブル。超電導材料には、マイナス270℃まで冷やさないと超電導状態にならない低温超電導材料（金属系超電導材料）と、マイナス196℃（液体窒素温度）まで冷やせば超電導状態になる高温超電導材料とがある。高温超電導材料としては、ビスマス系やイットリウム系の開発が進められている。

　超電導ケーブルは大容量の電力を低損失で送電することが可能であると共に、省エネ・CO_2削減に大きく貢献できると期待されており、実用化に向けて研究開発が進められている。日本では、2002年に66kV3相一括型高温超電導ケーブルを用いて、約1年間の長期試験に世界で初めて成功している。ケーブルコアは断熱管の内部に収納され、その断熱管の中に冷媒である液体窒素を流し、循環冷却している。電気絶縁には、PPLP（ポリプロピレンラミネート合成絶縁紙）等の固体絶縁物に冷媒である液体窒素を含浸させたものなどを使用している。

超電導限流器 [fault current limiter] 限流器は、事故電流にてインピーダンスを発生し、事故電流を抑制する機

器である。これを電力系統に導入すると事故電流を抑制できるため、遮断器コストの低減、系統運用の柔軟化、過渡安定度の向上等の効果が期待される。限流方式には、①S/N転移型：薄膜やバルク超電導体のクエンチによる高抵抗化や超電導コイルを転流素子とし並列の抵抗やリアクトルで限流する。②整流器型：ダイオードブリッジと超電導リアクトルからなり、リアクトルは常時は直流が流れるが、事故時は電流を限流する。

超電導磁束干渉素子（SQUID）[Superconducting Quantum Interface Device] 超電導磁束量子干渉素子は超電導のジョセフソン効果と超電導リングを貫く磁束の量子化を利用した高感度の磁気センサーで、磁界10-10T以下が測定できる。SQUID磁束計には、Nb系とY系の超電導薄膜が用いられている。

超電導線材 [superconducting wire] 超電導線材は、液体ヘリウム（4.2K）で冷却する金属系低温超電導（LTS）線材と液体窒素で冷却する酸化物系高温超電導（HTS）線材に分類される。LTS線材の主なものに、ニオブチタン（NbTi）線材、ニオブ3スズ（Nb3Sn）線材がある。HTS線材の主なものに、ビスマス（Bi）系線材とイットリウム（Y）系線材がある。

超電導発電機 [superconducting generator] 回転子の直径D [m]、回転子の有効長L [m]、回転数N [rpm]とすると、発電機出力P [kVA] は、$P = C \cdot D^2 L \cdot N$で示される。ここで、$C$は出力係数 [kVA/rpm m^3] で空隙磁束密度B [T] と電気装荷AC [A/m] に比例する。現用機の容量増は、材料強度、振動、鉄心の磁気特性によるD、L、Bの制約があるため、冷却方式の改善による電気装荷の増で対応してきた。しかし、電気装荷増にてリアクタンスが増加し系統安定度が低下するため、2極機では2GVAが製作限界である。

一方、電導発電機は、界磁巻線や電機子巻線部の超電導化により起磁力増にて空隙磁束密度が高くできるため大容量化が可能となる。超電導発電機には、界磁巻線のみを超電導化した「界磁超電導発電機」と電機子巻線まで超電導化した「全超電導発電機」がある。界磁超電導発電機は界磁巻線側が直流技術で対応できるため技術的に実現性があり、また、現用機と比較しても経済的に有利であると考えられている。全超電導発電機は、電機子巻線側が技術的に難しい超電導の交流応用である。

超電導フライホイール [superconducting flywheel] フライホイールは、電気エネルギーを高速回転体の運動エネルギーに変換して貯蔵する装置で、従来は、回転体の機械的な軸受損失が大きく長時間運転が困難であった。超電導体の磁束ピン力を利用し、永久磁石と超電導体による非接触軸受が可能となり、Y系バルク材の開発を契機に超電導フライホールが開発された。

質量M [kg]、半径r [m]の中実円盤を回転角速度ω[rpm]で回転させた時の回転エネルギーは、$P = M \cdot r^2 \omega^2 / 4$ [J]となる。超電導フライホイールは、本体(CFRP)、超電導軸受、電動発電機、交直変換装置および真空容器から構成され、有効電力と無効電力の独立制御が可能である。超電導軸受は、冷却構造上から超電導体を固定側に永久磁石が回転側に配置される、超電導体と永久磁石を上下で対向させて反発力を利用するアキシャル型、両者を円筒上に対向させて吸引力を利用するラジアル型がある。

超電導変圧器 [superconduting power transformers] 超電導線材を変圧器に適用すると巻線断面積が小さくなり、アンペアターン数が大きいため鉄心断面積も小さくできることから、大幅な小型・軽量化が可能となる。冷媒は不燃性の液体窒素等から、都心部を主体とした変電所やビル等の変電設備や車載用等としての実用化が期待されている。また、超電導による巻線損失の低減にて既存より0.5%程度の効率上昇が期待される。巻線の常電導転移による限流効果も期待できる。今後、実用化には、Y系線材による低損失化や大電流化、タップ切替技術および冷却効率向上の技術開発が必要と考えられる。

長半減期低発熱性放射性廃棄物 [long-lived and low heat generating radio active waste] TRU核種を、またはTRU核種以外の核種も含む放射性廃棄物で、高レベル放射性廃棄物以外のもの。TRU廃棄物とほぼ同意で用いられることが多い。

聴聞 [hearing] 行政機関が規則の制定、争訟の裁決、行政処分等を行うにあたって、処分の相手方およびその他の利害関係人の意見を聴くためにとられる制度である。行政手続法では、行政庁が不利益処分をしようとする場合に、処分の相手方に意見陳述の機会を与えるためあらかじめ通知し、許認可の取消等の処分については聴聞手続、その他の不利益処分については弁明機会の付与の手続を執ることを義務づけている(行政手続法第13条)。

電気事業法では、一般則として行政手続法の規定により執るべき手続の他に、経済産業大臣が次のことをしようとするときは事前に公開による聴聞を行わなければならないと規定している(第109条)。①事業許可の取消、②供給区域等の変更許可の取消、③供給区域の減少処分、④供給地点の減少処分、⑤指定試験機関の役員もしくは試験員の解任命令、⑥指定試験機関の指定の取消、⑦登録安全管理審査機関、登録調査機関の登録の取消。なお、聴聞を行う場合の具体的な手続きは、行政手続法の規定によるほか、施行規則第135条に規定されている。

潮流調整 [power flow control] 電力潮流は、需要変動に応じて調整する供給力の変動により時々刻々変化している。電力潮流を適正に調整するこ

とにより、電力設備の過負荷防止や安定度向上等の系統の安定運用、送電損失の軽減および適正電圧の維持を図っている。潮流調整方法として、有効電力潮流については発電出力調整、発変電所送電線路の接続系統の変更により行い、また無効電力潮流については発電機の運転力率調整や調相設備の運転、停止により行う。

ループ状を構成している電力系統では、移相変圧器や直列コンデンサ、直列リアクトルを設置して潮流調整を行っている。電力会社間の連系点潮流調整は、融通電力のベース変更に伴う潮流調整の他に、常時の負荷変動によるランダムな潮流変動に対しては、周波数調整と組み合わせて自動制御を行っている。

直流送電 [direct current (or DC) transmission] 交流系統の電力を変圧器で変換に適した電圧に変圧し、変換器で交流を直流に変換して送電することをいう。直流送電方式には、単極大地（または海水）帰路方式、単極導体帰路方式、双極中性点両端または片端接地方式、双極中性線導体方式の4方式がある。わが国の北海道～本州連系線は、双極中性線導体方式で運転されている。直流送電の利点は、交流送電と比較すると、①リアクタンスによる安定度や損失の問題がなく、大電力が長距離送電できる、②非同期連系ができるので、周波数の異なる系統間の連系ができる、③直流の絶縁は交流に比べて低くできる、ことから鉄塔等が小型化できる等の利点があげられる。

変換器は、サイリスタバルブ（または水銀整流器）を三相ブリッジ結線して構成される。サイリスタバルブの基本的機能は、ゲートに点弧パルスを出す時期を制御することによって、主回路電流の順変換（交流→直流）または逆変換（直流→交流）を行うものである。

直流励磁機方式 励磁装置の電源に直流発電機を用いる方式をいう。この直流発電機を直流励磁機という。比較的容量の大きい発電機には、主励磁機の他に副励磁機を設け、主励磁機を他励式として、その界磁を副励磁機で励磁する複式励磁方式を用いているものもある。近年はシリコン整流素子やサイリスタ整流素子の信頼度が向上したことから、交流励磁機方式や静止形励磁方式が採用されるケースが多い。

直流連系 [DC Interconnection] わが国の電気事業においても、地域内系統の連系を始め、東地域50Hz系統と中・西地域60Hz系統との連系等、系統連系の拡大、強化と系統の総合運営を推進している。電力系統間の連系は主に交流連系により行われているが、周波数の異なる系統間の連系や長距離、かつ大電力輸送を必要とする連系や長距離ケーブルによる連系については、技術、経済面から直流周波数変換装置や直流送電線等、直流設備を介した直流連系が適用されている。

直流連系の有利な点は、周波数の

異なる系統の連系が可能なこと、連系に伴う短絡容量の増大がないこと等があげられる。現在、わが国では、佐久間および新信濃および東清水の三つの変換所において50Hz系統と60Hz系統との連系を行っており、また北海道・本州間では直流送電線（架空送電部分＋海底ケーブル部分）による連系を行っている。この北海道・本州間電力連系設備が1979年12月に運転を開始したことにより、北海道から九州までの全国連系が完成し、全国一貫した広域運営がなされるようになった。

直列リアクトル（限流リアクトル）[current limiting reactor] 短絡容量抑制のため系統インピーダンスを高める方法として、限流リアクトルを使用することがある。その使用方法には送電線に直列にリアクトルを挿入する直列リアクトル方式と、変電所の母線を分離して、その間に挿入する分離リアクトル方式とがある。前者ではリアクトルに常時電流が流れるため、無効電力損失、電圧、安定度等の面で不利な点も多いため、採用された例が少なく、ほとんど後者が採用されている。

貯水池式発電所 [reciever type power plant] 貯水池式発電所は、貯水池からの放流を発電に利用できる発電所で、豊水期に貯水し、渇水期に放流する等長期にわたって、その河川の流量を調節できる。したがって、日常の発電所の運用に際しても、弾力性に富んだ運転ができるので、ピーク用としての運転に適する他、系統事故、負荷の急変等に備えるための運転予備力としても活用できる。

貯蔵品の棚卸し [inventory valuation] 貯蔵品は、毎事業年度1回以上定期的に実地棚卸しを行わなければならない。実地棚卸しの結果、帳簿記録によるあるべき数量との間に差異が生じたときは、その原因を追求して遅滞なく補正すると共に、原因不明の差異については、適当な損益勘定に整理することとなる。

貯炭場 [coal stock yard] 石炭火力発電所で燃料として用いられる石炭を船舶で搬入した後、いったん貯蔵しておく設備。貯炭容量は、配入船のバラツキ等を考慮する一方、発電所の利用率を想定し、発電所の1～2カ月分の消費量とするのが普通であり、利用率を70％とした100万kWの発電所では約20～40万tの貯炭容量となる。貯炭方式は、屋外貯炭方式（野積み方式、擁壁方式）と屋内方式（ドーム方式、上屋方式、サイロ方式）に大別される。屋外式は、建設費が比較的安価であるが、飛散防止および排水処理への環境対策が必要である。一方、屋内式は構築物を必要とするため建設費が高いが、敷地が狭矮な場合には採用している例が多い。

直交振幅変調方式（QAM）[Quadrature Amplitude Modulation] デジタル変調方式の一つで、搬送波（キャリア）の振幅と位相の両方を変化させることによってデジタル信号を伝送する

変調方式。直行振幅変調方式は、ASK（振幅偏移変調）とPSK（位相偏移変調）を組み合わせたもので、搬送波の振幅の変化と位相の変化の両方に値を割り当てて、一度の変調で多くの情報を伝送しようとするものである。他の変調方式と比べると、一度の変調で多くの情報を送ることができ、伝送効率がよいため、ケーブルモデムや音声モデム、デジタルテレビ放送等で広く利用されている。

超電導ケーブル [cryogenic (or super-conductive) cable] 遷移温度（常電導から超電導へ移行する特性温度）以下で、ある種の物質の直流電気抵抗がゼロとなる超電導現象を利用したケーブル。超電導材料には、マイナス270℃まで冷やさないと超電導状態にならない低温超電導材料（金属系超電導材料）と、マイナス196℃（液体窒素温度）まで冷やせば超電導状態になる高温超電導材料とがある。高温超電導材料としては、ビスマス系やイットリウム系の開発が進められている。

　超電導ケーブルは大容量の電力を低損失で送電することが可能であると共に、省エネ・CO_2削減に大きく貢献できると期待されており、実用化に向けて研究開発が進められている。日本では、2002年に66kV 3相一括型高温超電導ケーブルを用いて、約1年間の長期試験に世界で初めて成功している。ケーブルコアは断熱管の内部に収納され、その断熱管の中に冷媒である液体窒素を流し、循環冷却している。電気絶縁には、PPLP（ポリプロピレンラミネート合成絶縁紙）等の固体絶縁物に冷媒である液体窒素を含浸させたもの等を使用している。

地絡電流 [ground-fault current] 送電線に木の枝が接触する等して、大地と導通状態になることを地絡といい、その際に地絡点に向かって流れる電流を地絡電流という。地絡電流の大きさは系統構成や地絡点の位置、中性点の接地方式、地絡点の地絡抵抗等によって決まる。大きな地絡電流が発生すると電磁誘導作用により、近接する通信線に誘導障害が発生することがある。地絡電流抑制対策としては、短絡電流抑制と同様の対策のほか、直接接地系の一部の変圧器中性点のフロート（非接地）または高インピーダンス接地も効果がある。

チロリアン型取水方式 [Tyrolean water intake method] 主に渓流取水に用いられる取水方式で、固定せき越流斜面の下流側に、計画取水量に応じたバーの長さ、傾斜角およびバー間隔のスクリーンを取り付け、流下水から石レキ、流木、落葉等を分離・排除しながらバースクリーン隙間からの落下流入水を集水路に受けて取水するもの。一般にバーの長さを1m前後とし、取り付け角を30°以下、バー間隔を20～30mmとして設計され、単位幅当たりの取水量を0.1～0.3m^3/secとしている。また、この取水方式はオーストリアのチロル地方で開発

つ

通信運用監視システム [telecommunication operation sistem] 大容量・複雑化した電力用通信回線の運用監視を電子計算機を利用して行うシステムで、本支店に電子計算機を配置した分散処理型システムと、本店に設置した電子計算機で一括処理する集中処理型システムがある。

通信回線の高品質・高信頼度維持、故障発生時の迅速な対応および作業実績管理の効率化による回線停止時間の短縮等を目的に、①通信設備・回線の状態を連続的に監視し、故障発生の検出・故障設備の判定・通報等、②障害設備の切り替え、予備電源起動等の遠隔制御、③各種作業の計画管理、相互の関連性チェック、利用部門に対する作業停止連絡等の処理、④通信網の回線台帳管理、運用者へのオンラインによる情報提供、⑤蓄積された通信網運用実績の集約・統計処理、等の機能を有している。

通電制御型蓄熱式機器 [electrically-controlled thermal strage appliances] マイコンにより水温と所要湯量を検知し、できるだけ深々夜時間帯での稼働を可能とする効率性・利便性に優れた機器で、次のいずれにも該当する機能を有する夜間蓄熱式機器およびオフピーク蓄熱式電気温水器である。①給水温度を検知できること。②給水温度にもとづいて必要とされる湯温および湯量に沸きあげるための熱量を算出できること。③必要とされる熱量から所要通電時間数を算出できること。④毎日の場合は夜間時間の終了時刻から所要通電時間数をさかのぼった時刻に通電を開始することができること。(→オフピーク蓄熱式電気温水器、夜間蓄熱式機器)

通電制御型蓄熱式機器割引 [discount for electrically-controlled thermal strage appliances] 通電制御型電気温水器について、深々夜時間帯への負荷移行を目的とし、1984年7月、電気事業法第21条ただし書に基づく供給規程以外の供給条件として通電制御型電気温水器に対する料金措置が設定された。1996年1月からは、選択約款である深夜電力Bの中で「通電制御型蓄熱式機器割引」として規定され、基本料金と電力量料金の15％が割引される。なお、時間帯別電灯および季節別時間帯別電灯においても、通電制御型蓄熱式機器を使用する場合は、一定の料金率で割引が行われる。

て

低圧季節別時間帯別電力 [time-of-use low-voltage power service] 低圧電力の適用範囲に該当する需要を対象とし、季節別・時間帯別に異なる供給原価の差を料金に反映させた契約種別。料金率を重負荷時には割高、軽負荷時には割安に設定することによって、重負荷時から軽負荷時への

負荷移行を図ることを目的とするものである。季節および時間帯区分は、夏季、その他季、昼間、夜間の2季節2時間帯（北海道電力は季節区分なし。また北陸電力では夏季にピーク時を設定した2時間帯）となっている。また、料金は、基本料金および電力量料金からなる二部料金制で、電力量料金にのみ季節別・時間帯別の料金率が設定されている。(→季節別時間帯別電力)

低圧高負荷契約 [low-voltage high-load service] 電灯または小型機器と動力とをあわせて使用する需要家を対象に、負荷率の改善に応じて電気料金負担の軽減を図ることで、負荷の平準化を促進する制度を採用した契約種別。原則として電灯・動力の契約電力があわせて30kW以上、かつ50kW未満であることを条件とし（関西電力では電灯単独または電灯・動力の契約電力があわせて50kW未満）、1需給契約につき、2供給電気方式、2引込みおよび2計量をもって電気を供給する。料金は、基本料金および電力量料金からなる二部料金制で、電力量料金にのみ季節別の料金率が設定されている。

低圧電力 [low-voltage power service] 低圧で電気の供給を受けて動力を使用する需要で、契約電力が原則として50kW未満のものに適用される契約種別。かつては小規模な工場での加工・製造等の動力用として主に使用されていたが、今日では商店や小規模な事務所の冷暖房等にも使われており、その対象需要は多岐にわたっている。契約電力は計算式方式により算定された契約負荷設備の容量を入力換算したものを台数および容量に応じて圧縮計算し、定められる。

このほか、需要家が希望する場合は、主開閉器の定格電流値に基づき契約電力を定めることも可能である。料金制は、契約電力に応じた基本料金と使用電力量に応じた電力量料金からなる二部料金制で、基本料金には力率割引・割増制度が、電力量料金には季節別料金制度が、それぞれ採用されている。

低位発熱量（LHV）基準 [Lower Heating Value] 燃料が燃焼した時に発生するエネルギー（発熱量）を表示する際の条件を示すもので、燃料の燃焼によって生成された水蒸気の蒸発潜熱を除いたもの。低位発熱量は、真発熱量とも呼ばれる。燃料の燃焼によって生成された水蒸気の蒸発潜熱を含んだ高位発熱量（総発熱量）に比べ、見かけ上の熱効率が高く表示される。低位発熱量基準は、ボイラ設備の熱効率、ディーゼルエンジン・ガスエンジン・ガスタービン等の原動機の熱効率等に用いられている。

ディーゼル発電 [disel-fired generation] ディーゼル機関に発電機を結合して発電を行う方式。ディーゼル機関はシリンダ内に吸入した空気を急激に圧縮して高温度の圧縮空気にし、特別の点火装置を設置せずに圧縮空気中に燃料油を噴霧させ、自然着火爆

発を起こさせる。この際の膨張エネルギーをピストンの往復運動として取り出し、コネクティングロッドとクランクにより往復運動を回転運動に変えるものである。ディーゼル発電は出力に対して小型軽量であり、始動性がよく熱効率が高い等の長所があるが、単機容量の大型化が困難であることから、離島、船舶、工場用等の電源に用いられている。また発電所の非常用電源、通信関係や病院関係等停電の許されない負荷を対象とした非常用電源として用いられている。

低インダクタンス送電線 [low inductance transmission line] 送電容量は、短距離送電線では電線の許容電流や、電圧降下および、電力損失等から比較的簡単に決定されるが、長距離送電線の場合は、詳細な安定度計算（定態および過渡）を行わなければならない。安定度から決まる送電容量の制限に対する抜本的対策として、多導体における等価半径（GMR）や電線配置（等価線間距離：GMD）を見直し、送電線のインダクタンスを低減したものが低インダクタンス送電線である。インダクタンスを低減するにはGMDを小さく、GMRを大きくすればよい。GMDを小さくするには相間距離の縮小を図る必要があり、一例として下図に示すような装柱を考え、相配置をできるだけ正三角形に近づけることにより可能となる。また、GMRの増大策は束導体半径（A）の増大がもっとも有効である。

$$X_L = K \cdot \log \frac{GMD}{(N \cdot Kg \cdot r \cdot A^{N-1})^{1/N}}$$

X_L ：線路インダクタンス [Ω/km]
N ：素導体数 [本]
A ：束導体半径 [m]
GMD ：等価線間距離 [m]
GMR ：束導体の等価半径 [m]
r ：素導体半径 [m]
K、k_g ：定　数

定額電灯 [fixed rate lighting service] 電灯需要のうち最も規模が小さい、電灯および小型機器の総容量が400VA以下の電灯需要に適用される契約種別。定額電灯の主流を占めていた街路灯需要が、1973年以降公衆街路灯として独立の契約種別となったため現在では適用例が少なくなっており、集合住宅の共同灯、広告用の電灯、公衆電話ボックス等特殊な小規模電灯需要をカバーする存在になっている。この契約種別は、使用電力量が極めて少なく使用実態にほとんど差がないうえ、計量器を取り付けて複雑な料金計算を行うことが経済的でない需要を前提に設定しているため、料金は需要家費に相当する需要家料金と、電灯または小型機器の容量に応じた定額料金から成り立っている。

定額法 [straight-line method] 固定資産に対する減価償却の方法の一つ。この方法は固定資産の耐用年数が到来するまでの間に、毎年「一定額」を減価償却費として計上するものであり、次式で表される。

$$D = \frac{C-S}{n}$$

D：定額減価償却費
C：取得価額
S：残存価額
n：耐用年数

　定額法は、償却額が均等であるため毎期の費用配分が平均化されるという長所がある反面、①償却額が均等であることは、後半になって修繕費が増大するため、「償却費＋修繕費」では費用計上が平均化されない、②インフレの下では、投下資本の回収が遅れ再投下資金を賄いきれない、という短所がある。なお、税法上の定額法による減価償却ついては、2007年度税制改正により、2007年3月31日までに取得した資産については、従前の定額法で95％まで償却し、残り5％を5年間で均等償却することとなり、2007年4月1日以降に取得した資産については、新償却率＝1/nにより、耐用年数間で備忘価額1円まで償却することとなった。

定額料金制［fixed rate system］電灯のワット数あるいは機器の容量等の需要高に応じて電気料金の計算を行う料金制。料金計算に使用電力量を考慮しないため、使用電力量の多少にかかわらず料金は一定額となる。毎月の支払額が等しく計量器が不要であること、制度が簡明であること等が長所であるが、反面、この料金制は、適用される需要の負荷率がほぼ等しいことを前提にしているため、使用状態が多様な需要群への適用は困難であること、料金算定上、使用電力量を考慮しないため、電気の浪費を招く恐れがあること等の短所がある。このため定額料金制は、使用状態がほぼ等しく、かつ計量器を取り付けて複雑な料金計算を行うことが経済的でない、小規模な需要群に適用するのが適当な料金制ということができる。

定期安全管理検査　電気事業法で、「特定電気工作物」（発電用のボイラー、タービン等施行規則第94条で定めるもの）を設置する者は、経済産業省令で定めるところにより、定期に、当該特定電気工作物について事業者検査（以下「定期事業者検査」という。）を行い、その結果を記録保存しなければならないとの規定がある（第55条第1項）。

　定期事業者検査では、技術基準に適合していることを確認しなければならない（第55条第2項）。また、定期事業者検査を行う電気工作物を設置する者は、その定期事業者検査の体制について、経済産業省令で定める時期に、原子力を原動力とする発電用の特定電気工作物であって経済産業省令（施行規則第94条の2）で定めるものを設置する者にあっては「機構」が、原子力を原動力とする発電用の特定電気工作物以外の特定電気工作物であって経済産業省令（施行規則第94条の5の2）で定めるものを設置する者にあっては「経済産業大臣の登録を受けた者」が、その他の者にあっては「経済産業大臣」

が行う定期安全管理審査を受けなければならない（第55条第4項）。審査項目は、定期事業者検査の実施に係る組織、検査の方法、工程管理等が規定されている（第52条第5項）。

事業者が自ら設備の検査を行う制度については、1995年法改正において、火力発電所等について自己責任原則を明確にする点から「定期自主検査」が導入され、第46条に規定されていたが、1999年法改正により、より一層の自己責任原則の徹底を図る観点から第55条「定期安全管理検査」に位置付けられた。

定期安全レビュー [periodic safety review] 対象とする原子力発電所の安全性・信頼性に係る諸活動についての調査・分析はもとより、国内外の原子力発電所の運転経験および原子力安全に係る最新の技術的知見の当該発電所に対する反映状況の調査・分析、さらに確率論的安全評価をもあわせ用いて、事業者が当該発電所について行ってきた保安活動を10年を超えない期間ごとに評価し、必要に応じて保安のために有効な追加措置を抽出し、その実施に係る計画を策定することにより、今後、当該発電所が最新の原子力発電所と同等の高い水準を維持しつつ安全運転を継続できる見通しを得るための取り組み。

従来、事業者の自主的な活動であった定期安全レビューについて、原子力安全・保安院は、2003年9月24日に「実用発電用原子炉の設置、運転等に関する規則（昭和53年通商産業省令第77号）」を改正し、その実施を義務化した。

定期検査 [periodical inspection] 特定重要電気工作物であって、公共の安全の確保上特に重要なものとして経済産業省令で定めるもの（原子力発電所に属する蒸気タービン本体等）であって経済産業省令で定める圧力以上の圧力（最高使用圧力零キロパスカル）を加えられる部分があるもの、ならびに発電用原子炉およびその付属設備（原子炉本体、原子炉冷却系統設備、計測制御系設備等）については、経済産業省令で定める時期ごとに、経済産業大臣が行う検査を受けなければならない（同法第54条第1項、同法施行規則第89条～第93条の4）。

テイク・オア・ペイ [take or pay] 製品またはサービスを供給するプロジェクトの借入金の弁済と、プロジェクトの操業費を賄うために、買主が製品またはサービスを引き取れないときでも、一定の額等を売主に支払う義務を買主に課すことをいう。LNG（液化天然ガス）の売買や輸送に伴う契約を始め、製油所やパイプラインの建設契約等に含まれることがある。わが国電力における原子力を中心とする石油代替エネルギーの開発・進展等の中で、LNG契約に含まれるテイク・オア・ペイ条項が、LNGの弾力的利用を阻害するものとして、その緩和を求める声が高まっている。

抵抗加熱 [resistance heating] 物体に電圧を印加すると電流が流れる、すなわち物体に通電することにより大なり小なり熱の発生を伴う。これは電流を流すことにより、その物体のもつ電気抵抗により電気エネルギーが熱エネルギーに変わるという現象で、それを利用したものが抵抗加熱方式と言われる。数多い電気加熱方式のなかで、抵抗加熱ほど家庭用としても、また工業用としても非常に広い範囲にわたって利用されているものはない。

低周波音 [Low Frequency Air Vibration] わが国では、概ね1Hz〜100Hzの音を低周波音と呼び、その中でも、人間の耳ではとくに聞こえにくい音(20Hz以下)を超低周波音と呼んでいる。低周波音に関する苦情としては、障子がガタガタする、眠れない、考え事ができない、頭痛がする等がある。発生源にはコンプレッサー、ブロワー等の工場施設、船舶・ヘリコプター、道路高架橋、高速鉄道トンネル等の交通機関等があげられている。環境省は2000年に「低周波音の測定方法に関するマニュアル」を発表し、実態調査を実施している。なお、環境省では以前は、「低周波空気振動」と呼び、振動領域の現象と分類していたが、音波に基づく事象であることから、現在は騒音の一部としてとらえ「低周波音」と呼んでいる。

低周波振動 [Low Frequency Air Vibration] 「低周波音」参照。

定周波数制御 (FFC) [flat frequency control] 電力系統の周波数偏差Δfを検出してこれを少なくするように発電機出力を調整し、系統周波数のみを規定値に保とうとする制御方式。単独系統では有効な方式であるが、連系系統にこの方式のみを採用していると連系線潮流は無制御状態となり、系統間の融通、電力潮流隘路対策等に破綻をきたすこととなるため、FFC-TBC等の組み合わせが採用される。

てい増(減)料金制 [inverted (declining) rate system] 使用量に応じて段階的に格差を設けた複数の料金率を定める場合で、低使用量部分から高使用量部分へと順次割高な料金率を適用するものを「てい増料金制」、逆に、順次割安な料金率を適用するものを「てい減料金制」という。てい増料金制の具体例としては、電灯の電力量料金において採用されている「三段階料金制度」があり、高福祉社会の実現、省エネルギーの推進等の社会的要請への対応と供給原価の上昇傾向の反映をめざして導入された。一方、てい減料金制は、使用量の増加にともない単位当たりの固定費が低下するという供給原価の実態を反映させ、高使用量部分に割安な料金率を適用するものであるが、現在わが国の電気料金制度には採用されていない。(→三段階料金制度)

低NOxバーナ [low nox burner] ボイラ排ガス中のNO_x(窒素酸化物)を低減させるための特殊なバーナーで、

NO_x低減の原理によって、次の四つに分類される。①混合促進型：燃料と空気の混合を非常に良好にして高温での燃焼ガス滞留時間を短縮させる。②分割火炎型：火炎を複数の独立した小火炎に分割し、放熱性を良くして火炎温度を低下させる。③自己再循環型：燃焼ガスの一部をバーナー内部へ再循環させることにより、酸素濃度を低下させ、燃焼温度を低下させる。④濃淡燃焼型：一方を燃料過剰、他方を空気過剰とし、燃料過剰の部分においては酸素濃度の低下、空気過剰の部分においては急速な冷却が図られ、燃焼温度を低下させる。

低品位炭改質技術（→UBC）

低風圧形絶縁電線 [low wind-pressure insulated wires] 風に対する電線の抵抗を抑制するために、絶縁体表面に凹凸等を設けた電線をいう。電線表面に凹凸等を設けることにより、電線の後流側で発生する渦が減少し、その結果、電線前後の圧力差が小さくなり風圧荷重を低減できる。電線表面の形状としては溝、多面体、ディンプル等の構造があり、この電線の採用により、支持物の補強をすることなく従来の絶縁電線より太い電線を施設することができる。

低落差発電所 [low head power plant] 落差が10～20m程度の水力発電所を一般に低落差発電所という。これまで経済的に開発できなかった低落差に対して効率の良い円筒水車（チューブラ水車）の導入により開発の対象となってきている。この円筒水車はうず巻き型のケーシングがなく、その名前の通り導水管の内部に発電機と水車を円筒状にまとめた構造となっている。中・高落差の有利な水力地点が少なくなってきているため、今後は河川の中・下流部に残された低落差地点が見直されて、開発対象地点になっていくものと考えられる。

定率法 [declining-balance method] 固定資産に対する減価償却の方法の一つ。この方法は固定資産の耐用年数が到来するまでの期間に、毎年、帳簿価額に「一定率」を乗じた額を減価償却費として計上するもので、償却が進むに従って償却額がてい減していくことになり、次式で表される。

$$D = A \times \left[1 - \sqrt[n]{\frac{S}{C}} \right]$$

D：定率減価償却費
A：未償却残高（帳簿価額）
n：耐用年数
S：残存価額
C：取得価額

定率法は、①固定資産の修繕を要しない初期のうちに多額の償却を行い、後半、修繕費が増加する時期に償却額が減少するため、「償却費＋修繕費」では費用計上が平均化される、②早期に投下資本の回収が図られるため、定額法に比べ経営の安定性を保持することができる、という長所がある。反面、建物や構築物等のように能率価値が比較的持続するものについては、てい減の度合いが急激

すぎるという短所がある。

なお、税法上の定率法による減価償却については、2007年度税制改正により、同年3月31日までに取得した資産については、従前の定率法で95％まで償却し、残り5％を5年間で均等償却することとなり、2007年4月1日以降に取得した資産については、以下の新償却率等により、取得当初は「250％定率法」で償却し、この償却額を「残存定額法」の償却額が上回る年度から定額法で償却して、耐用年数間で備忘価額1円まで償却することとなった。

・250％定率法の償却率：$1/n \times 2.5$
・残存定額法の償却率：残存簿価／残存年数

低流動点(LPP)原油[Low Pour Point] 低流動点（LPP）とは、石油製品のうち、主にC重油に使われる用語であり、一般にその流動点が15℃未満のものをいう。原油についても流動点のこの区分を一応の目安にして、流動点の高い原油以外のものをLPP原油（中東原油大部分の原油がこれに属する）と総称している。LPP重油はLPP原油を精製した残渣油を基材につくられるが、残渣油の硫黄分が高いため、低硫黄のLPP原油を得るためには、脱硫処理をする必要がある。

低レベル放射性廃棄物（低レベル廃棄物）[low-level radioactive waste] 放射性廃棄物を放射能レベルにより分類した場合の呼称の一つ。日本では、高レベル放射性廃棄物以外の放射性廃棄物を指す。総低レベル放射性廃棄物は、発生場所や放射能レベルによっていくつかの区分に分けられ、そのうち原子力発電所から発生する放射能レベルの比較的低い廃棄物の一部は、1992年12月から青森県六ヶ所村の低レベル放射性廃棄物埋設センターで埋設処分されている。

低レベル放射性廃棄物埋設センター [low-level radioactive waste disposal center] 日本原燃熱㈱が青森県六ヶ所村で低レベル放射性廃棄物の埋設事業を行っている施設。六ヶ村の原子・燃料サイクル施設は、低レベル放射性廃棄物埋設センターの他に、高レベル放射性廃棄物貯蔵管理センター、ウラン濃縮工場、使用済燃料再処理工場からなっている。低レベル放射性廃棄物埋設センターは、1992年12月に操業を開始している。

定期事業者検査 [periodical entrepreneur inspection] 特定電気工作物であって、経済産業省令で定めるもの（蒸気タービン本体、ボイラ等）であって、経済産業省令で定める圧力以上の圧力（最高使用圧力零キロパスカル）を加えられるあるもの、ならびに発電用原子炉およびその付属設備については、定期に、当該特定電気工作物について事業者検査を行い、その結果を記録し、保存しなければならない（電気事業法第55条、同法施行規則第94条～第94条の5）。

適正取引ガイドライン 「適正な電力取引についての指針」。自由化された電力市場を競争的に機能させていく

ため、電気事業法を所管する経済産業省と独占禁止法を所管する公正取引委員会が連携し、両法と整合のとれた指針として、電気事業分科会傘下の適正取引WGにおける検討を経て、1999年12月に作成された。その後、2005年5月の改定では、送配電部門の行為規制（情報の目的外利用の禁止・差別的取扱いの禁止）について、望ましい行為と問題となる行為が具体的に示された。2006年12月の改定では、卸電力市場における取引形態が多様化していることを踏まえ、新たに「卸電力取引所における適正な電力取引の在り方」として、望ましい行為と問題となる行為が具体的に示された。

デジタルリレー [digital relay] 電力系統の電圧・電流等のアナログ入力信号を2進符号のデジタル信号に変換し、マイクロプロセッサを用いてデジタル演算を行う保護継電装置で、①種々のリレー要素を備えた新しい保護機能の創出および高性能化、②自己診断機能による自動監視の強化、③使用部品点数の削減）による装置固有信頼度の向上等による保守の省力化（点検周期の延長）、④装置の縮小化、等多くの特徴を有している。今後は半導体技術、マイクロプロセッサ、光デバイス、通信伝送技術の向上および電力機器とのインターフェイス、マンマシンインターフェイスの革新により、各種のデジタルシステムを有機的に結合した保護制御の総合デジタル化システムに進展していくものと考えられる。(→光デバイス)

テトラクロロエチレン [Tetrachloroethylene] 有機塩素系溶剤の一種。俗称として「パークレン」とも呼ばれる。無色透明の液体でエーテル様の臭いを有し、揮発性、不燃性、水に難溶。化学式はC_2CL_4、分子量は165.82、融点は$-22°C$、沸点は$121.1°C$。ドライクリーニングのシミ抜き、金属・機械等の脱脂洗浄剤等に使われる等洗浄剤・溶剤として優れている反面、環境中に排出されても安定で、トリクロロエチレン等とともに地下水汚染等の原因物質となっている。

急性毒性は目、鼻、喉等皮膚・粘膜への刺激、麻酔作用が主で、手の痺れ、頭痛、記憶障害、肝機能障害等の症状が、また慢性毒性は、神経系への影響や、肝・腎障害等の報告がある。発がん性については、動物実験では証明されているが、人に対する発がん性は疫学的には十分に立証されているとは言えず、未だ検討を要し、今後とも疫学研究に注目する必要があるとされている。また、遺伝子障害性が無いと考えられているので、発がん性には閾値があるとして取り扱うことが妥当と考えられている。

「化学物質審査規制法」（昭和48年法律第117号）では1989年に第二種特定化学物質に指定され、製造・輸入に際して、予定数量を国に届け出ることが必要となり、また取り扱いに

際して、国が示した環境保全の指針等を遵守することが義務づけられた。

テナガ・ナショナル社（TNB）（マレーシア）[Tenaga National Berhad] 1990年9月に、マレー半島の電力供給を担当していた国家電力局（NEB）を民営化しマレーシアに設立された企業。TNBの株式は、1992年5月に、クアラルンプール証券取引所に上場されている。TNBは、将来の電力自由化に備え、1997年9月に火力発電会社（TNB Generation Sdn. Bhd.）、2000年9月に水力発電会社（TNB Hydro Sdn. Bhd.）、1999年9月に送電会社（TNB Transmission Network Sdn. Bhd.）、配電会社（TNB Distribution Sdn。Bhd。）を分離し、子会社にしている。

電圧・無効電力制御（VQC）[voltage and reactive power control] 時々刻々と変化する系統電圧に対し、電圧安定性の維持、機器から見た適正電圧の維持、送電損失の低減等の観点から発電機無効電力、変圧器タップ、調相設備を制御して系統の電圧・無効電力を調整する。制御を行う際には、多地点の電圧・無効電力を個別に適正に維持するとともに、全系での協調を図る必要があることから、ローカル系統を対象とした「個別制御方式」と全系を対象とした「総合制御方式」の併用が一般的である。「総合制御方式」においは情報伝送上の制約、制御効果等から超高圧系統以上を対象として制御を行う場合が多い。

テネックス（→TENEX）

デフォルト値 初期設定値、標準値、既定値等の意。地球温暖化対策の推進に関する法律では、特定排出者が使用した電気の排出量については、その算定に必要なCO_2排出原単位について、省令で定めたデフォルト値を用いることができるとされている。2006年3月の省令改正において定められたデフォルト値は$0.555kg\text{-}CO_2/kWh$である。尚、使用した電気の排出原単位が判明しており、デフォルト値を下回っている場合はその原単位を算定に用いることができる。

テヘラン協定 [Teheran Agreement] 1971年2月14日にサウジアラビア等、ペルシャ湾岸産油6カ国と、これらの国で操業している石油会社13社グループとの間で締結された原油公示価格の値上げおよび、1975年までの年度ごとのエスカレーション、ならびに所得税率の引き上げに関する協定。この協定の最大の意義は、OPEC（石油輸出国機構）が国際石油市場における価格管理の一方の当事者として認知されてきたということであり、1970年代において、OPECが価格決定権を手中にするうえでの象徴的な出来事といえる。

デュレーションカーブ（負荷持続曲線）[load duration curve] 日・週・月・年等対象とする期間の負荷について、その発生した時間とは無関係に大きい順にならべた替えた曲線のことを負荷持続曲線という。電力需要の大

きさとその持続時間との関係を示すために使用される。対象期間により、日・週・月・年負荷持続曲線がある。需要持続曲線ともいう。

テレメータ [telemetering equipment] 遠隔の地点におけるさまざまな測定量を現地へ行かなくても確認できるように一定間隔で親装置へ自動送信する装置。

電圧・周波数の維持 [Maintenance of voltage and frequency] 良質な電気の供給は電気事業の重要な使命になっていることに鑑み、需要家の利益を保護する見地から、電気事業法は一般電気事業者及び特定電気事業者に電圧、周波数を維持する努力義務を規定しており（電気事業法第26条1項）、需要家利益を阻害していると認めるときには、経済産業大臣は改善命令を発動することができる（同2項）。経済産業省令で定める電圧及び周波数の値は、電圧については、標準電圧100Vで101V±6V、標準電圧200V±20Vであり、周波数については、標準周波数（50Hzまたは60Hz）である。

なお、この規定は需要家の保護規定であって、電気を直接需要家に供給しない卸電気事業者、および一般電気事業者の系統に連系することにより需要家に供給する特定規模電気事業者については、法律上の義務とはなっていないが、一般電気事業者との契約を通じて間接的に強制が及ぶことになる。

電圧調整 [voltage regulation] 電力系統の電圧は、需要および供給力の変動により刻々変化するが、この変化を一定の範囲に収め、需要家が電気機器を支障なく使用できるよう電圧の安定維持を図ることが必要である。この許容電圧範囲については、低電圧に関しては電気事業法第26条および電気事業法施行規則第44条により、101±6Vあるいは202±20Vと定められている。高電圧以上に関してはとくに規定されていないが、前記規則に準じて電圧変動目標幅を定めてその維持に努めている。近年の技術革新により、電子計算機や自動制御機器等各種電子応用機器が広範にわたって使用されており、供給電圧に対する需要家からの質的要請はますます厳しくなっており、各電力会社ではこのような要請に応じ、多くの自動制御機器によって適正電圧に維持するよう努めている。

一方、電力系統においては電力需要の増大と共に、電源の遠隔・大容量化、送電線の長距離・高電圧化やケーブル系統の増大等、系統構成面で質的変化が生じている。したがって、サービスレベルの維持向上という面だけでなく、電力系統の安定運用、無効電力の適正配分による送電損失の軽減および設備利用率の向上等の経済的運用という観点からも、適正な系統電圧の維持が必要である。適正電圧を維持するには、電力系統に散在する各電気所の無効電力を制御する必要があり、発電機の電圧、力率調整や電圧調整装置および各種

調相設備の総合運用によって、電圧・無効電力の調整を行っている。

電圧フリッカ［voltage flicker］アーク炉、溶接器等の変動負荷が相対的に短絡容量の小さい系統につながれた場合、供給変電所母線電圧が変動し、同じ電源から供給される他の一般需要家においては、白熱灯、蛍光灯等の照明設備やテレビ画像に対し明るさのちらつきを生じ、人間の目に不快感を与える。このように照明設備等に対し、明るさのちらつき（照明フリッカ）を生じさせる比較的短い周期の電圧変動を電圧フリッカといい、その大きさは、わが国では変動の周期が人間の目に最も敏感とされる10Hzの正弦波状の変動に等価換算した値で表示し、ΔV10で表す。

電圧フリッカ抑制対策としては、発生源側では緩衝リアクトルの設置、静止型無効電力補償装置（SVC）の設置、電気炉運転方法の改善等があり、供給系統側では供給母線の短絡容量の増加、供給系統の分離、直列コンデンサの設置等がある。

電化厨房［electrified kitchen］O157食中毒事件の発生等、近年食を取り巻く環境は大きく変化しており、一般家庭はもちろん、学校給食や外食産業等業務用のあらゆる業態で食の安全に対するニーズが高まっている。IH調理器をはじめとする電気式厨房機器は制御性に優れているため、厨房設備の熱源を電化することで、調理工程における温度（Temperature）や時間（Time）の管理（TT管理）を容易にする。

燃焼機器を使用しないことで、調理室の室温上昇を大幅に抑制できるとともに、燃焼に伴う排ガス（CO_2・水蒸気・スス）の発生がないので、作業者にとって快適かつ衛生面で優れた厨房環境を実現する。あわせて電化厨房は燃焼機器に比べ熱効率が高く、また排ガスが抑制されることにより空調負荷や換気量を低減し、省エネルギー・省コストに寄与している。

転換［conversion］一般的には、物質の化学的・物理的性質を一定目的の使用に適するよう形態を変えること。原子燃料サイクルにおける一連の工程で、「転換」という場合、イエローケーキ（ウラン精鉱：U_3O_8）を六フッ化ウラン（UF_6）に転換する工程をいう。UF_6は常温では無色の固体であるが、56.56℃で昇華し気体となり、気体では唯一の安定したウラン化合物である。濃縮を行うためにはウランを気体状にする必要があることから、U_3O_8をUF_6に転換する。また、原子炉において、中性子捕獲によって、親物質をが核分裂性物質に核変換することについても転換という語を用いることがある。

電気温水器［electric water heater］熱源により水を加熱し、これをお湯として供給する給湯器具の一種で、熱源には夜間の電気を利用して夜のうちに必要量のお湯をつくり、タンクに貯めて保温する貯湯式給湯器である。タンクの中に組み込んだ電気ヒ

ーターによって水を加熱することにより、水は対流を繰り返しながら沸き上がり、指定の温度で通電は自動的にストップする。給湯はタンクの上面より行い、給水圧によって、使用したお湯と同量の水がタンクの下面より補充される仕組みになっている。

特徴としては、①割安な深夜電力を使用するので経済的である②空気を汚さず静かである、③災害や事故が発生しても火元にならず安全である、④給水や点火・消火の操作が不要で簡単で便利である、⑤シンプルな構造で故障が少なくメンテナンスも容易である、こと等があげられる。近年はマイコンタイプ、追い焚き機能付きタイプ、自動湯張り機能付きタイプ等、使い勝手の良い電気温水器が増えてきている。

電気供給者 [electricity supplier] 一般用電気工作物において使用する電気を供給する者。電気事業法第57条に規定され、多くの場合は一般電気事業者又は特定電気事業者であるが、電気事業者以外の電気工作物設置者である場合（特定供給を行う場合であって、その供給先の電気工作物が一般用電気工作物であるとき）もある。同法では、電気供給者に対して、電気供給者が供給する電気を使用する一般用電気工作物についての技術基準への適合調査義務を課している。

電気工事業の業務の適正化に関する法律 [Law Concerning the Business Optimization of Electric Works] 電気工事業を営む者の登録及びその業務の規制を行うことにより、その業務の適正な実施を確保し、もって一般用電気工作物及び自家用電気工作物の保安の確保に資することを目的に制定された（昭和45年5月法律第96号）。本法は、電気工事業を営む者の登録、主任電気工事士の設置、電気工事士等でない者を電気工事の作業に従事させることの禁止、電気用品の使用の制限、その他について定めている。

電気工事士法 [Electric Work Specialist Law] 電気工事の作業に従事する者の資格及び義務を定めることによって、電気工事の欠陥による災害の発生の防止に寄与することを目的に制定された（昭和35年8月法律第139号）。

この法律で電気工事とは、一般用電気工作物または自家用電気工作物を設置し、または変更する工事をいう。本法は、電気工事士の種類、電気工事士のみが従事できる電気工事の作業、電気工事士の資格及び義務、電気工事士試験、その他について定めている。

電気事業営業収益 [electric utility operating revenues] 電気事業の主たる営業の活動から生ずる収益の総称であって、電気料金収益とその他営業収益とに大別される。電気料金収益は、電気を販売することによって得

る収益をいい、電灯料、電力料、地帯間販売電力料、他社販売電力料に区分する。その他の営業収益は、電気事業の運営上通常発生する収益で、電気料金収益に該当しないものをいい、託送収益、事業者間精算収益、電気事業雑収益、貸付設備収益に区分する。

電気事業営業損益 [electric utility operating income (loss)] 電気事業営業収益から電気事業営業費用を控除した損益である。

電気事業営業費用 [electric utility operating expenses] 電気事業の主たる営業活動のために要した費用（電気事業営業収益に対応する費用）の総称であって、水力発電費、汽力発電費、原子力発電費、内燃力発電費、地帯間購入電力料、他社購入電力料、送電費、変電費、配電費、販売費、休止設備費、貸付設備費、一般管理費、電源開発促進税、事業税、開発費、開発費償却、電力費振替勘定（貸方）の科目に区分して整理する。また、各科目はさらに給料手当や減価償却費等の要素別に細分して整理する。

電気事業会計規則 [electric utility accounting principles] 電気事業会計規則は、電気事業の適正な会計整理を定めた電気事業法第34条に基づき、経済産業省令として制定されたもの。当該規則は、本文と別表からなるが、これに当該規則の規定の補足事項と運用上の基準を定めた「電気事業会計規則取扱要領」を合わせて全体が構成されている。電気事業会計規則の別表として、「勘定科目表」、「財務諸表様式」および「資産単位物品表」があり、電気事業会計規則取扱要領の別表として、「水利権一覧表」が定められている。

電気事業規制 [electric utility regulation] 公益事業たる電気事業においては、電気事業法により概略次のような規制がとられている。

①事業許可・届出、設備譲渡等の届出、一般電気事業者以外の者の特定供給に係る許可等からなる事業規制、②供給義務、供給約款の認可、託送供給、卸供給の供給条件、特定電気事業者の供給条件等からなる業務規制、③会計整理、減価償却、積立金・引当金に関する命令、渇水準備金の積立義務、社債権者に関する一般担保等からなる会計財務規制、④電気工作物の工事計画の認可、使用前検査、定期検査、技術基準適合義務、保安規程作成義務等からなる保安規制。

このような規制を受ける電気事業は、その反面、公益事業としての責務を円滑に遂行するため、電線路工事のために必要とされる土地等の一時的使用権等の公益事業特権が認められている。

電気事業研究国際協力機構（→IERE）

電気事業固定資産[electric utility plant and equipment] 電気事業の用に引き続き供されている固定資産をいい、各設備の機能（部門）に応じて、水力・火力・原子力・送電・変電・配電・業務設備等に分類される。電気事業固定資産は、電気料金原価における事業報酬、減価償却費等の算定基礎となることから、真実かつ有効な電気事業資産に限定され、以前に電気事業の用に供していた設備であっても再び電気事業の用に供する予定のないものや、休止の状態が相当の長期にわたっており、必要な維持修繕が行われていないものは、電気事業固定資産に該当せず、事業外固定資産に整理することとなっている。

電気事業再編成審議会 1948（昭和23）年2月22日、過度経済力集中排除法の指定を受けた日本発送電㈱および9配電会社は、電気事業再編成を行うことになった。第二次吉田内閣は、1949年11月4日通商産業大臣の諮問機関として電気事業再編成審議会を設置した。同審議会は、電気事業の再編成に関する基本方針および電気行政に関する機構、権限等の改正方針ならびにその実施に必要な措置を調査審議することを目的としていた。また通商産業大臣は、同審議会の答申を尊重して所要の措置を採らなければならないことになっていた。

1949年11月24日第1回の会議を開いて以来、2カ月余の間審議を重ね、九つの発送配電一貫会社と地帯間の電力融通会社を設立する答申案に、現行の9電力体制の基となった松永安左エ門会長案を参考意見として添付して、1950年2月1日、通商産業大臣に答申した。

電気事業再編成令 [electric utility restructuring deliberative committee] 公益事業令と同じくポツダム緊急勅令に基づくポツダム政令の一つ。昭和25年11月政令第342号。電気事業の国家管理を廃し、発電、送電および配電を一貫して行う各独立の事業体制を確立して、公共の利益のために電気事業の再編成を行うことを目的とする。

①日本発送電㈱および9配電会社は解散し、新たに九つの電気事業会社を設立すること、②新会社の供給区域、③新会社に出資され、または譲渡されるべき電気工作物等について規定している。1951年5月1日、発送配電一貫経営の株式会社として9電力会社が設立され、現行の9電力体制ができあがった。

電気事業者による新エネルギー等の利用に関する特別措置法（RPS法）[Renewable Portfolio Standard] 電気事業者による新エネルギー等の利用に関する必要な措置を講ずることで、内外の経済社会的環境に応じたエネルギーの安定的かつ適切な供給の確保、環境の保全、および国民経済の健全な発展に資することを目的とした法律。2002年6月に公布され、2003年度より施行されている。

小売電気事業者(一般電気事業者・特定電気事業者・特定規模電気事業者)に対し、電気の供給量に応じて一定量以上の新エネルギー等(ここでいう「新エネルギー等」とは、①風力、②太陽光、③地熱(熱水を著しく減少させないもの)、④1,000kW以下の水力(ダム式・ダム水路式は従属発電に限る)、⑤バイオマスをいう)から発電された電気の利用を義務づけることで、電力分野における新エネルギー利用の促進を図っている。

2007年度の利用目標量(全国)は約61億kWhとなっており、以降2014年度の160億kWhまで利用目標量が定められている。利用目標量は4年ごとに見直しをすることが規定されている。

義務履行の方法は、①自社の新エネルギー等発電設備で発電する、②他の発電事業者の新エネルギー等発電設備からの電気を購入する、③他の発電事業者の新エネルギー等電気相当量(RPSクレジット)を購入する、の三つがある。また、自然エネルギーによる発電であるため、年による発電量の変動が生じる可能性も考慮し、当該年度の義務量超過分/不足分を翌年度に繰り越すことができる「バンキング」「ボロウイング」が認められている。

電気事業審議会 [Electric Utility Industry Council] 1964年に制定された電気事業法において、電気事業は国民生活や産業活動に密着する極めて公益性の高い事業であることから、広く各界の意見を求めて、これを電力行政に反映させ、適切な行政を行うことを目的として通商産業省に設置された審議会。同審議会は、通商産業大臣の諮問に応じ、電気事業に関する重要事項を調査審議し、また電気事業に関する重要事項について通商産業大臣に建議することができ、通商産業大臣はこの建議を尊重しなければならないこととされていた。

同審議会は部会を設置することができ、1973年11月に料金制度部会と需給部会が、1997年7月に基本政策部会が設置された。中央省庁再編に伴い、1999年4月に閣議決定された「審議会等の整理合理化に関する基本的計画」にて廃止が決定され、総合資源エネルギー調査会の下の「電気事業分科会」に移管された。

電気事業における環境行動計画 [Environmental Action Plan by the Japanese Electric Utility Industry] 電気事業における課題については、地球温暖化対策をはじめ、循環型社会の形成に向けたリサイクル・廃棄物対策や化学物質の管理等、多岐にわたっている。これらの環境問題は、かつての公害問題と異なり、我々社会の構成員全体が加害者でありかつ被害者にもなる問題であることや、我々のライフスタイルとも密接に関

係するという特徴を有しており、あらゆる主体が環境への負荷低減に、自主的、積極的に取り組んでいくことが必要である。

このような認識に立ち電気事業連合会関係12社が、自らの事業を最も良く知る立場から、自ら達成すべき目標とその達成のために必要となる取り組みを掲げて、1996年11月に「電気事業における環境行動計画」を策定、公表しており、本行動計画については、透明性確保と目標達成を確実なものとするため、1998年度以降毎年フォローアップを行っている。

電気事業法（旧）（昭和6年改正）[Electric Utilities Industry Law] 1911（明治44）年電気事業法（全文22条）を全面改正する形で、1931年4月に公布された。本法は、第一次世界大戦を契機とする産業界の電力需要の急増を背景として、国民生活および産業活動と密接な関係を有し、公益事業としての性格を一層強めてきた電気事業の合理的発達を促すため、できるだけ統制合理化を図って能率を増進するほか、事業の公益性に鑑み公益的監督を強化する規定が織り込まれた。

電気事業法（新）[Electric Utilities Industry Law] 現行の電気事業法で、1964年に制定されて以来、1995年および2000年、2003年に制度改正が行われた。1995年の改正では、①発電部門への新規参入の拡大、②特定電気事業に係る制度の創設、③料金規制の見直し（選択約款の導入）等に主眼をおいて行われた。2000年の改正においては、①大口需要家（特別高圧の特定規模需要）を対象に電力小売部門の一部自由化の実施、②託送制度（接続供給制度）の整備、③料金規制の見直し（料金引き下げを届出制から認可制に緩和）等がなされた。

また、2003年の改正においては、①ネットワーク部門の公平性・透明性の確保（中立機関の設立、送配電部門の会計分離）、②広域流通の円滑化（パンケーキ問題の解消）、③全国規模の卸電力取引市場の創設、④電力小売自由化範囲の拡大（2004年4月に500kW以上、2005年4月に50kW以上の需要家に拡大）等が行われた。

電気事業連合会 [The Federation of Electric Power Companies] 電力会社相互間の連絡を緊密にして、電気事業の健全な発達を期することを目的とし、1952年11月に設立された団体。構成会員は、北海道電力、東北電力、東京電力、中部電力、北陸電力、中国電力、四国電力、九州電力、沖縄電力（2000年3月加入）の10社で、上記の目的を達するため、以下の事項を行う。電気事業の重要政策に対する方針の確立。電気事業者に共通または相互に関係のある事項の協議または処理。電気事業に関する建議、啓発、宣伝。資料、情報の収集、領布。調査研究、統計の作成。その他必要な事項。

電気事業連合会行動指針 [The Federation of Electric Power Companies

Action Plan] 社会との信頼関係をより強固なものとし、電気事業の健全な発展に資するべく、1997年10月に策定された。2002年の東京電力の原子力に係わる不祥事を受け改定され、さらに2007年の電力各社の発電設備に係わるデータ改ざん等の不祥事を受けて再び改定されている。現在の指針を以下に記す。①エネルギーの供給責任、②安全確保、③環境保全、④地域貢献、⑤法令遵守、⑥誠実かつ公正な事業活動、⑦社会とのコミュニケーション、⑧従業員の尊重と風通しの良い企業風土、⑨国際社会との協調、⑩トップの責務

電気自動車 [electric vehicle] 蓄電池に蓄えられた電気エネルギーでモータを作動させ、この回転を車輪に伝えることによって走行する車両のこと。歴史はガソリン車と同じ程度古く19世紀後半まで溯り、①排気ガスが出ない、②騒音が少ない、③運転操作が簡単、④エネルギーの総合利用効率が高い、⑤深夜電力利用による電力負荷の平準化が可能、等のメリットがあるものの、連続走行距離等の諸性能と価格面でガソリン車に劣るためこれまで一般に普及してこなかった。

しかし、石油危機後の省エネルギー、脱石油の時代的要請の中でその特質が評価されたことや地球規模での環境問題の深刻化および2003年よりカリフォルニア州で低公害車の最低販売比率規制が実施される予定であること等から、各国のメーカーで開発が進められている。高性能なモータやニッケル水素電池、リチウムイオン電池の高性能な電池を搭載した車両が開発され、一充電走行距離の延長等の技術的課題も解消されつつあり、次世代の車として、今後の普及開発動向が注目される。

電気集じん器 [electro-static precipitator] コットレル集じん装置ともいわれ、火力発電所・セメント工場等で多く使用されている。電気集じん器は、3～6万Vの直流電圧によるコロナ放電を利用して微粒子を捕集する方法である。電気集じん器の原理は、平板を用いた集じん極とピアノ線を用いた放電極を相対して配置し、集じん極を（＋）に、放電極を（－）に接続して、この間にガスを通すと放電極の周囲は電界が非常に強く、コロナ放電が盛んに行われる。

これによって生じた無数の（＋）、（－）イオンのうち、（＋）イオンは放電極に吸着されて放電し、（－）イオンおよび電子は集じん極に向かう。したがって、電極間は（－）の電荷で充満されているので、ガスがこの空間を通ると含まれる粒子は（－）に帯電され、次ぎ次ぎに集じん極に吸着される。吸着された粒子は電荷を失い、他の粒子と集合体となって自重で落下するようになる。また集じん極に付着した粒子は、集じん極に与えられる機械的ショックによりはがれ、落下する。

電気の使用制限 [restriction imposed on consumption of electricity] 電気

の需給は、相応の予備力が確保されているが、異常渇水、発送変電設備の事故等の原因により需給がひっ迫し、国民生活および国民経済に悪影響を及ぼすような事態が発生した場合、これを放置するならばますます需給はひっ迫し、需要家利益が保護されない。したがって、このような場合には、経済産業大臣に、その事態を克服するため必要な限度において、一般電気事業者、特定電気事業者、特定規模電気事業者の供給する電気の使用を制限し、または一般電気事業者、特定電気事業者、特定規模電気事業者からの受電を制限する権限が与えられている（電気事業法第27条）。

調整の方法としては、①使用電力量又は使用最大電力の限度（500kW以上の需要家に限る）、②用途（装飾用、広告用その他に限る）、③停止日時（週に2日以内）を定めて、電気の使用を制限する場合、又は④受電電力の容量の限度（受電能力が3,000kW以上に限る）を定めて受電を制限する場合に限定されている。

電気通信事業 [telecommunications business] 電気通信事業法（昭和59年法律第86号）第2条によって、電気通信役務を他人の需要に応ずるために提供する事業として定義されている。ただし、有線ラジオ放送、有線放送電話、有線テレビジョン放送に係わる役務は、電気通信役務より除かれている。2003年の電気事業法改正以前は、自ら電気通信設備を設置して電気通信役務を提供する第1種電気通信事業と、電気通信設備を貸借して役務を提供する第2種電気通信事業に分けられていたが、改正によりその区分はなくなり、届出・登録制となった。

届出が必要な事業者として、①電気通信回線設備を設置する事業者のうち、端末系伝送路設備が一つの市町村の区域（特別区、政令指定都市にあっては「区」）に留まること・中継系伝送路設備が一つの都道府県内の区域に留まることの二つの要件を満たす事業者、②伝送路設備を有しない事業者、がある。登録が必要な事業者は、上記の要件を超える伝送路設備を設置している事業者が該当する。

電気通信事業法 [Telecommunications Business Law] 電気通信事業に競争原理を導入して事業の一層の効率化、活性化を図ることを目的として、旧公衆電気通信法（昭和28年法律第97号）を改廃して制定された法律（昭和59年法律第86号）。電気通信事業は自身の通信回線を持つ第1種と、通信回線を賃借して事業を行う第2種に区分されていたが、2003年の法改正により区分は廃止され、届出・登録制となった。また、料金・契約約款規制を一部のサービスを除き廃止してサービス提供の原則自由化を図る等の規制緩和が行われ、更なる市場の活性化・料金の低廉化・サービスの高度化等が図られている。一方で、サービス提供条件の説明義務等

消費者保護に関する規定も盛り込まれている。

電気という財の特性 [characteristic of electricity] 電気という財は「物」であると同時に「サービス」でもあり、他の財に見られない特性を有する。まず物理的な性質としては、①瞬間消費性（→別項参照）のほか、②財の同質性があり、ネットワークを通じて供給される電気は、すべて品質が同じであって区別することができない。これは製品差別化が難しく、価格競争に陥りやすいことも意味する。

一方、社会的な意義としては、電気には③生活必需性がある。電気は国民に必要不可欠であり、その供給安定性や信頼性が強く要請される。これは経済学的には、需要の価格弾力性が極めて小さいという形で現れ、特に需給逼迫時の需要曲線はほぼ垂直となる。また、電力産業は④大規模設備産業であり、短期間で発電所を建設することは現実には困難であることから、供給の価格弾力性も極めて小さい。電力市場の設計にあたっては、これらの特性に十分配慮することが重要となる。

電気二重層キャパシタ（EDLC）[electric double layer capacitor] 鉛蓄電池等の蓄電池のように化学反応を電気エネルギーに変換するものではなく、電気二重層の大きな容量を利用して充放電と同じように出し入れするものである。放電容量は蓄電池に比較するとはるかに小さいが、電気化学反応を伴わないので急速充電が可能であり、充放電サイクルによる性能の劣化が少ない特徴を持っている。また、欠点として、自己放電が大きい問題があり、放電特性は従来のコンデンサと同様に時間とともに急速に低下する。

電気の供給の中止または使用の制限・中止 [cessation of electricity supply on restriction, cessation of electricity use] 電気の供給は、需要家の電気の使用に応じ不都合が生じないような措置が講じられているが、次のような不測の事態が生じた場合には、電力会社は供給を中止し、または需要家に電気の使用を制限、もしくは中止を求めることがある。

①異常渇水等により電気の需給上やむをえない場合、②電力会社の電気工作物に故障が生じ、または故障が生ずる恐れがある場合、③電力会社の電気工作物の修繕、変更その他の工事上やむをえない場合、④非常変災の場合、⑤その他保安上必要がある場合。以上のように電気の使用を制限した場合は、一定の要件のもとに電気料金の割引が行われるが、電力会社が需要家に3日前までに通知して行う電気工作物の保守及び増強のための工事については安全確保等のため必要であり、1月につき1日を限り割引の対象とはされない。

電気用品安全法 [Electrical Appliance and Material Safety Law] 電気用品の製造、販売等を規制するとともに、電気用品の安全性の確保につき民間

事業者の自主的な活動を促進することにより、電気用品による危険及び障害の発生を防止することを目的としている法律。「電気用品取締法」を2001年4月に改称し、現在に至る。関係政省令として「電気用品安全法施行令」、「電気用品安全法施行規則」、「電気用品の技術上の基準を定める省令」がある。

電気料金の決定原則 [principle to decide electricity bill] 電気事業は、地域独占が認められる一方、供給義務を負うと同時に、電気料金については政府の認可を受けなければならない(引き下げの場合は届出)。電気料金の決定においては、次の3原則によることとされている。

① 原価主義の原則:電気事業が能率的な経営のもとにおいて、需要家に良好なサービスを提供するために必要な原価を基礎とする
② 公正報酬の原則:電気事業が事業の遂行に必要な資金調達を円滑に進めることができるように、調達に要する適正な利息や株主に対する適正な利益を確保するための報酬を原価に織り込む
③ 需要家に対する公平の原則:需要家の負担公平を図るため、適正に原価配分を行うことによって料金を決定し、定めた料金を各需要家に対し差別することなく適用する。

電気料金債権の確保 [Guarantee of obligatory right to electricity charges] 公益事業として経営基盤の充実安定を図るためには、電気料金を早期に、かつ確実に回収することが必要であり、供給約款および自由化部門における供給条件では電気料金債権を確保するための次の措置を電力会社が講じうることが定められている。

① 供給の停止 需要家が(支払期限)を経過してなお料金を支払わない場合は、それ以降の電気の供給を停止することが認められている。さらに供給停止を受けた需要家が、電力会社の定めた期日までに料金を支払わない場合は、当該需要家との需給契約を解約することができる。
② 予防的債権確保措置 電力会社が、支払いの危ぶまれる需要家について、事前に講じうる債権確保措置として保証金がある。電力会社は保証金として、支払いの延滞のあった需要家または延滞発生の恐れのある新増設需要家から、供給の開始もしくは再開に先立って、または供給継続の条件として預託を受けることができ、実際に支払いの延滞が生じた場合は、電気料金債権に充当することができる。

電気料金暫定引き下げ措置 [provisional reduction of electricity rates] 予測し難い急激かつ大幅な経済変化に伴う原価の変動により、一般電気事業者に大幅な差益の発生が見込まれる場合において、電気事業法第21条ただし書きに基づいて行われる応急的かつ暫定的な料金引下げ措置のこと。過去、急激な円高、原油安に伴う差

益を還元するために、1978年10月（対象期間は1979年3月まで）に初めて実施され、以降、1995年7月から同7月12月を対象期間とする暫定引下げ措置まで計6回にわたり実施されたが、1996年1月の料金改定から燃料費調整制度が導入されたことにより、その中で調整される程度の原価（燃料費）の変動による料金の変更は、電気事業法第21条ただし書きの規定によって個別に認可を受けることを要しなくなった。（→燃料費調整制度）

電気料金情報公開ガイドライン［Guidelines for disclosure of electricity charge］1999年度の電気事業制度改革において、電気料金の設定のあり方について事業者の自主的判断が一層重視されたことに伴い、需要家等に対する十分な情報公開がより重要となったことから、行政および事業者の情報公開のあり方を明確にするために、資源エネルギー庁によって作成されたガイドライン。

本ガイドラインに定められる情報は、規制の対象（供給約款、選択約款、卸供給料金、託送料金、最終保障約款、部門別収支）ごとに、①行政の定めるルール（および行政ルールの一環としての事業者ルール）、②料金の妥当性のチェックに必要な情報、③事業者による自主的説明、の三つに区分され、それぞれ明らかにすることが望ましい情報が列挙されている。情報公開方法としては「相談窓口」の設置に加え、情報の内容に応じて、官報、新聞・雑誌による発表、インターネットによる発信等が求められている。

電気料金制度調査会 電力需要増大に対応した新規電源開発に伴う資本費の高騰および電気事業の経理内容の悪化を受け、電気料金の安定と料金制度の合理化について根本的に検討するため、1957年12月6日に設置された通商産業大臣の臨時の諮問機関。料金の決定原則、料金の算定基準、料金体系、料金の安定化、原価の高騰抑制ないし低減対策、料金地域差、融通料金と卸売料金について調査・審議し、1958年12月19日に答申を行った。

答申は、公共の利益の確保と電気事業の健全な発達という二つの要請の調和を基本理念とし、料金決定原則としての原価主義の徹底化、料金原価の算定上影響の大きい平水（過去の可能水力発電電力量の平均）の取り方および減価償却方法の適正化、電気事業の企業努力を促進するためのレートベース方式の採用および標準経費の設定等を強調している。なお、答申内容は、1961～1973年にかけて行われた各社の料金改定に反映された。

電気料金決定の3原則［3 principles of electricity ratemaking］一般電気事業者が規制部門の需要家に対する料金を恣意的に定めたり、あるいは需要家間の取り扱いが不公平になることは許されることではない。したがって、部分自由化が導入された現在

にあっても、規制部門の料金については、電気事業法（昭和39年法律第170号）第19条第2項において、次の三つの電気料金決定の原則が規定されている。

①原価主義の原則　電気料金は、能率的な経営のもとにおいて需要家に良好なサービスを行うために必要とする原価を補償するものでなければならないことを定めた原則である。これは総括原価主義と個別原価主義の二つに分かれる。総括原価主義とは、電気を供給するのに必要なすべての費用に事業報酬を加えた総括原価と電気料金収入とが見合う必要があることを示したものであり、個別原価主義とは、各需要種別間および各需要家間で不公平にならないよう、負荷の特性を適切に反映する基準に基づき、料金が定められるべきことを示したものである。

②公正報酬の原則　電気事業における事業報酬は、事業を円滑かつ適正に遂行するに足りる公正なものでなければならないことを定めた原則である。すなわち、電気事業における事業報酬は、過大な利潤をあげて需要家の利益を不当に妨げるものであってはならないし、また利潤が過少になって企業の健全性が損なわれ、電気の安定供給に支障が生じるものであってはならないということである。

③公平の原則　各需要種別に適正な原価配分を行い、これにしたがって料金を客観的に定めるとともに、定められた料金を各需要家に対して無差別に適用することにより、需要家間の公平さを維持することを定めた原則である。すなわち、公平の原則は原価主義を厳正に貫くことによって確保されるものである。

電力系統の広域運用　電気事業者が相互に協力し、これらの会社の自主的経営の利点を最大限に活かしながら、各社協調の下に相互に電力設備を利用しあう等合理的な運用を行い、設備の開発と運用の促進、技術開発の推進、事故等緊急時の資材・要員の融通等を効果的に実施することを目的とした運営をいう。

電源開発株式会社 [Electric Power Development Co., Ltd]　9電力体制発足直後の電力不足を解消するために、政府資金を主体とした電源開発を行うことを目的に制定された電源開発促進法（昭和27年7月制定）に基づき、同年9月に特殊法人として設立された。電源開発基本計画で定められた地点の開発を速やかに行うことを目的とし、佐久間、奥只見等の大貯水池式水力、奥清津等の大規模揚水式発電所を開発するとともに、国の石炭政策に協力して磯子、高砂、竹原等の石炭火力発電所を建設し、国内未利用資源開発の観点から、鬼首地熱発電所を建設。近年では大間原子力発電所の建設を進めている。

流通施設では、四国と本州を結ぶ中四幹線、超高圧大容量の中国東幹

線や佐久間周波数変換所を建設して50／60Hz系統間の電力融通拡大に寄与したほか、1979年12月には北海道と本州を海底ケーブルで結ぶ超高圧直流送電線を建設した。海外においても、IPP事業等幅広い活動を続けている。1997年6月に政府の行政改革の一環として、5年後を目途として民営化を進めることが決定され、2003年10月の電源開発促進法の廃止を経て、民営化された。

電源開発促進税 [electric power development tax] 発電施設の設置の促進、運転の円滑化等のための財政上の措置に要する必要に充てるため、「電源開発促進税法」(昭和49年法律第79号) に基づき課税される目的税(国税)。課税標準は販売電力量であり、一般電気事業者が納税義務者である。税率は販売電気1,000kWhにつき375円。本税は、発電施設周辺地域における公共施設の整備や、石油代替エネルギーの発電利用促進のために活用されることとなっている。

電源開発促進対策特別会計法 [Law on Special Accounts for Electric Power Development Promotion] 昭和49年法律第68号。発電用施設周辺地域整備法、電源開発促進税法とならぶ、いわゆる電源三法の一つ。電源開発促進税を財源として行う電源開発促進対策のための特別会計の設置（第1条）、管理（第2条）、電源立地勘定・電源多様化勘定の歳入および歳出（第3条、第3条の2）等について定めていたが、2006年に「簡素で効率的な政府を実現するための行政改革の推進に関する法律（行政改革推進法。平成18年法律第47号）」の成立に伴い廃止された。

これにより、石油およびエネルギー需給構造高度化対策特別会計と電源開発促進対策特別会計とを統合し、新たにエネルギー対策特別会計が創設された。あわせて、電源開発促進税が特別会計に直入される構造を見直し、石油石炭税と同様、一般会計から必要額を特別会計に繰り入れる仕組みへと変更された。

電源開発促進法 [Electric Power Development Promotion Law] 第二次世界大戦後、電源開発は経済復興上の急務とされ、昭和27年7月法律第283号として、電源の開発および送・変電施設の整備を速やかに行い、電気の供給を増加し、産業振興に寄与することを目的として制定された。内閣総理大臣による電源開発基本計画の樹立・公表等に加え、総理府に電源開発調整審議会を設置すること、電源開発㈱の設置およびその事業・組織を定めていたが、2003年10月に廃止され、電源開発㈱は民営化された。

電源三法 [3 electric power development law] 電気の安定供給が国民生活や経済活動にとって重大であることに鑑み、電源立地予定地周辺地域における地域振興を図り、もって電源立地の円滑化に資することを目的として1974年6月6日、同時に制定された三つの法律の総称。

この三つの法律とは、地域整備の財源を税として徴収するための「電源開発促進税法」（昭和49年法律第79条）、その税と電源立地促進対策の資金を管理するための「電源開発促進対策特別会計法」（昭和49年法律第80号）、および電源立地周辺地域を整備するための「発電用施設周辺地域整備法」（昭和49年法律第78号）をいい、これら三法が相互に機能して一つの制度を形づくってきたが、電源開発促進対策特別会計法は2006年度末をもって廃止された。

電源の多様化 [fuel diverficication] 2度にわたる石油危機を契機として、電力業界は、わが国のエネルギー供給の大半を輸入エネルギー、とくに石油に依存していることを勘案し、長期的なエネルギー需給の安定化を図るために、石油火力の比率を減らし、原子力発電を中心としながら、石炭、LNG（液化天然ガス）等の非石油火力発電等を開発し電源の多様化を進めてきた。この結果、電力供給における石油火力の設備比率、ならびに発電電力量比率は、1973年度の61％、71％から1995年度では27％、18％（電気事業用計）まで低下している。また、1994年6月の電気事業審議会需給部会中間報告において、2000年度、2010年度における石油火力を始め各電源の供給目標が打ち出されている。

昭和60年代に入ると、地球温暖化問題を中心とする地球環境問題への対応が国際的課題となり、わが国においても、1990年10月「地球温暖化防止行動計画」が策定され、1人当たりCO_2排出量を2000年以降1990年レベルで概ね安定させること等を目標とし、諸対策を講じていくこととした。

今後、電力業界は、長期的なエネルギー需給の安定性だけではなく、環境負荷特性等も十分に考慮するとともに、さらには1995年の電気事業法の改正による発電事業分野への競争原理の導入等経営を取り巻く環境の変化に対応すべく、なお一層のコストダウンを図りながら電源の多様化を図っていくこととなる。

電源のベストミックス [best mix of power sources] わが国では、石油、石炭、LNG（液化天然ガス）、原子力、水力、地熱等さまざまなエネルギーを発電のために使用している。同じ量の電気をつくるにしても、電源構成により発電コストに大きな差が生じる。このため各電源の供給安定性、経済性および環境負荷特性等を総合的に勘案し、需要の形態にふさわしい電源を選択していくことを電源のベストミックスという。電力需要は1日の中でも時間によって、または1年の間でも季節によって大きく変動する。変動する需要に対する供給力の役割は、次の三つに分けることができる。

①年間、昼夜を問わず稼働し、電力需要の基礎的な部分を受け持つベース供給力、②電力需要のピーク時に稼働するピーク供給力、③両者の

中間的位置付けのミドル供給力。こうした役割に対して、各種電源の特性を十分に生かしていくことが重要である。たとえばベース供給力としては発電コストも安く、供給安定性に優れている原子力や石炭火力が望ましく、ピーク供給力としては負荷追従性の面で優れた石油火力や揚水式発電が適当であり、ミドル供給力としては石炭火力やLNG火力が望ましい。

電源立地地域対策交付金　発電用施設の立地地域・周辺地域で行われる公共用施設整備や、住民福祉の向上に資する事業に対して交付金を交付することで、発電用施設の設置に係る地元の理解促進等を図ることを目的に制度化された交付金。従来の電源立地促進対策交付金、電力移出県等交付金、原子力発電施設等周辺地域交付金、水力発電施設周辺地域交付金等、主要な交付金等を2003年10月1日に統合して創設され、統合された各交付金等の従来の対象事業に加えて、新たに地域活性化事業(地場産業支援事業、生活利便性向上事業、人材育成事業等)も対象としている。

電源立地の遠隔化　[remote siting of power plants]　電源の立地は、電力系統の形成面からは需要地の近傍が望ましいが、大都市周辺における立地適地の減少や環境問題への関心等の高まりをうけて、大都市から遠隔化する傾向にある。柏崎刈羽原子力発電所等、需要地から250km圏への立地例もある。この結果、全国の基幹系送電線(電圧27万5,000V以上の送電線)の亘長は、石油危機当時5,000km程度であったものが、現在では1万4,000kmへと増加し、基幹系送電線が全送電線に占める割合は15%となっている。

電源利用勘定　電源開発促進対策特別会計(電源特会)のうち、電源利用対策を行うために設けられた勘定。電源利用勘定は、発電用施設等の利用の促進および安全の確保ならびに発電用施設による電気の供給の円滑化を図ることが緊要であることを考慮し、発電用施設等の設置または改造およびそれらを促進するための技術開発ならびに発電用施設等の安全を確保するための施策等を行うために設置された。

なお、本勘定は、第二次石油危機の経験を踏まえ、石油代替エネルギーの開発・導入を図る必要性が高まったことから、石油に代替するエネルギーによる発電に資する財政上の措置(電源多様化対策)に要する費用に充てるために創設された「電源多様化勘定」を、2003年10月からの電源開発促進対策特別会計の歳入歳出構造の見直しに際し、「電源利用勘定」に改称したものである。

電気ビーム加熱　[electron beam heating]　真空容器中で熱陰極より放出された電子を陰極・陽極間に印加された電圧で加速すると、高い運動のエネルギーをもつ電子流(電子ビーム)が得られる。電子流を電子レンズによって集束あるいは偏向させて物体

に衝突させる。電子ビーム加熱はこれを利用して物体の加熱あるいは加工を行うもので、高いパワー密度が得られ、加熱効率が高く、電力密度の調整、精密な加熱位置の制御等優れた特徴をもつ。

天然ウラン [natural uranium] 同位体組成が天然に産するものと同じウラン。天然ウランには、238U99.2745％（99.278重量％）、235U0.720％（0.711重量％）、234U0.0055％（0.006重量％）を含む。235Uの含有率を人工的に高めた濃縮ウランに対する言葉。

天然ガス液 (→NGL)

天然ガス先物価格 取引所に上場されている天然ガスの価格のこと。上場天然ガスの代表的なものとしては、ニューヨークマーカンタイル取引所（NYMEX）に上場されている天然ガス先物がある。日本において上場されている商品は無い。NYMEXでは、期近から72カ月先までの取引が行われているが、WTI先物原油同様、期近限月が最も活発に取引されている。取引時間はほぼ24時間であるため、一日中価格は変動するが、毎取引日ごとに決済価格が発表され、この値段がその日の終値として使用される。

天然バリア [natural barrier] 地層処分や余裕深度処分において、放射性核種の移行を遅らせたり、妨げたりする機能を持つ、地質的に安定な岩盤による天然のバリア。地下水による放射性廃棄物の人間生活圏への移行に関して、天然の地質環境そのものがバリア的性質を備えている。天然の地質環境は、超長期の間に隆起・沈降や火山活動の突発的開始等が考えられるため、確実な将来予測が望まれる。

電波法 [Radio Law] 1950年5月法律第131号として制定された無線通信に関する法律で、電波の公平かつ能率的な利用を確保することによって、公共の福祉を増進することを目的としている。電波法の前身である無線電信法（大正4年制定）は、「無線電信無線電話ハ政府之ヲ管掌ス」と定めていたが、電波法は電波の民間開放が前提となっており、民間のラジオ、テレビの開局はその例である。この法律は、無線局の免許、無線設備、無線従事者、無線局等の運用、監督等について規定している。

電流容量 [current-carrying capacity] 送電線で電力を輸送する際に、実用上支障を生じない最大送電電力。すなわち導体の温度上昇から決まる電線の許容電流と安定度（系統内の発電機を含めて電力を安定に送電し得る度合い）等によって決定される。架空送電線では導体材料の機械的強度を低下させないよう、導体の許容温度が定められている。

短距離送電線の場合は、一般に導体温度、機械的強度等の物理的条件によって決まる許容電流そのものが送電容量と考えてよい。1回線の送電線では、上記の値を送電容量としているが、2回線の送電線では、1回線の事故遮断時に健全回線に全電

流が流れるので、1回線の短時間送電容量に見合う電力（1回線の送電容量の約150％）とする考え方もある。しかし長距離送電線の場合は、許容電流面のみでなく、安定度面から制約を受ける場合もある。

電力化率 [electrification rate] 総エネルギー供給（消費）に占める電力の比率をいう。具体的な定義としては、次の二つの考え方が存在する。一つは、一次エネルギー総供給に占める電力向けエネルギー投入の割合とするもので、発電時のロス等を含める考え方。もう一つは、最終エネルギー消費に占める電力消費量の割合とするもので、最終消費段階での電力の比率を示しており、発電時のロス等は含まない。わが国のエネルギー需要構成をみると、家電製品の普及、冷暖房機器の電化の進展、IT化の進展等により、電力化率は長年にわたり上昇傾向を示している。

電力管理法 1938（昭和13）年4月に電力国家管理のために制定公布された四つの法律の一つ（他は電気事業法中改正法律、日本発送電株式会社法、電力管理に伴う社債処理に関する法律）。この法律は、発電送電中の重要な設備は新たに設けられた日本発送電㈱（略して日発）に管理させ、政府は日発の建設、料金、需要を決定し、管理上必要な命令を出す他、諮問機関として電力審議会を置くことを主旨としたものである。

電力系統 [electric power system] 電力の発生から消費に至るまでの一貫したシステムで、水力・火力および原子力発電所、送電線、変電所、配電線、負荷等から構成されている。発電所を始めとする個々の設備自体が、かなり複雑な大規模システムで、これらの集合体である電力系統は、極めて複雑・巨大なシステムとして、次のような特質を有する。

①有機的・一体的システム　電力系統は、電力の発生・流通・消費を通じて、有機的・一体的に結ばれたシステムである。すなわち、発電力や需要の変動、発電機や送電線等の事故、系統からの脱調といった個々の状態変化が、程度の差はあるが、直接・間接に、全体のシステムに影響する。

②生産と消費の同時性　電力は大量の貯蔵が困難であることから、生産と消費が同時であるという大きな特徴をもっている。したがって、電力系統は、最大時点の電力消費量に対応した生産・輸送設備の容量を保持しなければならない。また、電力需要は、季節、曜日、時間帯、天候等さまざまな要因により時々刻々変動するので、これに合わせて瞬時瞬時に電力需給をバランスさせる必要がある。もし、負荷の急変動や電力設備の事故等によりこのバランスが大きく崩れると、発電機や負荷の脱調を生じ、これが更に連鎖的に波及することもあり得る。このため、電力系統は、種々のレベルの外乱要因に対して、速やかに機能を回復保持す

るための設備余力と制御システムを具備している。このバランスをみる指標となるのが周波数である。つまり、電力需要よりも発電力が少ないと周波数が下がり、多いと周波数が上がる。電力系統は、周波数を常に一定の範囲内に維持するよう、需給バランスをとりながら運用されている。

③変化・発展するシステム　電力需要は経済・社会の発展とともに増加してきており、これに対応して発電所を始めとする電力設備が増強され、電力系統の規模は年々拡大してきている。また、量的に拡大すると同時に、発電所や送変電設備等の大容量化や高電圧化、他系統との連系拡大等質的にも変化してきている。このため、長期的な視点で、電力需要の伸びや新技術の開発等、将来の変化・発展を考えたうえで電力設備の建設を進めていく必要がある。

電力系統の運用　需要家に対して絶えず良質で安定した電力を供給することを目的とし、電力系統を構成する発電所・変電所・開閉所および送電線等の電力設備を、合理的かつ総合運用することをいう。

電力系統利用協議会　[electric power system council of japan] 電力会社等の送配電部門は、託送を含む送配電業務の実施にあたって、電力会社の発電部門・営業部門を含めすべての電気事業者、発電事業者および需要家に対して公平かつ透明である必要がある。この公平性・透明性を担保するルール策定等を行うため、電気事業法に基づき、全国で1箇所指定された送配電等業務支援機関をいう。中立機関ともいわれる。

電力系統利用協議会は、小売自由化範囲拡大の中で需要家の選択肢を実質的に確保しつつ、電力の安定供給を引き続き確保することを目的に、従来電力会社が自主的にルールを策定し、運用し、公表することで対応してきた送配電分野における設備形成、系統アクセス、系統運用、情報開示等について、送配電部門の一層の公平性・透明性を確保するため、意思決定手続き等の公平性・透明性の行政によるチェックの下、送配電等支援業務を運営していく機関として創設されたもので、電力会社、特定規模電気事業者、卸電気事業者・自家発設置者等の利害関係者3グループと中立的立場にある学識経験者等から構成され、利害関係を有するグループのいずれもが、他より突出した議決権を保有しないことにより、公平性を担保することとなっている。この協議会は、中間法人として2003年2月に発足した。

電力工業部（中国）能源省を解体、1993年5月に中国において設立された行政機関。能源省は、従来の水利電力省のうち電力部門と石炭工業省、石油工業省、核工業省を統合し、水利部門の水利省を分離独立させて1988年6月に発足したもの。電気事業は基本的に国有で、電力工業部が運営

してきた。一部には、外資との合弁や合作方式による発電所、国内の大型企業による自家発電所、また農村が運営する小水力発電所等もある。1998年3月に開かれた第9期全国人民代表大会第1回会議で、行政機構改革のため、電力工業部等現業部門を有する専業官庁の撤廃が決定され、電力工業部の企業管理機能は国家電力公司に、また行政管理機能は国家経済貿易委員会にそれぞれ引き渡された。

電力国際協力センター［International Cooperation Center］1989年4月に、発展途上国への国際協力の窓口として、電気事業者で構成する海外電力調査会内に設置された。発展途上国の電力事情調査や国際交流関連情報の収集・提供、電力基盤整備のための研修生受け入れや専門家の派遣、原子力発電の安全技術向上等のための研修生受け入れや調査団の派遣、およびODAに基づく技術協力等が主たる業務である。また発展途上国等との国際交流も推進しており、海外の関係機関との情報交換等を行っている。1989年度から2006年度までの同センターを通じた研修生受け入れ実績および専門家・調査団派遣はそれぞれ3,200名、1,900名を超えている。

電力国家管理［government control of electric utilities］電気事業を国営化すべしとする考え方は、1931（昭和6）年の満州事変以後、社会情勢が戦時体制に移行するに伴って現実化し、1938年4月に、電力管理法、日本発送電株式会社法、電力管理に伴う社債処理に関する法律および（旧）電気事業法一部改正法の4法が制定、公布され、電力国家管理体制が成立した。この体制は電力管理法、日本発送電株式会社法を中心とし、内容としては発送電を政府管理下に置き、その主要部分を国策代行会社たる日本発送電㈱に行わせ、政府がこれを監督するとともに、設備計画、電気料金等の重要な事項についての決定権をもつ等とするものであった。

その後、日本発送電㈱への出資対象の増加と、配電統制令に基づく9配電会社発足による配電事業の整理等により、国家管理体制はさらに強化された。この体制は、終戦に伴う国家独占経済の崩壊によって実質的な意義を失い、さらに1951年の電気事業再編成令による9電力体制の成立によって消滅した。

電力需要想定［load forecasting］供給責任を効率的に達成するための諸計画（供給・開発計画、燃料計画、人事計画、収支計画、資金計画等）の出発点であり、基礎となっている。一般に、電力量、最大電力、負荷曲線等を対象に行われ、想定期間により長期想定と短期想定に分かれている。前者の日本電力調査委員会（EI）想定は、原則として年1回、将来10年を目標とする電力需要想定を行い、経済・社会の成長経路や構造変化に留意し、それがどのように電力需要に影響を与えるかを把握することが

中心となる。

短期需要想定は、景気局面等至近の実績傾向を重視し、景気の判断、気象の一過性の変動を正しく把握することが課題となる。長期想定が電力設備の開発に主眼をおいた設備計画に用いられるのに対し、短期想定は既存の設備を前提にし、供給設備の合理的運用に重点が置かれた需給計画策定に用いられる。想定の方法を大きく区分すると、積み上げ方式とマクロ方式に分けることができる。積み上げ方式は電力需要を構成する要因を細かく分け、それらを個別に推計して積み上げる方式であり、個々の将来に関する情報を利用しながら検討する点で優れているが、推計誤差を累積させる可能性もある。

マクロ手法はGDPやIIP（鉱工業生産指数）等経済指標との相関、弾性値等の手法を用い何らかの法則性を抽出し想定する方法で、合理的ではあるが経済、社会構造の変化が予想される局面では説明変数となる関連指標の十分な検討が必要となる。

電力線搬送 [power line carrier] 送電線路に高周波（100kHzから450kHzまでの周波数）を重畳して情報を伝送する方式。主に電力会社で台風等の災害に強い回線として利用されてきており山間部の水力発電所等で利用されている。利用には伝搬周波数に対し低インピーダンスで、商用周波数では高インピーダンスのCC（結合コンデンサ）や商用周波数と高周波を分離するCF（結合ろ波器）変圧器等へ高周波が流入するのをブロックするLT（ライントラップ）が必要である。

現在はアナログ型の装置が主流であるが、IP通信やデジタル通信に対応可能なデジタル電力線搬送装置が今後主流になってくると考えられる。また、2006年には、規制緩和により屋内に限り2MHzから30MHzの周波数の使用が許可され屋内の電力線を利用したホームネットワーク構築の要素技術の一つとなっている。

電力損失（ロス）[power loss] 発電所で発生した電力が、需要家に供給されるまでに発電所、変電所および送配電線においてその一部が失われることをいい、これら失われる電力を合計したものを総合損失電力という。総合損失電力量の発受電力量に対する比率を総合損失率と呼んでおり、1996年度の9電力合計でみたそれは9.1％である。また損失電力は、送配電線の抵抗損、変圧器の鉄損、銅損、送電線のコロナ損、漏れ損等流通経路で生ずる送配電損失と、発変電所において、補機類（給水ポンプ、圧油装置等）の運転や機器（変圧器、遮断器等）の制御（配電盤、圧縮空気発生装置等）のために消費される所内消費電力に区分される。

電力調整令 [Electricity Coordination Order] 昭和14年10月勅令第708号。国家総動員法に基づく委任命令として制定された。1938（昭和13）年制定の電力管理法が発送電部門に対する統制のためのものであって、消費

規制についての規定を含まなかったために、戦時体制下の国家総動員にはなお不足であるとして制定された。ここでは、遞信大臣が消費者に対して電力消費の制限・禁止等の措置を命じることができ、また供給事業者に対しても供給の制限・禁止等を行うことができるとする定め等が置かれていた。

電力潮流 [power flow] 電力系統内の有効電力および無効電力の流れを総称していう。電力潮流は、電源から需要地に向かって流れるのが普通であるが、電力系統の構成によっては、電力潮流の大きさとその方向は必ずしも一定ではなく、既設・時間により著しく変動する場合がある。このような場合、電力系統を合理的かつ効率的に運用するため、電力潮流を調整する必要が生じる。

電力統制要綱案(電気事業者)[Electricity Control Plan] 1937(昭和12)年に設置された臨時電力調査会の第2回総会において、5大電力社長連名による「電力統制に関する意見書」を提出し、次のような独自の電力統制要綱案を発表した。「①国家非常時には、企業形態の変更を論ずるより、むしろ軍国動員の主要資源として、電力の拡充と動員調整を行うべきである。②日本、朝鮮、満州、支那の水力、火力の総合的開発と調整とを、日本の新しい電力統制の根本的方針とすべきである。

この基本的態度に立って、政府は、電気事業の発送配電設備の総合的建設計画、電力配給の合理化ならびに設備の経済的運用、電力の需要、融通、託送等に関する統制を強化するとともに、発送配電設備の整備ならびに予備設備の充実、電力料金の平衡、低廉化を実行させるべきである。さらに、地方ブロック制によって、事業を画一的に統制することとし、このため、自主的統制機関として、統制委員会を中央および地方に置く。

政府は電力統制に関する管理業務の一切を掌握する機関として、電気庁を設け電力統制委員会を指導監督すればよろしい」。この5大電力社長提案の電力統制案は、民有民営の事業経営の上に立って、政府が統制を強化すれば目的は達成されるとするもので、政府の意図した国家管理とは真っ向から対立した。

電力費振替勘定 [electricity expenses transfer account] 建設工事または附帯事業のために自家使用した電気の使用量および使用状況に応じた金額を整理し、電気事業営業費用から一括控除する勘定。自家使用に対応する費用は、自家使用を行わない場合に比べ、増加しているはずだが、その増分費用は個々の費用項目としては把握できないために、電気事業営業費用から一括控除することにしている。

電力品質確保に係る系統連系技術要件ガイドライン [technical guideline of grid interconnection for guaranteeing the power quality] 分散型電源の導入促進に資するために、分散型電

源を電力系統に連系する場合の技術要件として、1986年8月に資源エネルギー庁公益事業部長通達として「系統連系技術要件ガイドライン」が公表されており、その後、技術開発動向や電気事業法改正等を踏まえ、数次にわたる改訂が行われてきた。2004年10月には、「系統連系技術要件ガイドライン」が「保安に関する事項」と「品質に関する事項」に整理され、新たに「電気設備の技術基準の解説」と「電力品質確保に係る系統連系技術要件ガイドライン」として公表された。このガイドラインは、電力系統に連系するために必要となる要件のうち、電圧、周波数等の電力品質を確保していくための事項および連係体制等について、考え方を整理したものである。

電力負荷平準化 [load leveling] 負荷平準化とは、時間帯や季節ごとの需要格差を縮小することで、電気はつねにピーク需要にあわせて設備を建設しなければならず、格差の拡大は設備の利用率を低下させ、コスト上昇につながる。そこで、電力消費量の山（ピーク）と谷（ボトム）の差を縮めるためには、山を低くし、谷底を持ち上げることが一つの方法で、ピークシフト、ピークカット、ボトムアップという三つの対策が考えられる。ピークシフトとは、工場等の操業日や時間を計画的にずらしたり、蓄熱を利用し、昼間利用する冷暖房の熱を夜間に蓄える方法等がある。

ピークカットとは、ピーク電力をおさえるために、電気の利用を調整することで、身近なところでは、冷房の設定温度を低すぎないように設定することも、ピークカットにつながる。ボトムアップとは、電力消費の少ない深夜に、電気を有効に使うものである。これら三つの対策を念頭に、負荷率平準化のための料金制度や機器の普及促進を行っている。

電力融通 [electric power exchange] 電力需給不均衡の緩和、電力設備の合理的、経済的運用を目的として、電力会社間（沖縄電力を除く）の電力系統を連系し、電気をやり取りすることをいう。電力の安定供給と料金原価の抑制に大きな役割を果たしており、電気事業における広域運営の柱となっている。電力融通には「全国融通」と「二社間融通」がある。

全国融通は、9電力会社が全国大で需給の安定と設備の有効利用を図ることを目的とする融通電力であり、①需給相互応援融通電力（受電者の不足する電力を補うために受電者の要請により受給する電力）と②広域相互協力融通電力（軽負荷時のベース供給力を有効活用するために送電者の要請より受給する電力）に分けられる。また、2005年4月1日からは、公平性・透明性ある運用の確保を図るため、電力系統利用協議会へ全国融通の運用が委託された。

電力用コンデンサ [power capacitor] 送配電系統の負荷と並列して力率改善、電圧調整等の目的に使用されるコンデンサ。一般の送配電系統に接

続される負荷は、電灯・電熱等を除くと誘導負荷であり、特に電動機・誘導電気炉等は非常に力率が悪い。このためピーク時には、有効電流のほかに相当の無効（遅相）電流が線路に流れ、線路の電圧効果を増すとともに送配電ロスを増大し電力設備の利用率も低下する。この対策として、コンデンサを変電所等に設置し力率を改善する。深夜は線路の充電電流で十分無効（進相）電流を供給できるので、コンデンサは一般の回路から遮断され、さらに不足分は分路リアクトルを設置し、進相電流を補償する。

電力量バランス 毎月および年間にわたる送電端需要電力量と、これに供給する送電端供給電力量とのバランスを表す。この需要電力量を自社および他社電力の水力・火力・原子力発電所でどう受け持って発電するか、他電力との融通電力をどう受給するか等について、最も経済的・効率的な発電計画とするため、具体的には水力を十分活用して火力発電機ごとに出力配分して火力燃料を節約すると共に、水力発電所の調整能力をピーク（尖頭負荷時）に発揮させ、火力を効率よく運転して火力発電原価を低減することを主眼に計画する。

電力量標準法 [cost allocation method by energy] 電気料金の原価計算において、固定費を配分する方法の一種で、各需要種別の需要電力量の多寡に応じて固定費を配分する方法。この配分方法の長所は、他の方法と比較し最も簡明である点にある。しかし、本来固定費は、電気の生産能力である供給設備の規模、すなわち最大電力の大きさに左右されるものであるという点を考慮していないという欠点がある。（→固定費の配分）

電力量不足確率 [loss of load probability] 電力不足確率が停電の大きさについて、まったく考慮していない欠点を補うために、停電で失われた負荷の電力量 [kWH] が負荷の全消費電力量 [kWH] の何％に当たるかを、表現したもの電力量不足確率peである。すなわち、

pe＝期間中の失われた負荷の消費電力量の平均値／期間中の負荷の全消費電力量 [kWH]

＝一つの停電によって失われた負荷の平均消費電力量／一つの停電から次の停電までの負荷の平均全消費電力量

いま、期間中の負荷の平均消費電力をP [kW]、1回の停電で失われる負荷の平均消費電力をΔP [kW]とすれば、

$$pe = \Delta P \cdot T0/P(T1+T0)$$
$$= \Delta P/P \times pl$$
$$= 1/(365 \times 24 \times 60 \cdot P)$$
$$\times F \times T0 \times \Delta P$$

で与えられる。

上式を見てわかるように、電力量不足確率は停電を特徴づける三要素、すなわち、停電の頻度および持続時間、大きさの三つの積で表されていることがわかる。

電力連盟 [Electric Power Union] 大正

末期から昭和初年にかけての電気事業の熾烈な市場拡張競争を背景に、臨時電気事業調査会の設置、電気事業法の制定が行われ、これを契機に1932（昭和7）年4月、当時の5大電力（東京電燈、東邦電力、大同電力、日本電力、宇治川電気）協調の場として設立された自主カルテル。連盟各社間の過度の競争による二重投資を避け、原価をてい減し、消費者の便益を図ることにより、共存共栄と電気事業の円滑な発展を目的として組織された。その後、この電力連盟には15社が加盟し、計20社をもって電力の国家管理体制下まで続けられた。

と

同期調相機（ロータリーコンデンサ）[synchronous codensor] 無負荷で運転される同期電動機で、調相設備の一つとして、大正時代後半から昭和30年代中頃まで各所に建設されてきたが、その後は経済性と保守性に優れている電力用コンデンサが主流となっている。しかし、電力用コンデンサは無効電力を供給することだけを目的とし、かつ無効電力調整が段階的であり、系統電圧低下時には無効電力供給量も低下するという欠点がある。

それに対して同期調相機は、①界磁電流を調整することにより、無効電力の供給から吸収まで連続的に広範囲に無効電力を調整することができる。②内部誘起電圧により自己電圧が確立しているため、系統電圧低下時でも一定の無効電力が供給できる、等のメリットがある。そのため、系統電圧安定度の向上を目的として、電力用コンデンサではなく、同期調相機を採用する場合がある。

東京電燈 1877（明治10）年頃、工部大学校のイギリス人教授エルトン（W. E. Ayton）、藤岡市助等は電燈会社の設立を図り、1882年3月実業家矢嶋作郎等6人が発起人となり、市街にアーク燈を供給する「東京電燈会社創立願書」を東京府知事を通じて内務卿に提出した。他方、貿易商社大倉組ロンドン支店長横山孫一郎も大倉喜八郎と組んでアメリカのブラッシュ商会の勧誘に応じ、日本電燈の設立を計画していた。

しかし、二つの電燈会社は資本的にも設備的にも重複するものであったので、渋沢栄一等の斡旋により合併し、1882年12月、改めて資本金20万円の有限責任東京電燈会社の創立再出願を行い、翌83年2月、東京府知事名をもって創立認可証が下付された。こうしてわが国最初の電燈会社が設立されるに至ったが、これはイギリス・アメリカにおける電気事業の創設に遅れること僅か2年に過ぎない。

同時同量 [balancing] 電気の瞬間消費性により、電力自由化市場で系統を安定的に維持するためには、各プレーヤーが一定の役割を果たすことが必要となる。日本では、特定規模電気事業者は、供給区域ごとに30分単

位で需要量と供給量を一致させることを基本とし（30分同時同量）、他方、一般電気事業者は供給区域全体の需要量と供給量を瞬時瞬時で一致させ系統を維持している。

特定規模電気事業者は、供給が不足（インバランス）が生じた場合には、一般電気事業者に対価（インバランス料金）を払って不足分の補給を受ける。インバランス料金は、各社の託送供給約款の中でインバランス幅に応じて適切に設定されており、契約電力の3％以内は安く、それを超える分は高く、同時同量達成のインセンティブを与える仕組みとなっている。なお、海外のアンバンドリング実施国では、電源を持たない系統運用者がインバランスを補給し系統を維持する義務を負うため、それを調達するための市場（インバランス市場）を開設している例がある。

等増分燃料費法 [equi-incremental fuel cost method] 多数の火力発電機群に分担すべき負荷が与えられた時、火力総燃料費を最も少なくするために、各発電機の増分燃料費〔微少出力変化（dG）による燃料費の増加分（dF）〕が等しくなるように各出力を定める方法で、増分燃料費をλとすると、次式で表される。

$$\lambda = \frac{dF_1}{dG_1} = \cdots\cdots = \frac{dF_n}{dG_n}$$

各発電機の出力配分が総燃料費最小の状態になっていない場合、ある発電機の出力を少し増加した時の燃料費変化、すなわち増分費が他の発電機の出力を少し減少したときの増分費より小さければ、増分費の低い方の出力を増し、高い方の出力を減らした方が燃料費が減少したことになる。これを繰り返せば最終的にはすべての発電機の増分費が等しくなった状態に落ち着くことになる。送電損失（dPL）の影響が大きい系統の場合は、増分送電損失率を考慮し、

$$\lambda = \frac{\dfrac{dF_1}{dG_1}}{1-\dfrac{dP_L}{dG_1}} = \cdots\cdots = \frac{\dfrac{dF_n}{dG_n}}{1-\dfrac{dP_L}{dG_n}}$$

にしたがって配分すればよい。

洞道 [culvert] 多条数のケーブルを収容するため、地下に設けたトンネル。管路式では管路数が多くなり、ケーブルの相対発熱量が大きく、送電容量が著しく低下するような場合に採用される。内部の構造は、内面の壁にケーブル用受棚上やFPR製トラフ等を設置して、ケーブルを収容し、一般的に巡視用の通路がある。洞道工事には地表面から掘削する開削工法とシールド工法等、地中を掘進するトンネル工法とがあり、洞道内にケーブルを設置する形態の布設方式を暗きょ式という。

東邦電力 中部地域において名古屋市周辺を供給区域として発展してきた名古屋電燈は、その周辺都市の中小電気事業者を吸収・合併し、あるいは日本電力からも受電するようになり、その事業規模を拡大していった。名古屋電燈は、当初火力電源のみであったが、1907（明治40）年の東海

電気、1910年の名古屋電力との合併により水力発電も行うこととなった。

とくに、名古屋電力との合併は、福沢桃介が名古屋電燈の経営刷新に乗り出したことを契機に実現したものであるが、木曾川を電源として取得できたことにより、その後の発展に大きく貢献することとなった。その後、1921年奈良県下に地盤をもつ関西水力電気と合併して関西電気と名称を変え、さらに翌22年に九州電燈軌道と合併して東邦電力と改称し、5大電力の一つに成長していった。

動力炉・核燃料開発事業団 [Power Reactor andNuclear Fuel Development Corporation] 1967年10月2日に原子燃料公社を母体に発足した、高速増殖炉および新型転換炉の開発を専門とする事業団である。核燃料サイクルの中核施設で、高レベル放射性廃棄物および使用済核燃料の再処理工場を持つ。同事業団は、1998年に核燃料サイクル開発機構に改組。その後、2005年に日本原子力研究所と統合され、日本原子力研究開発機構となった。

登録調査機関 [registered investigation agency] 一般電気事業者、特定電気事業者等の電気供給者は、自らが供給を行う一般用電気工作物について、設置時および4年に1回以上、技術基準に適合しているかどうかを調査しなければならない（電気事業法第57条）が、この調査は経済産業大臣の登録を受けた者に委託することができる（第57条の2）。登録調査機関とはこの登録を受けた者を指す。調査機関は調査業務を行う上で必要な測定器を備え、また調査員は必要な資格を備えなければならず（第90条）、委託を受けた調査を遂行する義務を負う（第92条）。

これらを満たさない場合には、経済産業大臣は改善命令を出し、または登録を取り消すことができる。また、業務を廃止する場合には経済産業大臣に届け出なければならない。その他、登録調査機関は業務規程を経済産業大臣に届け出る義務があるほか、登録安全管理審査機関に関する規定が準用され、財務諸表の備え付け等が義務づけられている。

特定規模電気事業者 [Power Producer &Supplier]（→PPS）

特定供給 [special supply] 一般に、電気事業を営む場合以外の電気の供給を特定供給という。電気事業法は、需要家利益を保護するため、電気を直接需要家に供給する場合には、一般電気事業または特定電気事業の許可を要する（特定規模電気事業を除く）こととしているが、需要家保護の必要性が弱い一定の場合には、電気事業以外の供給を認めている。ただし、一般電気事業者や特定電気事業者に供給義務が課せられている中で、供給秩序の混乱を避ける趣旨から、特定供給を行う場合には原則として経済産業大臣の許可を要する。

許可の要件は、「供給の相手方と生産工程、資本関係、人的関係等における密接な関係またはそれに準じる

関係（長期的な取引関係等）」を有することである。なお、自家発電した電気を自家消費する場合は許可が不要であり、これに類似すると判断されるもの（同一構内の需要に対する供給、地方公共団体の会計主体が異なる内部組織への供給、自己の社宅への供給等）も許可が不要とされている。

特定工場における公害防止組織の整備に関する法律 [Law for the Establishment of Organization of Pollution Control in Specified Factories] 公害防止統括者等の制度を設けることにより、特定工場において公害防止組織の整備を図り、もって公害の防止に資することを目的とし制定（昭和46年法律第107号）。公害防止組織の整備を図ることが義務づけられている工場は①製造業（物品の加工業を含む）、②電気供給業、③ガス供給業、④熱供給業であり、ばい煙発生施設、汚水等排出施設、騒音発生施設、粉じん発生施設、振動発生施設またはダイオキシン類発生施設を設置する特定工場である（同法第2条）。

特定工場における公害防止組織は、公害防止対策の責任者となる「公害防止統括者」および公害防止対策の技術的事項を管理する「公害防止管理者」からなり、大規模な工場においては、「公害防止主任管理者」を配置すべきことが定められている（同法第3条～第5条）。

特定水利使用 [Use of specificd water rights] 水利使用で、次にあげるものをいう（河川法施行令第2条第3号）。①発電のためにするもの、②取水量が1日につき最大2,500m^{3}以上または給水人工1万人以上の水道のためにするもの、③取水量が1日につき最大2,500m^{3}以上の鉱工業水道のためにするもの、④取水量が1秒につき最大1m^{3}以上またはかんがい面積が300h以上のかんがいのためにするもの。これは、水利使用のうち規模の大きいものを特定水利使用として分類し、一級河川においては、この特定水利使用に関する河川法（昭和39年法律第167号）第23条（流水占用許可）に基づく処分の権限を都道府県知事等に委任せず、国土交通大臣が自ら行うこととし、また二級河川においては、河川法第23条等の規程による処分を都道府県知事が行おうとする場合には、関係市町村の意見を聞くとともに、国土交通大臣の認可を得なければならないとしたものである。

特定石油製品輸入暫定措置法 [Provisional Law on Importation of specific petroleum products] 昭和61年施行、10年間の時限立法。特定石油製品（揮発油、灯油、軽油）の輸入に関し、輸入業者の登録基準として、①特定石油製品の輸入量が変動した場合にその他の石油製品の生産量に影響を及ぼすことなく当該特定石油製品の生産量を変更するために必要な設備を有すること、②特定石油製品または原油を貯蔵するための施設

を有していることまたはこれに準じる措置が講じられていること、③輸入製品の品質を調整するための設備を備えていることの三つの要件を定め、精製業者のみに石油製品の輸入を認めた法律。

昭和60年代に入り、中東の輸出用精油所が完成し、中東産油国からの石油製品の輸出増大が見込まれ、これに伴って消費国側の円滑な輸入体制の構築が共通の課題として浮上してきた。それとともに国内からもガソリン等の輸入に対するニーズが高まりつつあったため、政府は石油製品の輸入にあたって、安定供給確保、備蓄、品質管理の観点から同法を制定した。しかしながら、近年、石油製品の内外価格差およびガソリン独歩高の製品価格体系の一要因となっているといった批判もあり、産業界・消費者から効率的な石油製品供給への要請が高まった。

このため、1995年4月、同法の廃止法案、石油備蓄法、揮発油販売業法の改正法案を一括した「石油関連整備法案」が国会を通過し、同法は1996年3月末に廃止された。

特定多目的ダム法[Law gove ning special multi-purpose dams] 国土交通大臣が一級河川の管理上自ら新築するダムに、発電、上水道、かんがい、工業用水道が参加し、多目的ダムとなったときの取り扱いについて定めた、河川法(昭和39年法律第167号)の特例法(昭和32年3月法律第35号)。したがって、都道府県が河川総合開発事業として建設するダムは、多目的なダムであっても本法は適用されない。

多目的ダムの建設に要する費用の各用途別(治水、かんがい、上水道、発電、工業用水)負担割合を定める方式(コストアロケーション)は、分離費用身替わり妥当支出法を基準とする(第7条、同法施行令第1条の2、第2条)多目的ダムに参加し、建設費の一部を負担した者には、その申請により共同ダムの共有財産に替えてダム使用権(多目的ダムによる一定量の流水の貯留を一定の地域において確保する権利)が設定される(第17条)。

特定電気事業 [special electric utility] 特定の供給地点における需要に応じ電気を供給する事業をいう(電気事業法第2条第1項第5号)。コージェネレーション等エネルギー効率の高い中小規模の電源を需要地に近接して有し、特定の供給地点における需要に応じて、電力の小売販売事業を営む能力を有する事業者の供給事業を実現可能とするために、事業の実態、位置付けに応じた新たな制度が創設されたものである。供給地点とは一建物を単位とするものであり、建物の一部を供給地点とすることはできない。また、特定電気事業を営むことについて経済産業大臣の許可を受けた者を特定電気事業者という(第2条第1項第6号)。

特定電気事業制度 特定の供給地点における電力小売事業の制度。1995年

の電気事業制度改革で導入された。従来は原則として電力会社にしか認められなかった需要家に対する小売供給事業が、特定の供給地点における需要に応ずる供給という条件のもとで認められることとなったもの。

特定投資［special investment］投資（電気事業会計規則の長期投資勘定）の内、その個別具体的内容からみて、①エネルギーの安定的確保を図るための研究開発、資源開発等を目的とした投資であって、②電気事業の適切な運営のために必要かつ有効であると認められるものに係るものを特定投資という。投資は、事業者の自己責任で行われるものという考えから、かつてはレートベースに算入せず、また投資から生じる財務収益も原価から控除しないこととされていた。

しかし、投資の中には、配当という形で収益を期待するのではなく、エネルギーの安定的供給を図るために不可避的に行われる事例があり、これら投資にかかわる資金コストが補償されなければ、正常な事業運営は不可能となることから、レートベースに算入できることとされている。

特定放射性廃棄物処分費［disposal cost of high-level radioactive waste］特定放射性廃棄物の最終処分に関する法律（平成12年法律第117号）による拠出金を整理する。高レベル放射性廃棄物の処分方法については深地層処分とされ、2000年5月に「特定放射性廃棄物の最終処分に関する法律」が成立し、同年10月には処分実施主体である「原子力発電環境整備機構」（NUMO）が設立された。高レベル放射性廃棄物の処分費用の確保については、発電用原子炉設置者（電力会社等）が原子力発電電力量に応じた処分費用を拠出することが義務付けられ、その拠出金については、㈶原子力環境整備促進・資金管理センターが管理・運用を行っている。

特定放射性廃棄物の最終処分［final disposal of specified radioactive waste］わが国における特定放射性廃棄物（高レベル放射性廃棄物）の処分方法については、1961年に原子力委員会に専門部会が設置される等、原子力発電が始まる前から検討されてきた。現在の処分概念である「地層処分」については、1976年に原子力委員会が示した方針に従い研究・開発が進められてきたもの。

この間、1987年の原子力委員会「原子力の研究、開発及び利用に関する長期計画」において、高レベル放射性廃棄物の処分に関して、①高レベル放射性廃棄物をガラス固化体という安定な形態にし、これを冷却のため30〜50年間貯蔵した後、安定な地層中に処分すること（地層処分）を基本方針とする。という計画が示され、次いで、1994年には同計画において、②処分事業の実施主体については2000年を目安にその設立を図る、③処分場については、2030年代から遅くとも2040年代半ばまでの操業開

始を目途とする、との方針が示された。これらの経緯を経て、2000年5月に「特定放射性廃棄物の最終処分に関する法律」が国会で成立し（公布：2000年6月）、「地層処分」が法制化された。

特定放射性廃棄物の最終処分に関する法律 高レベル放射性廃棄物の処分を計画的かつ確実に実施するため、2005年5月に、処分実施主体の設立、処分費用の確保方策、3段階の処分地選定プロセス等を内容とする「特定放射性廃棄物の最終処分に関する法律」（最終処分法）が成立した。これを踏まえ、同年9月、基本方針および最終処分計画が閣議決定され、同年10月に処分実施主体である「原子力発電環境整備機構」（NUMO）が設立された。2007年6月、最終処分法が一部改正され、TRU廃棄物のうち、地層処分が必要なものについてはNUMOによる最終処分の対象に加えられ、それに伴い地層処分に要する費用の拠出についても、廃棄物の発生原因者である再処理施設の設置者等に義務付けられた。

特別監査 [special audit] 料金改定の際、一般電気事業者から申請された料金の認可に当たり、電気事業法第19条2項の規定に基づく審査に必要な監査（立入検査）をいい、同法第107条の規定に基づき実施される。

特別管理産業廃棄物 [industrial waste regulation special management] 「廃棄物の処理及び清掃に関する法律」（昭和45年法律第137号）において、特別管理産業廃棄物は「産業廃棄物のうち、爆発性、毒性、感染性、その他人の健康又は生活環境に係る被害を生ずる恐れがある性状を有するもの」と定義され、廃油、廃酸、廃アルカリ、感染性産業廃棄物、特定有害産業廃棄物等が定められている。

この特別管理産業廃棄物は、排出の段階から処理されるまでの間、その他の産業廃棄物とは異なる処理システムが定められており、排出事業者は、資格を有する特別管理産業廃棄物管理責任者を事業所に設置し、保管基準、処理基準および委託基準にしたがい適正に当該特別管理産業廃棄物を処理しなければならない。なお、処理委託に当たっては特別管理産業廃棄物管理票（マニフェスト）の交付が義務づけられている。

特別高圧電力（産業用）[extra-high voltage power service] 特別高圧（概ね1万ボルト以上）で電気の供給を受けて動力（付帯電灯を含む）を使用する需要で、契約電力が原則として2,000kW以上のものに適用される契約種別。幅広い産業分野における大規模工場や鉄道業等に主に適用されている。契約電力は、使用する負荷設備および受電設備の内容、同一業種の負荷率、操業度等を基準として需給両者の協議により決定される。

料金制は、契約電力に応じた基本料金と使用電力量に応じた電力量料金からなる二部料金制で、供給電圧に応じて送電ロスを加味した料金率

がそれぞれに設定されている。また、基本料金には力率割引・割増制度が、電力量料金には季節別料金制度が採用されている。

特別三相式変圧器 [special three-phase transformer]三相変圧器を3個の単位単相変圧器に分割すれば、三相変圧器に比較し、寸法・重量ともにほとんど3分の1となり、変圧器の輸送問題を緩和することができる。このように分割輸送された単位変圧器を現地で完全な1台の三相変圧器に組み立てたものが特別三相変圧器である。また、特別三相変圧器と対比させて、通常の三相変圧器を普通三相変圧器という。

現地組立形変圧器（分解輸送式変圧器）は鉄心とコイルを分離して輸送し、現地で組み立てるのに対し、特別三相変圧器は各相の鉄心とコイルの組み立てを工場で終えてから輸送するため、現地における乾燥工程が不要となる。このため、特別三相変圧器は現地組み立て作業期間の短縮と現地作業期間中の品質管理の向上を両立することができる。普通三相変圧器と特別三相変圧器は鉄心構造が異なるため、特別三相変圧器の方が鉄損は増加する。

しかし、コイル部はいずれの場合も同一であるから、銅損、インピーダンス、電圧変動率等の諸特性は同じとなる。また、ブッシングや冷却器等の付属品の取り付けは普通三相変圧器と同様であり、その外観においても普通三相変圧器とよく似たものとなる。

特別法上の引当金 [reserves under the special laws]引当金の設定要件として、企業会計原則は「将来の特定の費用であって、その発生が当期以前の事象に起因し、発生の可能性が高く、かつ、その金額を合理的に見積もることができる場合」としている。特別法上の引当金は、引当金の設定要件を充足していないが、①特別法（電気事業法、金融商品取引法、保険業法等）により計上が強制されている、②繰り入れ・取り崩しの条件が定められている、等の事情を考慮し、引当金として計上することが例外的に認められているものである。

電気事業においては、電気事業法第35条や第36条により計上が義務づけられている原子力発電工事償却準備引当金や渇水準備引当金が、これに該当する。（→原子力発電工事償却準備引当金、渇水準備引当金）

特別料金制度 [special rate system]新増設需要に対して割増料金を適用するもので、石油危機と新規電源の開発コスト上昇を背景に、1974年6月の料金改定以降導入されていた制度。高騰する原価実態を料金制度に反映させ、あわせて省エネルギーを進める観点から、同年3月の電気事業審議会料金制度部会中間報告に基づき、電力需要を対象として、全国一斉に実施された。その後、供給原価の上昇傾向の大幅な緩和状況に鑑み、数度の料金改定を経て割増格差率が段階的に縮小された後、1989年4月の

料金改定において北陸電力を除き廃止され、1996年1月の料金改定では北陸電力においても廃止された。

独立行政法人石油天然ガス・金属鉱物資源機構(JOGMEC) [Japan Oil, Gas and Metals National Corporation] 行政改革の一環として、2002年7月に公布された「独立行政法人石油天然ガス・金属鉱物資源機構法」に基づき、2004年2月に設立された独立行政法人。新法人には、石油・天然ガスの安定的な供給確保の役割を担ってきた旧石油公団の機能と、非鉄金属鉱物資源の安定的な供給確保の役割を担ってきた旧金属鉱物事業団の機能が集約された。

①石油および可燃性天然ガスの探鉱等ならびに金属鉱物の探鉱に必要な資金の供給、②石油および可燃性天然ガス資源ならびに金属鉱物資源の開発を促進するために必要な業務、③石油および金属鉱産物の備蓄に必要な業務を行い石油、可燃性天然ガスおよび金属鉱産物の安定的かつ低廉な供給を資するとともに、金属鉱業等による鉱害の防止に必要な資金の貸し付けその他業務を行い、国民の健康の保護および生活環境の保全ならびに金属鉱業等の健全な発展に寄与すること、を目的としている。

独立系統運用事業者(ISO)(アメリカ)[independent system operator] アメリカにおいて電力の売り手と買い手が送電網に自由かつ非差別的にアクセスできるよう管理するとともに、系統の安全と信頼度を確保することを目的とした、地域レベルの送電系統運用事業者。1996年の「オーダー888」の中で、連邦エネルギー規制委員会(FERC)が設立を推奨した。系統利用者から独立した中立的な運営が求められ、FERCの規制を受ける。2006年6月現在、カリフォルニア州、ニューイングランド、ニューヨーク州、PJM地域等七つのISOがFERCの承認を受け運用しており、このうち四つはRTO(地域送電機関)としてFERCの承認を受けている。

独立系発電事業者(→IPP)

土壌汚染防止法(→農用地の土壌の汚染防止等に関する法律)

土地収用法[The Land Expropriation Law] 特定の公共事業の用に供するため、土地所有権等特定の財産権を権利者の意思にかかわらず強制的に取得することを、一般に公用収用(徴収)または単に収用という。本法は、公共の利益となる事業に必要な土地等の収用または使用に関し、その要件、手続きおよび効果ならびにこれに伴う損失補償等について規定し、公共の利益の増進と私有財産との調整を図り、国土の適正かつ合理的な利用に寄与することを目的として制定された(昭和26年6月法律第219号)。

収用または使用の対象は、①土地、②地上権等の土地に関する所有権以外の権利、③鉱業権、④温泉を利用する権利、⑤立木、建物その他土地に定着する物件及びこれらに関する所有権以外の権利、⑥漁業権、入漁

権等、⑦土石砂れきである（第2条、第5条～第7条）。これらを収用または使用することができる事業は、電気事業の用に供する電気工作物に関する事業ほか40余に限定されている（第3条）。

本法における収用または使用は、基本的には、国土交通大臣または都道府県知事の事業認定に始まり、起業者の土地・物件調書の作成を経て、収用委員会の裁決に至るという手続きにより進められる。

ドップラー効果 [Doppler Effect] 核燃料の温度が直接反応度に影響を及ぼす効果の一つ。燃料中のU-238は、熱外中性子の領域に吸収断面積の鋭いピークをいくつかもっている。U-238の原子は、その温度に相当したマックスウェル分布にしたがった速度分布をもっているが、これに一定速度の中性子が入射すると、U-238と中性子の相対速度はある分布をする。

燃料温度が高くなれば、この相対速度の分布が広がり、そのため実質的にU-238の共鳴吸収のピークが低くなって幅が広くなったのと同じ効果をもつことになるのでU-238に吸収される中性子の数が増すことになる。すなわち燃料の温度が上昇すると、共鳴を逃れる確率が減少し、炉心の反応度が減少する。また、燃料の温度変化に対する反応度の変化の割合をドップラー係数という。この係数は常に負となり、減速材の温度係数に比しドップラー係数は応答が速く、原子炉に固有の安全性を与える。

届出制 [notification system] 規制業種では、事業や行為は許可制、契約は認可制による事前規制とされることが多いが、規制が緩和される際、完全な非規制では不都合が生じるような場合には、届出制が採られる。届出制には、事前届出制、事後届出制があり、また、期限付きあるいは期限のない変更・中止命令権が留保されることもある等、制度の趣旨により、規制の強弱がある。

たとえば、特定規模電気事業者に対しては、経済産業大臣の一定の監督（報告徴収等）が必要であることから、その事業の開始は、事前届出制とされている。一方、事業の廃止は、監督は不要であるが事実確認の必要性から、事後の届出制となっている（第16条の2）。また、一般電気事業者の設備の重要な変更は事前届出制であるが、経済産業大臣には受理後20日間に限り変更・中止命令権が留保され、この期間が経過するまでは変更に着手できない（第9条）。その他、一般電気事業者の託送供給約款は事前届出制であるが、例えば、託送収支に一定の超過利潤が発生した場合に発動されるような、期限の定めのない事後の変更命令権が経済産業大臣に留保されている（第24条の3）。

ドバイ原油 アラブ首長国のメンバーであるドバイ首長国において生産される中質原油（API30.4度、硫黄分2.13％）であり、オマーン原油とな

らんで、アジアの国際石油取引市場における価格指標原油の一つである。中東産油国は、アジアの石油消費国向けに販売する原油の価格決定フォーミュラにドバイ原油のスポット価格を反映させていることが多い。また、ドバイ原油は、東京工業品取引所（TOCOM）に上場されている「中東産原油」の価格決定フォーミュラにおいて、オマーン原油とともに算定要素ともなっている。

　1980年代後半には日量40万バレル以上であったドバイ原油の生産量は90年代に入り減退の一途をたどっており、現時点では15万バレルを下回っている。このような生産量の減退に伴って同原油の市場流動性が減少していることから、アジア市場ではドバイ原油に代わる新たな指標原油の設定が模索され続けている。

富山電燈　1897（明治30）年11月、資本金10万円をもって設立された北陸地方最初の電気事業者。発電所の建設に当たっては建設地点を富山県上新郡大久保地内大久保用水に求めた密田孝吉の苦心に負うところが多かった。発電機はアメリカGE社のレボルビンフィルド型3相式150kWで、この種のものとしては、わが国における輸入第1号であり、当時としては画期的なものであった。これにより1899年4月、富山市において北陸最初の電灯がつけられた。

ドライカッパ　[dry copper] NTT東日本・西日本の所有するメタルケーブルのうち、利用者宅と電話局間を結ぶ未利用（ドライ）の銅線（カッパ）のことをいう。電気通信事業者はNTT東日本・西日本から借りたドライカッパを自らのネットワークと接続することで、利用者に対して電話基本料部分も含めて料金設定するサービス（ドライカッパ電話［直収電話］）を行うことができる。

トラフ　[trough] ケーブルを外傷および火災から防護するために使用される箱形収納容器のことで、①ケーブルを地中に直接埋設する場合の外傷防止や、②洞道内で外傷・火災からの防護や、ケーブル間接冷却用の空気通路として使用される。直接埋設に使用するトラフは、一般的にコンクリート製、洞道内で使用するトラフは一般的にFRP製である。

トリーイング　[treeing] トリーとはCVケーブル等のプラスチックケーブルの絶縁物（固体絶縁物）中に発生する樹枝状の絶縁破壊痕跡のことをいい、電気トリー、水トリー、化学トリーに分類することができる。架橋ポリエチレン絶縁体に電界が加わり、不平等電界部分が生じその部分の電界が絶縁強度限界電圧を超えると、その部分だけが破壊する局部破壊が生ずる。この局部破壊が樹枝状に進展していくのを電気トリーといっている。

　これは、電極と絶縁体との間のエア・ギャップや、異物、絶縁体中の異物・突起物・ボイド等、高電界の発生する部分や気中放電の生ずる恐れのある部分が存在する場合に発生

する。架橋ポリエチレン絶縁体が長期間にわたり水に浸漬され、何らかの要因で絶縁体中に水分が侵入した場合、その水分により絶縁体が樹枝状に破壊されているのを水トリーと呼んでいる。水トリーには2種類あり、絶縁体中に水分が侵入し、かつ内部の半導電層に電極不整がある場合に生ずる界面水トリー、および絶縁体中に水分が侵入し、かつ絶縁体中にボイドや異物が存在する場合に生ずるボウタイ水トリー（bow tie tree；単にボウタイトリーという）がある。

化学トリー（サルファイドトリー）とは、ケーブル心線に銅導体を使用しているCVケーブルを硫化水素等の硫化物を含んだ場所に布設した場合に、硫化物がケーブルシース、接続部等から侵入し、絶縁体を透過し銅導体にまで達し、銅と硫化物が化学反応を生じて硫化銅を生成し、その結晶が絶縁体中に樹枝体中に樹枝状に折出成長したものをいう。

取替資産と取替法[replacement asset, replacement method] 取替資産とは、種類および品質を同じくし、同一目的のために多量に使用される物品からなる資産で、使用に耐えなくなった部分が定期的にほぼ同量ずつ取り替えられるものをいう。電気事業にあっては、①送電設備のうち、木柱・がいし・電線・地線および添架電話線、②配電設備のうち、木柱・電線・引込線・添架電話線・柱上変圧器・電力用蓄電器・保安開閉装置・計器および貸付配線、③業務設備のうち木柱および電話線、を取替資産として整理することができる。

ただし、あくまで毎年ほぼ同量ずつ取り替えられる実態のあるものに限られる。このような取替資産については、定額法や定率法によらず取替法によって減価償却を行うことができる。ここで取替法とは、償却帳簿原価の50％に達するまでは、定額法または定率法によって算出した金額を各事業年度の減価償却費に計上するとともに、その固定資産が使用に耐えなくなったため、それに代えて種類および品質を同じくする資産に取り替えた場合には、その取り替えに要する金額をその事業年度の修繕費勘定に計上する方法をいう。

トリクロロエチレン[Trichloroethylene] 有機塩素系溶剤の一種。俗称としてトリクレンと呼ばれることもある。無色透明の液体でクロロホルムに似た臭いを有し、揮発性、不燃性、水に難溶。化学式はC_2HCl_3、分子量は131.40 融点は$-86.4℃$、沸点は$86.7℃$。ドライクリーニングのシミ抜き、金属・機械等の脱脂洗浄剤等に使われる等洗浄剤・溶剤として優れている反面、環境中に排出されても安定で、テトラクロロエチレン等とともに地下水汚染の原因物質となっている。

急性毒性は皮膚・粘膜に対する刺激作用で、目の刺激、眠気、頭痛、倦怠感とともに、認知能力、行動能力の低下等。日本でも高濃度暴露に

よる死亡事例が労働災害として報告されている。慢性毒性は、高濃度において肝・腎障害が認められることがある。発がん性については単に量的なものではなく質的な種差（マウスとラット）があることが証明されているため、人における発がんリスクを評価することは困難であるが、今後とも疫学研究に注目する必要があるとされている。遺伝子障害性が無いとされているため、発がん性には閾値があるとして取り扱うことが妥当と考えられている。「化学物質の審査及び製造等の規制に関する法律」（昭和48年法律第117号）では1989年に第二種特定化学物質に指定され、その製造・輸入に際して予定数量を国に届け出ることが必要となり、また取り扱いに際して国が示した環境保全の指針等を遵守することが義務づけられた。

また、大気・水・土壌について環境基準が設定され、「水質汚濁防止法」（昭和45年法律第138号）、「大気汚染防止法」（昭和43年法律第97号）で排出が規制されている。大気汚染に係る環境基準は1年平均値が$0.2mg/m^3$以下で、水質汚濁および土壌汚染に係る環境基準は$0.03mg/l$以下と定められている。

な

内外価格差 [price difference between domestic and overseas markets] 同じ商品、サービスの日本での価格水準と諸外国の価格水準の差。1990年代における円高の進行や規制緩和の世界的な流れを受けて、エネルギーや各種サービスの料金を中心に、わが国の物価水準が諸外国に比べて割高となる、いわゆる内外価格差問題に関する関心が高まった。さらに、産業界にとっても世界経済のグローバル化が進み国際競争力を強化する中で、消費財のみでなく産業活動の中間投入財・サービスの内外価格差の存在が強く認識されることとなった。

こうした状況を受けて、電気事業についても、高コスト構造の是正に向けた経済構造改革の主要課題の一つとして、国際的に遜色のないコスト水準とすることを目指して見直しを行うことが必要と考えられるようになり、1995年度より競争原理の導入を柱とした一連の電気事業制度改革が開始され、電力の部分自由化や料金引下げ時の届出制等の制度が導入されてきた。その結果、我が国の電気料金は着実に低下し、小口部門を含むすべての需要家にとってのエネルギーコスト削減に寄与するとともに、現在（2007年）では、内外価格差はほぼ解消している。

内航船 [domestic vessel] 国内の航路を専門に物資の運搬を行う船。国内の製油所やコールセンター等から発電所等へ燃料を輸送する石炭船や石油タンカー等を指す。近年燃料油の使用量減少に伴い、国内の石油タンカーも減少してきているため、燃料油の使用量が急増する場合には、燃

料油だけではなく、内航船の確保も重要になっている。海上輸送はトラック輸送に比べエネルギー効率が高く、環境負荷が低い輸送手段として期待が高まっている。

内燃力発電 [internal combustion power generation] 燃料を機関の内部で燃焼させ、その高圧燃焼ガスの膨張力によって機関を駆動するものであり、これを用いて発電する方式を内燃力発電という。今日、発電設備として用いられているのは、主にディーゼル発電とガスタービン発電であり、離島用電源やピーク用電源等に使用されている。汽力発電と比較して、①起動、停止が容易で、起動から全負荷までの時間が短い、②設備が簡単であり、所要建設面積が小さくてよい、③多量の冷却水を必要としない、④振動や騒音が大きく、NO_x（窒素酸化物）の発生量が多い、⑤排気温度が高い、等の特徴がある。

内部相互補助禁止 [prohibition of cost cross-subsidies] 電力会社は、PPSがネットワークを利用する場合の契約条件について、託送供給約款として経済産業大臣に届け出る義務があり、託送供給料金が不当に高いと判断される場合には、事後的に変更命令が出されるという形で規制を受けているが、さらに、料金の公平性・透明性を確保するために、ネットワーク部門の業務から生じた利益を競争営業部門のために用いることは禁止されている。これを担保するため、電気事業法により、電力会社はネットワーク部門の業務に関する会計を整理することが義務づけられている（第24条の５）。

整理の手法については、電気事業託送供給収支計算規則により詳細に定められ、この結果は、翌年度の７月までに公表しなければならない。なお、卸電気事業者がそのネットワークを開放して振替供給を行うときも、同様の規制がある（第24条の７）。

内部統制報告書 [internal control report] 近年、有価証券報告書の虚偽記載の事例が相次いだことを受け、会社情報の信頼性を確保するために、2007年９月に施行された金融商品取引法において、財務報告に係る内部統制の有効性に関する経営者による評価および、公認会計士または監査法人による監査を義務付ける内部統制報告制度が導入された。上場会社は事業年度ごとに、内部統制報告書を有価証券報告書とあわせて内閣総理大臣に提出しなければならない。内部統制報告書は、2008年４月１日以降開始する事業年度から提出が義務付けられている。

内部留保 [internal reserves] 原材料費の支払い、人件費や修繕費等諸費用の支払い、製品販売代金の入金という企業の通常の営業活動のもとで獲得したキャッシュの入・出金差額のことである。キャッシュの入・出金差額を損益計算書から算出する場合には、税引後利益から配当金等を支払った残りの部分である「留保利益」に、キャッシュの流出を伴わない費

用である「減価償却費」や「引当金の純増」等を加算しなければならない。こうしたことから、「留保利益」「減価償却費」「引当金の純増」等も、一般に内部留保と言われている。

永井案 [Nagai Plan] 1937（昭和12）年12月、臨時電力調査会の答申を骨子として作成され、同年12月17日の閣議において「電力国策要綱」として正式に承認されたものであるが、当時の逓信大臣永井柳太郎の名をとり永井案と称された。この要綱に基づき「電力管理法」「日本発送電株式会社法」「社債処理に関する法律」「電気事業法改正法律」が翌38年1月の第73議会に提出され、同年3月26日に成立、4月5日公布された。

名古屋電燈 旧名古屋藩士族三浦恵民等は、1883（明治16）年勧業資金として10万円貸し下げの内定を受け、愛知県知事の斡旋により1887年9月、名古屋電燈会社設立を出願し、わが国で東京電燈に次いで2番目の設立許可を受けた。その後1889年11月に南長島町に電燈中央局を竣工し、同年12月営業を開始した。開業当時の点灯数は約400灯、電柱数は391本であった。電灯需要の伸びとともに、愛知電燈を始めとして数次の吸収合併を重ね、1921年には水力2万2,908kW(16カ所)、火力7,000kW(1力所)の電力設備を有していた。しかし同年10月、経理上の行き詰まりから再建を企図して関西水力電気㈱と合併し、社名を関西電気㈱と改称することとなった。

ナショナル・グリット社（→NGC）

ナショナルミニマム [national minimum] 一般的には、社会的に公認されている国民の最低限度の生活水準を意味しており、電気料金においては、電気は生活必需財であるとの立場から、従量電灯の三段階料金制のうち、第1段階の使用電力量は生活必需的な消費量として、比較的低い料金を適用していることを指す。1974年3月の電気事業審議会料金制度部会の中間報告を受けて、高福祉・省エネルギーを図る観点から、同年6月の料金改定時に、従量電灯に三段階料金制度が取り入れられた際に導入された考え方で、第1段階の使用電力量は120kWhまでとなっている。（→三段階料金制度）

ナトリウム—硫黄電池（NAS電池）[sodium-sulfur battery] 電力貯蔵用二次電池として開発されてきた新型電池の一つ。ナトリウム—硫黄電池は、陰極活物質に溶融ナトリウム、陽極活物質に溶融硫黄または多硫化ナトリウムを使用し、両者の間をナトリウムイオンに対し選択的に伝導性を持つβアルミナ固体電解質により隔離したもの。作動温度は、陽極活物質の融点を考慮し、300～350℃に維持する必要がある。開路電圧は2.1V、理論エネルギー密度は780Wh/kgで鉛蓄電池の約4.7倍である。本電池の特徴は、単槽構造の完全密閉型電池であるため保守が不要であること、電解質が固体で自己放電がないため電気量（電流）効率が100%であるこ

と、また、陰、陽極の活物質を液体で使用するため、長寿命であること等があげられる。ただし、電池の特性上、高温状態で使用するため補機として温度維持のための保温装置が必要。

ナフサ [naphtha] この名称は、ペルシャ語のnaftに語源をもち、アメリカでは重質ガソリン、日本では粗製ガソリンの意味に用いることが多い。ナフサは、常圧蒸留によって得られるガソリン留分の総称で、このうち軽質のもの（沸点範囲30〜100℃程度）をライト・ナフサ、重質のもの（同100〜200℃程度）をヘビー・ナフサ、この両者を含むものをフルレンジ・ナフサと呼んでいる。ナフサとして出荷される場合の用途の多くは石油化学、すなわちエチレン、プロピレン等を製造する熱分解原料である。そのほかアンモニア合成用の水素を製造する水素製造装置の原料や、都市ガス製造用原料等に使用されているが、大気汚染防止のための低硫黄燃料として、電力会社等でも使用されている。

に

二国間原子力協定 [bilateral arrangement (in the field of nuclear energy)] 原子力の平和利用を担保するために、ウランやプルトニウムのような核物質、原子力関連の設備、資材および情報が、核兵器等に転用されないことを確認するために保障措置を行ってっているが、この具体的方法として、二国間原子力協定まどに基づく部分的保障措置、包括的保障措置協定に基づく包括的保障措置、また新しい保障措置を一体化した統合保障措置がある。

日本は、核物質等の原子力資機材が平和目的のみに利用されることを確保しつつ原子力の平和利用における協力を主な目的として、アメリカ、イギリス、フランス、カナダ、オーストラリア、中国の6カ国と二国間原子力協定を締結しており、これらの協定の下で、原子力の平和利用のために専門家や情報の交換、原子力資機材や役務の受領、供給等を行っている。

二酸化ウラン (UO_2) [uranium dioxide] 酸化ウランの一種で三酸化ウラン（UO_3）または八酸化三ウラン（U_3O_8）を水素（900℃）あるいは一酸化炭素（350℃）で還元して得られる。結晶構造は面心立方格子。普通、褐色の無定形粉末。融点はH_2、He（ヘリウム）、Ar（アルゴン）中で2,750±40℃、比重は10.97（理論値）。濃硝酸、濃硫酸には溶けにくい。硝酸には容易に溶けて硝酸ウラニル〔$UO_2(NO_3)_2$〕を作る。軽水炉では低濃縮ウランをUO_2形態で燃料として用いている。

二段燃焼 [two stage combustion] 燃焼用空気を二段に分けて供給してNO_x（窒素酸化物）の発生量を抑制する燃焼方式の一つである。一段目で供給する空気量を理論空気量以下に制限して、二段目で不足の空気を補って供給し系全体で完全燃焼させ

る。これは急激な燃焼反応を抑制して火炎温度の上昇と局部高温域の出現を防止するとともに、酸素濃度の低下によってNO$_x$の生成を抑制する方法である。

日間起動停止（→DSS）

ニッケル—水素電池 [nickel-metal hydride battery] 電力貯蔵用二次電池として開発されてきた新型電池の一つ。ニッケル—水素電池は、陰極活物質に水素を可逆的に吸蔵・放出する水素吸蔵合金、陽極活物質にニッケル酸化物、電解液にアルカリ性電解液を用いている。開路電圧は1.2V、理論エネルギー密度は218Wh/kgで鉛蓄電池の約2.2倍である。ニッケル—カドミウム電池の代替として開発された電池であり、電池電圧が同じであることから互換性が高い。

　リチウムイオン電池と比べると重量エネルギー密度は劣るが、安全性が高く、ハイブリッド車向けの搭載電池はほとんどがニッケル—水素電池である。その他にも、作動電圧が平坦、充放電サイクル寿命が長い、急速充電・大電流放電・過充放電が可能、取り扱いが比較的容易、長期放置に耐える、使用温度範囲が広い、環境適合性に優れる等の特徴をもつ信頼性の高い蓄電池である。ただし、一般にメモリー効果と呼ばれる充放電容量が一時的に低下する現象が現れることがあり、リフレッシュ充電等の対策が必要。

二部料金制（→基本料金制）

日本卸電力取引所（JEPX）[Japan Electric Power eXchange] 2003年2月の電気事業分科会基本答申を受け、電力会社、PPS、卸・自家発業者等の出資によって同年11月に設立された日本初の卸電力取引所。投資リスクの判断の一助となる指標価格の形成、需給ミスマッチ時の電力の販売・調達手段の充実により、相対取引を基本とした卸市場を補完することが、役割として期待されている。

　法令によらない私設・任意の取引所であり、中立性を担保するため、中間法人形態をとる。取引はすべてインターネット上で行われ、2005年4月に取引が開始された。2008年3月現在、電力を30分単位1商品として48商品を1日前に取引するスポット市場、月間商品（1年前〜2カ月前）および週間商品（2カ月前〜2週間前）を扱う先渡定型市場、相対契約の交渉先を自由に募集する先渡掲示板市場の3種類がある。商品は全て現物のみで、金融商品は扱っていない。2008年3月の電気事業分科会基本答申では、時間前市場の創設等が謳われ、今後さらなる活性化・利便性向上が期待されている。

日本原子力研究開発機構[Japan Atomic Energy Agency] 2005年10月に、日本原子力研究所と核燃料サイクル開発機構の統合により発足した独立行政法人。原子力に関する基礎的研究および応用の研究ならびに核燃料サイクルを確立するための高速増殖炉およびこれに必要な核燃料物質の開発ならびに核燃料物質の再処理に関

する技術および高レベル放射性廃棄物の処分等に関する技術の開発を総合的、計画的かつ効率的に行うとともに、これらの成果の普及等を行うことを目的とする。

日本原子力産業会議（→日本原子力産業協会）

日本原子力産業協会（旧：日本原子力産業会議）[Japan Atomic Industrial Forum, Inc.] 1956年3月、産業界の総意により原子力平和利用の促進・確立を目的として設立された民間唯一の原子力総合団体。基礎産業から関連産業を含む各業種の企業、団体700以上が参加して、内外にわたる総合的な調査研究、産業界の意見の調整統一、知識の交流、国際協力、技術者の養成、原子力知識の普及啓発等の事業を行うとともに、特に重要な問題については、政府、国会等へ建議要請して、これを原子力政策に反映させることとしている。なお、2006年4月、日本原子力産業会議は、改組・改革し、日本原子力産業協会となっている。

　日本原子力産業協会は、わが国のエネルギー問題における原子力利用の重要性に鑑み、国民的立場に立った原子力利用を旨とする産業界の総意に基づき、各界の協力を得て原子力に関し総合的な調査研究、知識の交流、意見の調整統一をはかるとともに、政府の行う原子力開発利用計画の樹立に協力して、原子力の平和利用を促進し、もってわが国の国民経済と福祉社会の健全な発展向上に資することを目的としている。前身の原子力産業会議が政策提言にとどまっていたのに対し、原子力産業協会は提言を実現に移す実行力を標榜する。

日本原子力発電株式会社[Japan Atomic Power Company] 実用規模の原子力発電炉を輸入し、原子力発電を企業化することを目的に、1957年11月1日、9電力会社、電源開発㈱、産業界の共同出資により設立された。1959年12月、茨城県東海村にわが国最初の実用規模発電用原子炉として、イギリスGECより導入のガス冷却炉（GCR：Gas-Cooled Reactor）型原子炉の建設に着手し、1966年7月運転を開始（認可出力16万6,000kW）し、商業用原子力発電の第一歩を記した。その後、アメリカより沸騰水型原子炉（BWR）の導入を図り、1970年3月には福井県で敦賀発電所1号機（出力35万7,000kW）、1978年11月には茨城県で東海第二発電所（出力110万kW）の運転をそれぞれ開始し、商業用発電原子炉の建設、運転、保守に関する諸課題の研究や技術者の養成等の面で、わが国の原子力開発推進に大きく貢献している。

　また、加圧水型原子炉（PWR）についても、敦賀発電所2号機（1982年4月着工、出力116万kW）において導入し、1987年2月に運転を開始した。なお、東海発電所は、1998年3月31日に営業運転を終了し、2001年12月4日より廃止措置に着手している。

日本原燃株式会社[Japan Nuclear Fuel Limited] わが国自前の原子燃料サイクル施設の商業化を実現するため、電力会社の出資により、再処理の事業主体として日本原燃サービス㈱が1980年3月に、またウラン濃縮・低レベル放射性廃棄物埋設の事業主体として日本原燃産業㈱が1985年3月に設立された。同年年4月には、ウラン濃縮、再処理、低レベル放射性廃棄物埋設の三施設の青森県上北郡六ヶ所村のむつ小川原工業開発地区内の立地要請に対する県ならびに村からの受諾の正式回答が得られ、二社は現地事務所を開設した。

1992年7月に、この二社は地元企業としてより円滑な事業推進を図る観点から合併し、本社を青森市に設置して日本原燃㈱として、商業用ウラン濃縮、再処理および低レベル放射能廃棄物埋設の各事業を推進している。ウラン濃縮工場は1988年に事業認可を取得し、1992年に運転を開始。再処理施設は1992年に事業許可を取得し、2008年5月に竣工予定。また、低レベル放射性廃棄物埋設センターは、1990年に事業許可を取得し、1992年に操業を開始した。

日本電力調査委員会(EI) [Japan Electric Power Survey Committee] わが国の現在および将来における電力需給ならびに発変電機械の生産状況を定期的に調査し、これを公表するために、1952(昭和27)年11月に設立された委員会。なお、設立当初は米国エジソン電気協会(EEI)の調査方式をもとに電力調査を行っていたことから、当委員会はEIと呼称されている。2007年11月現在、一般電気事業者、卸発電事業者、公営電気事業経営者会議、特定規模電気事業者、発変電機械製造事業者等の事業者により構成されている。また、参与として経済産業省製造産業局、資源エネルギー庁電力・ガス事業部および電気事業連合会ならびに日本電機工業会から参画している。

電力需給状況および重電機器関係の定期的調査のほか、電力需給見通しの策定その他に関連する調査研究等を行っている。電力調査報告書を毎年作成しており、4月1日調査では将来10年を目標とする電力需要および供給力の想定を行い、長期の電力需給見通しを取りまとめており、10月1日調査では電力需要および供給力の実績を取りまとめている。この報告書は、政府において作成される長期電源開発計画の基礎資料となる役割も果たしている。

日本発送電株式会社 [Japan Electric Generation and Transmission Co.] 1939(昭和14)年4月1日、日本発送電株式会社法によって設立された。同社は電力国家管理の中心機関で、国策代行会社としての性格をもっていた。民間電気事業者からの設備出資は強制的なもので、これによって全国の火力発電所の59%、送電線路39%を有するとともに、民間水力発電量の60%を買い入れて配電会社に売り渡すこととなった。

電力需給に関する重要事項の決定・命令権や役員の任免権は政府がもち、定款変更、社債募集、利益金処分等の決議も主務大臣が認可しなければ効力を生じないとされていた。その後、日本発送電株式会社法の改正によって、出資対象が新たに加えられる等して保有設備はさらに増加し、水力発電設備の70％、火力発電設備の60％を占めるに至ったが、1951年5月1日、電力再編成による9電力会社の発足に伴い解散した。

ニューサンシャイン計画 [New Sunshine Project] 通商産業省工業技術院は、1993年に地球的規模のクリーンエネルギーシステムの確立に向けて、これまで推進してきた新エネルギー技術研究開発制度であるサンシャイン計画（1974年創設）と省エネルギー技術研究開発制度であるムーンライト計画（1978年創設）および地球環境技術研究開発制度（1989年創設）を統合して、ニューサンシャイン計画（エネルギー・環境領域総合技術開発推進計画）を発足させた。本計画は、従来別々に推進されてきた「新エネルギー」「省エネルギー」「地球環境」の3分野を融合し総合的に推進するものであったが2000年まで実施され、2001年の中央省庁再編に伴い、ニューサンシャイン計画の研究開発テーマは、「研究開発プログラム方式」として、産業界・学会等の意見を経済産業省がプログラムに反映させる方式に移行した。

人間環境宣言 [Statement for Human Environmental Quality] 1972年にスウェーデンのストックホルムで「かけがいのない地球」をキャッチフレーズとして開催された「国連人間環境会議」において採択された宣言のこと。この国連人間環境会議は、環境問題全般についての大規模な国際会議としては初めてのものであり、先進工業国における環境問題については経済成長から環境保護への転換が、また、開発途上国における環境問題については開発の推進と援助の増強が重要であることが明らかにされた。そして、この会議において環境問題に取り組む際の原則を明らかにした「人間環境宣言」が採択され、環境問題は人類に対する脅威であり、現在および将来の世代のために人間環境を擁護し向上させることが、人類にとって至上の目標であることが示された。

ね

熱効率 [thermal efficiency] 系に投入された熱エネルギーのうち、有効に取り出されたエネルギーの割合を示すもので、火力発電においては、消費した燃料の熱エネルギーに対する発生電力量を指すのが一般的。火力発電プラントの熱効率を定義する場合、電力量としては発電機の端子におけるものと、これから所内の補機に使用した電力量を差し引いたものとがあり、それぞれ発電端熱効率、送電端熱効率と呼ぶ。すなわち燃料の総発熱量をQ（kcal）、発電端電力

量をG(kWh)、所内電力量をG′(kWh)とすると、

$$発電端熱効率 = \frac{G \times 860 \times 100}{Q}(\%)$$

$$送電端熱効率 = \frac{(G-G') \times 860 \times 100}{Q}(\%)$$

となる。このとき、燃料の発熱量としては高位発熱量を使用するのが一般的である。熱エネルギーから電気エネルギーへの変換効率は、近年の大容量火力発電プラント（再熱再生サイクル）においては、発電端で40～42％程度であり、ガスタービンと蒸気タービンを組み合わせて発電するコンバインドサイクル発電方式を採用した発電プラントでは44～46％の熱効率を達成している。また、50％を目指したコンバインドサイクル発電プラントの建設計画もある。熱効率およびこれに類するものとしては、次のようなものがある。

①ボイラ効率　ボイラで消費した燃料の総発熱量に対し、ボイラ内で給水および蒸気に与えられた熱エネルギーの割合。
②タービン内部効率　タービン入口の蒸気が出口の圧力に至るまでに利用し得る熱エネルギー（断熱熱落差）に対し、タービン内部で仕事に変換された熱エネルギーの割合。
③タービン有効効率　断熱熱落差に対し、タービン軸端において得られる有効仕事の割合。これはタービン内部効率と機械効率の積に等しい。
④タービンプラント効率（タービン熱効率）　タービン本体の他に復水器、給水加熱器等を含めたタービンプラントとしての効率を表すもので、これとボイラ効率と発電機効率の積が発電端熱効率となる。

熱水卓越型 [water-dominated geothermal fluid] 地熱流体は、一般に水蒸気と熱水が混ざり合った二相流体である。貯留層の特性により、主として水蒸気を噴出するような地熱流体の型をいう。蒸気卓越型の対語であるが、厳密な定義はない。

熱中性子炉 [Thermal (nuetron) reactor] 核分裂によって発生した中性子は高いエネルギーを持ち平均秒速2万kmで走る。これを高速中性子と呼ぶ。軽水炉等では水等の減速材でこの高速中性子平均秒速2.2kmくらいまで減速させU-235の核分裂を起こしやすくする。速度を遅くした中性子を熱中性子と呼び、この熱中性子により核分裂連鎖反応を起こさせる原子炉を熱中性子炉という。現在、実用化されている原子炉（発電炉）はほとんど熱中性子炉である。

ネットバック方式 消費地の石油製品市況と得率（原油を精製して得られる石油製品の種類ごとの比率）から消費地における原油の価値を割り出し、その価値から精製コスト、運賃等の経費を差し引いて算出される理論的な原油価格を決定する方式のこと。ネットバック方式では、消費国の石油製品市況に見合った原油価格

になるため、消費国の石油会社に損失は出ないが、原則として船積時点で価格が決まらないこと、毎日価格が変動すること、必ずしも公式販売価格より安くなるとは限らないこと等の難点もある。

ネットバック方式による原油販売は、1970年代にアルジェリアによって行われた例があり、1985年10月からサウジアラビアが採用したことで、OPECの原油価格は市場連動型に移行した。しかし、同年12月のOPECジュネーブ総会にてシェア奪回戦略が打ち出されて以来「価格よりもシェアを」という増産基調の中で、1986年初めより、原油価格は暴落した。このため、ネットバック方式は原油価格を低下させるとして、1987年には採用されなくなった。

ネットレベニューテスト方式 [net revenue test system] 選択約款を設定する際、一定期間内に、新たに発生する費用を当該選択約款の設定により得ることが出できる収入により回収することが出できるよう、または当該選択約款の設定による収入の減少分が費用の減少分以下となることで回収することが出できるように、料金を設定できる方式。従来からの総括原価に基づいた料金設定とは異なる方式で、事業者の経営自主性を確保しながら、機動的な手続きや多様な料金メニュー設定が可能となることから、選択約款の導入を促進・定着するために導入された。

燃焼改善 [combustion improvement] ボイラ内の燃焼温度を下げてNO_x(窒素酸化物)の発生量を抑制する方法で、NO_x低減化対策の基本となるもの。改善方法には、バーナー部分からの燃焼用空気を通常より少な目にして、バーナー上部あるいは周辺に設けられた補助空気孔から不足分の空気を吹き込む二段燃焼法、燃焼用空気に排ガスを混合させる排ガス混合燃焼法およびバーナー口へ燃焼用空気以外に直接排ガスを送り込むこと等によりNO_xを低減させる低NO_xバーナー等がある。

燃焼度 [burnup] 原子炉に装荷した燃料が単位重量当たり発生した熱量の積分値を燃料の燃焼度といい、一般にMWD/Tで表される。燃料の重量としては、二酸化ウランとしての値を用いる場合と、ウランとしての値を用いる場合とがある。燃焼度には炉心平均、取り出し燃料バッチ平均、燃料集合体平均、あるいは燃料棒1本当たりというような表し方がある。一般に燃料の濃縮度を上げればとり出し時の燃焼度を大きくできるが、材料面からの制限がある。また濃縮度が高くなるにつれて、飛躍的に燃料費が高くなるので、経済的にも最適点がある。したがって、炉心設計の面からは与えられた濃縮度の燃料に対していかにとり出し時の燃焼度を増すかが問題となる。

燃料供給保証メカニズム [fuel supply assurance mechanism] 世界的な原子力発電の拡大が、原子力安全および核不拡散を担保しつつ行われるこ

とを可能とするために、一定の条件を満たした国に対し、適切な価格で原子燃料を供給することを保証する枠組みのこと。供給国と被供給国とを二分化する提案や、国際的な燃料センターを設立する提案等、様々な提案が国際社会でなされているが、政治的、経済的、技術的に解決すべき課題は多く、これまでのところ実現に至った構想は存在しない。

燃料集合体 [fuel assembly] わが国の原子力発電所は、ほとんど軽水炉であるが、この炉の燃料として濃縮ウランが使われている。この濃縮ウランは、ジルコニウム合金製の細長い管（被覆管）の中に二酸化ウラン（UO_2）のペレットの形で充てんし（燃料棒）、さらに燃料棒を数十～百数十本ごとに束ね、一つのグループにまとめ、燃料集合体を形成する。燃料集合体は、原子炉の中に数百体（出力や炉型で異なる）整然と、ある間隔を置いて並べられ、炉心を構成している。

燃料体検査 [fuel assembly inspection] 「燃料体」（発電用原子炉に燃料として使用する核燃料物質）は、万が一それが破損した場合は、放射性物質により原子炉施設、大気等を汚染し、人体に重大な危害を与える恐れがあり、ひいては発電用原子炉の運転を停止しなければならず、電気の安定供給にも影響を与えるため、その加工について特に厳重な検査が要請される等の理由から、経済産業省令で定める加工工程ごとに経済産業大臣の検査を受け、これに合格した後でなければ使用してはならない旨の規定が電気事業法にある（第51条第1項）。

なお輸入した燃料体は加工工程ごとの検査が困難であるため、経済産業大臣の検査を受け、これに合格した後でなければ使用してはならないと別に規定されている（第51条第3項）。電気工作物に係る技術進歩や保安実績の高まり等を背景として、1995年の電気事業法改正では、工事計画の審査・検査の対象を必要最小限のものに限定するという方向で改正が行われたが、公共の安全確保及び公害防止の観点等からなお検査が必要であるとして、燃料体検査の規定は残された。また、2002年の電気事業法改正により、当該検査に関する事務の一部については機構が行うこととなった（第51条第4項、第5項）。

燃料電池 [fuel cell] 水を電気分解すると酸素と水素が得られるが、その反対のプロセスを利用し、電気と温水を得る技術。水素を酸素と化学的に反応させて電気エネルギーに変換させる。水素を直接利用する方法もあるが、一般的には天然ガス、LPG、灯油等を改質して水素を取り出すシステムが一般的。主にリン酸型（PAFC）、溶融炭酸塩型（MCFC）、固体電解質型（SOFC、固体酸化物型とも言う）、固体高分子型（PEFC）と4種類ある。

用途によって、反応温度の高さや

設備の大きさ等適した型を選んで利用する。現在は、産業用から家庭用への開発が進んでおり、一般家庭でもモニター事業が始まっている。燃料電池は、発電過程で燃料を燃焼させないため、NO_x(窒素酸化物)、SO_x(硫黄酸化物)、粒子状物質の排出量が少ない。

また、従来の内燃機関等と比べて発電効率が高いことから、省エネルギー効果も期待できる。さらに、燃料電池はCO_2(二酸化炭素)の排出を大きく低減することが可能な技術であり、地球温暖化防止対策のうえで有力な手段となる可能性も秘めている。

燃料費 [fuel expenses] 火力燃料費(汽力燃料費および内燃力燃料費)および核燃料費の合計額である。石炭費、燃料油費(原油、重油等)、ガス費(LNG等)等に加え、運炭費や蒸気料として他から購入する汽力発電用蒸気に関する費用等が火力燃料費であり、原子力発電に使用する核燃料の減損に伴って発生する核燃料減損額とウラン濃縮施設の廃止措置の実施や当該施設の運転に伴って生じた廃棄物の処理および処分に要する費用である濃縮関連費が核燃料費である。

燃料費調整制度 [fuel adjustment charge] 為替レートの変動等による燃料価格の変化をできるだけ速やかに反映させるため、一定の基準により電気料金を調整するための仕組み。1995年7月の電気事業審議会報告に基づき、1996年1月に導入された。制度料金改定時に設定した基準となる平均燃料価格と、3カ月ごとに算定した平均燃料価格を比較し、その変動分を調整する。平均燃料価格は、通関統計による原油・海外炭の平均価格をもとに算定される。

燃料被覆管 [fuel cladding] 燃料棒の被覆材として使用する薄肉円管のこと。軽水炉や高速炉の場合、ジルコニウム合金(ジルカロイ等)やステンレス鋼の円管が用いられる。燃料被覆管は燃料および照射中に生じる放射性物質を閉じこめ、また、冷却材と燃料が化学反応を起こさないように保護している。

燃料棒 [fuel rod] 原子炉に使用するために成形加工した燃料要素。原子炉ではウランや酸化ウランをそのままの形で使うと減速材や冷却材と化学反応を起こす恐れがあり、また、燃料中に生成した核分裂生成物が冷却材中に混入し、炉外へ運び出されないようにするために燃料被覆材がある。さらにまた濃縮ウランで酸化ウランをつくり、これを直径1cmぐらい、高さ1cmぐらいの小さい円柱形にし、これを数十本並べてジルカロイ等の被覆材に収めて燃料棒としたものもある。いずれも原子炉内で減速材のなかに並べられたとき、もっとも核分裂を起こしやすい形となっており、熱を取り出すために燃料棒の回りを流れている冷却材に熱を伝えやすい形になっている。

の

農業電化協会 [Agricultural Electrification Association] 1923（大正12）年6月、農事に関する電気利用の普及発達を図ることを目的として、社団法人農事電化協会が設立された。深夜時の余剰電力および軽負荷時の電力を有効に利用するための市場開発の一環として、農事電化の普及を図るため、農事電化協会を中心に、各電気事業者が積極的に参加した。その主な活動は、①全国各地における、農事電化の講習会・研究会・講演会・展覧会・博覧会の開催、②その他農事電化施設の指導、③電化用機器類の購入斡旋、④機関誌の発刊、⑤各種の調査研究、⑥参考資料の収集、等であった。1948年、社団法人農業電化協会と改称して現在に至っている。

濃縮 [enrichment] ウランの同位体分離を行うこと。天然ウランは、99.2745％の^{238}Uと、0.72％の^{235}Uと0.0055＋D101％の^{234}Uの同位体混合物。たとえば軽水炉の燃料としては^{235}Uが3％程度含まれているウランが必要である。そこで、天然ウランを原料としてウランの同位体分離、すなわちウラン濃縮を行う必要がある。その方法としては、ガス拡散法および遠心分離法が実用化しており、レーザ分離法や化学交換法ノズル分離、ヘリコン法等の開発も進められている。

濃縮ウラン [enriched uranium] 同位体^{238}Uに対する^{235}Uの存在比を、天然ウランの場合よりも、人工的に高くしたウラン。国際原子力機関（IAEA）による核物質の区分によれば、濃縮度が20％以上のもの、20％以下で10％以上のもの、10％以下で天然ウラン以上のものに区分されている。20％以上のものは、高濃縮ウランと呼ばれる。かつて、濃縮の程度によって、高濃縮ウラン、中濃縮ウラン、低濃縮ウランと呼ばれたことがあるが、濃縮率の程度と範囲は必ずしも確定的なものではなかった。

濃縮関連費 [costs to concentrate nuclear fuel] ウラン濃縮施設の廃止措置の実施または当該施設の運転に伴って生じた廃棄物の処理および処分に関する費用であり、核燃料を購入し、または当該核燃料の加工を受けた後に締結した費用負担に関する契約に基づいて支払う費用である。

濃縮度 [enrichment] 1種または2種以上の核分裂性同位体の比率を変えて、必要な同位体の濃度を増やすことを濃縮というが、このときの、目標とする核種の存在割合を濃縮度という。発電用軽水炉の場合、核分裂性物質としてのU-235を濃縮により天然ウラン中の存在割合（0.7％）より高く、3～4％の濃縮度にした燃料が用いられる。濃縮度により高濃縮燃料（一般に20％以上）、低濃縮燃料（一般に20％未満）等に分ける。濃縮度を高めると、臨界量が小さくなり、炉心の容積を小さくすることが可能である。しかし、単位体積当

たりの発熱量が大きくなることから熱除去の点で燃料設計が厳しくなる。

濃縮廃液 [condensate waste] 沸騰水型原子力発電所から発生する濃縮廃液は、主としてイオン交換樹脂の再生時に発生する再生廃液を蒸発缶で濃縮したもので、その主成分は硫酸ソーダである。加圧水型原子力発電所から発生する濃縮廃液は、陰イオン交換樹脂の再生時に発生する再生廃液およびその他の雑廃液を蒸発缶で濃縮したもので、その主成分はホウ酸である。

農事用電力 [agricultural power service] 農事用のために用途を限定して動力を使用する需要に適用される契約種別。需要の持つ季節性から、毎年需要期を限ってその使用が反復される。概ね農事用電力A（かんがい排水用）、B・C（脱穀調整用、育苗栽培用）に区分される。料金制は、農事用電力Aは基本料金と電力量料金からなる二部料金制が採られている。

　農事用電力B・Cのうち、契約電力が5kW以下のものは定額料金制とされる。農事用電力B・Cのうち契約電力が5kWを超えるものは、基本料金と電力量料金からなる二部料金制とされ、低圧電力の該当料金を10%割り増ししたものが適用される。契約使用期間以外の料金は請求されないが、供給設備を常置することから、必要な費用を回収するため最低保証料金が設定されている。

農用地の土壌の汚染防止等に関する法律（土壌汚染防止法）[(Soil Pollution Control Law)] 農用地の土壌をカドミウム等の特定有害物質による汚染から防止すること等により、人の健康を損なう恐れがある農畜産物が生産され、または農作物等（農作物および飼料用植物）の生育が阻害されることを防止し、もって国民の健康の保護および生活環境の保全に資することを目的として制定（昭和45年法律第139号）されたものである。1970年のいわゆる公害国会において、「公害対策基本法」の一部が改正され、公害の一つとして土壌汚染が追加されるとともに、その実施法として本法が制定された。土壌汚染防止法とも呼ばれる。

ノルド・プール [Nord Pool] 北欧4カ国（デンマーク、フィンランド、ノルウェー、スウェーデン）を対象とした多国間電力取引所。ノルウェーで古くから運営されてきた電力プールを前身としており、スウェーデンとノルウェー、フィンランド、デンマークの北欧4カ国の系統運用者が所有主体となっている。ノルドプールでは、スポット市場、バランス市場、先物市場、オプション市場を提供している。2002年のノルド・プール再編により設立されたノルドプール・スポット社が現物市場の運営を行っている。

は

パークレン（→テトラクロロエチレン）
バーナブル・ポイズン（→可燃性毒物）
排煙脱硝装置 [exhaust gas denitrizer]

燃焼排ガス中のNOₓ（窒素酸化物）を除却する装置を排煙脱硝装置という。排煙脱硝技術には、NOₓ吸収に水溶液を用いる湿式排煙脱硝法と乾式排煙脱硝法に分けられるが、現在実用化されているのはほとんどが乾式法である。乾式法としては接触還元法、無触媒還元法、電子線照射法、吸着法等が開発されてきたが、実用レベルにあるのはアンモニアを還元剤とする選択式接触還元法のみである。

バイオソリッド燃料 [Biosolid fuel] 下水処理場から排出される下水汚泥を減圧下で廃食用油と混合し100℃程度に加熱することで、製造される熱量5,000～6,000kcal/kg、水分5％程度、顆粒状の石炭に類似した燃料。国内初の試みとして、電源開発㈱の松浦火力発電所において石炭との実機混焼試験が2003年度から2005年度にかけて実施され、最大1％の混焼率で混焼できることが確認された。2006年度からは、年間約1,800tの混焼が開始されている。下水処理により年間に発生する下水汚泥は、全産業廃棄物全体の約20％程度であり、その有効利用は全体の約60％程度で、残りは埋立処分されている。下水道の普及に伴い下水汚泥の量は今後益々増加するものと予想され、下水汚泥の燃料化リサイクルシステムの実用化は、石炭火力発電所向け化石代替燃料（バイオマスエネルギー）としてリサイクルすることにより、長期的かつ安定的に下水汚泥の有効活用が可能となり、循環型社会や地球環境に貢献すると考えている。

バイオ燃料 [bio fuels] バイオマス（再生可能な、生物由来の有機性資源で化石資源を除いたもの）から得られるエネルギーを利用したアルコール燃料、その他合成ガス。生物のライフサイクルの中ではCO_2（二酸化炭素）を増加させない「カーボンニュートラル」の特性を持つことから、とくに自動車燃料の代替として注目されている。原料はサトウキビ、トウモロコシ、なたね等植物由来のものに加え、家畜排泄物、建設発生木材等の廃棄物系も含まれ多岐にわたる。

バイオマス [biomass] 化石資源を除く、動植物に由来する有機物であり、エネルギー源として利用可能なものをいう。バイオマスは、CO_2（二酸化炭素）の増減に影響を与えない「カーボン・ニュートラル」な再生可能エネルギーであり、エネルギー利用と同時にバイオマスを育成することによって、排出されるCO_2のバランスを考慮しながら利用すれば、追加的なCO_2を発生しないという特徴がある。バイオマスを大きく分類すると、生ゴミや木くず等の「廃棄物系」と、サトウキビやトウモロコシ等の「栽培作物系」に分けられる。利用方法としては、「直接燃焼」、メタン発酵等の「生物化学的変換」、ガス化や炭化等の「熱化学的変換」による燃料化等がある。

バイオマス・ニッポン総合戦略 生ゴ

ミや木屑等の生物資源(バイオマス)を有効利用し、地球温暖化の防止や循環型社会の形成、競争力ある新たな産業の育成を目指す政府の戦略的計画。2002年12月に閣議決定された。生物に由来するバイオマスは燃焼過程でCO_2(二酸化炭素)を排出するが、それは生物が成長過程で大気中から取り込んだCO_2であるため、大気中のCO_2を増やさないという「カーボンニュートラル」の特性がある。2006年3月には、これまでのバイオマスの利活用状況や、2005年2月の京都議定書発効等の戦略策定後の情勢の変化を踏まえ見直しが行われ、国産バイオマス燃料の本格的導入、林地残材等の未利用バイオマスの活用等によるバイオマスタウン構築の加速化等を図るための施策が推進されている。

バイオマスエネルギー [biomass energy] バイオマスを原料として得られるエネルギーのこと。単に燃やすだけのエネルギーから化学的に得られたメタンやメタノール等で自動車を動かしたり発電に利用するエネルギーまで利用分野が広がっている。地球規模でみてCO_2(二酸化炭素)バランスを壊さない(カーボンニュートラル)、永続性のあるエネルギーである。

バイオマス発電 [biomass generation] 生ゴミや牛の糞尿等のバイオマス(量的生物資源)を用いて、それをエネルギーに利用する設備。バイオマス関連市場は、現在の約300億円から10年後には2,600億円に増えるとの試算がある。既存の設備は規模が大きいために農家等では導入しにくく、低コスト化も課題だったが、その小型化もしだいに進んできている。

排ガス混合燃焼 [exhaust gas mixed combustion] NO_x(窒素酸化物)の発生を抑制するためには、低温かつ低酸素濃度で燃焼すればよく、この条件に合う燃焼方法として採用されたのが排ガス混合燃焼で、排ガスの一部を燃焼用空気と混合するか、あるいは燃焼領域に供給する方法である。これにより燃焼温度を下げ、燃焼を緩慢にしてTherma-NO_xの発生を低減する。

廃棄物発電 [waste-to-power generation] 廃棄物焼却により発生する高温燃焼ガスにより発電するシステム。廃棄物の持つエネルギーを有効に活用するもので、環境対策にも寄与する。日本の廃棄物発電は、廃棄物処理場の所内電力を賄うために1965年に導入されたが、RPS制度の導入等に伴い、最近では廃棄物エネルギーを積極的に利用し、余剰電力を売却する施設が増加している。

排出枠 [emission quotas, emission allowances] 温室効果ガス等、ある特定の物質に対し、政治的な合意等により人為的に設定された排出可能な枠(排出量の上限)のこと。わが国においては、「排出可能な上限」を意味する概念として使用され、取引可能な特定の単位を指すことはない。気候変動枠組み条約および京都議定

書において記載または規定された用語ではなく、京都メカニズムにおいては通常使用されない。京都メカニズムを通じて移転・取得を行うことができる京都議定書に規定された排出削減量および割当量等については、『炭素クレジット』、もしくは単に『クレジット』ともいう。

ばいじん [soot and dust] 燃焼によって生じた"すす"と個体粒子（灰等）を総称していう。また、煙突から出た後は他の種々の煙霧質と混じり合ってしまうが、大気中にあるこのような混合物についてもばいじんといわれ、降下ばいじん、浮遊ばいじんという言葉で呼ばれている。ばい煙発生施設の排出口から大気中に排出されるばいじんの量については、「大気汚染防止法」（昭和43年法律第97号）で施設の種類および規模ごとに許容限度が定められている。

排水基準 [waste water quality standard]「水質汚濁防止法」（昭和45年法律第138号）によって排出水は排出基準に適合していることが義務づけられているが、その排出基準は、特定事業場からの排出の規制を行うに当たっての排出水の汚染状態について汚染指標ごとに定められた許容限度であり、すべての公共用水域を対象とし、国が総理府令で定め、一律に適用される基準（一律基準）と都道府県が適用する水域を指定して条例で定める上乗せ基準とがある。一律基準については、カドミウム、シアン、有機リン等の有害物質に係る27物質とBOD（生物化学的酸素要求量）やCOD（化学的酸素要求量）等生活環境に係る15項目について許容限度が定められている。

配電業務システム [distribution business system] 業務運営の労務量軽減、設備投資や設備管理のコスト低減、需要家へのサービス向上を図ることを基本に、情報処理の効率を高め、配電関係業務の遂行における事務的処理を中心に支援する業務システム。システムの基本的構成としては、設計時の工事費の積算、所要資材の展開・資材連係、設計書の作成を自動処理することを中心として、需要家の電気の申し込みから送電までの各工程を管理する機能を有する「工事管理システム」、工事完了後の配電設備を機械管理し、設備の増強や機能維持等の工事計画、および設備保守業務に対し情報を提供する機能を有する「設備管理システム」の二つのシステムに大別されているのが一般的である。

配電自動化 [distribution automation] 配電線事故対応業務の迅速化・省力化、設備の有効利用、および需要家対応業務の効率化等を目的とした、配電系統に接続されている多種類の機器の遠隔監視・制御を目指す総合自動化のこと。配電自動化が、一般的には線路用開閉器の遠隔監視・制御を指すのに対し、配電総合自動化はこの他に遠隔検針、ロードサーベイ、需要家機器の入／切制御（負荷制御）、さらには需要家との双方向通

信等の機能を総合したものを指す。

需要家機器の入／切制御の対象となるものは、エアコン、温水器等であり、電力需要のピークシフト効果を狙ったものである。また、需要家との双方向通信については、ニーズおよび機能について調査・研究段階であるが、一部で開発が進められている。これら総合システムは、電力供給コスト削減を直接的・間接的に推進するものと期待されている。

配電統合 [distribution integration] 1939（昭和14）年4月1日の日本発送電㈱の設立により、発送電事業が国家管理に移されたが、さらに、政府は戦時体制完備の一環として、配電事業の国家管理を図るため、1941年8月30日、国家総動員法に基づく「配電統制令」を公布・施行し、1942年4月1日、配電事業を統合して、特殊会社として北海道、東北、関東、中部、北陸、関西、中国、四国、九州の9配電会社を設立した。配電統合は第一次と第二次に分けて進められたが、第一次統合として1941年9月6日、特殊配電会社の設立命令が全国の第一次配電統合受名会社70社に発せられ、これに基づき1942年4月1日、全国で9配電会社が設立されて第一次配電統合を終えた。

第一次配電統合の規模は、全国配電事業の94％にも及んでいた。また、第二次配電統合については、1942年度中に残りの配電事業を9配電会社に統合する基本的方針が決定されたが、当初は逓信省の予定した通りの進捗が見られず、1943年に入って一挙に統合が進み、予定通り3月末までにほぼ完了した。この結果、日本発送電㈱と9配電会社の10社による独占の姿を完成した。

配電統制令 [Distribution Control Order] 国家総動員法（昭和16年法律第19号）に基づく委任命令として、1941（昭和16）年8月に公布・施行された勅令（勅令第832号）。この勅令によって1941年9月に、全国9地区の主要配電事業者に対する配電会社設立命令が出され、翌17年4月1日、9配電会社が発足した。これら配電会社については、電気料金その他の電気供給に関する重要事項について主務大臣が決定権を持つ等の規制がなされていた。

1938年の電力管理法、日本発送電株式会社法等の制定公布と、これに続く翌39年の日本発送電㈱発足、その後の強化により発送電面での国家管理ができていたが、この9配電会社の設立によって、それまでは小規模事業者が多数存在して十分な管理ができなかった配電事業にも統制がおよぶこととなり、わが国の電気事業は全面的に国家管理体制に入った。

配電塔方式 [distribution tower system] 郡部域等の電圧降下対策や、集中的な地域開発による需要増加対策として、6.6kVに比較し経済的に有利な場合に採用される22（33）kV配電線による供給方式である。このような地域への特別高圧系統は、従来鉄塔

方式が主であったが、昭和40年代から電柱架空方式により供給されている。この形態では、22kV柱上変圧器のコストが高いこと、6.6kV既設設備の有効活用を図ること等から、需要地点において22（33）kV／6.6kVの配電塔を設置して、既設6.6kV配電線に接続し、需要家に供給している。配電塔は一般的に地上設置され、3〜10MVA程度の容量の変圧器が用いられている。

バイナリーサイクル発電 [binary cycle generation] 従来の地熱発電方式は、およそ200℃以上の高温の地熱流体から得られる蒸気のみを対象としている。このため通常、蒸気の数倍程度随伴する熱水は、その熱エネルギーが十分に利用されずに地下に還元されている。また自噴力が弱いか、または自噴しないため熱水資源を利用することなく放置される坑井も数多い。バイナリー発電方式は、このような未利用熱源を有効に利用する発電方式で、未利用熱源のもつ熱エネルギーを、熱交換器を介して低沸点媒体（ペンタン等）に伝え、媒体を加熱蒸発させ、その高圧の蒸気によってタービンを駆動し発電する方式である。

　加熱源としての蒸気・熱水サイクルとペンタン等を用いた媒体サイクルの二つの熱サイクルを有していることから、「二つの」という意味を持つバイナリー（Binary）発電方式と呼ばれている。またバイナリー発電方式は、「RPS法（電気事業者による新エネルギー等の利用に関する特別措置法）」における、地熱を利用した新エネルギー等発電設備に認定されている。

パイプライン輸送 石油や天然ガス等を、設置した導管（パイプライン）により輸送すること。タンカー輸送やタンクローリー輸送等、他の輸送手段と比較し、気象条件による影響が少ないうえ、供給側と需要側の専用ルートが確立できるため需給が安定することや副次的な効果として、需給両者の連帯感が強まる他、設備の保守運転上の合理化も期待できること、労働力に依存するところが少なく、自動制御が可能であること等といったメリットがある。その一方で、供給側と需要側が近接しているのが望ましく、立地地点が限られること、一方の事故や非常事態が相手方に直接影響を及ぼすこと等といったデメリットもある。

パケット交換 [packet switching exchange] 端末装置相互間で直接情報の送受がなされず、発信端末から送出された情報を交換機が受信して、いったんメモリーに蓄積し、網内を高速で転送していき、着信端末へ送り届ける方式をいう。この場合、網内を転送する情報は、パケット（packet：「小包」の意味）と呼ばれ、一定長のブロックに宛先情報や誤り制御情報等転送に必要な制御情報を含んだヘッダが付けられる。パケット交換では、情報が交換機のメモリーに蓄積されるため、異速度端末間

の通信が可能である。また一本の通信回線により複数の相手へのパケットを取りまぜて受信でき、同時に複数の相手と通信することができる。

パシフィック・パワー [Pacific Power] オーストラリア・ニューサウスウェールズ州の発電・送電事業者。前身はニューサウスウェールズ電力庁で、1992年1月に名称を変更した。同州の発電・送電部門を独占していたが、1990年代から行われた電気事業再編の流れの中で、1995年に送電部門がトランスグリッドとして独立、さらに1996年の発電部門への競争導入とともに発電2社が独立、その後残りの発電資産、コンサルティング業務等も他社に分割された。

波長多重装置 (WDM) [Wavelength Division Multiplex] 一本の光ファイバケーブルに複数の異なる波長の光信号を同時に乗せることによる、高速かつ大容量の情報通信手段。同軸ケーブルへ電気的な信号を流す場合と異なり、ラマン光増幅、分散シフト(DSF)光ファイバの非線形現象等の例外を除いて光ファイバを通過する光信号は他の波長の光信号と干渉しない。そのため、複数の波長を使用して光信号を送受信すれば、1信号を1光ファイバで送る場合と比べて実質上多くのファイバがあるように使用できる。現在実用化されているものには、数Tbps（テラビット毎秒）といったものもあり、今後更なる大容量化が見込める。1本のファイバに複数の光学的伝送路を実装できると言う特性から、異なる種類や目的の通信信号、異なるプロトコルの通信を重畳させることもできる。

発電所に係る環境影響評価の手引 環境影響評価法および電気事業法に規定する発電所の環境影響評価の手続きについて、手続きの順にしたがい記すとともに、省令で定める標準項目および標準手法について、特に簡明に期するよう解説を付し、理解の便を図っているものであり、1999年5月に資源エネルギー庁から出され、2007年1月に改訂がされた。

発電所の立地に関する環境影響調査及び環境審査の強化について 1977年7月「発電所の立地に関する環境影響調査及び環境審査の強化について」（通商産業省省議決定）により通商産業省省議決定環境アセスメントとして発電所の環境アセスメントが体系化され、電源開発調整審議会での報告事項として位置づけられる等、発電所の環境影響調査・審査が強化されていたが、1999年6月12日に環境影響評価法が全面施行されたことを受け、同日付けで本文書は廃止された（平成11年6月9日省議決定）。

バッテンフォール社（スウェーデン）[Vattenfall AB] スウェーデンにおいて1909年に発足した国家電力庁（Vattenfall）の改組により、1992年に設立された100％国有の株式会社で、国内最大の電気事業者。発電事業、送配電事業（基幹系統と国際連系線を除く）、電力供給事業、熱供給事業に携わる。近年はフィンランド、

ドイツ、ポーランドへも事業進出している。ドイツ4大電力グループの一つであるバッテンフォールヨーロッパ社は同社の子会社で、2000年から2002年の間に買収した大手電力会社のBEWAG社、HEW社およびVEAG社を傘下に収める持株会社である。

発電用軽水型原子炉施設周辺の線量目標値に関する指針 発電用軽水炉施設の通常運転時における環境への放射性物質の放出に伴う周辺公衆の受ける線量当量を低く保つための努力目標として、施設周辺の公衆の受ける線量当量についての目標値(以下「線量目標値」という。)を実効線量当量で年間50マイクロシーベルトとすることを定めた指針。ただし、線量当量の評価においては、気体廃棄物については放射性希ガスからのガンマ線による外部被ばくおよび放射性よう素の体内摂取による内部被ばくを、また、液体廃棄物中の放射性物質については、海産物を摂取することによる内部被ばくを実効線量当量で評価するものとされている。

発電用施設周辺地域整備法[Law on the Development of Areas Adjacent to Electric Power Generating Facilities] 電気の安定供給の確保が国民生活と経済活動にとって極めて重要であることに鑑み、発電用施設の周辺の地域における公共用の施設の整備、その他の住民の生活の利便性の向上及び産業の振興に寄与する事業を促進することにより、地域住民の福祉の向上を図り、発電用施設の円滑化に資することを目的に制定された法律。「電源開発促進税法」「特別会計に関する法律」と合わせて「電源三法」と呼ばれており、これらの法律に基づき、電源立地地域対策交付金をはじめとした各種交付金等が交付される。

発電用水力設備に関する技術基準[technical standards for hydropower facilities] 電気事業法に基づき、公共の安全の確保、電気の安定供給の観点から、電気工作物の設計、工事および維持に関して遵守すべき基準として、またこれらに係る国の審査・検査の基準として定められたもの。水力を原動力として電気を発生するために施設する電気工作物について適用される。

パッドマウント変圧器[pad mounted transformer] 地上設置型変圧器のことで、変圧器のケースと配電箱の外箱を一体化し、開閉器、保護装置を内蔵した全装可搬型のもの。歩道や植樹帯等に設置して使用するため、できるだけコンパクト化が図られている。変圧器容量は、異容量V結線で100KVA前後のものが一般的である。このほか、金属製やコンクリート製の配電箱内に汎用変圧器を収納したキュービクル方式のものもある。

波力発電[wave generation] 波のエネルギーを、空気エネルギー、機械エネルギー、水の位置エネルギー、または水流エネルギーに変換して発電するもので、立地面からは沿岸固定式と沖合係留式がある。1960年代に

は100W前後の灯標用ブイあるいは無人島灯台用の小型発電装置が実用化され、灯標用ブイはこれまでに1,000基以上の実績がある。

国内における最近の実海域実験としては、海洋科学技術センターの波力発電船「海明」（定格出力125kW×8台、1978〜1986年）、沿岸開発技術研究センターの波力発電ケーソン防波堤現地実証実験（定格出力60kW、1987〜1994年）、東北電力の水弁集約式防波堤波力発電システム実証実験（定格出力130kW、1996〜1998年）がある。海外では、ノルウェー、イギリス、アメリカ等で実用化研究が行われている。課題としては、出力平滑化技術の確立、建設コストの低減、エネルギー変換効率の向上があげられる。

パルス・カラム [pulse column] 使用済燃料の再処理工程で使用される溶媒抽出装置の一つで、形状は円筒状あるいは円環状で、高さは10m以上になることもある。内部は小孔の開いた目皿等を水平に配置することによって区切られ、上部から供給された水相は下方へ、下部から供給された有機相は上方へ移動する。このときポンプ等で脈動を与えて両相の分散混合を図ることにより、溶媒抽出が行われる。パルスカラムは、装置が単純なため保守が容易なこと、処理能力が大きいこと、滞留時間が短いため放射線による溶媒の分解が少ないこと等の利点がある。

パワーエレクトロニクス [power electronics] 電力・電子・制御の混合領域であると定義されている。電力の部分は変圧器や電動機等の機器であり、パワーエレクトロニクス装置の制御対象や入出力機器であるといえる。電子は電力用半導体デバイスやこれを用いた回路を指し、パワーエレクトロニクスの中心的な部分である。制御は電力分野と電子分野をコントロールする分野で、連続系や離散値系等がある。このようにパワーエレクトロニクスは多くの技術分野を包含した領域であり、電力用半導体デバイスを用いて電力の変換、制御、開閉を行う技術である。

パワープール（アメリカ）[power pool] アメリカにおいて電力コストの低減と供給信頼度の向上を目的に連系融通、発送電システムの計画・運用等で二つ以上の電力会社が行う相互協調体制のこと。系統制御を行う中央給電所的な機構を備えた公式のパワープールの他に、協調は任意ベースで行い、契約上の義務を負わない非公式なものがある。公式のパワープールはタイトなものとルーズなものに分けられるが、タイトなパワープールでは参加する電気事業者に広範な義務が課せられており、独立系統運用事業者（ISO）の設立基盤となっている。

パンケーキ [Pancake pricing] 2000年の小売自由化開始時は、たとえば、ある事業者が一般電気事業者（A電力）の供給区域に発電所を持ち、隣接するB電力の供給区域を越えて、C

電力の供給区域の需要家に電気を供給する場合、この事業者はA電力、B電力に振替料金、C電力に接続料金を払うことになっていた。このように、供給区域をまたぐたびにネットワーク利用料が増加する積み上げ方式のことを、薄いホットケーキが積み重なっていく様子になぞらえて、パンケーキと呼ぶ。この制度は、利用者負担という考え方から合理的な仕組みであったが、全国規模の電力流通を活性化させるための政策的措置として、2003年の事業法改正で廃止された。新制度では、振替供給分の費用は接続料金の中で回収し、一般電気事業者間で精算する仕組みとなっている。

半減期 [half-life] 放射性物質の放射能の強さ（dN/dt）がもとの値の半分になるまでの時間。時間がtの時の原子数をNとしその壊変定数をλとすれば$N = N_0 e^{-\lambda t}$の関係が成り立つ。N_0は$t=0$の時のNの値である。ここで半減期を$T_{1/2}$とすれば$T_{1/2} = 0.693/\lambda$の関係が成立する。半減期は1秒以下のものから何億年という長いものまである。

反射材 [reflector] 炉心から外に出ようとする中性子を反射して炉心に返し、中性子の漏れを少なくするためのものである。

反応度 [reactively] 原子炉が臨界から離れている程度（臨界超過または臨界未満）を示すもので、通常ρの記号で表す。これは実効増倍係数k_{eff}の関数で、$\rho = (k_{eff}-1)/k_{eff}$である。この$\rho$が遅発中性子の全中性子に対する比に等しい値であるとき1ドルといい、その1/100を1セントといっている。また、臨界状態では$\rho=0$となる。

反応度係数 [reactively coefficient] 原子炉内の反応度の変化の割合を反応度係数という。原子炉内の温度、圧力が変化すると、それに伴って減速材あるいは冷却材の密度が変わる。密度の変化によって減速材あるいは冷却材の中性子に対する巨視的断面積が変わり、中性子の吸収、減速の割合、共鳴を逃れる確率、中性子の漏れの割合、高速中性子による核分裂効果等が変化する。すなわち、原子炉のもつ反応度が変化する。また燃料の温度が変わると、U-238の共鳴吸収の割合が変化し、やはり原子炉の反応度に影響を与える。反応度係数には、減速材温度係数、圧力係数、ドップラー係数、ボイド係数等がある。

ひ

ピアレビュー [peer review] APP (Asia-Pacific Pertnership on Clean Development and Climate：クリーン開発と気候に関するアジア太平洋パートナーシップ)の『発電および送電タスクフォース』の活動の一環。APP参加国の技術者（peer／ピア＝仲間）が相互に事業所を訪問し、専門的な意見交換を通じて共通の課題解決に向けた好事例を共有し、実践につなげる活動。具体的な活動としては、

経年石炭火力発電所の熱効率維持・向上に向けた運転・保守管理のベストプラクティスを共有することを目的に、2007年4月に日本、2008年2月にインドでそれぞれ開催され、発電技術者間の率直な議論、レビュー対象項目のデータベース、効率改善につながる項目のチェックリスト、水平展開に向けたハンドブック等の作成等の活動が行われた。

ピークカット [peak cut] 日単位あるいは月単位で需要の高低差が存在する電力負荷曲線（ロードカーブ）の、高負荷（オンピーク）部分を抑制すること。かつては冬季（1～2月）の点灯時刻（18時～19時）がピークだったが、冷暖房需要の急増に伴い、各地で夏ピーク型へと移行が進んだ。その結果、1968年度以降、わが国の年間最大電力は夏季（7～8月）の昼間（14～15時）に発生している。

ピークロード火力 [peak load thermal power] 1日の負荷曲線の中でピーク部分を分担するもので、一般的には容量が小さく熱効率の低い火力ユニットが使われる。負荷のピーク部分を対象とするため起動停止の所要時間が短いこと、負荷追従性が良いこと、起動停止の損失が少ないことが必要条件となっている。また、このような運転の結果、利用率は極めて低くなる。

ヒートポンプ [heat pump] 熱を低温側から高温側に移動させる装置のこと。冷暖房用のエアコン等に用いられている。冷媒を圧縮・膨張することで、水をくみ上げるポンプのように、低温側の熱を高温側にくみ上げる装置が主。冷媒には、フロンガス等液化しやすいガスが用いられる。冷媒は、蒸発器で外気等から熱を受け取って気化。熱を伝える側にある圧縮機で圧縮されるときに温度が上昇し、放熱器で放熱したり、凝縮器で冷却流体に伝熱する。この圧縮機と膨張弁の性能で、エネルギー消費効率が決定される。ヒートポンプによる空調・給湯は、電熱器による暖房・給湯より効率面で優れており、この利用が今後の省エネのカギを握っているともいわれている。

ヒートポンプエアコン [heat pump air conditioner] ヒートポンプは、自然界に存在する空気の熱を少ないエネルギーで効率よく利用するシステムである。消費電力の3倍～6倍もの熱エネルギーを取り出すことのできる高い効率性を発揮することで、従来冷暖房や給湯の主流であった燃焼方式に比べてCO_2（二酸化炭素）排出量も大幅に削減できる環境性に優れたシステムとして広く活用されている。ヒートポンプは年々効率が向上しており、中でもエアコンの年間消費エネルギー量は、2006年時点で1995年に比べ約40％削減されている。また、インバーター制御や気流制御等の機器の性能向上に伴い、外気温度が低い時でも充分な暖房能力が発揮できるようになり、主暖房機器として使われるようになってきている。

光IP通信方式 [optical IP communication method] 光IP通信方式は、情報通信方式の一つであるIP通信方式（Internet Protocol）に高速・大容量伝送が可能な光ネットワークを適用した通信方式である。光IP通信方式の規格は、IEEE802.3で規定されており、光ファイバの種類や使用する光信号の波長等要件に合った規格を採用することにより、短距離から長距離まで高速通信が可能である。近年は、100BASE-FX（100Mbps全二重通信方式）、1000BASE-LX（長波長1000Mbps全二重通信方式）、1000BASE-SX（短波長1000Mbps全二重通信方式）等が主流である。SMF（シングルモード光ファイバ）を使用する100BASE-FXや1000BASE-LXは100km以下の通信に使用され、MMF（マルチモード光ファイバ）を使用する1000BASE-SXは数百mの通信に使用される。

光応用技術 [optoelectronics] 光応用技術とは、オプトエレクトロニクス技術とも呼ばれ、物質のもつ光学的特性を電子工学の分野に応用する技術のことである。変電機器への適用動向は、光CT、光PTをはじめとする光センサと光ファイバを組み合わせることにより、小型軽量で絶縁性の優れた電力機器監視装置の実現の見通しが得られている。光センサ素子は、本質的に温度特性（温度により出力が変化する）を有していることから、今後の普及にあたっては、経済性、各光センサ素子の長期安定性、光源の信頼性評価が課題である。

光ファイバケーブル [optical fiber cable] 低損失のガラスで内部に高屈折率領域を有する繊維状のものであり、高屈折領域に光エネルギーを閉じ込め、光の伝送を行うもので各種被覆をほどこし、架空や地中および海底等への布設ができるようにしたもの。光ファイバは、円柱状の高屈折率領域（コア）の外側を低屈折領域（クラッド）で覆った構造となっている。コア径によって波長と同程度以下の単一モード（Single-mode）型と、波長に比べ十分大きい多重モード（Multi mode）型に分けられる。多重モード型には、コアの屈折率の分布によって、半径の2乗に比例して減少するグレーデッドインデックス（GI：graded index）型と均一な分布をもつステップインデックス（SI：sutep index）型に分けられる。単一モード型には、$1.31\mu m$帯に零分散波長がある汎用シングルモード（SM）型、$1.31\mu m$帯よりも伝送損失が低い$1.55\mu m$帯を零分散波長とする分散シフトシングルモード（DSF）型、零分散波長を$1.55\mu m$帯から少しずらすことによりWDMの伝送特性を良くした非零分散シフトシングルモード（NZ-DSF）型等がある。

光ファイバ複合架空地線 （→OPGW）

非常用炉心冷却系 （→ECCS）

ピッチ制御 [pitch control] 風速・発電機出力を検知して、ブレードの取り付け角（ピッチ角）を変化させることにより、出力を高効率に制御する

もので、通常は油圧で行うが小型機では機械的に行うものもある。ピッチ制御システムは、出力制御を行うだけでなく、台風等による強風時には、ピッチ角を風向きに平行（フェザー状態）にしロータを停止させ、風圧を小さくする機能や回転数制御による過回転防止等の安全・制動装置としても用いられる。

微風振動 [aeolian vibration] 比較的緩るやかで一様な風が電線に直角にあたると、電線の背後にカルマン渦を生じ、電線に対し鉛直方向に交互に力が加えられる。この周波数が電線の固有振動数の一つと一致すると定常的に振動が発生する。これは長径間で電線が軽い場合や、電線張力が高い場合に特に問題となる。電線は微風振動によって上下方向の曲げ疲労を生じ、素線切れや、時には断線に至る場合がある。

被覆材 [cladding material] 核燃料を包み、その耐食性や強度を高め、あわせて核分裂生成物の冷却材への混入を防ぐもので、①中性子吸収断面積が小さいこと、②冷却材に腐食されないこと、③熱伝達が良好なこと、④放射線照射下で強度を維持し物理的にも安定なこと、⑤良好な加工性をもち、かつ燃料とよく適合すること、⑥価格の安いこと、等の性質をもつことが必要である。現在、強度上、冷却材との共存性等から、ステンレス鋼、ジルコニウム合金、マグネシウム合金等が使用されている。

微粉炭火力発電技術（→USC）

ピューレックス法 [Plutonium uranium extraction] 使用済燃料の再処理における溶媒抽出法の一つで、世界の商業再処理施設で用いられている湿式再処理法の代表技術。Purexは、「Plutonium Reduction Oxidation」に由来している。現在最も広く用いられている方法で、有機溶媒にはTBP（リン酸トリブチル）－30％（希釈剤としてドデカン70％)、溶解溶液を用い塩析剤には硝酸を用いる。TBPによるウランおよびプルトニウムの抽出反応は、水溶液中の硝酸ウラニルおよび硝酸プルトニウムが、水溶液と溶媒が互いに接している界面において希釈剤（炭化水素）に溶け込んでいるTBPと錯化合物を作り、溶媒側に移ることを利用している。

　抽出すべき成分（ウラン、プルトニウム）を含む水溶液と溶媒を同一容器に入れ、十分に攪拌したのち静置すると、互いに溶け合わない性質（水と油）によって二つの相に分かれ、このとき成分（溶質）は、二つの相に一定の割合で（平衡状態で）分配される。これを抽出単位操作（1段）という。この割合は、分配係数：kd＝溶媒相中の成分の濃度／水溶液中の成分の濃度として定義される。ウランやプルトニウム等の目的の物質のほぼ全量を抽出したい場合、一般的に抽出単位操作を繰り返し（多段抽出操作）で実施する。

表示線リレー方式 [pilot wire protection] この方式は、保護区間内各端子の電流回路を表示線で差動接続し、

各端子で電流の方向、大きさ、位相を表示線を通じて直接比較しあい、内外事故を判別する。この継電方式の特徴は、保護区間内のいずれの事故にも両端子を高速度に動作させることができ、信号伝送路に電力線搬送またはマイクロ波を使用する方向比較、位相比較方式に比して装置が簡単であり、保守が容易であること、内部事故時流出電流がある場合にも事故区間を選択できることから、多端子系統や併架多回線送電線で零相循環電流が流れる系統にも適用可能であるが、表示線亘長に制限（一般に20km程度）があるため、中・長距離送電線には適用し難い。

標準市場設計 (SMD)（アメリカ）[Standard Market Design] 全米の卸電力市場を標準化するため、連邦エネルギー規制委員会（FERC）が提案した市場モデル。2002年7月31日に発表された規則案(Notice of Proposed Rulemaking：NOPR)はPJMがモデルとされていた。しかし、FERCの監督権限を強化するような規則案に対し南東部を中心とした諸州の反対が強く、2005年に廃案となった。

避雷器 [lightning rod (or arrester)] 発変電機器は雷サージや開閉サージ等の異常電圧にさらされている。これらのサージのエネルギーを大地へ分流させ、発変電機器の絶縁破壊を防ぐため、発変電所には避雷器が設置される。昭和40年代まではSiC（炭化珪素）素子を使用した直列ギャップ付き避雷器が使用されていた。しかし、炭化珪素よりも非直線抵抗特性の優れたZnO（酸化亜鉛）素子を用いることにより直列ギャップを必要としなくなった酸化亜鉛形避雷器が昭和40年代後半から電力用避雷器として適用され始め、現在に至るまで避雷器の主流となっている。

酸化亜鉛形避雷器はギャップレスであるため放電時間遅れがなく、保護特性がよい。また、サージ処理能力（エネルギー耐量）に優れ、耐汚損特性もよいという特徴も持っている。避雷器には素子を碍管内に収納したがいし形避雷器と金属容器内に収納し、GISの構成要素として使用されるタンク形避雷器がある。

ふ

ファンクショナル組織 職能別の組織体。経営の各機能（生産、販売、経理、労務等）を別々の部門に分担させて、各部門がそれぞれの専門機能について、他の部門を指揮命令しうる組織。

フィリピン電力公社 (NPC) [National Power Corporation] 1936年に設立された100％政府出資の国営電力会社。DOE（エネルギー省）の管轄下に置かれ、全国の発電・送変電設備を保有する一方、IPPから電力を独占的に購入することで、MERALCO等の民営電力会社や地方電化組合(Rural Electrification Cooperative：REC)に電気の卸売りを行うとともに、一部の大口需要家に対して直接供給も行っている。

フィルダム [fill dam] 堤体を土砂で築造したダムをアースダムといい、堤体を岩石塊で築造し、漏水を防止するため不透水性材料の遮水壁を設けたダムをロックフィルダムというが、これらの中間的な形態もあるので、両者を称してフィルダムと呼んでいる。この特長は、主に現場付近にある材料でダムを築造できること、ダム底面積が広いので、基礎に与える支圧力が小さくなり、特に堅硬な基礎を必要としないことにある。これらの点から谷の形状・地質的条件でコンクリートダムを築造し得ない地点でもフィルダムによれば成立し、従来見捨てられていた地点が良好なダムサイトとなることがある。このダムは、洪水により万一頂部から越流すると堤体が洗掘されてダムの決壊を招く。

したがって洪水吐の容量はコンクリートダムより大きく設計する必要がある。また洪水吐を堤体と別個な位置に設けなければならず、地形によっては洪水吐の設置に多額の工費を要する場合もある。また天然の材料によって建設される関係上、ダム断面は使用材料の性質によって左右される反面、材料の質が悪ければ、それに応じた断面の設計ができるので、設計の自由度はコンクリートダムに比して大きい。

風力発電連系可能量 風力発電の電力系統への連系量が増大すると、風力発電の出力変動が周波数等の電力品質に影響を及ぼすことが懸念されるため、電力品質に影響を与えない範囲で導入可能となる風力発電の連系量（風力発電連系可能量）を試算し公開している電力会社もある。風力発電連系可能量は、風力発電の定格容量と出力変動幅の関係を把握し、電力系統の調整力との比較で、年間を通じて許容可能な風力発電の出力変動幅を評価することによって見積もったもので、風力発電の出力変動実績データに基づき、風力発電の連系量が増加した場合の出力変動について、複数の風力発電の連系による平滑化効果を勘案して推計し、連系量増加による電力系統への影響について、シミュレーション等を行い算出しているものである。

風力発電 [wind power generation] 風力エネルギーを電気エネルギーに変換するものである。風力エネルギーは風車の受風面積に比例し、風速の3乗に比例する。このため、風速が2倍になれば風力エネルギーは8倍となるため、少しでも風況のよい地点を選定することが重要となってくる。風車の形式は定格出力の大きさ、回転軸の方向、作動原理等により幾つかの種類に区分される。発電用風車として主流となっているのはプロペラ式風車のうち、ロータの回転面がタワーの風上側に位置する「アップウィンド方式」であるため、本項では「アップウィンド方式」を基に説明を行っていく。風車は支持構造物である「タワー」、受風面で揚力を生み出す「翼（ブレード）」、ブレー

ドが生み出す揚力を回転力として伝達する「ロータ」、発電機等を収納する「ナセル」等で構成される。

風力発電システムに採用されている発電機タイプとしては、誘導発電機と同期発電機の2種類がある。誘導発電機は出力変動による電圧変動の問題があるものの、構造が簡単で低コストである点が特徴といえる。一方同期発電機は電圧制御が可能であるため誘導発電機に比べて系統への影響が少ないが、コスト増になる傾向がある。風力発電システムは一定風速以上になると発電を開始（カットイン）し、発電機定格出力に達する風速以上では、ピッチ制御もしくはストール制御により出力制御を行い、更にある風速以上では危険防止のため発電を停止（カットアウト）する制御を行う。

ピッチ制御とは風速・発電機出力を検知し、翼の取付角（ピッチ角）を制御することにより出力を制御する方式で、ストール制御はピッチ角を固定とし、ブレード形状の空力特性により発生する失速現象を用いて出力を低下させる方式である。つまり高度な出力制御を行うことができるピッチ制御に対し、簡易な構造で低コスト化、低消費電力化を図ることができるのがストール制御と言える。

なおアップウィンド方式では、これらの制御に加え、強制的にロータの方向を風向に追従させる必要があるため別途ヨー制御システムが必要となる。このように採用する制御方式、発電機方式の違いにより風力発電システムの特性は大きく異なってくるため、風車選定時には留意が必要となる。

プール市場 [pool market] イギリスでは1990年に強制プール市場が創設され、発電ライセンスを所有する事業者が発電した電力を全てプール市場に投入する一方で、小売供給ライセンスを所有する事業者は必要な電力をすべてプール市場から調達することとされていた。入札を通じた価格設定による競争的な市場環境の育成を目的としていたものの、大手発電事業者の市場支配力により価格操作が可能であること等の問題点が指摘されたことから、イギリスでは強制プール市場を廃止し、2001年3月から新電力取引制度NETAを開始した。

これは「任意プール」とよばれるもので、すべての電力を取引市場に投入するのではなく、取引所を供給過剰・不足分の電力取引の場と位置付け、取引市場に投入されない電力については、発電事業者と小売事業者が相対取引を行うものである。このように、現在では各国における取引所の主流は任意プールとなっている。なお、イギリスにおいては、2005年4月から、卸電力制度の適用地域をこれまでのイングランド・ウェールズ地方からスコットランドにも拡大した英国電力取引送電制度（BETA）が導入されている。

富栄養化 [Eutrophication] 湖沼や河川水中の植物栄養塩類の濃度が高められることにより、水質が貧栄養から富栄養に変化することをいう。元来、湖沼生態系の漸進的変化（遷移）を表す湖沼学上の用語であったが、人間活動の活発化等により、内湾・湖沼等の閉鎖性水域へ窒素、リン等の栄養塩類の流入が増大し、水域内部での藻類、その他水生生物が増殖繁茂することに伴い、その水質が累進的に悪化することをも指すようになった。富栄養化すると植物プランクトン等の生物が異常繁殖し、赤潮やアオコが発生する。

さらに進行するとDO（溶存酸素量）が不足して魚や水鳥が死ぬこともある。この対策として、1982年に湖沼における窒素およびリンに係る環境基準が設定され、琵琶湖等合計103水域（93湖沼）について類型指定されている（平成19年版環境白書）ほか、海域についても1995年に東京湾および大阪湾、1996年には伊勢湾についても環境基準の類型指定が行われる等、現在54海域で類型指定されている（同環境白書）。なお、富栄養化の進行度を表すパラメータとしては、水色、透明度、COD（化学的酸素要求量）、DO、H_2S（硫化水素）、クロロフィル、動・植物プランクトン、全窒素、全リン等さまざまなものが用いられている。

フェノリックフォーム [phenolic foam] シリンダを輸送する際の保護容器に使用されており、外殻と内殻の空間に発泡充填され緩衝材および遮蔽材（ボロン添加の場合）の役割を果たす。なお、フェノリックフォームの基であるフェノリック樹脂とはフェノール樹脂のことをいい、一般にフェノールとホルムアルデヒドの合成樹脂であり、熱に強い性質を持つ。

フォータム社（フィンランド）[Fortum Corporation] フィンランド国内最大の発電事業者で、国内発電量の約4割を占める。1932年に設立された垂直統合型の国営企業IVO社を前身とし、1998年の国営石油・ガス会社との統合により設立。政府はフォータム社の部分民営化を進めており、2005年における国の出資比率は51.52％である。

フォーワード・ルッキング・コスト方式 [forward looking cost] 託送料金を電力会社が算定する際に、実際にかかった費用を積み上げる「ヒストリカル方式」ではなく、将来の技術革新や経営効率化を織り込んだ適性な費用（フォワード・ルッキング・コスト）として推定されるものに適正な報酬を加えて算定する方法。現在の日本の託送料金算定に使われている。

負荷持続曲線（→デュレーションカーブ）

負荷曲線 [load curve] 電力需要は、社会・経済の動向や気温等の気象条件を反映し、時々刻々変動している。この電力需要の動きを各時間ごとに、連続的に表したもの。全体の電力負荷をみれば季節別では夏季に、時間帯別では昼間に集中する傾向があり、

これはそのまま発電パターンを示すことになる。一方、電気料金制度は、需要家群別の負荷曲線により供給原価を配分することで個々の料金率が決定されるシステムになっている。このように電力供給設備の利用率を判断したり、電気料金を決定する際に用いる等、電力会社にとって重要な概念の一つとなっている。

負荷時タップ切替装置(LRT) [load ratio control transfomer] 送電線あるいは配電線の電圧を調整するために、電圧の変動に応じて変圧器の負荷をかけた状態で、巻線のタップを切り換える装置を負荷時タップ切換器といい、負荷時タップ切換器とその駆動装置および付属装置を含めたものを負荷時タップ切換装置という。変圧器とこの装置とを組み合わせたものが負荷時タップ切換変圧器で、直列巻線をもつ変圧器と、この装置とを組み合わせたものが、負荷時電圧調整器(LRA：load ratio adjuster)である。

電圧調整方式には、外部回路に直接接続された巻線の負荷電流が、負荷時タップ切換器を通過するように結線された直接式と、直列変圧器の励磁巻線を流れる電流が負荷時タップ切換器を通過するように結線された間接式とがある。またタップ切換を変圧器の高圧側で行うものと、低圧側で行うものがある。タップ切換時に変圧器のタップ間に流れる循環電流を制限する方法として、抵抗式とリアクトル式があり、現在は抵抗式が多く用いられている。

負荷集中制御 [demand side management] 年々先鋭化する最大電力に伴う年負荷率（平均電力／最大電力）の低下を改善する目的で、需要家と電力会社間の通信手段を利用し、需要家の負荷を電力会社が集中的にコントロールする手法のこと。負荷集中制御は大別すると、①電力会社から電気料金や需要家のロードカーブ等のインセンティブ情報を提供することにより、需要家自らが電気の使い方を抑制する間接負荷制御、②電力会社から需要家の家電機器を直接遠隔操作する直接負荷制御がある。

さらに直接負荷制御は、負荷平準化の目的別に、①ボトムアップを目的とした電気温水器制御、②ピークシフトを目的とした蓄熱・蓄電機器制御、③ピークカットを目的としたエアコン制御、等がある。いずれの場合も配電線搬送方式や、有線通信方式、無線通信方式を利用してON/OFF制御等を行うもの。

負荷周波数制御(LFC) [load frequency control] 電力系統の周波数偏差、連系線潮流の変動を検出して制御信号を発電所に伝送し、発電所出力を自動制御することにより、系統周波数を基準値に保持する制御。周波数の変動周期のうち、数分～20分程度の周期で変動する負荷調整を分担する。制御仕上がりを良くするためには、適切な調整容量が必要であり、通常系統容量の4＋D100～5％程度以上を要する。負荷周波数制御には、そ

の目的により、①定周波数制御(FFC: flat frequency control)、②定連系線電力制御(FTC:flat tie line control)、③周波数偏倚連系線電力制御(TBC: tie line load frequency bias control;またはtie line bias control)、④選択周波数制御(SFC:selective frequency control)の四つの方式があり、わが国では東京・関西・北海道電力がFFCを、他の各社はTBCを採用している。

負荷制限装置 [load limiter] ガバナ・フリー運転の場合、系統周波数の変動に追従して発電機出力を増減する運転となるため、設定した発電機出力で上限となるようガバナの動作を制限する装置。

負荷平準化 [load-leveling] ピークの需要の引き下げを図るとともに、深夜需要を盛り上げることにより電力需要のピークとベースを平均化し、なだらかにすること。電気は貯蔵できないため、ピーク需要にあわせて設備を建設していかなければならず、ピーク時とベース時の需要格差が広がると、ベース時における設備の利用率が低下することとなり、発電コストの上昇抑制となる。そこで、深夜蓄熱機器の普及拡大を図る等して電力需要の平準化を進めていくことが重要である。

負荷率 [load factor] ある一定期間の平均電力の同期間中の最大電力に対する比率を百分率で表したものであり、期間のとり方によって次の三つがある。①日負荷率：1日における平均電力と、1日の最大電力の割合を百分率で表したもの。②月負荷率：1ヵ月間の平均電力と、その期間中における最大電力との割合を百分率で表したもの。③年負荷率：1ヵ年間の平均電力と同期間中の最大電力との割合を百分率で表したもの。なお、一般には次式により定義される。

$$年負荷率 = \frac{送電端年平均電力}{送電端最大3日平均電力} \times 100\%$$
（通常8月または12月に発生）

復水器 [steam condenser] 蒸気タービンの排気を冷却し、凝縮させる一種の熱交換器であり、その目的は蒸気タービンの排気圧力を高真空にし、同時に凝縮した水（復水）を回収し、火力発電所ではボイラー給水、原子力発電所では蒸気発生器または原子炉への給水用等として利用すること。冷却に必要な冷却水は、一般に海水または河川水をポンプ（循環水ポンプ）で汲み上げて使用する。また復水器は鋼板製の胴体の中に多数の冷却管が挿入され、両端は管板にエキスパンドされて取り付けられている。普通、冷却管は1インチ直径の黄銅系あるいはチタン系の管が1～3万本前後挿入され、その中を冷却水が通り、蒸気タービンの排気を凝縮させる。胴体と管の熱膨張差に対しては、伸縮接手を介して管板を胴体に取り付けている。

復水器片肺運転 [one harf capacity operation of condenser] 復水器の水室は、左右2系統に分割されているのが通例である。復水器の冷却管に破

孔を生じ冷却用の海水が復水に浸入した場合、冷却管の詰まりに伴う冷却効果の低減による復水器の真空維持が困難な場合に、発電機を停止することなく点検、作業を行うために水室を1系統停止して残りの1系統、つまり片肺によって運転することを「復水器片肺運転」という。復水器片肺運転を行う時は、復水器の真空度に注意することはもちろん、タービン振動、排気室の温度上昇に気を配ることが必要である。

復水脱塩装置 [condensate demineralizer] 復水には、ごく微量であるが鉄・銅等の金属酸化物や鉄等の金属イオン等の不純物を含んでおり、また復水器冷却管の漏れにより冷却水（海水）が混入する場合もある。貫流形ボイラは、循環形ボイラのように濃縮ブローができないため、復水脱塩装置が設置されている。復水の脱塩処理は、混床式脱塩装置が一般的で、イオン交換樹脂が使用されるが、復水中の金属酸化物を樹脂塔に流すと障害となり、また、脱塩処理後に微細化したイオン交換樹脂や樹脂支持床の破損により流出する樹脂等の異物が系統に入るのを防止するため、脱塩装置の前後にろ過器を設けることがある。

副生ガス コークス炉ガス（COG）、高炉ガス（BFG）、転炉ガス（LDG）をいい、いずれも鉄鋼業の生産工程からガス体で発生する燃料である。コークス炉ガス（COG）とは、コークス用原料炭等をコークス炉で乾留する際に、コークス用原料炭中の揮発分が分解して生成されるガスである。高炉ガス（BFG）は、コークスおよび吹込み用原料炭が製鋼用高炉おいて転換され、炉頂部から回収されるガスである。転炉ガス（LDG）は、製鋼用転炉の操業において、コークスおよび吹込み用原料炭を由来とする炭素分が転換されて、生成・回収されるガスである。

附合約款性 電気事業者はきわめて多数の需要家と電気の供給契約を締結する必要があるため、個々の取引のつど協議を行い、契約内容を決めることが困難である。そのため、取引の簡易化、合理化の見地から、料金その他の供給条件を定型化した約款を設定し、これに従って一律的に契約を締結している。このような契約形態を、「附合契約」という。なお、電気事業者がその独占的地位を利用して約款の内容を恣意的に定めることや、需要家間の取り扱いが不公平になることのないよう、約款の設定に当たっては、電気事業法による規制が行われている。

腐食生成物 (CP) [corrosion product] 装置あるいはプラント構成材料の腐食によって生成される物を指す。とくに原子炉の冷却回路中に生じるFe、Co、Mn等の酸化物が問題になる。主として冷却材中に溶存酸素がある場合に発生しやすい。放射化したものを放射性腐食生成物という。

附属明細書及び附属明細表 [supplementary statement] 企業の財政状

態や経営成績を表した他の財務諸表等の重要な事項について、その内容の明細や増減変化の過程を明らかにするために作成される補足資料である。会社法の「附属明細書」には、計算書類に係るものと事業報告に係るものとがあるが、金融商品取引法の「附属明細表」は、会計事項に係るものだけとなっている。会社法の計算書類に係る附属明細書の記載事項は、有形固定資産および無形固定資産の明細、引当金の明細、販売費および一般管理費の明細、注記で省略された関連当事者との取引に係る内容である。

また、金融商品取引法の附属明細表の記載事項は、有価証券明細表、有形固定資産等明細表、社債明細表、借入金明細表、引当金明細表である。

附帯事業営業収益[incidental business operating revenues] 附帯事業(電気事業以外の事業)に関する営業収益である。附帯事業ごとに科目または項を設けて整理する。

附帯事業営業費用[incidental business operating expenses] 附帯事業(電気事業以外の事業)に関する営業費用である。附帯事業ごとに科目または項を設けて整理する。附帯事業営業費用は、電気料金原価算定との関連で、電気事業営業費用と明確に区分しなければならない。

附帯事業固定資産[incidental business facilities] 附帯事業(電気事業以外の事業)の用に供する固定資産をいい、その整理は、電気事業固定資産の取り扱いに準じて行うこととされている。

ふたこぶラクダ化 夏季・冬季の最大電力が盛り上がり、年間最大電力のコブが二つできたように見える現象のこと。わが国の年間最大電力は1968年度に冬ピークから夏ピークに移行し、その後年間最大は一貫して夏に発生している(ただし北海道電力は依然冬ピークである)。しかしながら、近年冷暖房兼用エアコンや電気カーペット等の暖房機器の普及増を背景に、冬季最大電力の増勢も顕著になっている。この結果、従来、電力会社は電源の設備点検を夏季を除く時期に行う傾向にあったのが、最近では夏季と冬季を避け、端境期に集中させる傾向がみられている。今後も冬季最大の増勢が続けば、この傾向は強まるため、冬場の供給力強化や設備の定期検査のスケジュール調整が安定供給を達成する上でより重要になるものと予想される。

物価安定政策会議 物価問題に関し、広く国民各層の意見を聴き、これを政府の物価政策に反映させるため、学識経験者、経済界、労働界、消費者関係およびマスコミ等の有識者の参加を求めて、1969年5月の閣議決定に基づいて設置された総理大臣の私的諮問機関。なお、電気料金等公共料金の認可に当たり、必要に応じこの会議に諮り、広く有識者から意見聴取することとされている。

沸騰水型炉 (→BWR)

部門別収支 自由化部門の収支が赤字

となっていないかを行政が確認するため、自由化部門と規制部門それぞれの収支を算定するもの。1999年度の電気事業制度改革によって省令として導入され、小売りの自由化範囲が一層拡大された2003年度の電気事業制度改革時に、電気事業法上の義務として規定された。この規定により、一般電気事業者は、部門別収支計算書と中立的第三者（公認会計士または監査法人）の証明書を経済産業大臣に提出することとなっている。なお、自由化部門に当期純損失が生じた場合には、当該事業者名および当該損失額を経済産業大臣が公表することとなっている。

部門別収支計算書[departmental statements of income (loss)] 自由化部門と規制部門ごとの収支の状況を記載した書類である。自由化部門から規制部門への悪影響を防止する観点から、自由化部門の赤字を補填することを目的として規制部門の値上げを認めないこととし、定期的に自由化部門の収支が赤字かどうかを確認するため、一般電気事業者は部門別収支計算書の作成と提出を義務付けられている（電気事業法第34条の2）。

浮遊物質量（SS）[Suspended Solids] 水中に浮遊または懸濁している直径2mm以下の粒子状物質のことで、沈降性の少ない粘土鉱物による微粒子、動植物プランクトンやその死骸・分解物・付着する微生物、下水、工場廃水等に由来する有機物や金属の沈降物が含まれる。SS、懸濁物質と呼ばれることもある。検体の水をガラス繊維ろ紙（孔径1μm、直径24～55mm）を用いて濾過し、乾燥したのち濾紙上に捕捉された量を秤量する。検体の水1ℓ中の重さに換算して浮遊物質量とする。浮遊物質が多いと透明度等の外観が悪くなるほか、魚類のえらがつまって死んだり、光の透過が妨げられて水中の植物の光合成に影響し発育を阻害することがある。排水の排水基準、公共用水域の環境基準、下水道への放流基準で規制されている。

浮遊粒子状物質（SPM）[suspended particulate matter] 大気中に浮遊する粒子状物質であって粒径10ミクロン以下のものをいい、大気中に比較的長時間滞在し、高濃度の場合には人の健康に影響を与えるものとされている。発生源としては工場等の産業活動に伴うばいじん、自動車のタイヤ摩耗等人為的なもののほか、風による土砂の舞い上がり、海塩粒子等自然起源のものも含まれている。「大気の汚染に係る環境基準」では1時間値の日平均値が$0.10mg/m^3$以下で、かつ、1時間値が$0.20mg/m^3$以下であることと定められている。

フライアッシュ[fly ash] 石炭火力発電所では、微粉砕した石炭をボイラ内で燃焼させ、そのエネルギーを電気に変えている。この燃焼により溶融状態になった灰の粒子は、高温の燃焼ガス中を浮遊しボイラ出口で温度が低下することに伴い、球形微細粒子となって電気集じん器に捕集さ

れる。これを一般にフライアッシュと呼んでいる。フライアッシュを用いると、コンクリートやモルタルの施工時の流動性が増大するので、この性質を活用して土木・建築分野で利用されている。

プライス・キャップ規制 [price cap method] 外生的な数字に基づき価格の上限を定めることにより、事業の効率化を促す規制方式で、料金水準の変化率が生産性向上を加味した物価上昇率の範囲内であれば、自由に料金設定できるというもの。電気通信事業で、2000年より導入された料金規制。NTT東日本・西日本の特定電気通信役務を「音声伝送役務（電話・ISDN、番号案内サービスを含む）」、「専用役務（利用者に及ぼす影響の少ない映像伝送、放送専用等は除く。）」について、それぞれの区分（バスケット）に分類し、総務大臣がそのバスケットごとにあらかじめ料金水準の上限として「基準料金指数」を定める。

この上限の範囲内であればそれぞれの料金を総務大臣への届出のみで自由に設定できるが、上限を超える場合は総務大臣の認可を受ける必要がある。なお、「基準料金指数」は、消費者物価指数の変動率や生産性向上見込率等を元に算定される。

ブランケット燃料集合体 [blanket fuel assembly] 高速増殖炉では、核分裂によって消滅した量以上の核燃料物質が新たに生成（増殖）されるが、このためには中性子を有効に利用する必要がある。ブランケット燃料は天然ウランや劣化ウランから成り、このウランに炉心から漏れ出る中性子を吸収させてプルトニウムの生成を担う燃料集合体を示す。毛布（ブランケット）の言葉が示すとおり炉心全体を包み込むように配置される。一般にブランケット燃料については、炉心の上下の軸方向に配置される軸ブランケット燃料、炉心の径方向外周に配置される径ブランケット燃料がある。軸ブランケットは炉心燃料集合体の燃料ピンの炉心部分を構成するMOXペレット上下に配置される。一方、径ブランケット燃料は全体が劣化ウランのペレットのみで構成される。このためブランケット燃料集合体と言う場合は径方向ブランケット燃料を示すのが一般的である。

プラント・ライフ・マネジメント [plant life management] 初期に運転を開始した原子力発電所は20数年を経過しており、今後、いわゆる高経年炉が増加していく。国の長期計画においても長期的な視野に立ち、安全性、信頼性を確保しつつ、プラント全運転期間中の効率的な運転、保守を行うための総合的な設備管理（プラント・ライフ・マネジメント）方策の確立に関する検討を実施することの必要性がうたわれている。プラント・ライフ・マネジメントとして各事業者は国内外の原子力発電所の運転経験に基づく知見はもとより、火力発電所での長期にわたる運転で得られた知見等を有効に活用し、原子力発

電所の全設備に対する経年変化要因の抽出や寿命評価ならびに検査、補修、取替技術の開発を行っている。

現在までの評価の結果、技術的には相当長期間にわたり安全性、信頼性を維持しながら運転できることが確認されており、今後これら技術的観点に加え、経済的な観点からも評価を行い、寿命評価、検査、補修、取り替え等を適切に組み合わせた長期保全計画を策定していくこととしている。

振替供給 [transfer supply] 他の者から受電した者が、同時に、その受電した場所以外の場所において、当該他の者に、その受電した電気の量に相当する量の電気を供給することをいう（電気事業法第2条第1項第11号）。1995年の法改正により、従来の許可制が廃止され、振替供給は原則、非規制となったが、託送供給約款の届出、公表義務等が定められている（第24条の3）。また、供給区域をまたぐごとに各区域の一般電気事業者が振替供給料金を徴収していた（いわゆるパンケーキ問題）が、全国規模の電力融通を活性化するための政策的措置として、①コスト回収の確実性、②コスト負担の公平性、③電源の遠隔立地の抑制の三点を確保することを前提に、2005年4月からこれを廃止した。

ブリティッシュ・エナジー社 (→BE社)

プルート・プロジェクト [Pluto Sunrise LNG Project] 西オーストラリア州カラサの北西沖合約190kmにあるプルートガス田を供給源とするLNGプロジェクト。同ガス田は、2005年4月に発見され、埋蔵量として、ガス約4兆1,000億cf、コンデンセート4,200万バレルを見込んでいる。ウッドサイドが2005年8月に発表した開発計画では、ガス田から約200kmのブループ半島に液化プラントを建設し、第1フェーズでは、年間500～600万tの規模を想定している。

開発コスト（ガス田開発と液化プラント建設）は、60億～100億豪ドル程度と見込まれ、同社は、基本設計（FEED）を2007年末までに終了させ、最終投資決定も同時期に行い、2010年末のLNG出荷開始を目指している。なお、ウッドサイドが100％保有していた権益を東京ガス㈱と関西電力㈱がそれぞれ5％ずつ取得し、資本参加している。

プルサーマル [plutonium use in thermal reactor] 使用済核燃料から回収されるプルトニウムを熱中性子炉である新型転換炉や軽水炉で利用することをいう。通常は、軽水炉でプルトニウムを利用することの意味で使われる。軽水炉で利用される燃料は、ウランとプルトニウムの混合酸化物（MOX）燃料が使用される、このMOX燃料は、燃料の組成以外は、現在の軽水炉で使用されているウラン燃料と同じ寸法構造になっているため、軽水炉の性能、設計を変更せずに軽水炉にそのまま使用できるという特徴がある。わが国でも、日本原子力発電敦賀発電所と関西電力美浜

発電所でMOX燃料利用の実証を行い、燃焼ならびに安全上問題がないことが確認されている。今後、高速増殖炉が実用化されるまでの間、軽水炉によるプルトニウム利用を進めていくこととしている。

プルトニウム（Pu）[plutonium] プルトニウムは原子番号94の元素である。元素記号はPu。アクチノイド元素の一つ。ウラン鉱石中にわずかに含まれていることが知られる以前は、完全な人工元素と考えられていた。超ウラン元素で、放射性元素でもある。プルトニウム239、241その他いくつかの同位体が存在している。半減期はプルトニウム239の場合約2万4000年（アルファ崩壊による）。比重は、19.8あり、大変重い金属である（結晶構造は単斜晶）。融点は摂氏639.5℃、沸点は摂氏3,230℃（沸点は若干異なる実験値あり）。硝酸や濃硫酸には不動態となり溶けない。塩酸や希硫酸等には溶ける。原子価は、3価～6価（4価が最も安定）。

プレストレスト・コンクリート柱（PC柱）[prestressed concrete pole] 鉄筋コンクリート柱は、テーパーを持つ円筒状のコンクリートに軸方向に主鉄筋を、円周方向にらせん状鉄筋を配した構造となっている。コンクリート柱の製造方法として、鋼製型枠にコンクリートを流し込み、回転させながら遠心力によって締め固められた一定厚さの中空断面をもつものが形成される。この製造工程で特定の主鉄筋に一定の張力を与えて形成したものをプレストレストコンクリート柱と称している。プレストレストコンクリート柱は、主鉄筋に引張り力を与えた状態で成形した後、鉄筋張力を開放したものであるので、曲げモーンメントに対する強度が補強され、引張り応力が働いてもひび割れの発生を少なくできる。

プレハブ架線 [refabricate stringing] 延線と緊線の作業を分離して行わず、電線の長さをあらかじめ工場において詳細に測定しておき、現場でドラムから繰り出すときに、耐張鉄塔間の距離に見合った所定の実長に切断する。その両端に耐張クランプを取り付けておき、延線終了後直ちに耐張鉄塔にセットして鉄塔腕金上での緊線作業を省力化する工事方法である。この方法によると、高所での困難な緊線作業が省略できる反面、電線の計測・電線支持点間距離の測定等、施工には極度の綿密さが要求される。プレハブ架線とループ延線工法を併用すれば、架線工事の省力化にいっそう効果的となる。

フロン [Freons/Chlorofluorocarbon] 炭化水素の水素を塩素やフッ素で置換した化合物（CFC、HCFC、HFC）の総称で、このうち水素を含まないものをクロロフルオロカーボン（Chlorofluorocarbons；CFCs）と呼んでいる。これらの物質は、化学的に安定で反応性が低く、ほとんど毒性を有しない。また揮発性や親油性等の特性を持っており、冷蔵庫等の冷媒、半導体等の精密な部品の洗浄剤、ウ

レタンフォーム等の発泡剤、スプレーの噴射剤等として幅広く使用されてきた。しかし、特定の種類のフロンは対流圏ではほとんど分解されずに成層圏に達し、そこで塩素を放出してオゾンを酸素原子に分解することがわかってきた。これがいわゆるオゾン層の破壊である。

こうした状況を受け、オゾン層の保護に関するウィーン条約やオゾン層を破壊する物質に関するモントリオール議定書により規制が進められることとなった。国内でも、オゾン層保護法（昭和63年5月20日法律第53号）やフロン回収破壊法（平成13年6月22日法律第64号）等により対策が進められている。

分散型電源 [decentralized (or dispersed) generating plant] 従来より電力供給の中心的役割を果たしてきた大規模集中型電源に対して、需要地に近接して分散配置される小規模電源の総称。遠隔地の大規模電源に比べ、輸送距離が短く送電ロスが減少する、電源開発のリードタイムが短く需要の変化に応じた迅速な設備形成が可能となる等のメリットをもつ。

主なものに、コジェネレーションシステムや、太陽光、風力、燃料電池等の新エネルギーを利用した電源がある。1995年の電気事業法改正により、特定地域内で一般の需要に対して直接電力供給を行う「特定電気事業」が新たに設けられ、2003年時改正では特定規模電気事業者による自営線供給が認められる等、分散型電源の開発促進のための法制度の整備が進められている。一方で、再生可能エネルギーとして環境面から注目を浴びている太陽光・風力発電においては、出力の不安定性・電力系統への悪影響といった問題も抱えており、技術面・コスト面での改善も普及に向けて重要な課題となっている。

分子レーザー法（分子法）[molecular laser isotope separation method (molecular method)] レーザー法によるウラン濃縮法には、金属ウランを蒸発させて得られるウラン原子を用いる原子法とウラン化合物の六フッ化ウランを用いる分子法がある。分子法では、気体の六フッ化ウランに赤外レーザー光を照射するものである。六フッ化ウランには、波長16μmは吸収断面積が大きく、ここでウラン235とウラン238で約0.02μmの同位体シフトがある。六フッ化ウランを数10K以下の温度にまで冷却すると、ウラン235の吸収線がウラン238の吸収線と区別される。分赤外レーザー光を照射し、ウラン235の六フッ化ウランを振動励起する。励起六フッ化ウランをさらにレーザー光を用いて五フッ化ウランとフッ素原子に解離させる。この固体になる五フッ化ウランを気体の六フッ化ウランから取り出して、濃縮ウランを得る。

粉じん [particulate] 一般に気体中に浮遊している微細な固体の粒子状物質の総称で、ダストともいう。「大気

汚染防止法」(昭和43年法律第97号)では、粉じんとは物の破砕、選別、その他の機械的処理または堆積に伴い発生し、または飛散する物質と規定し、粉じん発生施設に係る構造ならびに使用および管理に関する基準を定めている。「労働安全衛生法」(昭和47年法律第57号)およびこれに基づく粉じん障害防止規則においては、労働者が粉じんにさらされることにより、じん肺等の健康障害を起こすことを防止するため、事業者に対し種々の規制がなされている。

分離作業単位(SWU) [Separative Work Unit] ウラン濃縮は、濃縮ウランとともに劣化ウランも生産するため、作業の量としては製品のウラン-235濃度、量だけでなく廃品のウラン235濃度、量も考慮した尺度が必要となる。この尺度は分離作業量(SWU)と呼ばれ、どのような濃縮ウラン(濃度および量)と、どのような劣化ウラン(濃度および量)とに分離するかによって定められるものである。濃度に関しては、原料濃度から隔たりの大きいほど、量に関してはそれが多いほど、分離作業量も多くなる。

たとえば、天然ウランから3.5％濃縮ウラン1tUを取得する場合、劣化ウラン濃度を0.25％とすると原料は7.0tU必要で、この場合の分離作業量は4.8tSWUである。ここで、劣化ウラン濃度を0.30％とした場合には、原料は7.8tU必要となるが、分離作業量は4.3tSWUになる。約120tSWUで100万kWの発電所が約1年稼働するのに必要な燃料の所要仕事量に当たる。

分路リアクトル [shunt reactor] 交流回路の分路に接続され、進相電流を補償する目的に使用されるリアクトルをいう。わが国の電力系統は500kV基幹系統が拡大し、都市における超高圧ケーブル系統を始め高圧ケーブル系統が増大し、かつ深夜の進相負荷傾向が顕著となること等により、系統の静電容量が非常に増加しており、軽負荷時には進相無効電力に起因する系統電圧の上昇が問題となる。この進相無効電力を吸収し、もしくは系統電圧を調整するため、変電所に分路リアクトルを設置する。

分路リアクトルは、外観等は電力用変圧器とほとんど変わらないが、変圧器と比較した場合の相違点は、①変圧器は1相当たり一次、二次、さらに場合によっては三次からなるのに対し、1個の巻線しかもたない、②鉄心がない場合もあり、鉄心を有する場合はギャップ付き鉄心が採用される、③鉄心を通らない漂遊磁束が大きいこと等である。

へ

米国エネルギー省 (→DOE)
米国濃縮会社 (→USEC)
平水量 [ordinary discharge] 河川の流量の一つで、年間を通じて185日を下らない程度の流量。
並列切替 [parallel-in switching] 電力系統の一部を他の電力系統に切り替わる場合に、無停電で行う方法で、

その電力系統全体を切り替えようとするほかの電力系統にいったん並列した後、切り替えようとする部分をほかの電力系統に残したまま並列を解いて切り替える方法をいう。

ベース・ロード電源 1日の負荷曲線の中でベース部分を分担するもので、一定の電力供給を可能にし、優先して運転される電源のことである。日本では、資本費は高いが、燃料費が安い原子力、比較的の燃料費が安い石炭火力等の電源を意味する。

ベースロード火力 [base load thermal power] 1日の負荷曲線の中でベース部分を分担するもので、一般的に大容量・高効率ユニットが主である。大容量火力は、一般的に高温高圧蒸気を使用していることもあって負荷追従性が低く、起動停止の所要時間は長く起動停止損失も大きい。また高負荷での運転を継続することから利用率は高くなる。

ペレット [pellet] 成型加工工場では、UO_2（二酸化ウラン）の粉末をプレスして成型し、磁器のように焼き固める。これをペレットという。

変圧器の冷却方式 [transformer cooling system] 変圧器内の電力損失は熱となって巻線および鉄心の温度を上昇させる。このため、絶縁油または空気等で冷却し、さらに冷却効果をますために冷房装置を取り付けている。変圧器の冷却方式は、巻線および鉄心を直接冷却する媒体、ならびにそれをさらに冷却する周囲の冷却媒体の種類と循環方式によって、油入自冷式、油入風冷式、油入水冷式、導油自冷式、導油風冷式、導油水冷式等に分類できる。

油入自冷式は絶縁油の対流作用および冷却器表面の空気の自然対流により冷却する方式で、さらに冷却器の表面を冷却ファンによって強制冷却する方式が油入風冷式である。導油自冷式は、絶縁油を送油ポンプによって冷却器に強制的に導いて冷却する方式で、さらに冷却ファンによって強制冷却する方式が導油風冷式である。導油水冷式は周囲の媒体が水の場合で、水を強制循環させて冷却する方式である。

返還廃棄物 [returned waste] 使用済燃料の再処理について、わが国はAREVA（フランス）、NDA（イギリス）と再処理契約を締結しており、これに伴って発生する放射性廃棄物がわが国に返還される。この廃棄物を総称して返還廃棄物という。

ベンゼン [benzene] 水に溶けにくく、各種溶剤と混合しよく溶ける。化学式はC_6H_6分子量は78.11、融点は5.5℃沸点は80.1℃。常温・常圧のもとでは無色透明の液体で独特の臭いがあり、揮発性、引火性が高い。かつては工業用の有機溶剤として用いられていたが、現在は他の溶剤に代わられている。大気中の環境基準は白血病に対する疫学的な証拠があること、そのことについて閾値がないとされていること等から、年平均値が$0.003mg/m^3$以下であることと定められている。自動車用のガソリンに

含まれ自動車排出ガスからも検出される。

ベンチマーク価格 [Benchmark Price] 世界最大の輸出国であるオーストラリアの石炭会社と、最大の輸入国である日本の電力会社や鉄鋼会社との協議によって決定される年間協定価格のこと。ベンチマーク価格方式は、代表的銘柄についてFOB価格を取り決め、その他銘柄の価格については、ベンチマーク価格を基準として品位（熱量）の相違に応じて決定されていた。しかし、1996年度に入り、電力業界における規制緩和の進展を背景として、一般炭の競争入札が増加しはじめ、この結果、一般炭のベンチマーク価格による取引のウェイトは減少傾向を示し、中部電力㈱とオーストラリアの石炭会社4社が合意した1997年度価格が、実質的に一般炭にとって最後のベンチマーク価格となった。

このため、1998年度以降においては、電力各社は石炭会社と個別に交渉し、価格を決定するようになっており、現在では、一般炭の価格体系は、長期契約価格、年間契約価格、スポット価格に大別されるようになっている。

ほ

保安規程 [safety rule] 自家用電気工作物の設置者は、電気事業法第42条第1項の規程により、保安規程を定め、自家用電気工作物の使用の開始前に届け出なければならない。保安規程は、自家用電気工作物設置者が、電気工作物の工事、維持及び運用に関する保安の確保を目的として、電気主任技術者を中心とする電気工作物の保安管理組織、保安業務の分掌、指揮命令系統等、いわゆる社内保安体制と、これら組織によって行う具体的保安業務の基本事項を定めるものである。保安規程には、次の事項について定めなければならない（電気事業法施行規則第50条）。

①電気工作物の工事、維持又は運用に関する業務を管理する者の職務及び組織に関すること。
②電気工作物の工事、維持又は運用に従事する者に対する保安教育に関すること。
③電気工作物の工事、維持又は運用に関する保安のための巡視、点検及び検査に関すること。
④電気工作物の運転又は操作に関すること。
⑤発電所の運転を相当期間停止する場合における保全の方法に関すること。
⑥災害その他非常の場合にとるべき措置に関すること。
⑦電気工作物の工事、維持及び運用に関する保安についての記録に関すること。
⑧電気工作物の法定事業者検査に係る実施体制及び記録の保存に関すること。
⑨その他電気工作物の工事、維持及び運用に関する保安に関し必要な事項。

ボイド係数 [void coefficient] 蒸気泡の変化に対する反応度の変化割合をいう。沸騰水型原子炉は、原子炉内で蒸気を発生させ、それを直接タービンへ導く。この型式の原子炉において、原子炉へ流入した冷却材は、燃料チャンネル内を加熱されながら上昇し、飽和温度に達した点から上方で蒸気泡を発生させる。この蒸気泡をボイドという。この蒸気と水の混合物は、燃料から与えられる熱によって、さらに蒸気の含有率を増しながら炉心出口に達し、タービンを駆動する蒸気となる。

原子炉の出力が変化すれば、炉心内で発生する蒸気泡の割合も変化し、冷却材（減速材）の平均密度が変わる。平均密度の変化は、冷却材（減速材）の中性子吸収並びに減速に対する巨視的断面積の変化を意味し、したがって反応度の変化と関係づけられる。減速材の温度係数と同様、原子炉の制御上および安全上の理由から、この係数が負となるよう設計する。

ボイラ片肺運転 [one harf capacity operation of boiler] 一般的なボイラには、一つの火炉に二系列の煙道を有し、空気予熱器、通風機類、集じん器等も対称的に二系列それぞれに配置され、どちらか一方の系列に事故等があっても、健全な側の系列によって運転を継続できるという点を配慮した構成でもある。この二系列のどちらかに事故や作業、または低負荷時や起動昇圧時の所内動力節減の目的で、片方の系列、すなわち片肺によって運転することを「ボイラ片肺運転」という。ボイラ片肺運転を行う時は、①使用する通風機類の過負荷に注意する、②炉内への空気流量をバランスさせ燃焼を安定させる、③過熱器や再熱器の左右の温度に注意する、④空気予熱器の出口温度に注意する、等に気を配ることが必要である。

ボイラ給水処理設備 [boiler feed treatment equipmeut] 給水処理の主な目的は、①ボイラに対するスケールの付着防止ならびにスラッジ生成の防止、②ボイラおよび給水系統の腐食防止、③タービン羽根に対するスケール付着防止等であり、大別すると一次処理（循環系統外処理）と二次処理（循環系統内処理）に分けられる。一次処理とは、ボイラに補給する水に含まれている有害な成分を除去するために行う除濁(凝集、沈澱)、ろ過、全脱塩（純水製造）等の処理をいう。また二次処理とは循環系統内に入ってくる有害な不純物および水自身の性質から生じる各種の害を取り除くために、給水系統およびボイラに化学薬品を注入したり、不適当な状態のボイラ水をブローしたりして、水質を調整するものである。

ボイラ給水ポンプ [boiler feed pump] 火力発電所にとって重要な機器の一つであり、高圧のボイラに給水するためのもので、人間の体に例えれば心臓に当たる。これに必要な条件は高温高圧に耐える構造であること、

苛酷な吸い込み条件においてもポンプ入口で蒸発現象を起こさないこと、取り扱いが容易なこと等である。ポンプ形式は二重ケーシングの多段遠心ポンプを採用することが多く、また羽根の枚数を少なくし、回転数を高くする方法がとられている。給水ポンプの駆動方式は、電動機駆動と蒸気タービン駆動がある。大容量ボイラにおいては経済性、運用性等の面から蒸気タービン駆動方式が常用ポンプとして、電動機駆動方式が起動用および予備機として採用されることが多い。駆動用蒸気タービンの形式は抽気背圧式と復水式とがある。

ボイラ自動制御（→ABC）

包括エネルギー法 [Energy Policy Act of 2005] ガソリン価格の高騰およびその経済的影響に対する懸念の高まりを背景に、2005年にブッシュ政権のエネルギー政策を立法化したもの。省エネ分野の研究開発、省エネ優遇税制、住宅省エネ改修支援、家電の省エネ基準強化等を規定。

方向比較継電方式 [direction comparison protective relaying scheme] 事故検出手段として方向性を有する継電器を用い、その応動を比較して故障判別する保護継電方式をいう。送電線の各端子で検出した事故が内部方向か外部方向かを搬送波により他の端子に伝送し、全端子の情報で内部事故か外部事故かを判定する。電流が内部方向の場合に搬送波を停止する常時送出方式が一般的に用いられており、両端子に関して搬送停止のAND条件をとることで遮断器の引き外しを行う仕組みとなっている。

内部事故には各端子の事故電流は事故点に対して流入するので内部方向となり、搬込波が停止されるため両端子で遮断器が動作する。外部事故時には事故点に対して、事故電流は片端子では流入するので内部方向となり搬送波を停止するが、他端子は流出するので外部方向となり、搬送波が送出される。搬送波を停止した端子では、他端子からの搬送波を受信して搬送受信リレーが動作することで引き外しが阻止される。主として比較的長距離の送電線や高抵抗接地系に適用されている。

放射化 [activation] 物質を高エネルギーの粒子やγ線で衝撃すると、核反応が起こり、放射性核種を生じること、もしくはその過程。その放射能の強さや放出される放射線の種類は、入射放射線の種類やエネルギーによって変わる。

放射化生成物 [activated products] 原子炉の材料等を構成している安定元素が中性子、陽子、重陽子、α粒子またはガンマ線を吸収して放射化されたものをいう。代表的な例としては次のような反応がある。

$^{59}Co(n, \gamma)^{60}Co$、$^{58}Fe(n, \gamma)^{59}Fe$、$^{50}Fe(n, p)^{50}Mn$、$^{58}Ni(n, p)^{58}Co$

また原子炉の冷却材である水分子や水中に溶解している空気分子が中性子や陽子を吸収して放射性のガスとなる反応がある。

^{16}O(p, α)^{13}N、^{16}O(n, p)^{16}N、^{18}O(n, γ)^{19}O、^{40}Ar(n, γ)^{41}Ar

放射状系統 [radial system] 発変電所間ならびに変電所相互間が送電線で放射状に接続、運用されている系統をいう。わが国では二次系統で採用されている。

放射性核種 [radionuclide] 放射能をもった原子、つまりα線、β線やγ線等を放出する能力をもった原子のこと。自然界に存在している天然放射性核種と、科学的に作られた人工放射性核種とがある。

放射性廃棄物 [radioactive waste] 原子炉施設、原子燃料サイクル施設、ラジオアイソトープ（RI）使用施設等から発生する放射性物質を含む廃棄物の総称。わが国では放射性廃棄物は、再処理施設において使用済燃料からウラン・プルトニウムを回収した後に残る核分裂生成物を主成分とする「高レベル放射性廃棄物」と、それ以外の「低レベル放射性廃棄物」と大きく二つに分けられる。

放射性廃棄物管理公社（フランス）（→ANDRA）

放射線 [radiation] 一般にα線、β線、γ線、中性子線等を総称して放射線と呼んでいる。電磁波や粒子線（分子、原子、原子核、素粒子等の流れ）のうち、直接または間接に空気を電離する能力をもつものと定義する場合もある。放射線は核分裂生成物や天然のラジウム、ウランから放出されたり、あるいは宇宙線として常に地上にふりそそいでいる。各種の放射線のうち、α線はヘリウムの原子核の流れで正の電荷をもち、物質を透過する力は弱く1枚の紙で止めることができる。β線は電子の流れで物質を透過する力はα線より強く、これを止めるには厚さ数mmのアルミ板が必要である。γ線は電磁波の一種であり、物質を透過する力は非常に強く、厚さ5cmの鉛板でやっと強度が10分の1程度になる。

放射線（管理用）計測器 [radiation meter] 放射線と物質との相互作用を直接または間接に利用し、放射線の検出、定量を行うもので、一般に利用されているものは、①気体に対する電離作用を利用するもの（電離箱、比例計数管、GM管）、②蛍光作用を利用するもの（シンチレーション・カウンタ、蛍光ガラス線量計、熱ルミネッセンス線量計）、③感光作用を利用するもの（フィルム・バッジ、各種写真乳材）、④化学作用、その他の作用を利用するもの（化学線量計、半導体検出器）等がある。

放射性同位元素等による放射線障害の防止に関する法律 通称「放射線障害防止法」という。放射線障害を防止し、公共の安全を確保することを目的として、放射性同位元素の使用・販売・廃棄等の取り扱い、放射線発生装置の使用および放射性同位元素によって汚染された物（放射性汚染物）の取り扱い等について規制している。このため放射性同位元素・放射性汚染物の取り扱いや放射線発生装置の使用を行おうとする者は、文

部科学大臣の許可を受ける必要があり、また放射線障害の防止について監督を行わせるために、放射線取扱主任者を選任しなければならない。ただし核原料物質・核燃料物質は原子炉等規制法により、X線発生装置は薬事法により、それぞれ規制されているので、この法律の適用から除外されている。

放射線のしゃへい [radiation shield] 外部放射線による被ばくを小さくするためには、被ばくする時間を短かくすること、線源から離れること、および放射線をさえぎることの三つの方法がある。この放射線をさえぎることがしゃへいであり、放射線の経路にコンクリートや鉛等の物質を置くことによって放射線の強度、エネルギーを減少させる。原子力発電所のしゃへい壁は、普通コンクリートがほとんどであり、作業上や機器移動の点から可動のしゃへい体を使用することもある。

放射能 [radioactivity] 放射性物質が放射線を出す性質をいう。この放射能の強さを表す単位として、キュリー（Ci）またはベクレル（Bq）があり、$1 (Ci) = 3.7 \times 10^{10} (Bq)$ の関係がある。放射性物質が1秒に1回の放射線を出す割合を1（Bq）という。放射性物質は、いつでも同じ放射能の強さをもつものではなく、その強さは時間とともに減少していく。この減少していく割合は、放射性物質の種類すなわち放射性核種ごとに異なっているが、同一核種の場合は時間に関係なくいつも一定である。そこで放射能の強さが、初めの半分になるまでの時間を半減期と呼び、この値は核種ごとに固有のものである。

豊水量 [plentifu-water discharge] 河川の流量の一つで、年間を通じて95日を下らない程度の流量。

包蔵水力 [hydro power resources] 石炭・石油・天然ガス・核燃料等、他のエネルギー資源の埋蔵量に相当するものを水力では包蔵水力と呼んでおり、年間発電電力量（kWh）ならびに開発出力（kW）で表す。包蔵水力には、理論包蔵水力、技術的包蔵水力、経済的包蔵水力がある。理論包蔵水力は、地表に降った雨や雪が損失なくすべて海に注ぐものとしたとき、海面に対して持っている位置エネルギーの総和をいう。技術的包蔵水力とは、技術的に開発可能な包蔵水力をいう。経済的包蔵水力とは、その時代における技術進歩の度合いや、電力需給上の要請等から経済的に開発可能な包蔵水力をいう。一般に、包蔵水力は経済的包蔵水力を指すことが普通である。2005年3月31日現在のわが国の包蔵水力（工事中および未開発地点を含む）は、地点数が4,599、最大出力が3,399万kW、年間可能発電電力量が1,331億kWhであった。

放電クランプ [arcing horn] 高圧がいし頭部にフラッシオーバ金具を取り付け、この金具とがいしベース金具間（あるいは腕金間）で雷サージによる放電およびこれに伴う続流の放

電を行わせ、高圧がいしの破損および電線の断線を防止する。放電クランプは、送電線で使用されているアークホーンと同一原理によるものであるが、配電線路に適用できるようコンパクト化を図ると共に、充電部隠蔽化のための絶縁カバーを取り付け、これに小電流域から大電流域まで、確実に金具部分から発弧させるためのアーク発弧部（L金具）を加えている。

補完供給契約 [supplementary supply contract] 特定電気事業者の供給力が事故や発電設備の検査等により不足する場合に、その供給地点の存する一般電気事業者がこれをバックアップする契約のこと。補完供給契約の料金その他の供給条件は認可制となっており、供給条件について当事者間で協議ができない場合または協議が整わず、需要家の利益を損なうおそれがある場合には、経済産業大臣は、その供給条件を指示して補完供給契約を締結すべきことを一般電気事業者に命ずることができる（電気事業法第26条）。

　特定電気事業は、他者の供給力に依存することなく、自己の保有する設備により供給地点における需要に応じ電気を供給することが原則であるが、事故発生時等についても、この原則を徹底することは、電力供給システム全体の効率的な運営の点から適当でない。そのため、電気事業法上、補完供給契約を制度化し、当該特定電気事業者の需要家の保護を図ったものである。なお、特定電気事業者が他の者と同等の補完契約を結ぶことも自由である。

北欧電力協議会 (→Nordel)

北米北東部大停電 [Northeast Blackout of 2003] 2003年8月、ニューヨーク州をはじめとするアメリカ北東部8州およびカナダ2州で5,000万人以上に影響を与えた大停電。これを機に、アメリカでは電力の信頼度維持・向上に対する法的措置の必要性を訴える声が強まり、「2005年エネルギー政策法」では、強制力のある電力信頼度基準の制定が条項として盛り込まれた。

保護継電装置 [protective relay] 送電線、電力機器等に発生した異常を検出し、電力系統からの切り離しまたは警報することを目的とする装置をいう。電力系統の安定運転および機器損壊防止のために重要な役割を果たしており、異常箇所のみを確実に選択し、速やかに動作することが求められる。近年では、異常検出から切り離し・警報までの一連の機能をソフトウエアで実現したデジタル形保護継電装置が多く採用され、装置の信頼性向上が図られている。

保障措置 [Safeguards] 原子力の平和利用を担保するために、ウランやプルトニウムのような核物質や、原子力関連設備、資材および情報が、核兵器等の製造等に転用されないことを確認する措置のことをいう。この保障措置には、二国間原子力協定等に基づく部分的保障措置、包括的保

障措置協定に基づく包括的保障措置および包括的保障措置と追加的議定書に基づく新しい保障措置を一体化した統合保障措置がある。現行の保障措置では、IAEA（国際原子力機関）が実施する国際保障措置と国自らが実施する国内保障措置とがあり、国際保障措置は原則的には国内保障措置をIAEAが観察することで実施される。

母線方式 [bus connection system] 発変電所の母線方式はその発変電所の重要度に応じて使い分けられている。現在使用されている方式は次の5種類に分類できる。単母線方式は引出回線数が少なく、系統切替の必要のない配電用変電所等小規模な変電所に採用されている。所要機器および用地面積とも少なくて済み、経済的にはもっとも有利であるが、信頼性の点では次に述べる二重母線方式には及ばない。二重母線方式は変圧器バンク数・引出回線数が多く、系統上重要な変電所に使用されている。

使用されるブスタイ遮断器の数により二重母線1ブスタイ方式と二重母線4ブスタイ方式に分類することができる。単母線方式に比べて設備費が高くなるが、一つの母線が停止しても停電範囲が変電所全体の半分（1ブスタイ方式の場合）または4分の1（4ブスタイ方式の場合）に限定できるので、信頼度が向上する。1・=CB方式は二重母線方式の特徴を生かしながら、さらに送電線2回線当たり3台の遮断器を用いるもので、特に高信頼度を要する基幹系変電所に使用される。母線故障による系統への影響がほとんどなく、また、遮断器点検の際にも当該回線の停止を必要としない。しかし、建設費が高くなり、経済的には不利である。点検母線方式は単母線に点検母線（切換母線または補助母線ともいう）を付加したもので、配電用変電所等比較的規模が小さいが、機器点検の際の停電を極力避ける必要のある箇所で使用される。しかし、二重母線方式のような弾力的な系統運用はできない。

ユニット母線方式は送電線1回線に変圧器1組が接続され、送電線あるいは変圧器故障時には1バンク単位で停電する。母線および遮断器等が無いので変電所のスペースを縮小できる利点がある。極端に用地が制約される市街地用変電所に採用される。

母線保護リレー方式 [bus protection] 母線は多くの送電線や変圧器等が集中し、電力系統の要ともいえるもので、事故が発生した場合には、これを高速度にかつ最小の範囲で切り離すことが必要。この母線保護に用いられる継電方式には、高インピーダンス電流差動方式、位相比較付き電流差動方式、低インピーダンス電流差動方式等がある。高インピーダンス電流差動方式は、各端子のCT二次回路を一括した差動回路に内部インピーダンスの大きな継電器を接続し、各回線のベクトル和電流によって誘

起される電圧の大小で、母線の内部事故、外部事故を判定するもの。

位相比較付き差動電流方式は、母線内部事故時には各端子より流入するすべての電流が、ある特定位相に集中するのに対し、外部事故時には少なくとも一端子は逆位相になる。これを利用して事故の内外部を判定するもの。低インピーダンス電流差動方式は、各端子のCT二次回路を一括した差動回路に内部インピーダンスの小さな継電器を接続し、内部事故時に事故電流に比例した電流が動作コイルに流れ、外部事故時には流入電流と流出電流がほぼ等しく、CT相互間を電流が還流するので、動作コイルにはほとんど流れないことを利用して、事故の内外部を判定するもの。これらの方式には、それぞれ一長一短があり、母線方式、系統の接地方式等により最適な方式を組み合わせて採用する。

ボトムアッシュ [bottom ash] 微粉炭燃焼ボイラ内で燃焼によって生じた石炭灰の粒子が相互に凝集し、多孔質な塊となってボイラ底部のクリンカホッパに落下堆積したものを粉砕機で砂状に砕いたものである。ボトムアッシュの粒子は、ほとんど細礫と粗砂であり、砂に近い粒度分布になっている。電子顕微鏡で見ると径$0.2〜20\mu m$位の小さな孔隙が多数あいている。このため、排水性、通気性がよく、保水性に優れていることから、その特徴を活かして利用されている。ボトムアッシュはクリンカとも呼ばれている。

ポリシーミックス [policy mixture] いくつかの政策手段を同時に使い、政策的目的を実現することをいう。たとえば、経済政策において、財政政策、金融政策、為替政策をミックスしようというもである。また、京都議定書目標達成計画（2008年3月改定）においては、以下のように記載されている。効果的かつ効率的に温室効果ガスの排出削減を進めるとともに、わが国全体の費用負担を公平性に配慮しつつ極力軽減し、環境保全と経済発展といった複数の政策目的を同時に達成するため、自主的手法、規制的手法、経済的手法、情報的手法等あらゆる政策手法を総動員し、それらの特徴を活かしつつ、有機的に組み合わせるというポリシーミックスの考え方を活用する。その最適なあり方については、本計画の政策、施策の進捗状況を見ながら、速やかに総合的検討を行う。

ま

マイクロガスタービン [Micro Gas Turbine] ガスタービンと呼ばれる原動機の中でも、発電出力が300kW程度以下のものを総称して、マイクロガスタービンというが、特に空気軸受け等を採用して高速回転（数万rpm以上）を実現した小型ガスタービンをさす場合が一般的である。ガスタービンは、タービン、圧縮機、燃焼器、再生器等から構成され、最近では、発電機や温水ボイラ等と組み合

わせて一体化した小型発電コージェネレーションシステムとして実用化されている。なお、現在の国内市場への導入は50台／年程度である。

マイクロ波加熱［microwave heating］周波数2,450MHzまたは915MHzの高周波電圧を誘電体に加え、その中に生じた電界の方向変化により発生する誘電体損失による発熱を利用するものである。特徴は、①被加熱物自体が発熱体である内部加熱であるため、短時間で加熱ができる、②加熱炉や雰囲気等を高温化させる必要がないので熱効率が高い、③加熱電力の制御が容易で応答が早い、④複雑な形状のものでも比較的均一に加熱できる、⑤真空中で加熱ができる、等である。

マイクロ波加熱の応用としてもっとも普及しているのが家庭用の電子レンジであり、工業用としては食品の殺菌、冷凍食品の解凍、米菓（あられ等）の加工、木材の乾燥、曲げ加工、陶磁器類の乾燥、ゴムの加熱、加流、岩盤の破砕、放射性廃棄物の処理、焼却灰の溶融固化等、多方面にわたって今後普及していくものとみられている。

マイクロバブル［microbubble］発生時に気泡の直径が10マイクロメートル（1/100mm）～数十マイクロメートル以下の微細な気泡のこと。

マイクロ波無線［microwave radio］無線方式を用いて大容量伝送を行う場合には、無線の周波数を高周波数化して多重化するのが有効な手段であり、電力会社では6.5GHz、7.5GHz、12GHz帯等を使用している。この周波数帯域は、マイクロ波帯と呼ばれていることから、電力会社で使用している多重無線は、通常マイクロ波無線という。マイクロ波無線は、小電力、大容量、および無給電中継の通信が可能等の特徴を有し、さらに伝送媒体にケーブル等の物理媒体を使用しないことから、最も信頼度を必要とする通信回線として使用されている。現在、通信機器のデジタル化の趨勢の中で、マイクロ波無線もほとんどデジタル化されている。

埋設地線［counterpoise］送電線路の塔脚接地抵抗を低くすることは、直撃雷による逆せん絡を防止し、誘導雷の波高値を低減する効果を有し、送電線路の耐雷設計として最も重大な要素。一例として140kVの鉄塔の塔脚接地抵抗が10Ωの場合と30Ωの場合を考えて見ると、逆せん絡を起こさない鉄塔電流は、10Ωの場合が94.5kA、30Ωの場合が31.5kAとなり、雷撃電流の発生確率では10Ωの場合が全直撃雷のうち、逆せん絡を起こす確率が僅かに1％以下であるのに対し、30Ωの場合には約36％が逆せん絡を起こすことになる。この場合、10Ωの場合と同じ逆せん絡発生率に抑えるためには、94.5×30＝2835kVの絶縁が必要となる。

接地抵抗は、水田等では十分低くとれても、畑地や山地は非常に高いことが多い。その場合には地表面下30～50cmのところに亜鉛メッキ鋼

より線を地表面に沿って埋設し、その一端を鉄塔脚部に接続する。これを埋設地線という。設置方式には、放射形、平行形、連続形がある。条数および長さは計算式からも求められるが、実際には、1条の長さ20〜50mのものを2〜6条敷設することが多い。これらは経過地の状況その他によって適宜実施する。

マイナーアクチニド [minor actinide] アクチニド元素のうち、有用物質として利用されるウランとプルトニウムを除いた使用済燃料中の含有量が少ないNp（ネプツニウム）、Am（アメリシウム）、Cm（キュリウム）等の総称。

前受制度 [prepayment system] 電気料金の収納を円滑にするため、供給約款および自由化部門における供給条件には料金の前受制度が設けられている。この制度には需要家の希望により、あらかじめ料金として預かる場合と、電力会社から料金の前納として求める場合とがある。需要家の希望によるものを前受金といい、需要家が長期不在等の際に適用する制度であり、料金収納にかかわる需給両者の便宜を図るものである。一方、電力会社から料金の前納を求める場合は、臨時需要や農事用需要のように使用期間が短期で移転等がはげしいため、料金の徴収が不能になることを防止しようとするもので、従量制供給の場合を予納金（事後精算を伴う）、定額制供給の場合を前払金（事後精算を通常伴わない）といっている。

この予納金または前払金は、原則として予想月額料金の3カ月相当額以内とされており、電気の使用開始前に申し受け、使用開始後の料金に順次充当することになっている。

松永案 電気事業再編成審議会会長だった松永安左ヱ門が提案した電気事業再編成計画で、1950（昭和25）年2月1日、審議会の答申に参考意見として添付された。主な内容は、①現在の日本発送電会社および9配電会社を解散し、九つの地区別会社を新設する、②地区別会社の供給区域は、現在の9配電会社の供給地域とし、地区内の供給は独占とする、③各社間の電力供給の不均衡は、融通契約によって自主的に解決する。

ただし必要ある場合は、新設を予定されている公益事業委員会の機動的調整によって、その目的を達成するというもので、これは電力融通会社の設置を織り込んだ審議会答申に対し、9ブロック分割を主張したものであり、最終的にはこの松永案にそって、戦後の電気事業の再編が行われた。

マッピングシステム [mapping system] コンピュータを利用して地図を作成したり、地図を利用したりするシステム、すなわちコンピュータで地図を扱うシステムを総称して、マッピングシステムという。具体的には、コンピュータグラフィックスの技術をベースに、CAD技術、データベースマネージメント（DBMS）技術、

認識技術等をベースとしたコンピュータ応用システムである。従来、地図は紙ベースで利用されてきたが、コンピュータでも取り扱えるようにすることにより、社会活動や事業活動への利便性を広げ、高度に活用しようとするものである。最近では、自動車のナビゲーションシステムのように、個人の生活にもこの技術が活かされている。

マルチメディア通信 [multimedia telecommunication] デジタル化された情報を基礎として、文字・数値・音声・静止画・動画等の複数のメディア（情報の表現形態）を統合して扱える方式のこと。従来のパソコンは、文字を中心とした記号情報しか扱うことができず、いわばシングルメディアの情報機器であった。しかし、最近では、半導体技術やソフトウエアの進歩によって、パソコンのような普及率の高い情報機器でも動画を含む複数のメディアを扱えるようになってきたことで、情報機器の効用が大きく増大した。それが、デジタル化された通信回線と結合されることにより、ネットワークに接続されている情報機器相互間において、双方向の情報享受や加工処理ができるようになるとさらに、その効用が拡大される。それらのマルチメディア通信は、人間のコミュニケーションの在り方にも大きな影響を与えるものとして期待されている。

み

ミキサ・セトラ [mixer-settler] 使用済燃料の再処理工程で使用される溶媒抽出装置の一つで、形状は箱型である。再処理工程ではウランとプルトニウムの分離・精製工程で使用されることが多い。有機相と水相を撹拌羽根によって撹拌・混合するミキサ部と、両相を静置して分離するセトラ部で1段が構成され、これを水平方向に複数段ならべることにより一つの装置となる。有機相と水相はミキサセトラの内部を逆方向に流れ、ミキサ部で溶媒抽出が行われる。操作の安定性に優れ、再処理工場での使用実績も多いが、装置内での滞留時間が長いため溶媒が分解しやすい、処理容量を大きくすることが難しいという欠点がある。

密閉サイクル・ガスタービン [closed cycle gas turbine] ガスタービン翼車を回し、大気圧近くの低圧となった膨張ガスを排気ガスとして大気に放出する開放サイクルガスタービンに対し、排気ガスを大気に放出せず、空気予熱器を通した後もさらに冷却し、再び空気圧縮機に戻される方式がある。作動流体が密閉された形で循環することから、密閉サイクルガスタービンと呼ばれている。

ミドルロード火力 [middle load thermal power] 1日の負荷曲線の中で中間部分を分担するもので、一般的には中容量ユニットが使われる。負荷の変動部分を対象とするため、ピークロード火力同様、起動停止に対し耐久性、信頼性が高く、しかも起動停

止が容易でかつ速やかなこと。負荷追従性が良いこと、起動停止の損失が少ないことが必要条件となっている。また、このような運転の結果、利用率は低くなる。

美浜発電所3号機事故 [Mihama Accident] 2004年8月9日、関西電力㈱美浜発電所3号機において、15時22分に中央制御室にある「火災報知器動作」警報等が発信した。運転員がタービン建屋内の点検を実施した結果、タービン建屋2階の脱気器の天井付近にある第4低圧給水加熱器から脱気器への給水ラインであるA系の復水配管に破口を確認した。事故発生当時、関西電力㈱および協力企業の社員計105名が定期検査の準備作業等を行っており、うち、5名が死亡、6名が負傷した。

む

ムーンライト計画 [Moonlight Project] 通商産業省工業技術院が総合的な省エネルギー技術開発を目指し、1978年度からスタートさせたナショナル・プロジェクト。計画は次の六つを柱として進められた。

　①大型省エネルギー技術研究開発(燃料電池や新型電池等、研究に多額の資金と長期間を要する省エネルギー技術の研究開発について、国立試験研究所、産業界、大学等各分野が協力して研究開発を実施)、②先導的基盤的省エネルギー技術研究開発(国立試験研究所における、将来の省エネルギーの芽となるような課題についての研究開発)、③省エネルギー技術に関する国際研究協力(IEA(国際エネルギー機関)における省エネルギー技術の研究開発に関する実施協定に参加して調査研究を行うとともに、日仏、日米等の国際研究協力を推進)、④省エネルギー技術の確立調査(省エネルギー技術開発課題の発掘、研究開発の最適化手法のための調査)、⑤民間の省エネルギー技術研究開発に対する助成(民間企業が実施する省エネルギー技術開発に対する補助)、⑥標準化による省エネルギーの推進(JIS規格の見直しと、新たな規格化を図るとともに、省エネルギーに役立つ情報をJISマーク表示制度の活用により消費者に提供)。

　なお、1993年度からサンシャイン計画、地球環境に関する技術開発制度と統合されニューサンシャイン計画(持続的成長とエネルギー・環境問題の同時解決をめざした革新的技術を重点的に開発)となった。

無過失責任制度 過失の有無を問わずに賠償責任を認める制度。民法の一般原則においては、過失がなければ損害賠償責任を負わないこととなっている(過失責任制度)。しかし、公害問題による健康被害の場合には、被害者側が事業者の故意・過失を立証することが非常に困難なことから、被害者の円滑な救済を図るため、例外的に、事業者の故意・過失を問わず(即ち、事業者に過失がなくても)、損害賠償責任を認めることとされた。1972年の大気汚染防止法および水質

汚濁防止法の改正により初めて導入された。

無拘束速度 [runaway speed] ある有効落差・ガイドベーンの開度および吸い出し高さにおいて、水車が無負荷で回転する速度をいい、これらのうち起こり得る最大のものを最大無拘束速度という。一般に無拘束速度といえば最大値を表すことが多い。水車発電機の設計に当たっては、無拘束速度で回転した場合の各部の遠心力による耐力を充分考える必要があるとともに、水車および発電機の軸系の固有振動数（危険速度）が、無拘束速度より高い値となっていなければならない。

　カプラン水車や斜流水車のような可動羽根水車の最大無拘束速度は、ガイドベーン（案内静翼）開度とランナベーン（動翼）角度との関係が崩れた場合に生じ得る値をとる。水車が平常運転状態から無拘束速度に至る原因には、水車の負荷が急激に無負荷になった場合、調速機故障の場合等がある。無拘束速度は水車の機種によって相違があり、その最大値は定格回転速度に対して一般にペルトン水車（150〜220％）、フランシス水車（160〜220％）、斜流水車（180〜230％）、カプラン水車（200〜250％）の範囲となっている。

娘核種 [daughter nuclide] ある放射性核種が放射性壊変することによって新しく生成された核種、すなわち壊変生成物のことをいう。この壊変生成物を壊変前の核種の娘核種といい、壊変前の核種を親核種という。

無線ICタグ [Radio Frequency IC tag] 電子荷札とも呼ばれる数mm〜数cm程度の大きさの半導体チップのこと。記憶された情報を無線によって数mm〜数m離れた距離から読み書きできる。無線ICタグはアクティブ型とパッシブ型に分類される。アクティブ型は、内蔵されている電池を使ってタグ自ら電波を発信し、読取り機と情報のやり取りを行うため、ある程度読取り機とタグが離れた状態でも通信が可能であるが、電池が切れると通信できなくなり、形状が大きいといった欠点がある。

　パッシブ型タグは読取り機に近づけると読取り機からの電波によってタグ側に起電力が発生し、この電力によって動作し読取り機側と情報のやり取りを行うため、電池が無く小型で低価格であるが、読取り機との距離が近くないと動作しない。現在では、商品盗難防止タグやSuicaやEdyに代表されるFeliCa等さまざまなものでの利用されている。

め

メインフレーム [Mainframe] 企業の基幹業務システム等に用いられる汎用大型コンピュータのこと。電源やCPU、記憶装置を始めとするほとんどのパーツが多重化されており、並列処理による処理性能の向上と耐障害性の向上が図られている。ネットワークを通じて端末が接続されており、利用者は端末を通じてコンピュ

ータを利用する。端末は自らは処理装置や記憶装置を搭載しておらず、データの処理や保存はすべて中央コンピュータが行う、いわば中央集権的な構造になっている。

メジャーズ [major oil companies] 一般に、エクソン、モービル、ソーカル、テキサコ、ガルフ、ロイヤル・ダッチ・シェル、BPおよびフランス石油(CEP)の8社をメジャーズ(国際石油資本)と呼び、インディペンデント(独立系石油会社)に対する用語として使われてきた。しかし第二次石油危機以降、ソーカルとガルフが合併してシェブロンとなり、またインディペンデントの中でメジャー並みの規模に成長する会社もあり、これら用語の意義が薄れてきている。

当初メジャーとは、アメリカで上位15社前後以内にあって、国際的な活動を行う大手一貫操業会社のことをいい、これら大手石油会社の支配から独立して事業を営む会社をインディペンデントと呼んでいた。その後、世界石油市場における8社寡占体制が確立し、上記のような用語が定着した。

これら8社は、1920年代末から産油国から得た有利な利権をもとに企業間協定を結び、世界の石油資源や市場に対する圧倒的支配力をもっていたが、2度の石油危機を通じて主要産油国の権益を失い、影響力の後退を余儀なくされた。しかし、90年代末から企業合併を進めて合理化を推進し、巨大な資本力・技術力を備えた国際石油市場における主要プレイヤーとして再びその動きが注目されるようになっている。2005年現在はエクソン・モービル、シェブロン、BP、ロイヤル・ダッチ・シェル、トタールの5社に統合され、スーパーメジャーとも称されている。

メタンハイドレート [methane hydrate] CH_4O(メタン)が、低温高圧環境下で水と結びつき半固体状態になったもの。水中で低温にして数十気圧の高圧をかけると、水の分子が20個程度かごのように結合した結晶になり、その中にCH_4Oの分子を取り込み、ハイドレートというシャーベット状の物質になる。溶けると天然ガスの主成分であるCH_4Oと水に分離する。世界的に見て莫大な資源量の存在が期待されているが、海域では深海底での掘削技術が十分確立されていないこと、効果的な回収方法が確立されていないこと等検討課題は多い。日本でも、周辺に相当量の賦存が期待されていることから、経済産業省が中心となり、1995年度からメタンハイドレートに関する研究が行われている。

開発は、2016年までの間、フェーズ1からフェーズ3までの3段階で進められる計画とされており、フェーズ1(2001～2006年度)では、探査技術、基礎物性、分解生成技術等に関する基礎的研究等を推進、フェーズ2(2007～2011年度)では、生産技術、環境影響評価等に関する基

礎的研究等を推進、フェーズ3（2012〜2016年度）では、商業的産出のための技術を整備し、経済性、環境影響等を検証することとしている。

メッセル工法 [memsser method] メッセル矢板という特殊鋼矢板を掘進する方向の地中に貫入し、それを支保工でおさえながら土止めをして掘進する工法で、シールド工法より簡便であるが、曲線施工は困難で、地山が自立する土質で地下水の少ない地盤に適している。

メロックスMOX燃料加工工場（フランス）[Melox Mox Plant] アレバNC社が100％出資するメロックス社のMOX燃料加工工場。1995年に、100tHM／年の定格加工能力で操業を開始。操業開始後、徐々に加工量を増加させ、1997年に初めて定格加工能力の100tHM／年を達成。2003年には、定格加工能力を145tHM／年に引き上げ、2005年に初めて145tHM／年を達成した。2004年には定格加工能力を現在の145tHM／年から195tHM／年へ増強する許認可申請を実施し、2007年4月に許認可を取得している。

メンブレン型 [membrane type] LNGタンカーの構造は大別すると、モス型（球型タンク）とSPB型それにメンブレン型（薄模型）がある。メンブレン型は、船とLNGタンクとを一体または組み込み形構造で建造するもので、LNG液に接する一次防壁が薄い金属板（メンブレン）でつくられているのが特色である。現在、メンブレン型には波型になった薄板を使用したテクニガスシステム（TGZ方式）と、比較的平らな薄板を使用したガストランスポートシステム（GT方式）、およびコンバインドシステム（CS1方式）がある。

CS1方式は1994年に、テクニガス社とガストランスポート社が合併したことを受け、両社のもつ技術を組み合わせて開発された技術であり、断熱効率の向上やコスト削減等が図られた最新システムである。メンブレン型は、船殻スペースの有効利用、建造コストの軽減、LNG積み込み前の予冷時間の短縮等のメリットがある一方、船体損傷によるタンク構造への影響が大きい等のデメリットも有している。

も

モールドストレスコーン [mold stress cone] 高圧ケーブルの端末処理材料において、電界緩和を行うために取り付けする円錐状に成型されたゴム製品の部分をいう。ケーブル端末部は遮蔽層で覆うことができないために、電界が外部に開放され、電気力線が集中する点では絶縁体の絶縁劣化や絶縁破壊が起こる。従来は、絶縁テープにより電界緩和を行なっていたが、円錐状に成型されたモールドストレスコーンを使用することにより、短時間の施工で安定した特性が得られるようになった。

木質系バイオマス [Wood Biomass] 製材工場等からのオガ粉、樹皮、木端、

木質廃棄物処理業で取り扱う廃材等の木質を利用した、有機性エネルギーや資源（化石燃料は除く）。植物は環境中の代表的温暖化ガスであるCO_2（二酸化炭素）を吸収し成長するため、それを石炭、石油等の化石燃料の代替エネルギー源として用いれば、飛躍的にCO_2発生量を減らすことができる。最近では、木質バイオマスのエネルギー源としての利用を促進するため、燃焼技術の開発、燃焼方法、ガス化等の研究が進められている。

目的操作 [operation by macroin-struction] 電力系統の運転、調整、操作において、定型的またはあらかじめ確認された一連の操作目的を総括的に指令して行う操作をいう。

モス型（球形タンク）[moss type] LNG（液化天然ガス）船の一形態。タンクは、船体構造から完全に独立した球形の構造であり、タンクの赤道上を囲う円筒状のスカートによって船体に固定される。このため、①アルミニウム合金、9％Ni鋼等高価な材料を多量に使用する、②タンクが球型なので、船としての容積効率が悪くなる等の欠点はあるが、長所として、①圧力容器式タンクは設計、施工面から安全性の高い製作が可能であること、②LNGタンクと船体の建造を別々に行うことができるので、建造期間の短縮、生産性の向上が望めること、③航海中の衝突事故に対し、より安全であること等があげられる。

持分法 [the equity method] 親会社は、原則として、すべての子会社を連結の範囲に含めなければならず、また、連結の範囲から除いた重要性の乏しい子会社（非連結子会社）や関連会社については、原則として、持分法を適用しなければならないこととなっている。ここで、連結とは、親会社の子会社に対する持株割合に関係なく、子会社の資産・負債・純資産・収益および費用の全部を親会社のそれらと合算する方法であり、全部連結とも呼ばれている。一方、持分法とは、被投資会社の純資産・損益に対する投資会社の持株割合に見合った額を、投資勘定と利益の増減というかたちで反映させる方法であり、部分連結とも呼ばれている。

モニタリングポスト [monitoring posts] 環境放射線モニタリングのうち、原子力施設周辺の外部放射線量率を連続測定監視するための設備である。検出器としては、通常NaI（T1）シンチレータ、電離箱が使用される。

もんじゅ [Monju] 動力炉・核燃料開発事業団（当時）が福井県に原型炉として建設した高速増殖炉（FBR）で、実験炉『常陽』と違って発電設備を備えており、わが国最初の発電できる高速増殖炉である。

熱出力は71万4,000kW、電気出力は28万kW、燃料は炉心部でプルトニウムとウランの混合酸化物、ブランケット部は劣化ウラン、冷却材はナトリウム。『もんじゅ』の目的は、すでに運転中の実験炉『常陽』の実績

を基盤とし、その設計、建設、運転の経験を通じて高速増殖発電炉の所期の性能を実証するとともに、将来の実用炉の段階での経済性の目安を得、あわせて将来のわが国の技術基盤を向上させるところにある。

『もんじゅ』は1968年から設計・建設計画に着手され、1985年10月の着工を経て1994年4月初臨界、翌95年8月初発電となったが、同年12月に2次系ナトリウム漏洩事故が発生し、運転を停止した。2006年8月に取りまとめられた「原子力立国計画」において、早期に運転を再開し、発電プラントとしての信頼性の実証と運転経験を通じたナトリウム取扱技術の確立の実現を図ることとされている。

モントリオール議定書［Montreal Protocol］正式な名称は「オゾン層を破壊する物質に関するモントリオール議定書」といい、オゾン層破壊についての国際共同研究や各国の適切な対策の実施を内容とした「オゾン層の保護に関するウィーン条約」(1985年)に基づき、1987年に採択された。これによって、5種類の特定フロン、3種類の特定ハロンの生産量の削減が合意された。さらに、同年の第2回締約国会合で規制が強化され、15種類のフロン、3種類の特定ハロンおよび四塩化炭素については2000年までに、1,1,1-トリクロロエタンについては2005年までに全廃することが採択された。さらに、1992年の第4回締約国会合において、特定フロンの全廃期限を1995年末までに繰り上げるとともに、新たにHCFC（代替フロン）、HBFC（代替ハロン）および臭化メチルが規制物質に加えられた。

や

ヤードスティック方式［yardstick method］電気料金の認可に当たり、電気事業者の経営効率化度合いを相対評価し、効率化度合いの格差に応じて効率化努力目標額としてふさわしい額を申請原価から減額査定することにより、事実上の地域独占状態にある電気事業者に経営効率化を促すことを企図したもの。具体的には、原価項目を①電源の設備形成、②電源以外の設備形成、③一般経費の3分野に区分し、それぞれの原価算定期間中の原価単価水準（円／kWh）および原価単価の至近3年度の実績平均値からの変化率をもって効率化度合いを総合的に比較する。

相対比較に当たっては、個別査定を終えた後の原価単価で行うとともに、公正な競争条件となるよう各事業者の電源構成、需要密度および需要構成等の地域特性を適宜補正する。また、相対比較の結果は、水準、変化率とも100点満点（合計200点）、最上位を100点、最下位を0点、その他は比例法で点数化する。その後、各事業者の得点に応じて三つのグループに区分し、グループごとに一定の減額査定が行われ、査定結果は公表される。ヤードスティック方式は、

電気事業審議会料金制度部会の「中間報告（平成7年7月）」に基づき、1996年1月実施の料金改定から導入されている。

夜間蓄熱式機器 [nighttime heat storage devices] 主として夜間時間に通電する機能を有し、かつこの通電時間中に蓄熱のために使用される貯湯式電気温水器、蓄熱式電気暖房器および蓄熱式床暖房等の機器をいう。

ゆ

有効煙突高さ [effective stack height] 大気拡散理論で用いられる補正された排出口（煙突）の高さのことで、排煙が大気中を上昇し、最終的に到達する煙軸の高さをいう。有効煙突高さHeは、煙突の実高さ（排出口の高さ）Hoと、煙の上昇高さΔHとの和、すなわち、He = Ho + ΔHで与えられる。煙の上昇高さの計算式は数十のものが提案されているが、環境アセスメントでよく用いられるものは、有風時についてはコンカウ式やボサンケ式等である。また、無風時についてはブリッグス式が一般的である。「大気汚染防止法」（昭和43年法律第97号）では、SO_xの排出基準に係るK値規制において、有効煙突高さの計算式をボサンケーI式と規定している。

有効接地 [effective earthing] 直接接地系統においては、いかなる地点で1線地絡故障が発生しても故障点からみた系統のインピーダンスが、

$R0 \leq X1$、$X0 \leq 3X1$

故障点からみた系統の正相インピーダンス$Z1 = R1 + jX1$（故障点からみた系統の零相インピーダンス$Z0 = R0 + jX0$）の条件を満足する。この条件下では地絡点の健全相対地電圧は最大でも相電圧の1.3倍以下に抑制可能である。したがって、直接接地のことを有効接地、また、直接接地系統を有効接地系統と呼んでいる。

187kV以上の系統においては、異常電圧の抑制、経済的な絶縁設計、保護リレー動作の迅速・確実化のメリットが電磁誘導対策費用増加のデメリットを大幅に上回るため、有効接地（直接接地）方式を採用している。

融雪用電力 [snow melting power] 融雪等の電熱または動力需要を対象に、冬季ピーク時間帯の負荷遮断を行い負荷平準化を図ることを目的とした契約種別。時間帯区分については、北海道、東北、北陸の各電力会社で設定されている19時間型に加え、各社が設定した冬季ピーク時間帯のうち2時間について電力の供給を遮断する22時間型が導入されている。料金は、基本料金と電力量料金からなる二部料金制で、契約使用期間外の料金は請求されないが、各社ともに最低使用期間を設定している。

有線電気通信法 [Wire Telecommunications Law] 有線電気通信設備の設置及び使用を規律し、有線電気通信に関する秩序を確立することによって、公共の福祉の増進に寄与することを目的とする法律（昭和28年7月法律

第96号）。電信電話だけでなく有線放送設備等、一切の有線設備が対象となっており、有線電気通信設備を設置しようとする者に対しては、総務大臣に対する届出義務が課されている（第3条第1項）。しかし有線電気通信設備を2人以上の者が共同して設置する場合等（たとえば電気事業用保安通信設備を共同設置する場合）を除き、電気事業用保安通信設備等については届出義務はない（同条第4項）。

ユーティリティ・サービス（US）契約 [Utility Services Contract] 原子炉の特定をせず契約対象炉の需要全体をカバーする、基本的に要求量方式の米国DOEの濃縮契約。

誘導加熱 [induction heating] 加熱コイルに交流電流を流すことにより、発生する交流磁界内に置かれた加熱材（誘電体）または発熱材に、電磁誘導作用により電圧が誘起されて電流が流れる。この電流によるジュール熱を利用し加熱するもの。加熱に使われる主な周波数は、商用周波数の50／60Hzから450kHz。

　特徴は、①直接加熱である、②高温度加熱が可能で、金属等を容易に溶解することができる、③局部加熱が可能、④加熱効率が高い、⑤装置がコンパクトになる、等の長所がある。誘導加熱の原理を応用した電磁調理器が既に家庭へ普及しており、工業用の用途としては溶融炉と加熱装置に大別できる。溶融炉は金属材料の溶解、保持、注湯、成分調整等広く利用されている。加熱装置は金属の鍛造、圧延等の加工前の加熱、焼入れ、焼戻し等の熱処理、メッキ、塗装乾燥等の表面処理、電縫管、ハンダ付け等の溶接に利用されている。

誘導加熱コイル [induction heating coil] IHクッキングヒーターの主要部品であり、渦巻状に巻いた磁力発生用のコイル。誘導加熱コイルの発生する磁束が、鍋の底面に渦電流を発生させ鍋を直接加熱する。

ユーロディフ（→EURODIF）

油中ガス分析 [analysis of dissolved gas in oil] 油入機器の内部異常現象は絶縁破壊現象や局部過熱現象のように必ず発熱を伴って発生する。これらの発熱源に接触した絶縁油、絶縁紙、プレスボードあるいはベークライト等の絶縁材料は化学分解反応を起こし、CO（一酸化炭素）、CO_2（二酸化炭素）、H_2（水素）およびCH_4O（メタン）、C_2H_4（エチレン）、C_2H_2（アセチレンガス）等の炭化水素ガスを発生する。発生ガスは絶縁油に対して溶解度の大きいものが多く、その大部分は絶縁油中に溶解するので、変圧器から採取した絶縁油中のガスを抽出・分析し、そのガス量およびガス組成を測定することにより、変圧器内部異常の有無およびその程度を判定することができる。油中ガス分析は変圧器の外部診断技術として広く採用されている。

ユッカマウンテン・サイト（アメリカ）[Yucca Mountain site] 2002年7月、

アメリカの高レベル放射性廃棄物の最終処分場として正式に決定されたサイト。最終処分場の選定手続きは、1982年に制定された「放射性廃棄物政策法」で使用済燃料と高レベル廃棄物の処分は連邦政府の責任と規定されたことからスタートし、1987年にはユッカマウンテン・サイトを唯一の候補地に絞り各種調査および規制枠組み策定作業が行われてきた。2002年2月、ブッシュ大統領はエネルギー長官による立地勧告を了承し、連邦議会にユッカマウンテン処分場建設計画を推進する旨勧告、地元ネバダ州が拒否権を発動したものの、連邦議会上下院により正式決定された。当初は2010年の受入開始が予定されていたが、計画は建設認可申請の段階で大幅に遅延している。

ユレンコ（→URENCO Limited）

よ

容器包装に係る分別収集及び再商品化の促進等に関する法律 容器包装リサイクル法とも呼ばれ（平成7年法律第112号）、家庭等から一般廃棄物として排出される容器包装について、消費者、市町村、事業者の各々の責任の分担を明らかにしている。すなわち消費者は容器包装廃棄物を分別排出して市町村が行う分別収集に協力すること、市町村はそれらを分別収集する責任を有すること、事業者は市町村が適切に分別収集した容器包装廃棄物を、自らまたは指定法人等に委託し、再商品化（リサイクル）することとされている。

揚水式発電所 [pumped storage hydro-power plant] 発電所の上部・下部に貯水池（調整池）をもち、豊水期あるいは深夜時の余剰電力で低所（下池）の水を高所（上池）に汲み上げて、この水を必要に応じて発電に利用する水力発電所をいう。揚水式発電所はエネルギーロスの不利な面もあるが、kW当たりの建設費が安い等ピーク供給力として優れているため、電源構成上の必要から開発が進められている。

ただし、揚水動力が無いと稼働できないため、その開発・運用計画には電力系統全体からみた大局的な判断が必要とされる。上池に自然流入量があり、揚水分と自流分をあわせて発電する混合揚水式、上池に自然流入量が無く、揚水分のみで発電する純揚水式とがある。貯水池（調整池）としては、ダム湖あるいは、天然湖沼が利用されているが、最近では下池として海を利用する海水揚水式も考えられている。

溶接安全管理検査 電気事業法で、「ボイラー等」であって、「耐圧部分」（経済産業省令（施行規則第80条）で定める圧力以上の圧力が加わる部分）で溶接するもの、及び発電用原子炉に係る「格納容器等」であって溶接するものについては、その溶接について経済産業省令で定めるところにより使用の開始前に事業者検査を行い、その結果を記録保存しなければならないとの規定がある（第52条第

1項)。

また、溶接事業者検査を行う電気工作物を設置する者は、その溶接事業者検査の体制について、経済産業省令で定める時期に溶接安全管理審査を受けなければならないと規定されている（第52条第3項）。なお審査は、原子力を原動とする発電用のボイラー等を設置する者にあっては「機構」が、その他の者にあっては「登録安全管理審査機関」が行う審査を受けなければならない（第52条第3項）。審査項目は、溶接事業者検査の実施に係る組織、検査の方法、工程管理等が規定されている（第52条第4項）。

1999年電気事業法改正以前において溶接検査は、機械器具の製造業者が行うことが多いので受検義務者を特定することなく規制が行われてきたが、1999年法改正において、溶接部の健全性の保安責任は、電気工作物を占有する所有者又は設置者が一義的に負うべきものとして、電気工作物設置者の責任であることが法律上明確に位置付けられ、確認の対象が溶接部そのものから設置者の事業者検査の実施に係る体制について安全管理審査が義務づけられた。これは国の関与を合理化する一方で、設置者の責任に基づく品質管理体制に一層の向上を促すことにより、高い安全性を担保しようとするものである。

溶媒抽出法 [solvent extraction] 使用済燃料の再処理において、溶媒を用いて目的の物質を抽出する技術。分離したい物質を溶解している水溶液に有機溶媒を接触させることにより、その物質を有機溶媒に選択的に移す操作を溶媒抽出といい、ウラン鉱石の精錬や原子炉の使用済み燃料の再処理に適用されている。現在実用化されている再処理法は、ピューレックス法といって、使用済み燃料を硝酸に溶解してから、その水溶液をトリブチル燐酸（TBP）とトルエンを混合した有機溶媒と混合すると、ウランとプルトニウムが選択的に有機溶媒に移り、核分裂生成物は水溶液に残るので、ウランとプルトニウムを核分裂生成物から分離できる。

溶融炭酸塩形燃料電池（→MCFC）

ヨー制御 [Yaw control] ロータの方向を風向に追従させるもので、アップウィンド方式（水平軸形）の風車では、強制（アクティブ）ヨーシステムを採用している。強制ヨーシステムは、風向センサーによりロータに相対的な風向を検知して、油圧あるいは電動モータによるヨー駆動装置を用いて制御する。

横浜共同電燈 1889（明治22）年7月、横浜市の有力者田沼太右衛門ほか10数名が発起人となり、資本金30万円をもって有限責任横浜共同電燈会社の設立を計画。神奈川県庁に創立願書を提出し、同年11月、許可を得た。社長に高島嘉右衛門が就任し、技師長に岩田武夫を招いて、1890年2月、常盤町にエジソン社製10号型発電機4台からなる発電所を設置し、同年

10月事業を開始した。なお、横浜にはこの横浜共同電燈のほかに横浜電燈があったが、事業開始には至らず、1890年12月、横浜共同電燈がその事業の一切を譲り受け、営業区域を横浜市の全域に拡大した。

余剰電力購入 [surplus power purchase] 廃棄物発電、コージェネレーション、燃料電池、新エネルギー（太陽光、風力等）および一般の自家発電設備等により発電を行っている非電気事業者の余剰電力を一般電気事業者が買い取ること。自家発電設備の有効活用、新エネルギーの普及拡大等を支援することを目的としている。一般電気事業者は、1992年4月より、余剰電力を購入する場合の単価を設定する「余剰電力購入メニュー」を整備している。

予納金（→前受制度）

予備送電サービス 一般電気事業者による託送供給サービスを利用する際に、一般電気事業者の供給設備等の補修または事故のために電気の供給が受けられないときに生ずる不足電力の補給に充てるため、予備的な供給設備を通じて電気の供給を受ける場合に適用されるサービス。予備電線路の形態により、常時利用変電所から常時利用と同位の電圧で利用する場合に適用される予備送電サービスAと常時利用変電所以外の変電所を利用する場合または常時利用変電所から常時利用と異なった電圧で利用する場合に適用される予備送電サービスBの二つに区分される。

予備電力 [standby power service] 高圧または特別高圧で電気の供給を受ける需要家が、電力会社の常時供給設備の補修または事故により生じた不足電力の補給を、予備的な供給設備から受ける場合に適用される契約種別。常時供給変電所から常時供給電圧と同位の電圧で供給を受ける予備線と、常時供給変電所以外の変電所から、もしくは常時供給変電所から常時供給電圧と異なる電圧で供給を受ける予備電源とに区分される。

基本料金は、電気使用の有無にかかわらず、予備線については常時供給契約（業務用電力、高圧電力または特別高圧電力）の使用月の該当料金の5％、予備電源については10％に相当する料金が、それぞれ適用される。電力量料金は常時供給契約の該当料金が適用される。なお、力率割引・割り増しは行わない。

余裕深度処分 [sub-surface disposal] 低レベル放射性廃棄物の中でも、原子炉施設から発生する制御棒や炉内構造物等といった比較的放射能レベルの高い廃棄物を地下利用に対して十分な余裕を持った深度（たとえば、地表から50～100m程度）に埋設処分すること。

ら

ラ・アーグ再処理工場（フランス）[La Hague] アレバNC社が操業する、UP2-800およびUP3の二つの再処理施設を持つ再処理工場。両施設をあわせた年間の処理能力は1,600tであ

る。国内向けの再処理の他、国外の約30事業者とも再処理契約を締結している。1958年に操業開始したマルクールのUP1（処理能力400t／年）による軍事用プルトニウム生産炉（ガス冷却炉：GCR）の使用済燃料の再処理に始まり、1966年にはGCR用再処理施設UP2（処理能力800t／年）が操業を開始した。

　1976年には酸化物燃料前処理施設を増設し、軽水炉燃料の再処理（処理能力400t／年）も行うようになり、1987年にはGCR燃料の再処理はUP1に集約され、UP2は軽水炉燃料専用の処理施設となった。その後、UP1は1997年に閉鎖され、UP2は1994年にMOX燃料や高燃焼度燃料用の再処理施設が増設され、年間処理能力は800tに拡大した（名称はUP2-800に変更）。さらに、国外の再処理委託向けのUP3が1982年に着工し、1990年に操業を開始している（処理能力800t／年）。

ラインアンドスタッフ組織　ライン組織による指揮命令系統の単純化を維持しつつ、スタッフの専門的知識（企画、経理、労務等）による助力、助言機能を活かすために、ラインに対してスタッフを配置する組織体。ライン組織とファンクショナル組織の両者の長所を活かすために考えられた組織体。

ラジアル型　（→超電導フライホイール）

ランキンサイクル　[Rankine Cycle]　蒸気原動機の基本サイクルであり、クラウジウスランキンサイクルともいう。蒸気原動機の基本的構成要素は、一般に図-1のようにボイラ、蒸気タービン、復水器および給水ポンプであって、作動流体である水の状態変化をpv線図に表すと図-2のようになる（数字の1～4は図-1の各点の数字に対応している）。すなわち、1はボイラで発生した高温、高圧の過熱蒸気の状態であり、これが蒸気タービンに入って1→2のように断熱膨張し、蒸気タービンを回転させる。蒸気タービンを出た低温、低圧の蒸気（普通は湿り蒸気となっている）

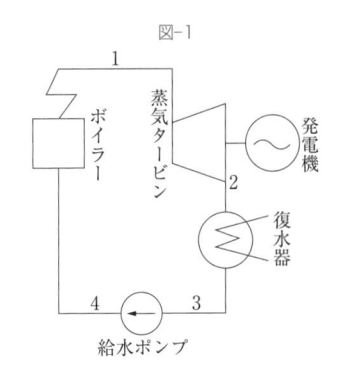

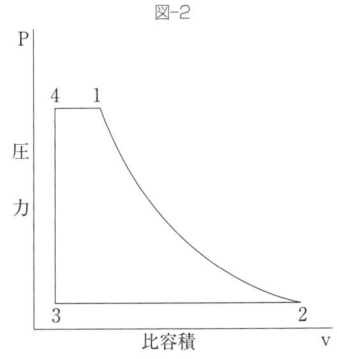

は復水器に入り、等圧の下に冷却され、3の飽和水の状態になる。

この飽和水は給水ポンプにより3→4のように断熱圧縮されて再びボイラに送り込まれ、燃料の燃焼熱を得て1の過熱蒸気となる。ランキンサイクルの熱効率は、1における蒸気の温度および圧力が高い方が良く、復水器圧力が低い方が良くなる。

り

リアクトル [reactor] 電力系統に使用されるインダクタンス形機器をいい、系統への接続・利用方法によって分路リアクトル、直列リアクトル、中性点リアクトル、消弧リアクトル等がある。

力率割引・割増制度 交流電流の性質として電圧の周期的変化に伴って電流の変化が多少時間的に遅れを生ずる場合があり、電圧と電流の積(皮相電力)はただちに有効電力とはならない。この有効電力と皮相電力との比率を表したのが力率であり、数式で表すと、力率=(有効電力/皮相電力)×100となる。力率が低いほど同一使用電力に対して電流が大きくなり損失が増加するので、それだけ電力原価が高くなる。反対に力率が100%に近いほど、その逆の現象が表れる。このことから力率の高低によって生ずる原価差を料金に反映させているのがこの制度である。供給約款および自由化部門における供給条件では力率85%を基準とし、これを上回るか、あるいは下回るごとに、それぞれ基本料金を割引あるいは割り増ししている。

リサイクル燃料貯蔵株式会社 [Recyclable-Fuel Storage Company LTD] 2005年11月21日、東京電力㈱ならびに日本原子力発電㈱の共同出資により、青森県むつ市内に設立。東京電力㈱ならびに日本原子力発電㈱の原子力発電所から発生する使用済燃料の貯蔵・管理および、これに付帯関連する事業を行う。年間200~300t程度の使用済燃料を、4回程度に分けて搬入し、最終的な貯蔵量は5,000tを予定。貯蔵後は再処理工場へ搬出。

リサイクル法 (→再生資源の利用の促進に関する法律)

リチウムイオン電池 [lithium-ion battery] 正極と負極の間をリチウムイオンが移動することで充電や放電を行う2次電池。電極材料にはさまざまなものが使われるが、正極に炭素(グラファイト)、負極にコバルト酸リチウムを用いることが多い。正極板と負極板をセパレータを挟んで何層も積み重ね、全体を有機溶媒の電解質で満たした構造になっている。

最近では電解質にゲル状の高分子を利用したリチウムポリマー電池が開発された。現在実用化されている2次電池の中では最もエネルギー密度が高く、高い電圧が得られるため、ノートパソコンや携帯電話等のバッテリーによく使われている。放電しきらずに充電すると充電容量が減ってしまう「メモリー効果」がほとんど無く、継ぎ足し充電を頻繁に行う

携帯電話等に向いている。使わずに放っておくと少しずつ放電してしまう自己放電も他の電池より少なく、1カ月で5％程度と言われている。500回以上の充放電に耐え、長期間使用することができる。他にも、高速充電が可能で、幅広い温度帯で安定して放電するといった特徴がある。ただし、満充電状態で保存すると急激に劣化し、充電容量が大幅に減ってしまう。

また、極端な過充電や過放電により電極が不安定な状態になり激しく発熱するため、破裂したり発火したりする危険性がある。これを防ぐため、リチウムイオン電池製品は単三電池のような電池単体では販売されず、電圧等を厳密に管理する制御回路と過充放電を防ぐ保護機構を組み込んだバッテリー部品としてしか販売されない。

リバース・オークション［reverse auction］商取引における販売方式の一つで、バイヤー（買い手）が希望商品の購入金額や条件等を提示し、これについてサプライヤー（売り手）側が各自提供できる価格を入札して、その中で最も安く価格をつけたサプライヤーを取引先として選ぶ取引方法のことである。リバースオークションは、ちょうど一般的なオークションの売り手と買い手を逆転した方式であるといえる。

通常のオークション方式では、サプライヤーが販売条件等を定めた上で、バイヤーが購入希望価格を上げていくという意味で「加法式」であるといえるが、リバースオークションの場合は、サプライヤーが提供価格を下げていくので「減法式」であると表現することができる。公共事業における工事の受注入札は、リバースオークションに近い形態をとっている。

流域変更式発電所［variable water-shed power station］A・B二つの河川河床の高さの差を利用し、Aの河川からBの河川へ水を落とす形式の発電所である。この方式は他の利水との調整が難しく、発電だけで河水を独占できないことから、その例は少ない。新宮川水系十津川の猿谷ダムから紀の川へ分流した西吉野第1、第2発電所、同じく新宮川水系北山川の坂本ダムから尾鷲湾に落とした尾鷲第1、第2発電所が有名である。

流況曲線［duration curve］河川流量は時々刻々変化するが、これを便宜上1日単位の平均流量に直して、さらに年間で大きい値のものの順に並べ替えたものを流況といい、これを図示したものを流況曲線、表で表したものを流況表という。取水口位置における河川の流況を知れば、1年のうちどの程度の日数まで利用できる流量であるかを知ることができるが、そのうち代表的な日数の流量は、①渇水量：1年のうち355日は、これより減少することのない流量、②低水量：1年のうち275日はこれより減少することのない流量、③平水量：1年のうち185日はこれより減少する

ことのない流量、④豊水量：1年のうち95日はこれより減少することのない流量、⑤年平均流量：1年の総流量の平均等と呼称している。

(加圧)流動床ボイラ [fluidized bed boiler] 石炭等の固体粒子の充てん層の下部から空気等のガスを流すことによって、粒子が激しく不規則に動き回る状態（浮遊流動化）となった固体粒子層を流動層といい、この流動層中で石炭を燃焼（流動床燃焼）させ、伝熱管を配置して発生する熱を効率良く吸収しようとするものが流動床ボイラである。

　石炭を燃料とする場合、①層内の熱平衡が急速に進み、ほとんど均一の温度になるので、伝熱管への熱伝達率が高くなり、装置構成がコンパクト化できる、②層内脱硫が可能なうえ、NO_x（窒素酸化物）の発生量も少ないため、排煙処理が軽減される、③燃焼が安定に行われるので、炭種に制限が少なく低品位炭の利用も可能である、④粗粉炭を使用できるので微粉砕設備を必要としない等の特徴を有している。

　流動床ボイラは、流動床燃焼を大気圧状態（常圧）で行う常圧型と、1MPa程度の加圧下で行う加圧型に区分できる。加圧型は常圧型に比べて燃焼効率が高く、設備もコンパクトにできる特徴があり、流動床ボイラとガスタービンを組み合わせ複合発電システム（PFBC）とすることで熱効率の向上を図ることができる。

料金業務 電気需給契約を締結し、電気の使用を開始した需要家について、月々の使用電力量の確定、電気料金の算定、電気料金の収納、領収証の発行、売掛金および収入金の経理部門への反映という一連の業務をいう。

　料金業務を大別すると検針業務、調定業務、集金業務に分かれるが、この三つの業務は、相互に緊密な関連があり、あたかも工場の作業ラインのごとく運行されている。

料金原価 電気料金算定の基礎となるもの。電気事業法第19条において「適正な原価に適正な利潤を加えたもの」とあり、料金算定にあたっては、過去の実績および合理的な将来の予測等を基礎として算出した発電費、送電費、変電費、配電費、販売費および一般管理費の適正な額に、事業の健全な発展にとって必要な資金を調達するための支払利息、ならびに配当等を賄うに足りる報酬を加えることとされている。

料金制度部会 [Electricity Rates Sub-committee] かつて通商産業大臣の諮問機関である電気事業審議会の下に設置されていた部会の一つ。1973年11月、通商産業大臣より「今後の電気料金制度はいかにあるべきか」との諮問を受け、以来、提出された中間報告等は料金改定の都度、料金制度に反映された。現在、電気事業審議会の役割は、2001年より電気事業分科会に継承されている。

料金の定期的評価 [period review of

electricity rates] 効率化努力の定期的評価と収支状況および料金の妥当性の評価を行うもの。効率化努力の定期的評価は、経営効率化計画の進捗状況、達成状況を自己評価して公表するものであり、収支状況および料金の妥当性の評価は、過去5年程度の収支の推移や翌年度の経常利益見通し等を総合的に勘案して、各電気事業者自らが行うものである。電気事業審議会料金制度部会の「中間報告」（平成7年7月）に基づき、1996年1月実施の料金改定から導入されている。

臨界 [criticality] 原子炉の中でウラン等の核分裂の連鎖反応が一定に持続している場合を臨界と呼ぶ。原子炉を起動するときは、制御棒を引き抜いたりして原子炉を臨界にして出力を高めていく。また、原子炉を停止するときは、制御棒を挿入する等して連鎖反応を止め、原子炉を臨界未満にする。

U-235でできた球の場合、その中のある数のU-235が中性子を吸収して核分裂を起こすと発生した中性子は、①球の表面から外部へ漏れるか、②球の内部でU-235に吸収されるかのいずれかである。このとき「発生」≧「漏れ」+「吸収」であれば、連鎖反応は持続する。ここで「発生」と「吸収」は球の体積すなわち直径の3乗に比例し、「漏れ」は球の表面積すなわち直径の2乗に比例するので、球を大きくしていくと、ある大きさ以上では「発生」-「吸収」≧「漏れ」となり、前述の条件を満たし、この関係式の等号の場合が臨界である。不等号の場合が臨界超過と呼ばれる。このように核分裂性物質はある量以上集まると、連鎖反応の持続が可能となり、この量のことを臨界量と呼ぶ。

リン酸形燃料電池（→PAFC）

臨時電気事業調査部 水力資源を有効に活用しようとする目的から、1910（明治43）年、逓信省に設置された水力調査のための部局。この調査事業は、同年以降5カ年間の継続事業として開始されたが、1913年、財政圧縮の一環として整理され、翌14年で打ち切られた。しかし、この間においても全国の各水系にわたり発電のために有利な地点を選定し、流量の測定、落差、流域その他の地形の測量、水位、雨量の観測等の諸調査に基づき水力原簿を作成した。この調査結果は公表され、その後の水力開発に対し的確な資料を提供することになり、水力電気事業の発展に大きく寄与した。

臨時電灯 [temporary lighting service] 契約使用期間が1年未満の電灯需要に適用される契約種別で、住宅等の建設工事用需要に適用例が多い。料金は、使用期間が短くスポット的な需要であることを考慮し、定額電灯または従量電灯の料金を約10％割り増ししたものが適用される。臨時電灯は、負荷設備の容量に応じてA、BおよびCに区分されている。Aは総容量が3kVA以下の需要に適用され、

料金は定額料金制を採用している。

アンペア料金制会社（北海道、東北、東京、中部、北陸および九州電力）のBは契約電流が40A（アンペア）以上で、かつ60A以下の需要に適用され、料金は基本料金と電力量料金からなる二部料金制（アンペア料金制）。最低料金制会社（関西、中国、四国および沖縄電力）のBは、最大需要容量が6kVA未満で、かつAを適用できない需要に適用され、料金は最低料金制が採用されている。Cは契約容量が6kVA以上で、かつ原則として50kVA未満の需要に適用され、料金は基本料金と電力量料金からなる二部料金制（キロボルトアンペア料金制）。なお、需給契約終了後は、原則として供給設備は撤去されることになっており、工事費の負担については臨時工事費の規定が適用される。

臨時電力 [temporary power service] 契約使用期間が1年未満で、①動力（高圧または特別高圧で電気の供給を受ける場合は付帯電灯を含む）を使用するもの、②高圧または特別高圧で電気の供給を受け、電灯を使用、または電灯と動力を併用するもの、のいずれかに該当する需要に適用される契約種別。ただし、毎年一定期間を限り、反復使用する需要には適用されない。土木建築工事における動力需要等が主な適用対象となる。契約電力等の供給条件は、その需要の契約使用期間が1年以上であると仮定した場合に適用される契約種別に準じて決定される。

料金制は、契約電力が5kW以下の場合は原則として定額料金制とされる。5kWを越える場合には、基本料金と電力量料金からなる二部料金制が採られ、それぞれ業務用電力、低圧電力、高圧電力または特別高圧電力の該当料金を20％割り増ししたものが適用される。このため、基本料金には力率割引・割増制度が、電力量料金には季節別料金制度が採用されている。

臨時発電水力調査局 1927（昭和2）年3月逓信省電気局内に設けられた部局。電気事業法の統制的改正と行政更新に関する原案の作成に従事し、およそ1年半後に報告書を提出した。この報告書は、その後の電力統制、そして国家管理の前史をなすものとして重要な意義をもっている。主要調査事項は、企業形態、電力需給調節、供給区域、料金、水力使用、送電線路施設、事業資金等の項目であった。このうち企業形態については結論に達せず7案を併記し、供給区域は独占を原則とし、料金は認可制、原価主義の採用および電気委員会の設置等が盛られていた。

輪番開発 複数の電気事業者が順番に電源を開発すること。

る

ループ延線 [loop string] ドラム場に電線繰出し能力とワイヤ巻き取り能力を共有するループ延線車を配置し、延線区間の反対側にリターン金車を

配置して延線用ワイヤをループ状に張って電線を延線する方法。この工法は、海上延線や山岳地でドラム場、エンジン場の設置場所がなく、延線距離が非常に長くなるときに用いられ、ドラム場でループ延線車の代わりに延線車とウインチを並べて実施する場合もある。この工法は、高張力下でも安定した弛度の保持が可能である特徴を有している。

ループ切替 [loop switching] 電力系統の一部が他の電力系統に接続可能な状況において、電力融通や電力潮流の関係上または送電線の作業や事故等の理由によって、現在接続中の電力系統から他の電力系統に切り替えることを系統切替という。この場合、無停電で行う方法をループ切替と言い、切り替えようとしている変電所等が接続されている系統と切り替える側との系統を一端連系（ループ）後、開閉器を開放して切り替えることをいう。ループ切替をする場合、ループ形成点における両端電圧の位相差ならびに電圧差が小さいこと、相回転が同一であることおよび変圧器を通す場合は、接続が同方式であること等に注意する必要がある。

ループ系統 [loop system] 発変電所間ならびに変電所相互間が異なったルートの送電線で環状に接続、運用されている系統をいう。わが国では基幹系統で採用される場合が多い。

ループ方式 [loop system] 高圧配電線の線路形態の一つで、線路の形が環状となっており、ループ結合点の開閉器を常時閉路しておく方式と、常時開路しておく方式がある。わが国では、高感度選択接地保護方式を使うことのできる常時開路ループ方式で運転することが多い。ループ方式の特徴は、線路の途中に事故が発生したときに、健全な区間に全く停電を波及させないか、あるいは例え停電が波及しても、健全な区間に対して迅速に送電が行えることである。このため、ループ幹線部分には必要な供給余力を確保すると同時に、ループ幹線上には、適当な制御遮断器または制御開閉器を施設する。

れ

冷却材 [coolant] 核分裂により発生した熱を原子炉の外部に運び出すための伝熱媒体であり、液体または気体が用いられる。冷却材に要求される性質は、①比熱および熱伝導率が高いこと、②中性子吸収断面積が小さいこと、③蒸気圧が低いこと、④腐食性および化学活性が低いこと、⑤誘導放射能が低いこと、⑥放射線に対し安定であること、⑦融点が低いこと、等である。代表的な冷却材としては水（軽水、重水）、気体（ヘリウム、炭酸ガス）、液体金属（ナトリウム）等がある。

冷熱発電 [cryogenic power generation] LNGの冷熱を利用した発電方法で、メタン、プロパン等の中間熱媒体を液化・循環させる発電方式（ランキン方式）と、気化した高圧の天然ガスで直接タービンを動かす方式（直

接膨張方式）とがある。ランキン方式は、LNGの気化をメタン、プロパン等の媒体の熱で行い、液化した媒体を加熱して膨張する圧力でタービンを回転させ発電する方式で、直接膨張方式は、超低温（−162℃）のLNGを海水で温めて気化すると体積が約600倍の天然ガスとなるが、この膨張した天然ガスを段階的にタービン翼に働かせて発電する方式である。

レーザ加熱 [laser heating] 励起された状態にある光共振器中のレーザ媒質に光をあてると、入射光に誘導されて入射光と同一周波数、位相、方向の増幅された光（レーザ）が得られる。レーザは単色性、指向性、集光性、空間的・時間的制御性等の特性をもっており、この優れた集光性から得られる極めて高いパワー密度による加熱・加工への利用が主体をなしている。

レートベース方式 [rate base] 現在、事業報酬の算定に使用している方式で、事業に投下された真実かつ有効なる事業資産の価値に対して、一定の報酬率（レート）を乗じて報酬額を算定することから、レートベース方式と呼ばれている。このように資産を基準として報酬を算定するので「資産基準主義」とも呼ばれ、事業資産の価値によって報酬額が客観的に決定されるので、設備産業である電気事業の特質に合致しているといえる。この方式においては、事業報酬額の枠内で、支払利息、配当金等を支払い、利益準備金を確保することになる。

その結果、一般電気事業者は、内部留保の活用、借入金利の引き下げ等に努力し、支払利息等資本費の軽減に努めることから、自主的な合理化意欲を促進するのに役立つという長所がある。

レギュラーネットワーク方式 [regular network system] 22（33）kV配電線において採用される方式であり、高負荷密度地域の商店街あるいは繁華街といった特別地域の一般需要家を対象とした供給方式である。2回線以上の一次配電線に接続されているネットワーク変圧器の2次側の低圧幹線を格子状に連系し、低圧幹線の事故を除去するためにリミッタヒューズが施設されている。一次配電線の停電に対する動作は、スポットネットワーク方式とほぼ同じであり、1回線が停電しても低圧の需要家に無停電で供給を継続できる信頼度の高い供給方式である。

劣化ウラン [depleted uranium] 濃縮ウラン製造過程で製品となる濃縮ウランとともに生じる廃棄ウラン。ウラン235の含有率は天然ウランよりも低く主成分はウラン238であることから、将来的に高速増殖炉のブランケット燃料としての利用が考えられている。なお、核分裂物質のウラン235の含有量が天然ウランに比べて少ないため「劣化」と表現される。

レドックス・フロー電池 [redox flow battery] 電力貯蔵用二次電池として開発されきた新型電池の一つで、陰

極活物質にクロムイオン、陽極活物質に鉄イオンを使用し、イオンの価数変化（酸化・還元反応）により充放電を行う電池である。電解液（塩酸水溶液）は、各々タンクに貯蔵され、充放電時にポンプにより電池へと送られる。最近では、陰極、陽極ともにバナジウムイオンを活物質としたタイプが開発されており、開路電圧は1.4V、理論エネルギー密度は103Wh/kgで鉛蓄電池の約0.6倍である。

本電池の特徴は、常温作動で、自己放電が少なく、充放電時の化学変化がイオンの価数変化のみであることから、電極への電析がないため長寿命が期待できることである。また、電解液循環型の電池であるため出力（セル数）と容量（タンク）が各々独立して選定できることから、システムの最適設計、大容量化が容易である。

連結納税制度 [consolidated tax system] 連結グループ内の各法人の所得を通算して法人税を課税する仕組みであり、連結グループとしては、親会社とその親会社に発行済株式の100％を直接または間接所有される子会社を対象としている。連結納税の適用は企業の任意であるが、一旦選択した場合は継続して適用しなければならない。企業の国際競争力を強化するとともに、合併や会社分割等機動的な組織再編を促していくために、2002年度より連結納税制度が導入されている。

なお、連結納税制度は法人税のみに適用され、地方税（法人事業税・法人住民税）には適用されない。連結税額は、連結グループ内の各法人の所得金額に所要の調整を行った連結所得金額に税率を乗じて求める。所要の調整には、①連結グループ内の受取配当金は全額益金不算入、②連結グループ内での寄付金は全額損金不算入、③親会社の資本金額を基に交際費の損金算入枠を適用、④連結グループ内での固定資産、土地等、有価証券の移転による損益は、その資産が連結グループ外へ移転するまで繰り延べ、等がある。親会社が申告・納付を行い、子会社は親会社との間で資金精算を行う。

連鎖反応 [chain reaction] 核分裂性物質が核分裂し、中性子が発生する。その中性子によって、核分裂を引き起こすという過程を繰り返すことを連鎖反応という。

連邦エネルギー規制委員会（アメリカ）（→FERC）

連結財務諸表 [consolidated financial statements] 親会社を中心とし、原則としてすべての子会社を含めた企業集団全体の財政状態、経営成績を示すために同一集団内の投資関係や取引関係を相殺消去して個々の会社の財務諸表を結合し、一つの財務諸表として作成するもので、連結貸借対照表、連結損益計算書、連結株主資本等変動計算書等からなっている。近年は企業組織の再編成・統廃合が活発化しており、企業集団を総括し

た投資情報として連結財務諸表に重点が置かれていることから、金融商品取引法では、有価証券報告書等において連結財務諸表を個別財務諸表より優先して記載することとしており、会社法でも、有価証券報告書を提出する大会社は連結財務諸表の作成が義務付けられている。

ろ

ロータリーコンデンサ（→同期調相機）

ロール・オーバー現象　異なった組成のLNGを同一の貯蔵タンクに受け入れた場合、ある種の条件下でボイル・オフ・ガス（BOG）が異常発生する現象のこと。低温・低密度のLNGが残っているタンクに高温・高密度のLNGをタンクの底部ノズルのみから受け入れた場合、両LNGは混合せず2層になる可能性がある。このような状態になると、上層の低温LNGは下層の高温LNGからの入熱でBOGを多量に発生し、上層の低温LNGが濃縮され、徐々に密度が高くなり、最終的には下層のLNGより高密度になる。この時、2層は反転し急激な混合が起こり、上層だった低温LNGが下層だった高温LNGからの急速な入熱を受けBOGを短時間に異常発生し、タンク内圧は急上昇する。これにより安全弁が作動したり、場合によってはタンクが破損する等極めて危険な状態が引き起こされる。

　ロール・オーバー現象を防止するためには、①同一タンクに産地の異なるLNGを受け入れない、②タンク受け入れ時にタンク高さ方向の温度分布を監視する、③タンク底部にミキシング・ノズルを設置する、④受け入れノズルをタンク上部にも設置する、等の対策がとられておりLNGタンクの運転管理上の重要なポイントになっている。

ロシア単一電力系統社（→EES）

炉心燃料集合体[driver fuel assembly]　高速増殖炉において主に核分裂を担う炉心部分を構成する燃料集合体。一般的は炉心燃料集合体の各燃料ピンの軸中央部にMOXペレットの炉心燃料、その上下に軸ブランケット燃料となるペレットが配置される。一般的にMOX燃料のPu富化度は20％程度。高速増殖炉の炉心を構成する燃料として、炉心燃料集合体の他、主にPuの生成を担う（径）ブランケット燃料集合体がある。出力は炉心部分が主に担うことになるが、ブランケット燃料もPu-238の直接核分裂や生成したPu等の核分裂によりエネルギーを発生している。炉心とブランケット燃料の出力比を出力分担比と言い、炉心の設計に依存するが、炉心部の出力分担比は0.9～0.95程度である。

ロスエネルゴアトム（ロシア）[Rosenergoatom]　10カ所の商業用原子力発電所を所有する、ロシア唯一の原子力発電事業者。正式名称は、「原子力施設における発電及び熱生産に関するロシア国有コンツェルン」。ソ連崩壊によって、原子力発電所等の施設は所在する共和国に属し、各国で開

発が進められることとなったが、ロスエネルゴアトムは、ロシア連邦の原子力開発を管轄する行政機関として設置された原子力省（MINATOM）の下部機関として、各々国有企業であった原子力発電所を集中的に管理する機関として1992年9月の大統領令によって設立された。

原子力発電所の建設、運転、保守、技術支援等を行っている。2007年7月には、ロシアの民生原子力部門を統合する垂直統合型持ち株会社として国有アトムエネルゴプロム社が設立されたため、ロスエネルゴアトムはこの傘下に入ることとなった。

六ヶ所再処理工場［rokkasho reprocessing plant］フランスより技術導入により日本原燃㈱が建設したわが国で初の大型商業再処理施設。青森県六ヶ所村に立地し、再処理容量は800t／年。Purex法を用いたフランスの商業再処理プラントであるUP-3をベースに、ガラス固化設備等の一部には国産技術を用いている。

わ

ワン・イヤー・ルール［one year rule］貸借対照表日の翌日から起算して1年以内に期限の到来する資産、負債をそれぞれ流動資産、流動負債とし、1年を超えるものを固定資産、固定負債とする基準。

ワンス・スルー［once-through］原子炉の中で一度使用した燃料（使用済燃料という）を再処理せず廃棄物とする方式をワンススルー方式と呼ぶ。これに対し、わが国のように使用済燃料を、再処理して再び利用する方式をリサイクル方式と呼ぶ。

目次索引

数

2：1：1法(6巻) ……………………… 3
2：1法(6巻) ………………………… 3
2005年エネルギー政策法(アメリカ)(15巻)
……………………………………… 3
30Bシリンダ(12巻) ………………… 3
3R(14巻) …………………………… 4
48Yシリンダ(12巻) ………………… 4
4PSK(10巻) ………………………… 4
4因子公式(9巻) …………………… 4
六フッ化硫黄ガス …………………… 5
六フッ化ウラン(UF_6)(12巻) ……… 5
9電力体制(3巻) …………………… 5

A

ABC(ボイラ自動制御) ……………… 5
ABC手法(6巻) ……………………… 5
ABWR(改良型沸騰水型軽水炉)(9巻) …… 6
AFCI計画 …………………………… 6
AGR(改良型ガス冷却炉)(9巻) …… 6
AHATガスタービン ………………… 6
ALR(自動負荷調整装置)(8巻) …… 6
ANDRA(放射性廃棄物管理公社)(フランス)
(15巻) …………………………… 7
ANEEL(国家電力庁)(ブラジル)(15巻) … 7
AP1000(9巻) ……………………… 7
APFR ………………………………… 7
API度(11巻) ……………………… 7
APP …………………………………… 8
APWR(改良型加圧水型軽水炉)(9巻) …… 8
AQR …………………………………… 8
AREVA(フランス)(12巻) …………… 8
ATM(13巻) ………………………… 9
ATR(新型転換炉)(9巻) …………… 9
AVR …………………………………… 9
AVT(13巻) ………………………… 9

B

BETTA(イギリス電力取引送電制度)(15巻)
……………………………………… 10
BE社(ブリティッシュ・エナジー社)(15巻)
……………………………………… 10
BNFL(イギリス原子燃料会社)(15巻) …… 10
BOD(生物化学的酸素要求量)(14巻) …… 10
BPR(2巻) …………………………… 11
BWR(沸騰水型炉)(9巻) …………… 11

C

C_3級、C_2級、C_1級 ……………………… 11
CANDU炉(カナダ型重水炉)(9巻) …… 11
CCL(気候変動課徴金)(イギリス)(15巻) … 12
CDT …………………………………… 12
CDT方式 ……………………………… 12
CEA(中央電力庁)(インド)(15巻) …… 12
CEGB(中央発電局)(15巻) ………… 12
CENTREL(中東欧電力供給機構)(15巻)
……………………………………… 13
CFC(クロロフルオロカーボン)(14巻) …… 13
CFE(メキシコ電力公社)(15巻) …… 13
CIF(11巻) ………………………… 13
CIS産ウラン(12巻) ………………… 14
CIS電力会議(15巻) ………………… 14
CNSC(カナダ)(15巻) ……………… 14
CO_2回収・固定技術(13巻) ………… 14
CO_2排出原単位(13巻) ……………… 15
COD(化学的酸素要求量)(14巻) …… 15
COG …………………………………… 16
COP(成績係数)(13巻) ……………… 16
CRM(2巻) …………………………… 16
CVCF(交流無停電電源装置)(7巻) …… 16
CVケーブル(13巻) ………………… 16
CWM(石炭スラリー製造技術)(11巻) …… 17

D

DF …………………………………………… 17

※（　）内は電気事業講座の主な巻数を示す。

DME ·· 17
DOE(エネルギー省)(アメリカ)(15巻) ······ 17
DP手法(1巻) ·· 17
DSS(日間起動停止)(7、8巻) ····················· 18
DV電線 ·· 18
DWDM(10巻) ·· 18

E

EAGLEプロジェクト(13巻) ························ 18
ECCP(欧州気候変動プログラム)(15巻) ···· 19
ECCS(非常用炉心冷却系)(13巻) ················ 19
ECNZ(ニュージーランド電力公社)(15巻)
 ·· 19
EDC ·· 19
EDELCA(国営カロニ河電源開発公社庁)(ベ
 ネズエラ)(15巻) ··· 19
EDF(フランス電力会社)(15巻) ·················· 20
EDLC ·· 20
EEC(エネルギー効率目標制度)(イギリス)
 (15巻) ··· 20
EEHC(エジプト電力持株会社)(15巻) ········ 20
EEI(エジソン電気協会)(15巻) ··················· 20
EES(ロシア単一電力系統社)(15巻) ··········· 21
EGAT(タイ電力公社)(15巻) ······················ 21
EI(日本電力調査委員会)(3巻) ···················· 21
EMTP ·· 21
ENEL(イタリア電力会社)(15巻) ················ 22
E.ON(15巻) ··· 22
EOR(石油増進回収)(13巻) ·························· 22
EPR(欧州加圧水型炉)(9巻) ························ 22
ERGEG(欧州電力・ガス規制機関グループ)
 (15巻) ··· 23
ESBWR(9巻) ·· 23
ESCJ(3巻) ·· 23
ESCO事業(1巻) ··· 23
Eskom(南アフリカ)(15巻) ·························· 23
ETSO(欧州送電系統運用者協会)(15巻) ··· 24
EU-ETS(15巻) ··· 24
EURODIF(ユーロディフ)(12巻) ················ 24
EU電力(自由化)指令(15巻) ························ 24
EVA(タービン高速バルブ制御)(10巻) ······ 24
Ex-ship(11巻) ·· 25

F

F_1級、F_2級、F_3級、F_4級 ···························· 25
FACTS ·· 25
FaCTプロジェクト ······································· 25
FBR(fast breeder reactor)(3巻) ············· 25
FBRサイクル実用化研究開発 (FaCTプロジ
 ェクト)(12巻) ··· 26
FBR燃料(12巻) ··· 26
FDM搬送 ··· 26
FERC(連邦エネルギー規制委員会)(アメリ
 カ)(15巻) ··· 26
FEC ··· 27
FLOUREX法(12巻) ····································· 27
FMCRD ·· 27
FOB(11巻) ·· 27
FRP管(強化プラスチック管)(8巻) ··········· 27

G

GANEXプロセス(12巻) ······························· 28
GCB(ガスしゃ断器)(10巻) ························· 28
GDP弾性値 ·· 28
GEMA(ガス・電力市場委員会)(15巻) ······ 29
GIL ··· 29
GIS(ガス絶縁開閉装置)(13巻) ··················· 29
GNEP ·· 29

H

H.264 ·· 29
HAT ·· 29
HCFC(ハイドロクロロフルオロカーボン)(14
 巻) ·· 29
HDLC型遠方監視制御装置 ·························· 30
HDLC方式 ··· 30
HEU協定(12巻) ·· 30
HIDランプ ··· 31
HTGR(高温ガス炉)(9、13巻) ···················· 31
HTTR(高温工学試験研究炉)(9巻) ············· 31

I

IAEA(国際原子力機関)(3巻) ····················· 31
IAEA輸送規則(IAEA放射性物質安全輸送規

| 則)(12巻) ································ 31
MA回収技術(12巻) ······················ 38
IEA(国際エネルギー機関)(3巻) ··············· 32
MCFC ······································ 39
IEC(イスラエル電力公社)(15巻) ··············· 32
MCU ······································· 39
IERE(電気事業研究国際協力機構)(13巻)
MEA(首都圏配電公社)(タイ)(15巻) ········ 39
·· 32
MOX燃料(混合酸化物燃料)(12巻) ········ 39
IGCC(石炭ガス化複合発電技術)(11巻) ····· 32
MPEG2画像伝送方式(13巻) ··············· 39
IGCコード(11巻) ···························· 33
IGFC(石炭ガス化燃料電池複合発電)(13巻)

N

NAS電池 ···································· 39
IPCC(気候変動に関する政府間パネル)(3
NDA(原子力廃止措置機関)(15巻) ·········· 39
巻) ·· 33
NEB(国家エネルギー局)(カナダ)(15巻)
IPP(独立系発電事業者)(3巻) ················ 34
·· 40
IPS/UPS(15巻) ······························· 34
NEDO(独立行政法人 新エネルギー・産業
IP型輸送物(12巻) ···························· 34
技術総合開発機構)(11巻) ················· 40
IP技術(10巻) ································· 34
NEDOLプロセス(11巻) ······················ 40
ISO(国際標準化機構)(3巻) ··················· 34
NEM(全国統一市場)(15巻) ··················· 41
ISTEC(国際超電導産業研究センター)(13
NEMMCO(全国電力市場管理会社)(15巻)
巻) ·· 35
·· 41
NERC(北米電力信頼度協議会)(15巻) ······· 41

J

NETA(新電力取引制度)(15巻) ··············· 41
JCO事故(9巻) ································ 35
NGC(ナショナル・グリット社)(15巻) ····· 42
JOGMEC ···································· 35
NGL(天然ガス液)(11巻) ······················ 42
Nordel(北欧電力協議会)(15巻) ·············· 42

K

NO_x(窒素酸化物)(11巻) ····················· 43
KEPCO(韓国電力公社)(15巻) ················ 35
NPT(核不拡散条約)(12巻) ··················· 43
KPX(韓国電力取引所)(15巻) ················· 35
NRC(原子力規制委員会)(15巻) ·············· 43
K値規制(14巻) ······························· 36
NUMO(原子力発電環境整備機構)(3巻)
·· 44

L

LAN設備(10巻) ······························· 36

O

LDC ··· 36
OECD/NEA(経済協力開発機構・原子力機
LHV基準 ···································· 36
関)(12巻) ································· 44
LNG(液化天然ガス)(3、11巻) ··············· 36
OFGEM(ガス・電力市場局)(15巻) ·········· 44
LNG船(11巻) ································ 37
OPGR ······································· 44
LNGのバリューチェーン(1巻) ············· 37
LPG(液化石油ガス)(11巻) ··················· 37

P

LTC監視装置(10巻) ·························· 38
PAFC ······································· 45
LT貿易(11巻) ································ 38
PBR(業績に基づく規制料金)(15巻) ········ 45
LWR ·· 38
PCA(2巻) ··································· 45
PCB廃棄物処理特別措置法(4巻) ············ 45

M

PCM電流差動方式(7巻) ····················· 46
MA ··· 38
PCM搬送 ··································· 46

PC柱 ……………………………………… 46
PDH方式 ………………………………… 46
PEA(地方配電公社)(タイ)(15巻) ……… 46
PEFC(固体高分子形燃料電池)(13巻) …… 47
PFBC(加圧流動床燃焼技術)(11巻) …… 47
PFM-IM伝送方式 ………………………… 47
PLN(インドネシア電力公社)(15巻) …… 47
POPs条約 ………………………………… 48
PPS(特定規模電気事業者)(2、3巻) …… 48
PSS(系統安定化装置)(7巻) …………… 48
PTC(生産税控除)(15巻) ………………… 48
PUC(州公益事業委員会)(15巻) ………… 48
PURPA(公益事業規制政策法)(15巻) …… 49

Q

QAM ……………………………………… 49
QMS(2巻) ……………………………… 49

R

RAMP(12巻) …………………………… 49
RBMK(黒鉛減速軽水冷却沸騰水型炉)(9巻)
……………………………………… 49
RDF発電(11巻) ………………………… 50
RITE ……………………………………… 50
RO ………………………………………… 50
RPS(Renewables Portfolio Standard)制度
(3巻) …………………………………… 50
RPS制度(2、3巻) ……………………… 50
RPS法 …………………………………… 51
RTO(地域送電機関)(アメリカ)(15巻) … 51
RWE社 …………………………………… 51

S

SB電線 …………………………………… 51
SCC(13巻) ……………………………… 51
SDH (Synchronous Digital Hierarchy) 方式(13巻) ………………………………… 52
SEC(サウジアラビア電力公社)(15巻) …… 52
Sellafield Limited (セラフィールド・リミテッド)(12巻) …………………………… 52
SF_6(六フッ化硫黄)ガス ……………… 52
SFA(2巻) ……………………………… 53
SiC(シリコンカーバイド)デバイス(13巻)
……………………………………… 53
SIEPAC(中南米電力系統)(15巻) ……… 53
SIPサーバ ……………………………… 53
SIS(固体絶縁開閉装置)(13巻) ………… 53
SMES(超電導エネルギー貯蔵装置)(13巻)
……………………………………… 53
SMP(セラフィールドMOX燃料加工工場)(15巻) …………………………………… 54
SOFC(固体酸化物形燃料電池)(13巻) …… 54
SO_x(硫黄酸化物)(11巻) ……………… 54
SPM ……………………………………… 54
SQUID …………………………………… 54
SS ………………………………………… 54
SVC(静止型無効電力補償装置)(10巻) …… 54
SWCC (海水淡水化公社)(サウジアラビア)(15巻) …………………………………… 55
SWU ……………………………………… 55

T

TBM工法(13巻) ………………………… 55
TCSC (サイリスタ制御直列コンデンサ)(7巻) …………………………………… 55
TENEX(テネックス)(12巻) …………… 55
Thermal-NO_x(14巻) …………………… 56
THORP(使用済燃料再処理施設)(15巻) … 56
TradeTech(旧NUEXCO)(12巻) ……… 56
TRU核種(12巻) ………………………… 56
TRU廃棄物(12巻) ……………………… 56
TRU廃棄物処分技術検討書(12巻) ……… 57
TSSC (サイリスタ開閉直列コンデンサ)(7巻) …………………………………… 57
TVA(テネシー渓谷開発公社)(アメリカ)(15巻) …………………………………… 57

U

UBC(低品位炭改質技術)(11巻) ………… 57
UCPTE(発送電協調連盟)(15巻) ……… 58
UCTE(欧州送電協調連盟)(15巻) ……… 58
UF_6 ……………………………………… 58
UHV送電線(3巻) ……………………… 58
UNEP(国連環境計画)(3巻) …………… 58

UO₂	59
UPS(ロシア単一電力系統)(15巻)	59
URENCO Limited(ユレンコ)(12巻)	59
USC	59
USC(微粉炭火力発電技術)(11巻)	59
USEC(米国濃縮会社)(12巻)	59

V

VE提案(2巻)	60
VOC	60
VQC	60
VSAT	60
VVVF	60
V吊り懸垂装置	60

W

WANO(世界原子力発電事業者協会)(9巻)	60
WDM(10巻)	61
WNA	61
WSS(週末起動停止)(8巻)	61
WTI原油(11巻)	61

あ

アーク灯(3巻)	62
アークホーン(10巻)	62
アーク炉(7巻)	62
アーチダム(8巻)	62
アクシデントマネジメント(9巻)	63
アクチニドリサイクル技術(12巻)	63
浅地中処分(12巻)	63
アジア・太平洋パートナーシップ(APP)(15巻)	63
アップウィンド方式(8巻)	64
アメニティ(14巻)	64
アモルファスシリコン太陽電池(8巻)	64
アモルファス変圧器(10巻)	64
アラビアン・ライト(11巻)	65
アレバNC社(フランス)(15巻)	65
アレバNP社(フランス)(15巻)	65
アロケーション(8巻)	65
アンシラリーサービス費(6巻)	66
安全保護系(9巻)	66
アンバンドリング(1巻)	66
アンペア料金制(6巻)	67

い

イエローケーキ(ウラン精鉱)(12巻)	67
硫黄酸化物(11巻)	67
イオン交換法(12巻)	67
域内排出量取引制度(EUETS)(1巻)	68
イギリス原子燃料会社(15巻)	68
イギリス電力取引送電制度(15巻)	68
位相調整機(7巻)	68
位相比較リレー方式(7巻)	69
イタリア電力会社(15巻)	69
一次エネルギー(3巻)	69
一指令一操作(7巻)	69
一括指令操作(7巻)	69
溢水(7巻)	70
逸走(6巻)	70
一般炭(11巻)	70
一般担保(4巻)	70
一般電気事業供給約款料金算定規則(6巻)	70
一般電気事業者(3巻)	71
一般電気事業託送供給約款料金算定規則(6巻)	71
一般用電気工作物(4巻)	71
異電圧ループ(7巻)	72
移動無線(10巻)	72
移動用変圧器(10巻)	72
違約金(6巻)	72
インシチュ・リーチング(12巻)	72
インターナルポンプ(9巻)	72
インバランス(3巻)	73
インバランス料金(6巻)	73
インピーダンス(7巻)	73

う

ウインド・ファーム(11巻)	73
ウラン(9巻)	74
ウラン精鉱(12巻)	74
ウラン濃縮法(12巻)	74

ウラン廃棄物(12巻) ……………… 74
上乗せ基準(14巻) ………………… 74
運転資本(6巻) …………………… 74
運転予備力(7巻) ………………… 75

え

エアモルタル(13巻) ……………… 75
営業外収益(5巻) ………………… 75
営業外費用(5巻) ………………… 75
営業費(6巻) ……………………… 75
液化石油ガス(11巻) ……………… 76
液化天然ガス(3巻) ……………… 76
エコ・アイス(13巻) ……………… 76
エコキュート(2巻) ……………… 76
エジソン電気協会(15巻) ………… 76
エタノール製造技術(8巻) ……… 76
エネルギー安全保障研究会(11巻) … 76
エネルギー間競争(3巻) ………… 77
エネルギー管理システム(BEMS)(1巻) … 77
エネルギー基本計画(11巻) ……… 77
エネルギー自給率(1巻) ………… 78
エネルギー政策基本法(3巻) …… 78
エネルギー対策特別会計(13巻) … 78
エネルギー転換部門(1巻) ……… 78
エネルギーの使用の合理化に関する法律(4巻) … 79
塩害(7巻) ………………………… 79
遠心分離法(ウラン濃縮法)(12巻) … 79
遠赤外線加熱(13巻) ……………… 79
延滞利息制度(6巻) ……………… 80

お

オイルサンド(11巻) ……………… 80
オイルシェール(11巻) …………… 80
欧州加圧水型炉(9巻) …………… 80
欧州気候変動プログラム(15巻) … 80
欧州送電系統運用者協会(15巻) … 80
欧州電力・ガス規制機関グループ(15巻) … 80
大阪電燈(3巻) …………………… 81
オーダー2000(アメリカ)(15巻) … 81
オーダー888(アメリカ)(15巻) … 81
オーバーパック(12巻) …………… 81

オープンアクセス義務(4巻) …… 81
オール電化住宅(13巻) …………… 81
岡山電燈(3巻) …………………… 82
押込水頭(8巻) …………………… 82
押出しモールド方式(10巻) ……… 82
汚染負荷量賦課金(14巻) ………… 82
オゾン層破壊(14巻) ……………… 82
オゾン層を破壊する物質に関するモントリオール議定書(14巻) … 83
オゾンホール(14巻) ……………… 83
オフガス(12巻) …………………… 83
オフバランス・アウトソーシング(1巻) … 83
オフピーク蓄熱式電気温水器(6巻) … 83
オルキルオト発電所(9巻) ……… 84
卸売供給(4巻) …………………… 84
卸電力取引所(3巻) ……………… 84
温室効果ガス(3巻) ……………… 84
温室効果ガス削減目標(14巻) …… 85
温室効果ガス濃度(14巻) ………… 85
温排水(14巻) ……………………… 85
オンライン事前演算型系統安定化システム(10巻) … 85

か

加圧流動床燃焼技術(11巻) ……… 86
加圧流動床ボイラ(13巻) ………… 86
海外電力調査会(3巻) …………… 86
会計基準(5巻) …………………… 86
会計期報(5巻) …………………… 86
会計財務規制(4巻) ……………… 86
会計整理の例外承認(5巻) ……… 87
会計分離(3巻) …………………… 87
がいし(10巻) ……………………… 87
回収ウラン(12巻) ………………… 87
海水揚水発電(8巻) ……………… 87
海水揚水発電技術実証試験(13巻) … 88
改正EU電力(自由化)指令(15巻) … 88
改正リサイクル法(14巻) ………… 88
回線選択リレー方式(7巻) ……… 88
階層制御(8巻) …………………… 89
回避可能原価(アメリカ)(15巻) … 89
外部診断技術(10巻) ……………… 89

開閉サージ(10巻)	90
開放サイクル・ガスタービン(8巻)	90
海洋汚染(14巻)	90
海洋汚染及び海上災害の防止に関する法律(11巻)	91
改良型加圧水型軽水炉(9巻)	91
改良型ガス冷却炉(9巻)	91
改良型制御棒駆動機構(FMCRD)(9巻)	91
改良型沸騰水型軽水炉(9巻)	91
核分裂(9巻)	91
核分裂性物質(9巻)	92
化学的酸素要求量(14巻)	92
夏季需要(7巻)	92
架空送電設備(10巻)	92
核拡散抵抗性(12巻)	92
核原料物質、核燃料物質及び原子炉の規制に関する法律(9巻)	92
拡散方程式(9巻)	93
確認埋蔵量(11巻)	93
核燃料勘定(5巻)	94
核燃料減損額(6巻)	94
核燃料税(5巻)	94
核不拡散条約(12巻)	94
核不拡散性(核拡散抵抗性)(12巻)	94
核分裂エネルギー(9巻)	95
核分裂収率(9巻)	95
核分裂生成物(FP)(9巻)	95
核分裂連鎖反応(12巻)	95
核融合発電(13巻)	95
核融合炉(13巻)	96
確率手法(1巻)	96
可採埋蔵量(11巻)	96
火主水従(3巻)	96
ガス・ツー・リキッド燃料(8巻)	97
ガス・電力市場委員会(イギリス)(15巻)	97
ガス拡散法(12巻)	97
ガス火力(8巻)	98
ガス絶縁開閉装置(13巻)	98
ガス絶縁変圧器(10巻)	98
ガスタービン発電(8巻)	98
ガス田権益(1巻)	98
ガス密閉母線(8巻)	99
ガス冷房(2巻)	99
河川維持流量(8巻)	99
河川法(8巻)	99
架橋ポリエチレン(10巻)	99
仮想事故(9巻)	100
仮送電工法(10、13巻)	100
画像伝送技術(画像符号化技術)(10巻)	100
ガソリン(11巻)	101
渇水準備引当金(5巻)	101
渇水量(8巻)	101
活動基準原価計算(ABC)方式(10巻)	101
過度経済力集中排除法(3巻)	102
カナダ型重水炉(9巻)	102
可燃性毒物(バーナブル・ポイズン)(9巻)	102
可能出力曲線(7巻)	102
ガバナ・フリー運転(7巻)	102
株主資本等変動計算書(5巻)	103
可変速揚水技術(8巻)	103
可変速揚水発電システム(13巻)	103
ガラス固化(体)(12巻)	104
ガラス繊維強化プラスチック(13巻)	104
カリフォルニア電力危機(15巻)	104
火力発電所(7巻)	104
環境アセスメント(14巻)	104
環境影響調査(14巻)	104
環境影響調査書(8巻)	104
環境影響評価(環境アセスメント)(14巻)	105
環境影響評価条例(14巻)	105
環境影響評価法(14巻)	105
環境家計簿(1巻)	106
環境基準(14巻)	106
環境基本計画(14巻)	106
環境基本法(14巻)	107
環境税(11巻)	108
環境税制改革の導入に関する法(ドイツ)(15巻)	108
環境に関するボランタリープラン(14巻)	108
環境への負荷(14巻)	108
環境保全協定(14巻)	109
環境モニタリング(14巻)	109

韓国電力公社(15巻) ……………… 109
韓国電力取引所(15巻) ……………… 109
乾式アンモニア接触還元法(14巻) ……… 109
乾式法(12巻) ……………………… 109
勘定科目表(5巻) …………………… 109
緩衝材(12巻) ……………………… 110
間接活線工法(10巻) ………………… 110
簡素化ペレット法(12巻) ……………… 110
ガンマ線(12巻) …………………… 110
関連建設費(5巻) …………………… 110
管路(10巻) ………………………… 111
管路気中送電線(GIL)(10巻) ………… 111

き

希ガスホールドアップ装置(12巻) ……… 111
企業会計原則(5巻) ………………… 112
気候変動課徴金(15巻) ……………… 112
気候変動に関する政府間パネル(3巻) …… 112
気候変動枠組条約(3巻) ……………… 112
技術基準(4巻) ……………………… 112
技術基準適合命令(4巻) ……………… 113
基準原油価格(11巻) ………………… 113
基準地振動(9巻) …………………… 113
季節別時間帯別電灯(6巻) …………… 114
季節別料金制度(6巻) ………………… 114
機能別分類(5巻) …………………… 114
揮発性有機化合物(VOC)(14巻) ……… 114
気泡混合軽量土(13巻) ……………… 115
基本料金制(6巻) …………………… 115
逆フラッシオーバ(10巻) ……………… 115
キャップ&トレード型(1巻) ………… 115
キャビテーション(8巻) ……………… 116
ギャロッピング(10巻) ……………… 116
ギャロッピング防止対策(13巻) ……… 116
吸収線量(9巻) ……………………… 117
給電指令(1巻) ……………………… 117
京都メカニズム(1巻) ………………… 117
強化プラスチック管(8巻) …………… 118
強化プラスチック複合管(PFP管)(10巻) ……………………………………… 118
供給区域(4巻) ……………………… 118
供給計画(1巻) ……………………… 118

供給承諾(6巻) ……………………… 119
供給信頼度(7巻) …………………… 119
供給地点(4巻) ……………………… 119
供給停止 …………………………… 120
供給の単位(6巻) …………………… 120
供給命令(4巻) ……………………… 120
供給約款(6巻) ……………………… 121
供給約款料金審査要領(6巻) ………… 122
供給予備力(7巻) …………………… 122
供給力(8巻) ………………………… 122
競争環境整備室(2巻) ………………… 123
共抽出技術(12巻) …………………… 123
共同火力(3巻) ……………………… 123
共同溝(10巻) ……………………… 123
共同火力発電事業者(1巻) …………… 124
共同実施(14巻) …………………… 124
共同受電契約(6巻) ………………… 125
京都議定書(3巻) …………………… 125
京都議定書目標達成計画(14巻) ……… 125
京都電燈(3巻) ……………………… 126
業務規制(1巻) ……………………… 126
業務用電力(3、6巻) ………………… 126
共鳴吸収(9巻) ……………………… 126
逆調整池式発電所(8巻) ……………… 127
巨視的断面積(9巻) ………………… 127
魚道(8巻) ………………………… 127
汽力発電(8巻) ……………………… 127
均質・均一固化(体)(12巻) …………… 127
金属系超電導材料(13巻) …………… 128
金属燃料(12巻) …………………… 128

く

クエンチ(13巻) …………………… 128
クッキングヒータ(13巻) …………… 128
熊本電燈(3巻) ……………………… 128
クライアント／サーバ方式(13巻) …… 128
クリーン・コール・サイクル(C3)(11巻) ……………………………………… 129
クリーン・コール・テクノロジー(CCT)(11巻) ……………………………… 129
グリーン・ペーパー(11巻) ………… 129
グリーン・ペレット(12巻) ………… 130

| 目次索引 | 399 |

クリーン開発メカニズム(14巻) ……… 130
クリーンコールパワー研究所(1巻) …… 130
グリーン電力基金(3巻) …………………… 130
グリーン電力証書(3巻) …………………… 131
グレーター・サンライズ・プロジェクト(11巻) ………………………………………… 131
グレンイーグルズ行動計画(14巻) ……… 131
クロロフルオロカーボン(14巻) ………… 131

け

経営効率化計画(3巻) …………………… 131
景観対策(14巻) …………………………… 132
景観調和(2巻) …………………………… 132
計器用変成器(10巻) ……………………… 132
経済運用(7巻) …………………………… 133
経済改革研究会(平岩研究会)(4巻) …… 133
経済負荷配分制御(EDC)(13巻) ……… 133
経済融通(3巻) …………………………… 133
計算関係書類(5巻) ……………………… 133
軽水炉(LWR)(9巻) …………………… 134
軽水炉燃料集合体(12巻) ……………… 134
経団連の環境自主行動計画(1巻) ……… 134
系統安定化装置(7巻) …………………… 134
系統安定度(7巻) ………………………… 134
系統運用融通(3巻) ……………………… 135
系統切替(7巻) …………………………… 135
系統周波数特性定数(7巻) ……………… 135
系統操作(7巻) …………………………… 135
系統分離(7巻) …………………………… 136
系統保護リレーシステム(7巻) ………… 136
系統融通(3巻) …………………………… 136
系統容量(7巻) …………………………… 136
系統連系(7巻) …………………………… 136
契約違反(6巻) …………………………… 137
契約種別(6巻) …………………………… 137
契約電力(6巻) …………………………… 137
契約の単位(6巻) ………………………… 138
ケーブル強制冷却技術(10巻) …………… 138
ケーブル送電容量(10巻) ………………… 138
下水汚泥燃料(1巻) ……………………… 138
結晶シリコン型太陽電池(8巻) ………… 138
ケミカルヒートポンプ(13巻) …………… 139

減圧運転(変圧運転)(8巻) ……………… 139
原価算定期間(6巻) ……………………… 139
原価主義(4巻) …………………………… 140
減価償却費(6巻) ………………………… 140
減価償却、積立金、引当金に関する命令(5巻) ………………………………………… 140
原価要素(6巻) …………………………… 140
兼業規制(4巻) …………………………… 141
原型炉(12巻) …………………………… 141
健康項目(14巻) ………………………… 141
原子核(9巻) …………………………… 141
原子燃料(9巻) ………………………… 142
原子燃料サイクル(12巻) ……………… 142
原子力安全・保安院(9巻) …………… 142
原子力安全委員会(4巻) ……………… 143
原子力委員会(9巻) …………………… 143
原子力基本法(9巻) …………………… 143
原子力研究所(4巻) …………………… 144
原子力災害対策特別措置法(9巻) …… 144
原子力(平和利用)三原則(4巻) ……… 144
原子力政策大綱(3巻) ………………… 145
原子力「むつ」(4巻) …………………… 145
原子力損害の賠償に関する法律(9巻) … 145
原子力損害賠償補償契約に関する法律(4巻) ………………………………………… 146
原子力バックエンド事業(5巻) ……… 146
原子力発電環境整備機構(3巻) ……… 146
原子力発電工事償却準備引当金(5巻) … 146
原子力発電工事償却準備引当金に関する省令(4巻) …………………………………… 147
原子力発電施設解体費(6巻) ………… 147
原子力発電施設解体引当金(5巻) …… 147
原子力発電施設等辺地域交付金(4巻) … 147
原子力発電所(9巻) …………………… 147
原子力発電における使用済燃料の再処理等のための積立金の積み立て及び管理に関する法律(2巻) …………………………………… 148
原子力立国計画(1巻) ………………… 148
原子レーザー法(原子法)(12巻) …… 148
原子炉周期(9巻) ……………………… 148
原子炉主任技術者(9巻) ……………… 149
原子炉等規制法(9巻) ………………… 149

原子炉廃止措置(12巻) ……………… 149	公害防止条例(14巻) ………………… 158
原子炉立地審査指針(9巻) ………… 149	光化学オキシダント(14巻) ………… 159
原子炉冷却材圧力バウンダリ(9巻) … 149	工学的安全施設(9巻) ……………… 159
検針(6巻) …………………………… 150	公害対策基本法(14巻) ……………… 159
建設仮勘定(5巻) …………………… 150	降下ばいじん(14巻) ………………… 159
建設中利子(5巻) …………………… 150	工業技術院(13巻) …………………… 160
建設分担関連費(5巻) ……………… 150	公共用施設整備計画(4巻) ………… 160
減速材(9巻) ………………………… 151	公共用水域(4巻) …………………… 160
減速材温度係数(9巻) ……………… 151	公共用水域の水質の保全に関する法律(4巻)
現地組立形変圧器(10巻) …………… 151	……………………………………… 160
原油先物価格(11巻) ………………… 151	工業用水法(4巻) …………………… 160
原油リンク方式(11巻) ……………… 152	高経年化対策(9巻) ………………… 161

こ

	混合酸化物燃料(12巻) ……………… 161
高圧タービン遮断コーティング(13巻) … 152	高効率ガスタービン(13巻) ………… 161
高圧自動電圧調整器(10巻) ………… 152	高効率ターボ冷凍機(1巻) ………… 161
高圧電力(6巻) ……………………… 152	高効率熱源機(1巻) ………………… 161
高圧又は特別高圧で受電する需要家の高調波	口座振替割引契約(6巻) …………… 162
抑制対策ガイドライン(7巻) ……… 153	工事計画(4巻) ……………………… 162
広域運営(3巻) ……………………… 153	工事費負担金(5巻) ………………… 162
行為規制(1巻) ……………………… 153	工事費負担金制度(6巻) …………… 162
広域的運営(1巻) …………………… 154	公衆街路灯(6巻) …………………… 163
高位発熱量基準(1巻) ……………… 154	工場排水等の規制に関する法律(4巻) … 163
公益事業委員会(3巻) ……………… 154	控除収益(6巻) ……………………… 163
公益事業特権(4巻) ………………… 154	高性能酸化亜鉛形避雷器(13巻) …… 163
公益事業令(3巻) …………………… 155	高速増殖炉(3巻) …………………… 164
公益的課題(1巻) …………………… 155	高速増殖炉サイクル(9巻) ………… 164
高温ガス炉(13巻) …………………… 155	高速中性子炉(9巻) ………………… 164
高温岩体発電(13巻) ………………… 155	高速バルブ制御(7巻) ……………… 164
高温工学試験研究炉(9巻) ………… 156	高速PLC技術(13巻) ………………… 164
高圧タービン遮断コーティング(TBC)(13	公租公課 ……………………………… 165
巻) ………………………………… 156	亘長(10巻) …………………………… 165
公害(14巻) …………………………… 156	広聴(2巻) …………………………… 165
公害健康被害補償法(公害健康被害の補償等に	公聴会(4巻) ………………………… 165
関する法律)(14巻) ……………… 156	高調波(10巻) ………………………… 165
公害健康被害補償法の認定患者(14巻) … 156	高調波環境目標レベル(10巻) ……… 166
公害国会(14巻) ……………………… 157	交直変換設備(10巻) ………………… 166
公開ヒアリング(4巻) ……………… 157	交直変換装置(7巻) ………………… 166
公害紛争処理法(14巻) ……………… 157	構内光LAN(10巻) …………………… 167
公害防止管理者(14巻) ……………… 158	購入電力料(6巻) …………………… 167
公害防止協定(環境保全協定)(14巻) … 158	高濃縮ウラン(HEU)(12巻) ………… 167
公害防止計画(14巻) ………………… 158	後備保護(7巻) ……………………… 167
	神戸電燈(3巻) ……………………… 168

項目	ページ
公有水面埋立法（4巻）	168
小売自由化（1巻）	168
効率化努力目標額（6巻）	169
高流動点（HPP）原油（11巻）	169
交流励磁機方式（8巻）	169
高レベル放射性廃棄物（高レベル廃棄物）（12巻）	169
高レベル放射性廃棄物貯蔵管理センター（12巻）	169
混焼火力（8巻）	169
コークス炉ガス（COG）（11巻）	170
コージェネレーション（3巻）	170
コール・センター（11巻）	170
コールチェーン（11巻）	170
黒鉛減速軽水冷却沸騰水型炉（9巻）	171
国際エネルギー機関（3巻）	171
国際原子力エネルギー・パートナーシップ（GNEP）（11、12巻）	171
国際原子力機関（3巻）	171
国際短期導入炉（INTD）（9巻）	171
国際超電導産業研究センター（13巻）	171
国際放射線防護委員会（9巻）	171
国産天然ガス発電（11巻）	171
極低温ケーブル（10巻）	172
国土利用計画法（4巻）	172
国内炭（11巻）	172
国内排出量取引制度（1巻）	173
国連人間環境会議（14巻）	173
国連環境計画（3巻）	173
故障点標定（10巻）	173
固体高分子形燃料電池（13巻）	174
固体酸化物形燃料電池（13巻）	174
固体絶縁開閉装置（13巻）	174
国家電力公司（中国）（15巻）	174
固定価格買取制度（3巻）	174
固定性配列法（5巻）	174
固定費の配分（6巻）	175
個別原価計算（6巻）	175
個別償却と総合償却（5巻）	175
ゴム引布製起伏ダム（8巻）	175
コンクリート重力式ダム（8巻）	176
コンクリート中空重力式ダム（8巻）	176
混焼方式（11巻）	176
コンバインドサイクル発電（3、13巻）	176

さ

項目	ページ
サージアブソーバー（8巻）	177
サージタンク（8巻）	177
サーマルノックス（14巻）	177
西気東輸（中国）（15巻）	177
サイクリック・デジタル、情報伝送（10巻）	177
サイクルイニシアティブ（AFCI）計画（12巻）	177
採鉱（12巻）	178
財産分界点（6巻）	178
最終エネルギー消費（1巻）	178
最終保障義務（2巻）	178
最終保障約款（4巻）	178
最小限界出力比（9巻）	179
最小限界熱束比（9巻）	179
再生資源の利用の促進に関する法律（リサイクル法）（14巻）	179
最大電力（7巻）	180
最大電力標準法（6巻）	180
最低料金制（6巻）	180
再転換（12巻）	181
サイリスタ開閉直列コンデンサ（7巻）	181
サイリスタ制御直列コンデンサ（7巻）	181
サイリスタバルブ（10巻）	181
札幌電燈舎（3巻）	181
砂漠化（14巻）	181
酸化亜鉛素子（10巻）	182
酸化ウラン燃料（9巻）	182
酸化物超電導体（13巻）	182
産業廃棄物（13巻）	182
サンシャイン計画（3巻）	183
酸性雨（14巻）	183
三段階料金制度（6巻）	183

し

項目	ページ
シーケンス・コントローラー（8巻）	184
シールド工法（10巻）	184
自家発補給電力（6巻）	185

自家用電気工作物(4巻) ……………………… 185
自家用発電設備設置者(2巻) ………………… 185
時間帯別電灯(6巻) …………………………… 185
磁気分離(13巻) ………………………………… 186
事業用電気工作物(2巻) ……………………… 186
事業外固定資産(5巻) ………………………… 186
事業外収益(5巻) ……………………………… 186
事業外費用(5巻) ……………………………… 186
事業者間精算収益(5巻) ……………………… 187
事業者間精算費(5、6巻) ……………………… 187
事業税(5巻) …………………………………… 187
事業の許可(4巻) ……………………………… 187
事業報酬(6巻) ………………………………… 187
事業報酬率(6巻) ……………………………… 188
資源ナショナリズム(11、15巻) ……………… 188
資源の有効な利用の促進に関する法律(14巻)
 …………………………………………………… 188
事後監視型・ルール遵守型行政(6巻) ……… 189
自己資本比率(6巻) …………………………… 189
事故波及防止リレー方式(7巻) ……………… 189
資産再評価(3巻) ……………………………… 189
資産単位物品(5巻) …………………………… 190
自主開発原油(11巻) …………………………… 190
自主復旧操作(7巻) …………………………… 190
市場監視小委員会(2巻) ……………………… 190
次世代ガス開発装置(10巻) …………………… 190
次世代型軽水炉(13巻) ………………………… 191
自然環境保全法(4、14巻) …………………… 191
自然公園法(14巻) ……………………………… 192
自然独占(1巻) ………………………………… 192
自然冷媒ヒートポンプ(13巻) ………………… 192
持続可能な開発(14巻) ………………………… 192
実効増倍係数(9巻) …………………………… 193
湿式法(燃料再処理)(12巻) …………………… 193
実証炉(12巻) …………………………………… 193
湿分利用(AHAT)ガスタービン(13巻) …… 193
実用化戦略調査研究(1巻) …………………… 193
実用発電用原子炉の設置、運転等に関する規
 則(9巻) ………………………………………… 194
実量値契約方式(6巻) ………………………… 194
指定試験機関(4巻) …………………………… 194
自動給電システム(13巻) ……………………… 194
自動再閉路装置(7巻) ………………………… 194
自動車NO_x、PM法(4巻) …………………… 195
自動周波数制御装置(10巻) …………………… 195
自動電圧調整器(AVR)(7巻) ………………… 195
自動負荷調整装置(8巻) ……………………… 196
自動無効電力調整装置(AQR)(7巻) ………… 196
自動力率調整装置(APFR)(7巻) …………… 196
資本の支出と収益の支出(5巻) ……………… 196
ジメチルエーテル(DME)(11巻) …………… 196
遮断器(10巻) …………………………………… 196
しゃへい材(9巻) ……………………………… 197
ジャンパ横振れ(10巻) ………………………… 197
集じん効率(8巻) ……………………………… 197
集じん装置(8巻) ……………………………… 197
重水炉(12巻) …………………………………… 197
修繕費(6巻) …………………………………… 197
重大事故(9巻) ………………………………… 198
充填固化体(12巻) ……………………………… 198
周波数(10巻) …………………………………… 198
周波数変換所(7巻) …………………………… 198
周波数バイアス(偏倚)連系線電力制御(TBC)
 (7巻) …………………………………………… 199
周波数変換器(10巻) …………………………… 199
周波数変動対策(8巻) ………………………… 199
重油(11巻) ……………………………………… 199
重要電源開発地点(4巻) ……………………… 200
重要電源開発地点指定制度(1巻) …………… 200
従量料金制(6巻) ……………………………… 200
従量電灯(6巻) ………………………………… 201
樹枝状配電方式(7巻) ………………………… 201
需給計画(7巻) ………………………………… 202
需給バランス(7巻) …………………………… 202
需給契約(6巻) ………………………………… 202
需給地点(6巻) ………………………………… 202
需給調整融通(3巻) …………………………… 203
主任技術者(4巻) ……………………………… 203
ジュネーブ協定(11巻) ………………………… 203
需要家費(6巻) ………………………………… 204
需要種別(6巻) ………………………………… 204
需要場所(6巻) ………………………………… 204
循環型社会形成推進基本法(14巻) …………… 204
瞬間消費性(1巻) ……………………………… 204

瞬時電圧低下(瞬低)(7巻) ……………… 205
瞬時電圧低下対策装置(10巻) …………… 205
順送式故障区間検出方式(7巻) …………… 205
省議アセスメント(4巻) …………………… 206
蒸気タービン(8巻) ………………………… 206
蒸気卓越型(8巻) …………………………… 206
消弧リアクトル接地方式(7巻) …………… 206
常時バックアップ(3巻) …………………… 206
照射線量(9巻) ……………………………… 207
小出力発電設備(4巻) ……………………… 207
使用済燃料(12巻) …………………………… 207
使用済燃料プール(12巻) …………………… 207
使用済MOX燃料(12巻) …………………… 208
使用済燃料再処理等既発電費(6巻) ……… 208
使用済燃料再処理等積立金(5巻) ………… 208
使用済燃料再処理等準備費(5巻) ………… 208
使用済燃料再処理等準備引当金(5巻) …… 208
使用済燃料再処理等発電費 ………………… 208
使用済燃料再処理等費 ……………………… 208
使用済燃料再処理等引当金 ………………… 208
使用済燃料貯蔵施設(中間貯蔵施設)(12巻)
　 ……………………………………………… 209
使用済燃料の再処理(12巻) ………………… 209
使用済燃料ピット(12巻) …………………… 209
状態監視保全(1巻) ………………………… 209
消費地精製方式(11巻) ……………………… 209
情報遮断(4巻) ……………………………… 210
消防法(4巻) ………………………………… 210
使用前安全管理検査(4巻) ………………… 210
使用前検査(4巻) …………………………… 211
使用前自主検査(8巻) ……………………… 211
商用周波異常電圧(10巻) …………………… 211
擾乱(7巻) …………………………………… 212
除却仮勘定(5巻) …………………………… 212
職制別計上科目基準(5巻) ………………… 212
除染係数(DF)(12巻) ……………………… 212
所内電力(8巻) ……………………………… 212
需要区分(6巻) ……………………………… 213
シリコーン変圧器(10巻) …………………… 213
シリコンカーバイドデバイス(13巻) ……… 213
ジルカロイ(12巻) …………………………… 213
ジルコニウム合金(9巻) …………………… 213

新・国家エネルギー戦略(11、12巻) ……… 214
新エネルギー(8、11巻) …………………… 214
新エネルギー利用等の促進に関する特別措置
　法(4巻) …………………………………… 214
新型転換炉(9巻) …………………………… 215
真空バルブ式LTC(10巻) ………………… 215
人件費(6巻) ………………………………… 215
人工バリア(12巻) …………………………… 215
進相運転(7巻) ……………………………… 216
深層取水(14巻) ……………………………… 216
新増設供給義務(2巻) ……………………… 216
振動規制法(14巻) …………………………… 217
深夜電力(6巻) ……………………………… 217
深夜率(1巻) ………………………………… 217
信頼回復委員会(1巻) ……………………… 217
森林の減少(14巻) …………………………… 218

す

水質汚濁防止法(14巻) ……………………… 218
水主火従(3巻) ……………………………… 218
推進工法(10巻) ……………………………… 219
水素イオン濃度(指数)(14巻) ……………… 219
水素エネルギー(13巻) ……………………… 219
水素ステーション(13巻) …………………… 219
水素貯蔵(13巻) ……………………………… 219
水中放流方式(14巻) ………………………… 220
水中ポンプ形水車(13巻) …………………… 220
水密形絶縁電線(10巻) ……………………… 220
水利権(8巻) ………………………………… 220
水力発電(8巻) ……………………………… 221
水力発電施設周辺地域交付金(4巻) ……… 221
水路式発電所(8巻) ………………………… 221
スーパー・ゴミ発電(11巻) ………………… 221
スーパーフェニックス(9巻) ……………… 222
スタッカー(8巻) …………………………… 222
スタッキングレシオ(7巻) ………………… 222
スタットクラフト社(ノルウェー)(15巻)
　 ……………………………………………… 222
ストーカ炉(8巻) …………………………… 222
ストール制御(13巻) ………………………… 222
ストックホルム条約(POPs条約)(14巻) … 222
ストランデッドコスト化(4巻) …………… 223

スプリッタランナ(13巻) ······ 223
スペイン電気事業連合会(15巻) ······ 223
スポット価格(11巻) ······ 223
スポットネットワーク方式(7巻) ······ 224
スラリー(11巻) ······ 224
スラリー燃料化技術(8巻) ······ 224
スリーマイル・アイランド(原子力発電所)事故(9巻) ······ 224
諏訪エネルギーサービス㈱(1巻) ······ 225

せ

生活環境項目(14巻) ······ 225
制御材(9巻) ······ 225
制御地域(アメリカ)(15巻) ······ 226
制御棒(9巻) ······ 226
成型加工(12巻) ······ 226
静止型無効電力補償装置(7、10巻) ······ 226
静止形励磁方式(8巻) ······ 226
正常営業循環基準(5巻) ······ 226
制水門(8巻) ······ 227
成績係数(13巻) ······ 227
生物化学的酸素要求量(14巻) ······ 227
生物多様性国家戦略(14巻) ······ 227
製錬(粗製錬)(12巻) ······ 227
ゼオライト(13巻) ······ 227
世界原子力協会(WNA)(12巻) ······ 228
石炭ガス化燃料電池複合発電(13巻) ······ 228
石炭ガス化複合発電技術(11巻) ······ 228
石炭火力(8巻) ······ 228
石炭資源開発㈱(11巻) ······ 228
石炭スラリー製造技術(11巻) ······ 229
石炭灰(13巻) ······ 229
石炭メジャー(11巻) ······ 229
石油依存度(11巻) ······ 229
石油火力(8巻) ······ 230
石油危機(3巻) ······ 230
石油業法(11巻) ······ 230
石油コンビナート等災害防止法(4巻) ······ 230
石油石炭税(11巻) ······ 231
石油増進回収(13巻) ······ 231
石油代替エネルギー(3巻) ······ 231
石油代替エネルギーの開発及び導入の促進に関する法律(3巻) ······ 231
石油代替エネルギーの供給目標(11巻) ······ 232
石油備蓄法(現:石油の備蓄の確保等に関する法律)(11巻) ······ 232
石油元売会社(11巻) ······ 233
セクター別アプローチ(1巻) ······ 233
石炭ガス化複合発電(IGCC)(8巻) ······ 234
絶縁協調(10巻) ······ 234
石灰(石灰石)―石こう法(14巻) ······ 234
接続供給(6巻) ······ 235
設備利用率(1巻) ······ 235
瀬戸内海環境保全特別措置法(14巻) ······ 235
セラフィールド・リミテッド(12巻) ······ 235
セラフィールドMOX燃料加工工場(15巻) ······ 236
セラミック燃料(12巻) ······ 236
全国融通(7巻) ······ 236
全固体絶縁変電所(10巻) ······ 236
センサネットワーク(10巻) ······ 236
先進湿式法再処理(1巻) ······ 237
仙台電燈(3巻) ······ 237
選択取水設備(8巻) ······ 237
選択周波数制御(7巻) ······ 237
選択約款(3巻) ······ 237
尖頭責任標準法(6巻) ······ 238
潜熱蓄熱(13巻) ······ 238
全面プールモデル(1巻) ······ 238
専用供給設備(6巻) ······ 239
線量当量(9巻) ······ 239
線路電圧降下補償器(LDC)(7巻) ······ 239
線路用電圧調整器(7巻) ······ 240

そ

騒音規制法(14巻) ······ 240
双極導体帰路方式(10巻) ······ 240
総原価(6巻) ······ 240
総合エネルギー効率(1巻) ······ 241
総合エネルギー調査会(11巻) ······ 241
総合資源エネルギー調査会電気事業分科会(1巻) ······ 241
総合資源エネルギー調査会電源開発分科会 ······ 242

総合排水処理装置(14巻)……………… 242
相互調整融通(6巻)…………………… 242
増殖(12巻)……………………………… 242
早収料金制度(6巻)…………………… 242
送電線保護継電方式(10巻)…………… 243
送電電圧(10巻)………………………… 243
送電電圧制御励磁装置(PSVR)(7巻) 243
送配電等業務支援機関(2巻)………… 243
送配電部門の行為規制(2巻)………… 244
総量規制(14巻)………………………… 244
速度垂下特性(7巻)…………………… 244
即発中性子と遅発中性子(9巻)……… 244
即発臨界と遅発臨界(9巻)…………… 245
ソフト地中化方式(14巻)……………… 245
ソリディティ比(13巻)………………… 245
損失電流高調波成分法(10巻)………… 245
損失の低減(地中線)(10巻)…………… 245

た

タービン高速バルブ制御(10巻)……… 246
タービン発電機(8巻)………………… 246
第2深夜電力(6巻)…………………… 246
ダイオキシン類等対策特別措置法(4巻)
　………………………………………… 246
大気汚染防止法(14巻)………………… 246
太径中空高密度燃料(中空燃料)(12巻)… 247
大同電力(3巻)………………………… 247
大都市外輪系統(7巻)………………… 247
第二次石油危機(11巻)………………… 247
太陽エネルギー(13巻)………………… 247
太陽光発電(3巻)……………………… 247
太陽電池(13巻)………………………… 248
耐雷ホーン(10巻)……………………… 248
台湾電力公司(15巻)…………………… 248
高松電燈(3巻)………………………… 248
託送供給(1巻)………………………… 248
託送供給約款(6巻)…………………… 249
託送供給約款届出義務(4巻)………… 249
託送収益(5巻)………………………… 249
託送料(5巻)…………………………… 249
託送料金………………………………… 249
他社販売(購入)電力料(5巻)………… 250

多重事故(7巻)………………………… 250
多重バリアシステム(12巻)…………… 250
多重防護(深層防護)(9巻)…………… 250
多地点接続装置(MCU)(13巻)……… 250
脱調(7巻)……………………………… 250
脱調未然防止リレーシステム(10巻)… 251
多導体送電線(10巻)…………………… 251
他人資本比率(6巻)…………………… 251
タバニール社(イラン)(15巻)………… 251
ダブルフラッシュ方式(13巻)………… 252
ダム管理主任技術者(8巻)…………… 252
ダム式発電所(8巻)…………………… 252
ダム水路式発電所(8巻)……………… 252
ダム操作規程(8巻)…………………… 252
多目的ダム(8巻)……………………… 253
頼母木案(3巻)………………………… 253
短周期電圧変動(7巻)………………… 253
炭鉱技術移転5カ年計画(11巻)……… 253
弾性散乱と非弾性散乱(9巻)………… 254
炭素クレジット(1巻)………………… 254
断面積(9巻)…………………………… 254
短絡強度(7巻)………………………… 255
短絡容量(7巻)………………………… 255
断路器(10巻)…………………………… 255

ち

地帯間販売(購入)電力料(5巻)……… 256
地域温室効果ガス・イニシアチブ(RGGI)(アメリカ)(15巻)……………………… 256
地域冷暖房システム(2巻)…………… 256
チーム・マイナス6%(1巻)………… 256
チェルノブイリ原子力発電所事故(9巻)
　………………………………………… 257
地球温暖化(14巻)……………………… 257
地球温暖化対策推進法(14巻)………… 257
地球温暖化防止行動計画(3巻)……… 258
地球環境産業技術研究機構(13巻)…… 258
地球サミット(14巻)…………………… 258
蓄熱式電気暖房器(6巻)……………… 258
蓄熱式床暖房(6巻)…………………… 258
蓄熱事業(1巻)………………………… 259
蓄熱システム(13巻)…………………… 259

蓄熱調整契約制度(6巻) ……………… 259
地層処分(12巻) ……………………… 259
窒化物燃料(12巻) …………………… 259
窒素酸化物(11巻) …………………… 260
地熱発電(13巻) ……………………… 260
地方給電所(7巻) …………………… 260
中央環境審議会(14巻) ……………… 260
中空燃料(12巻) ……………………… 261
中継振替(4巻) ……………………… 261
中性子(9巻) ………………………… 261
中性子吸収材(12巻) ………………… 261
中性子の減速と拡散(9巻) ………… 261
中性子の散乱と吸収(9巻) ………… 261
中性点接地方式(7巻) ……………… 262
中東欧電力供給機構(15巻) ………… 262
中央給電指令所(7巻) ……………… 262
長期エネルギー需給見通し(3巻) … 262
超高圧送電線(10巻) ………………… 263
超高圧連系系統(7巻) ……………… 263
超小型衛星通信地球局(VSAT)(13巻) … 263
長周期電圧変動(7巻) ……………… 263
調整池式発電所(8巻) ……………… 263
超々臨界圧プラント(USC)(13巻) … 264
超電導エネルギー貯蔵装置(13巻) … 264
超電導ケーブル(13巻) ……………… 264
超電導限流器(13巻) ………………… 264
超電導磁束干渉素子(SQUID)(13巻) … 265
超電導線材(13巻) …………………… 265
超電導発電機(13巻) ………………… 265
超電導フライホイール(13巻) ……… 265
超電導変圧器(13巻) ………………… 266
長半減期低発熱性放射性廃棄物(12巻) … 266
聴聞(4巻) …………………………… 266
潮流調整(7巻) ……………………… 267
直流送電(10巻) ……………………… 267
直流励磁方式(8巻) ………………… 267
直流連系(7巻) ……………………… 267
直列リアクトル(限流リアクトル)(7巻)
 ……………………………………… 268
貯水池式発電所(7巻) ……………… 268
貯蔵品の棚卸し(5巻) ……………… 268
貯炭場(8巻) ………………………… 268

直交振幅変調方式(QAM)(13巻) …… 268
超電導ケーブル(10巻) ……………… 269
地絡電流(10巻) ……………………… 269
チロリアン型取水方式(8巻) ……… 269

つ

通信運用監視システム(10巻) ……… 270
通電制御型蓄熱式機器(6巻) ……… 270
通電制御型蓄熱式機器割引(6巻) … 270

て

低圧季節別時間帯別電力(6巻) …… 270
低圧高負荷契約(6巻) ……………… 271
低圧電力(6巻) ……………………… 271
低位発熱量(LHV)基準(1巻) ……… 271
ディーゼル発電(8巻) ……………… 271
低インダクタンス送電線(10巻) …… 272
定額電灯(6巻) ……………………… 272
定額法(5巻) ………………………… 272
定額料金制(6巻) …………………… 273
定期安全管理検査(4巻) …………… 273
定期安全レビュー(9巻) …………… 274
定期検査(8巻) ……………………… 274
テイク・オア・ペイ(11巻) ………… 274
抵抗加熱(13巻) ……………………… 275
低周波音(14巻) ……………………… 275
低周波振動(14巻) …………………… 275
定周波数制御(FFC)(7巻) ………… 275
てい増(減)料金制(6巻) …………… 275
低NO_Xバーナ(14巻) ……………… 275
低品位炭改質技術(11巻) …………… 276
低風圧形絶縁電線(10巻) …………… 276
低落差発電所(8巻) ………………… 276
定率法(5巻) ………………………… 276
低流動点(LPP)原油(11巻) ………… 277
低レベル放射性廃棄物(低レベル廃棄物)(12
 巻) ………………………………… 277
低レベル放射性廃棄物埋設センター(12巻)
 ……………………………………… 277
定期事業者検査(8巻) ……………… 277
適正取引ガイドライン(2巻) ……… 277
デジタルリレー(7、10巻) ………… 278

テトラクロロエチレン(14巻) …… 278	電気通信事業法(4巻) …… 288
テナガ・ナショナル社(TNB)(マレーシア)(15巻) …… 279	電気という財の特性(1巻) …… 289
	電気二重層キャパシタ(EDLC)(13巻) …… 289
電圧・無効電力制御(VQC)(13巻) …… 279	電気の供給の中止または使用の制限・中止(6巻) …… 289
テネックス(12巻) …… 279	
デフォルト値(2巻) …… 279	電気用品安全法(4巻) …… 289
テヘラン協定(11巻) …… 279	電気料金の決定原則(5巻) …… 290
デュレーションカーブ(負荷持続曲線)(1巻) …… 279	電気料金債権の確保(6巻) …… 290
	電気料金暫定引き下げ措置(6巻) …… 290
テレメータ(10巻) …… 280	電気料金情報公開ガイドライン(6巻) …… 291
電圧・周波数の維持(4巻) …… 280	電気料金制度調査会(3巻) …… 291
電圧調整(7巻) …… 280	電気料金決定の3原則(6巻) …… 291
電圧フリッカ(7巻) …… 280	電力系統の広域運用(7巻) …… 292
電化厨房(1巻) …… 281	電源開発株式会社(3巻) …… 292
転換(12巻) …… 281	電源開発促進税(5、6巻) …… 293
電気温水器(13巻) …… 281	電源開発促進対策特別会計法(3巻) …… 293
電気供給者(4巻) …… 282	電源開発促進法(3巻) …… 293
電気工事業の業務の適正化に関する法律(4巻) …… 282	電源三法(3巻) …… 293
	電源の多様化(8巻) …… 294
電気工事士法(4巻) …… 282	電源のベストミックス(1巻) …… 294
電気事業営業収益(5巻) …… 282	電源立地地域対策交付金(4巻) …… 295
電気事業営業損益(5巻) …… 283	電源立地の遠隔化(1巻) …… 295
電気事業営業費用(5、6巻) …… 283	電源利用勘定(11巻) …… 295
電気事業会計規則(5巻) …… 283	電気ビーム加熱(13巻) …… 295
電気事業規制(4巻) …… 283	天然ウラン(12巻) …… 296
電気事業研究国際協力機構(13巻) …… 284	天然ガス液(11巻) …… 296
電気事業固定資産(5巻) …… 284	天然ガス先物価格(11巻) …… 296
電気事業再編成審議会(3巻) …… 284	天然バリア(12巻) …… 296
電気事業再編成令(3巻) …… 284	電波法(4巻) …… 296
電気事業者による新エネルギー等の利用に関する特別措置法(RPS法)(4巻) …… 284	電流容量(10巻) …… 296
	電力化率(1巻) …… 297
電気事業審議会(3巻) …… 285	電力管理法(3巻) …… 297
電気事業における環境行動計画(11、14巻) …… 285	電力系統(7巻) …… 297
	電力系統の運用(7巻) …… 298
電気事業法(旧)(昭和6年改正)(3巻) …… 286	電力系統利用協議会(3、7巻) …… 298
電気事業法(新)(3巻) …… 286	電力工業部(中国)(15巻) …… 298
電気事業連合会(1巻) …… 286	電力国際協力センター(1巻) …… 299
電気事業連合会行動指針(1巻) …… 286	電力国家管理(3巻) …… 299
電気自動車(13巻) …… 287	電力需要想定(1巻) …… 299
電気集じん器(8巻) …… 287	電力線搬送(10巻) …… 300
電気の使用制限(4巻) …… 287	電力損失(ロス)(7巻) …… 300
電気通信事業(4巻) …… 288	電力調整令(3巻) …… 300

電力潮流(7巻)・・・・・・・・・・・・・・・・・・・・・・・・・301
電力統制要綱案(3巻)・・・・・・・・・・・・・・・・・・301
電力費振替勘定(6巻)・・・・・・・・・・・・・・・・・・301
電力品質確保に係る系統連系技術要件ガイドライン(10巻)・・・・・・・・・・・・・・・・・・・・・・・・・・・301
電力負荷平準化(14巻)・・・・・・・・・・・・・・・・・302
電力融通(3巻)・・・・・・・・・・・・・・・・・・・・・・・・・302
電力用コンデンサ(7、10巻)・・・・・・・・・・・302
電力量バランス(7巻)・・・・・・・・・・・・・・・・・303
電力量標準法(6巻)・・・・・・・・・・・・・・・・・・・303
電力量不足確率(7巻)・・・・・・・・・・・・・・・・・303
電力連盟(3巻)・・・・・・・・・・・・・・・・・・・・・・・・303

と

同期調相機(ロータリーコンデンサ)(10巻)・・・304
東京電燈(3巻)・・・・・・・・・・・・・・・・・・・・・・・・304
同時同量(1、6巻)・・・・・・・・・・・・・・・・・・・304
等増分燃料費法(7巻)・・・・・・・・・・・・・・・・・305
洞道(10巻)・・・・・・・・・・・・・・・・・・・・・・・・・・・305
東邦電力(3巻)・・・・・・・・・・・・・・・・・・・・・・・・305
動力炉・核燃料開発事業団(4巻)・・・・・・306
登録調査機関(4巻)・・・・・・・・・・・・・・・・・・・306
特定規模電気事業者(PPS)(1、3巻)・・・・306
特定供給(1巻)・・・・・・・・・・・・・・・・・・・・・・・306
特定工場における公害防止組織の整備に関する法律(14巻)・・・・・・・・・・・・・・・・・・・・・・・・・307
特定水利使用(8巻)・・・・・・・・・・・・・・・・・・・307
特定石油製品輸入暫定措置法(11巻)・・・・・・307
特定多目的ダム法(4巻)・・・・・・・・・・・・・・・308
特定電気事業(3巻)・・・・・・・・・・・・・・・・・・・308
特定電気事業制度(2巻)・・・・・・・・・・・・・・・308
特定投資(6巻)・・・・・・・・・・・・・・・・・・・・・・・309
特定放射性廃棄物処分費(5、6巻)・・・・・・309
特定放射性廃棄物の最終処分(4巻)・・・・・・309
特定放射性廃棄物の最終処分に関する法律(12巻)・・・・・・・・・・・・・・・・・・・・・・・・・・・・・・・・・310
特別監査(6巻)・・・・・・・・・・・・・・・・・・・・・・・310
特別管理産業廃棄物(14巻)・・・・・・・・・・・・・310
特別高圧電力(産業用)(6巻)・・・・・・・・・・・310
特別三相式変圧器(10巻)・・・・・・・・・・・・・・311
特別法上の引当金(5巻)・・・・・・・・・・・・・・・311
特別料金制度(6巻)・・・・・・・・・・・・・・・・・・・311
独立行政法人 石油天然ガス・金属鉱物資源機構(JOGMEC)(11巻)・・・・・・・・・・・・・312
独立系統運用事業者(ISO)(アメリカ)(15巻)・・・・・・・・・・・・・・・・・・・・・・・・・・・・・・・・・・・・・・312
独立系発電事業者(3巻)・・・・・・・・・・・・・・・312
土壌汚染防止法(14巻)・・・・・・・・・・・・・・・・312
土地収用法(4巻)・・・・・・・・・・・・・・・・・・・・312
ドップラー効果(9巻)・・・・・・・・・・・・・・・・・313
届出制(1巻)・・・・・・・・・・・・・・・・・・・・・・・・・313
ドバイ原油(11巻)・・・・・・・・・・・・・・・・・・・313
富山電燈(3巻)・・・・・・・・・・・・・・・・・・・・・・・314
ドライカッパ(6巻)・・・・・・・・・・・・・・・・・・・314
トラフ(10巻)・・・・・・・・・・・・・・・・・・・・・・・314
トリーイング(10巻)・・・・・・・・・・・・・・・・・・314
取替資産と取替法(5巻)・・・・・・・・・・・・・・・315
トリクロロエチレン(14巻)・・・・・・・・・・・・315

な

内外価格差(6巻)・・・・・・・・・・・・・・・・・・・・316
内航船(1巻)・・・・・・・・・・・・・・・・・・・・・・・・・316
内燃力発電(8巻)・・・・・・・・・・・・・・・・・・・・317
内部相互補助禁止(1巻)・・・・・・・・・・・・・・・317
内部統制報告書(5巻)・・・・・・・・・・・・・・・・・317
内部留保(6巻)・・・・・・・・・・・・・・・・・・・・・・・317
永井案(3巻)・・・・・・・・・・・・・・・・・・・・・・・・・318
名古屋電燈(3巻)・・・・・・・・・・・・・・・・・・・・318
ナショナル・グリット社(15巻)・・・・・・・・・318
ナショナルミニマム(6巻)・・・・・・・・・・・・・318
ナトリウム―硫黄電池(NAS電池)(13巻)・・・・・・・・・・・・・・・・・・・・・・・・・・・・・・・・・・・・・・・318
ナフサ(11巻)・・・・・・・・・・・・・・・・・・・・・・・319

に

二国間原子力協定(12巻)・・・・・・・・・・・・・・319
二酸化ウラン(UO_2)(12巻)・・・・・・・・・・・・319
二段燃焼(14巻)・・・・・・・・・・・・・・・・・・・・・319
日間起動停止(8巻)・・・・・・・・・・・・・・・・・・・320
ニッケル―水素電池(13巻)・・・・・・・・・・・・320
二部料金制(6巻)・・・・・・・・・・・・・・・・・・・・320
日本卸電力取引所(JEPX)(1巻)・・・・・・・・320
日本原子力研究開発機構(12巻)・・・・・・・・・320

日本原子力産業会議(11巻)	321
日本原子力産業協会 (旧:日本原子力産業会議)(11巻)	321
日本原子力発電株式会社(11巻)	321
日本原燃株式会社(3巻)	322
日本電力調査委員会(EI)(3巻)	322
日本発送電株式会社(3巻)	322
ニューサンシャイン計画(13巻)	323
人間環境宣言(14巻)	323

ね

熱効率(8巻)	323
熱水卓越型(8巻)	324
熱中性子炉(9巻)	324
ネットバック方式(11巻)	324
ネットレベニューテスト方式(6巻)	325
燃焼改善(14巻)	325
燃焼度(9巻)	325
燃料供給保証メカニズム(1巻)	325
燃料集合体(9巻)	326
燃料体検査(4巻)	326
燃料電池(11巻)	326
燃料費(6巻)	327
燃料費調整制度(3、6巻)	327
燃料被覆管(12巻)	327
燃料棒(9、12巻)	327

の

農業電化協会(3巻)	328
濃縮(12巻)	328
濃縮ウラン(12巻)	328
濃縮関連費(5巻)	328
濃縮度(12巻)	328
濃縮廃液(12巻)	329
農事用電力(6巻)	329
農用地の土壌の汚染防止等に関する法律(土壌汚染防止法)(14巻)	329
ノルド・プール(15巻)	329

は

パークレン(14巻)	329
バーナブル・ポイズン(9巻)	329
排煙脱硝装置(14巻)	329
バイオソリッド燃料(11巻)	330
バイオ燃料(15巻)	330
バイオマス(11巻)	330
バイオマス・ニッポン総合戦略(11巻)	330
バイオマスエネルギー(13巻)	331
バイオマス発電(13巻)	331
排ガス混合燃焼(14巻)	331
廃棄物発電(3巻)	331
排出枠(1巻)	331
ばいじん(14巻)	332
排水基準(14巻)	332
配電業務システム(10巻)	332
配電自動化(10巻)	332
配電統合(3巻)	333
配電統制令(3巻)	333
配電塔方式(10巻)	333
バイナリーサイクル発電(13巻)	334
パイプライン輸送(11巻)	334
パケット交換(10巻)	334
パシフィック・パワー(15巻)	335
波長多重装置(WDM)(13巻)	335
発電所に係る環境影響評価の手引(14巻)	335
発電所の立地に関する環境影響調査及び環境審査の強化について(14巻)	335
バッテンフォール社(スウェーデン)(15巻)	335
発電用軽水型原子炉施設周辺の線量目標値に関する指針(12巻)	336
発電用施設周辺地域整備法(4巻)	336
発電用水力設備に関する技術基準(8巻)	336
パッドマウント変圧器(10巻)	336
波力発電(13巻)	336
パルス・カラム(12巻)	337
パワーエレクトロニクス(7巻)	337
パワープール(アメリカ)(15巻)	337
パンケーキ(1巻)	337
半減期(9、12巻)	338
反射材(9巻)	338
反応度(9巻)	338

反応度係数(9巻) ……………………… 338

ひ

ピアレビュー(1巻) ……………………… 338
ピークカット(1巻) ……………………… 339
ピークロード火力(8巻) ………………… 339
ヒートポンプ(11巻) ……………………… 339
ヒートポンプエアコン(1巻) …………… 339
光IP通信方式(13巻) …………………… 340
光応用技術(13巻) ………………………… 340
光ファイバケーブル(10巻) ……………… 340
光ファイバ複合架空地線(10巻) ………… 340
非常用炉心冷却系(13巻) ………………… 340
ピッチ制御(13巻) ………………………… 340
微風振動(10巻) …………………………… 341
被覆材(9巻) ……………………………… 341
微粉炭火力発電技術(11巻) ……………… 341
ピューレックス法(12巻) ………………… 341
表示線リレー方式(7巻) ………………… 341
標準市場設計(SMD)(アメリカ)(15巻) … 342
避雷器(10巻) ……………………………… 342

ふ

ファンクショナル組織(2巻) …………… 342
フィリピン電力公社(NPC)(15巻) …… 342
フィルダム(8巻) ………………………… 343
風力発電連系可能量(8巻) ……………… 343
風力発電(8巻) …………………………… 343
プール市場(3巻) ………………………… 344
富栄養化(14巻) …………………………… 345
フェノリックフォーム(12巻) …………… 345
フォータム社(フィンランド)(15巻) …… 345
フォーワード・ルッキング・コスト方式(10巻) ……………………………………… 345
負荷持続曲線(1巻) ……………………… 345
負荷曲線(7巻) …………………………… 345
負荷時タップ切替装置(LRT)(7巻) …… 346
負荷集中制御(13巻) ……………………… 346
負荷周波数制御(LFC)(7巻) …………… 346
負荷制限装置(7巻) ……………………… 347
負荷平準化(3巻) ………………………… 347
負荷率(7巻) ……………………………… 347

復水器(8巻) ……………………………… 347
復水器片肺運転(8巻) …………………… 347
復水脱塩装置(8巻) ……………………… 348
副生ガス(11巻) …………………………… 348
附合約款性(4巻) ………………………… 348
腐食生成物(CP)(12巻) ………………… 348
附属明細書及び附属明細表(5巻) ……… 348
附帯事業営業収益(5巻) ………………… 349
附帯事業営業費用(5巻) ………………… 349
附帯事業固定資産(5巻) ………………… 349
ふたこぶラクダ化(1巻) ………………… 349
物価安定政策会議(6巻) ………………… 349
沸騰水型炉(9巻) ………………………… 349
部門別収支(6巻) ………………………… 349
部門別収支計算書(5巻) ………………… 350
浮遊物質量(SS)(14巻) ………………… 350
浮遊粒子状物質(SPM)(14巻) ………… 350
フライアッシュ(13巻) …………………… 350
プライス・キャップ規制(6巻) ………… 351
ブランケット燃料集合体(12巻) ………… 351
プラント・ライフ・マネジメント(9巻) ……………………………………………… 351
振替供給(3巻) …………………………… 352
ブリティッシュ・エナジー社(15巻) …… 352
プルート・プロジェクト(11巻) ………… 352
プルサーマル(12巻) ……………………… 352
プルトニウム(Pu)(12巻) ……………… 353
プレストレスト・コンクリート柱(PC柱)(10巻) ……………………………………… 353
プレハブ架線(10巻) ……………………… 353
フロン(13巻) ……………………………… 353
分散型電源(1巻) ………………………… 354
分子レーザー法(分子法)(12巻) ………… 354
粉じん(14巻) ……………………………… 354
分離作業単位(SWU)(12巻) …………… 355
分路リアクトル(7巻) …………………… 355

へ

米国エネルギー省(15巻) ………………… 355
米国濃縮会社(12巻) ……………………… 355
平水量(8巻) ……………………………… 355
並列切替(7巻) …………………………… 355

ベース・ロード電源(11巻) 356
ベースロード火力(8巻) 356
ペレット(12巻) 356
変圧器の冷却方式(10巻) 356
返還廃棄物(12巻) 356
ベンゼン(14巻) 356
ベンチマーク価格(11巻) 357

ほ

保安規程(4巻) 357
ボイド係数(9巻) 358
ボイラ片肺運転(8巻) 358
ボイラ給水処理設備(8巻) 358
ボイラ給水ポンプ(8巻) 358
ボイラ自動制御(8巻) 359
包括エネルギー法(1巻) 359
方向比較継電方式(7巻) 359
放射化(12巻) 359
放射化生成物(9巻) 359
放射状系統(7巻) 360
放射性核種(12巻) 360
放射性廃棄物(12巻) 360
放射性廃棄物管理公社(フランス)(15巻) 360
放射線(9巻) 360
放射線(管理用)計測器(9巻) 360
放射性同位元素等による放射線障害の防止に関する法律(9巻) 360
放射線のしゃへい(9巻) 361
放射能(9巻) 361
豊水量(8巻) 361
包蔵水力(3巻) 361
放電クランプ(10巻) 361
補完供給契約(4巻) 362
北欧電力協議会(15巻) 362
北米北東部大停電(15巻) 362
保護継電装置(10巻) 362
保障措置(12巻) 362
母線方式(10巻) 363
母線保護リレー方式(7巻) 363
ボトムアッシュ(13巻) 364
ポリシーミックス(2巻) 364

ま

マイクロガスタービン(13巻) 364
マイクロ波加熱(13巻) 365
マイクロバブル(13巻) 365
マイクロ波無線(10巻) 365
埋設地線(10巻) 365
マイナーアクチニド(12巻) 366
前受制度(6巻) 366
松永案(3巻) 366
マッピングシステム(10巻) 366
マルチメディア通信(10巻) 367

み

ミキサ・セトラ(12巻) 367
密閉サイクル・ガスタービン(8巻) 367
ミドルロード火力(8巻) 367
美浜発電所3号機事故(9巻) 368
ムーンライト計画(3巻) 368

む

無過失責任制度(4巻) 368
無拘束速度(8巻) 369
娘核種(12巻) 369
無線ICタグ(10巻) 369

め

メインフレーム(13巻) 369
メジャーズ(11巻) 370
メタンハイドレート(11巻) 370
メッセル工法(10巻) 371
メロックスMOX燃料加工工場(フランス)(15巻) 371
メンブレン型(11巻) 371

も

モールドストレスコーン(10巻) 371
木質系バイオマス(8巻) 371
目的操作(7巻) 372
モス型(球形タンク)(11巻) 372
持分法(5巻) 372
モニタリングポスト(14巻) 372

もんじゅ(3巻) ······················· 372
モントリオール議定書(14巻) ········· 372

や

ヤードスティック方式(3巻) ·········· 373
夜間蓄熱式機器(6巻) ··············· 374

ゆ

有効煙突高さ(14巻) ················ 374
有効接地(10巻) ···················· 374
融雪用電力(6巻) ··················· 374
有線電気通信法(4巻) ··············· 374
ユーティリティ・サービス(US)契約(12巻)
 ································ 375
誘導加熱(13巻) ···················· 375
誘導加熱コイル(13巻) ··············· 375
ユーロディフ(12巻) ················ 375
油中ガス分析(10巻) ················ 375
ユッカマウンテン・サイト(アメリカ)(15巻)
 ································ 375
ユレンコ(12巻) ···················· 376

よ

容器包装に係る分別収集及び再商品化の促進等に関する法律(容器包装リサイクル法)(14巻) ···························· 376
揚水式発電所(8巻) ················· 376
溶接安全管理検査(4巻) ············· 376
溶媒抽出法(12巻) ·················· 377
溶融炭酸塩形燃料電池(13巻) ········ 377
ヨー制御(13巻) ···················· 377
横浜共同電燈(3巻) ················· 377
余剰電力購入(3巻) ················· 378
予納金(6巻) ······················ 378
予備送電サービス(6巻) ············· 378
予備電力(6巻) ···················· 378
余裕深度処分(12巻) ················ 378

ら

ラ・アーグ再処理工場(フランス)(15巻)
 ································ 378
ラインアンドスタッフ組織(2巻) ····· 379

ラジアル型(13巻) ·················· 379
ランキンサイクル(8巻) ············· 379

り

リアクトル(7巻) ··················· 380
力率割引・割増制度(6巻) ··········· 380
リサイクル燃料貯蔵株式会社(1巻) ··· 380
リサイクル法(14巻) ················ 380
リチウムイオン電池(13巻) ·········· 380
リバース・オークション(11巻) ······ 381
流域変更式発電所(8巻) ············· 381
流況曲線(8巻) ···················· 381
(加圧)流動床ボイラ(8巻) ··········· 382
料金業務(2巻) ···················· 382
料金原価(2巻) ···················· 382
料金制度部会(6巻) ················· 382
料金の定期的評価(3、6巻) ········· 382
臨界(3、9巻) ···················· 383
リン酸形燃料電池(13巻) ············ 383
臨時電気事業調査部(3巻) ·········· 383
臨時電灯(6巻) ···················· 383
臨時電力(6巻) ···················· 384
臨時発電水力調査局(3巻) ·········· 384
輪番開発(4巻) ···················· 384

る

ループ延線(10巻) ·················· 384
ループ切替(7巻) ··················· 385
ループ系統(7巻) ··················· 385
ループ方式(10巻) ·················· 385

れ

冷却材(9巻) ······················ 385
冷熱発電(8巻) ···················· 385
レーザ加熱(13巻) ·················· 386
レートベース方式(6巻) ············· 386
レギュラーネットワーク方式(10巻) ··· 386
劣化ウラン(12巻) ·················· 386
レドックス・フロー電池(13巻) ······ 386
連結納税制度(5巻) ················· 387
連鎖反応(9巻) ···················· 387
連邦エネルギー規制委員会(アメリカ)(15巻)

……………………………………… 387
連結財務諸表（5巻）……………………… 387

ろ

ロータリーコンデンサ（10巻）……………… 388
ロール・オーバー現象（11巻）……………… 388
ロシア単一電力系統社（15巻）……………… 388
炉心燃料集合体（12巻）……………………… 388
ロスエネルゴアトム（ロシア）（15巻）……… 388
六ヶ所再処理工場（12巻）…………………… 389

わ

ワン・イヤー・ルール（5巻）……………… 389
ワンス・スルー（12巻）……………………… 389

電気事業講座
電気事業事典

平成20年6月10日　初版

編　纂　電気事業講座編集幹事会

発行者　酒井　捷二

発行所　株式会社エネルギーフォーラム

東京都中央区銀座5-13-3(〒104-0061)
電　話　東京(03)5565-3500
FAX　東京(03)3545-5715

組　版　株式会社RUHIA
印　刷　錦明印刷株式会社
製本・製函　大口製本印刷株式会社

ISBN978-4-88555-338-7 C3530
落丁、乱丁本はお取り替え致します。
©Energy-Forum 2008　　Printed in Japan

電気事業講座《全15巻》 電気事業講座編集委員会編著

A5判　上製函入　定価2500円（税込）

第1巻　電気事業の経営
第2巻　電気事業経営の展開
第3巻　電気事業発達史
第4巻　電気事業関係法令
第5巻　電気事業の経理
第6巻　電　気　料　金
第7巻　電　力　系　統
第8巻　電　源　設　備
第9巻　原　子　力　発　電
第10巻　電　気　流　通　設　備
第11巻　電気事業と燃料
第12巻　原子燃料サイクル
第13巻　電気事業と技術開発
第14巻　電気事業と環境
第15巻　海外の電気事業